수리학

김가현 · 양희천

머리말

인류의 삶은 물과 불가분의 관계를 갖고 있다. 치수(治水), 이수(利水) 즉 물의 물리적 제 성질을 파악하여 활용하는 일들이 역사상 모든 민족과 문명의 과제였듯이 앞으로도 인류에게 가장 중요한 문제 중 하나일 수밖에 없는 것이다.

수리학은 토목공학 중 수공학의 각 분야(상수도·하수도·하천공학·항만공학·발전공학 관계 및 배수학 등)의 기초를 이루고 있는 학문으로서, 그 중요성이 날로 부각되므로 관련 분야를 전공하는 학생들이나 기술자들은 수리학에 대한 분명한 개념정리가 필수적이다.

그러나 이론의 추상성 및 실험을 통하여 이해하는 공학 분야이므로 다른 과목보다 기초 개념을 이해하기가 어렵다고 할 수 있다. 따라서 본서는 수리학의 기초적인 개념과 이론들을 최대한 쉽게 이해하고 정리하는 목적으로 기획되었다. 특히 수리학의 내용을 처음 배우는 사람들이 기초적 원리는 물론, 물의 물리학적 의미와 수학적 처리방법에 대한 이해를 쉽고 효율적으로 할 수 있도록 내용을 구성하였다.

비록 수학적 처리방법에 대한 깊은 이해가 없는 상황일지라도 공부하는 데 어려움을 느끼지 않을 수 있도록 배려하였으며, 실무 처리능력을 근본으로 하는 각종 토목분야 자격시험 준비에도 활용할 수 있도록 핵심 내용들을 요약 및 정리해 놓았다.

주요 내용을 간추리다 보니 내용에서 불충분하다고 느끼는 부분이 없지 않으나 일단 독자들에게 간단한 개념정리를 위한 안내를 한다는 선에서 마무리하였으므로 미진한 부분은 추후 수정·보안하여 더욱 완성도를 높일 것을 약속드린다. 모쪼록 이 책이 어려운 공부를 하는 많은 공학도들에게 요긴하게 활용되기를 기대하면서, 끝으로 이 책이 나오기까지 많은 도움을 주신 도서출판 예문사에 감사의 뜻을 전한다.

저자

Contents

Chapter 01 유체의 기본 성질

1. 등속도운동 — 3
2. 가속도운동 — 5
3. 중력가속도 — 6
4. 무게 — 6
5. 밀도 — 6
6. 단위중량 — 7
7. 비중 — 8
8. 물의 압축성 — 8
9. 점성 — 11
10. 표면장력과 모세관 현상 — 13
11. 단위와 차원 — 19
12. 차원방정식 — 23

Chapter 02 정수역학

1. 정수압의 특성 — 41
2. 압력 — 43
3. 압력의 전달 — 45
4. 압력의 측정 — 48
5. 평면에 작용하는 정수압 — 51
6. 연직면에 작용하는 정수압 — 53
7. 경사 평면에 작용하는 수압 — 58
8. 곡면에 작용하는 전수압 — 59
9. 부체와 안정 — 63
10. 상대적 정지운동 — 69

Chapter 03 동수역학

1. 물의 흐름 — 93
2. 유선과 유적선 — 94
3. 유선의 차원 흐름 — 95
4. 윤변과 경심 — 97
5. 정류와 부정류 — 98
6. 층류와 난류 — 100
7. 상류와 사류 — 104
8. 연속방정식 — 105
9. Bernoulli 정리 — 107
10. Bernoulli 정리의 응용 — 110
11. 운동량과 역적 — 117
12. 에너지 보정계수와 운동량 보정계수 — 123

Chapter 04 Orifice와 수문

1. Orifice의 종류 — 141
2. 접근유속과 접근유속수두 — 144
3. 작은 오리피스 — 144
4. 구형 큰 오리피스 — 146
5. 원형 큰 오리피스 — 148
6. 수중 오리피스 — 149
7. 관 오리피스와 관 노즐 — 151
8. 노즐(Nozzle) — 154
9. 수조의 배수시간 — 156
10. Orifice의 좌표 — 158
11. 사출수의 경로 — 159
12. Orifice의 손실수두 — 161
13. 단관 — 162
14. 수문 — 165

Chapter 05 위어

1. Weir란? — 177
2. 수맥 — 179
3. 수맥의 수축 — 180
4. 수두 — 181
5. 구형 Weir의 유량 — 182
6. Francis의 유량 — 184
7. 삼각 Weir — 185
8. Thomson 유량 — 187
9. 제형 Weir — 187
10. 수중 Weir — 188
11. 광정 Weir — 189
12. 원통·나팔형 Weir — 190
13. 수두측정 오차와 유량오차 — 191

Chapter 06 관수로

1. 관수로 특성 — 201
2. 윤변과 경심 — 202
3. 동수구배 — 202
4. 평균유속공식 — 203
5. 손실수두의 성인 — 205
6. 관마찰손실수두 — 206
7. 마찰 이외의 손실수두 — 209
8. 관수로 흐름과 에너지 관계 — 215
9. Hazen – Poiseuille 법칙과 마찰손실수두 — 217
10. 단선관수로 — 220
11. 분기관수로 — 221
12. 합류관수로 — 223
13. 병렬관수로 — 224
14. 사이펀 — 225
15. 관망 — 226
16. 관수로의 유수에 의한 동력 — 233
17. 수격작용과 서징 — 238
18. 관수로 배수시간 — 240

Contents

Chapter 07 개수로

1. 개수로의 특성 — 261
2. 흐름의 구분 — 264
3. 유량계측 — 266
4. 평균유속공식 — 268
5. 수직(종)유속곡선 — 269
6. 등류수로의 설계 요령 — 270
7. 토사의 수송 — 272
8. 소류력 공식 — 277
9. 항력과 양력 — 279
10. 자연하천의 조도 계산 — 280
11. 수로의 단면형 — 281
12. Manning의 조도계수에 영향을 주는 요소 — 286
13. 복합단면의 등가조도 — 287
14. 수리특성곡선 — 291
15. 상류와 사류 — 292
16. 비에너지와 단면의 일반형 — 294
17. 비에너지와 한계수심 — 295
18. 유량과 한계수심 — 298
19. 한계유속 — 301
20. 한계구배 — 302
21. 비력 — 303
22. 도수 — 307
23. 정류의 일반식 — 316
24. 부등류의 기본식 — 319
25. 부등류의 수면형 — 321
26. 부등류의 수면곡선 계산식 — 325
27. 원심력이 작용하는 흐름 — 328
28. 단파 — 330

Chapter 08 지하수

1. 지하수의 특징 — 351
2. 투수시험 — 356
3. 지하수의 일반 운동방정식 — 358
4. 지하수 구성 — 362
5. 제체의 침투 — 365
6. 우물의 수리 — 367
7. 투수계수의 현장측정법 — 373

Chapter 09 차원 해석과 상사

1. 차원 — 383
2. 차원 해석 — 384
3. 상사 — 384
4. 수리학적 상사성 — 385
5. 축척으로 나타낸 물리량의 비 — 386
6. 상사의 법칙 — 389
7. 특별상사법칙 — 390

Chapter 01

유체의 기본 성질

1. 등속도운동   3
2. 가속도운동   5
3. 중력가속도   6
4. 무게   6
5. 밀도   6
6. 단위중량   7
7. 비중   8
8. 물의 압축성   8
9. 점성   11
10. 표면장력과 모세관 현상   14
11. 단위와 차원   19
12. 차원방정식   23

Chapter 01 유체의 기본 성질

수리학의 기원은 먼 옛날의 일이다. 인류가 물의 흐름에 대하여 얼마만큼의 지식을 얻기 시작한 것은 수도나 수력을 이용하기 시작하면서부터이다. 고대인들은 물의 흐름에 대하여 지극히 유치한 지식밖에 지니지 못했지만 우물을 파서 이용하고 수차를 사용했다는 기록이 전해지고 있다.

인간생활의 시초는 식물(食物)을 얻기 쉬운 곳에 작은 집단을 이루고 사는 것이었으나 경제생활이 점차 발달함에 따라 집단은 커지고 상업이 시작되었다. 커진 집단은 도시를 이루고, 물의 이용에 대하여서도 경험에 의해서나마 점차 그 지식이 축적되어갔다.

수리학은 이처럼 극히 실용적인 학문으로 발달해 왔기 때문에 이론적으로 설명할 수 없는 문제에 관해서는 실험식을 만들어 사용해 왔었다. 아직도 많은 실험식이 이론의 미비점을 보충해 주고 있는 것이다.

그러나 이들 식의 대부분은 현실문제 해결에 충분한 것이 못 되어서 피치 못할 오차가 따르는데 특히, 흐름에 있어서 마찰에 따르는 여러 가지 Energy의 손실을 나타내는 데는 많은 식을 사용하고 있으므로 아직도 어느 정도의 오차는 어쩔 수 없다. 그러므로 이와 같은 수리학의 오차는 미리 염두에 두어야 한다.

특별히, 수리학에 미치는 오차는 다른 잘못의 사용보다는 단위사용의 잘못에서 오는 오차가 대단히 크므로 단위 사용에 세심한 주의가 필요하다.

1 등속도운동

물체가 그 주위에 대하여 위치를 바꿀 경우 운동을 한다고 하고, 위치의 시간에 대한 변화율은 그 물체의 속도(Velocity)라고 한다. 만일 물체가 같은 시간 간격에 같은 변위를 계속한다면 즉 크기와 방향이 일정하면 등속도(Uniform Velocity)로 운동한다고 한다.

운동에서 흔히 사용하는 또 하나의 양은 가속도(Acceleration)이다. 평균가속도는 속도의 시간에 대한 변화율로 정의된다.

1) 등속도운동의 시간에 대한 거리

운동선수가 100m를 처음부터 끝까지 일정한 속력으로 달렸다면 그 속력을 구하는 것은 어렵지 않다. 그러나 그렇지 않았다면 이 문제의 답은 그리 쉽지 않다. 운동선수가 20초 동안 달린 거리를 시간에 따라 그래프로 나타낸 것이 그림과 같다면 우리는 운동선수의 속력을 쉽게 말할 수 있다.

| 수리학 |

시간에 대한 거리의 그래프가 일직선이 되면 물체는 일정한 속력으로 운동하고 있는 것이다. 따라서 이때의 속력은 운동한 거리를 소요된 시간으로 나누어주면 구할 수 있다. 그리고 그 값은 시간과 거리와의 관계 그래프에서 기울기가 같다.

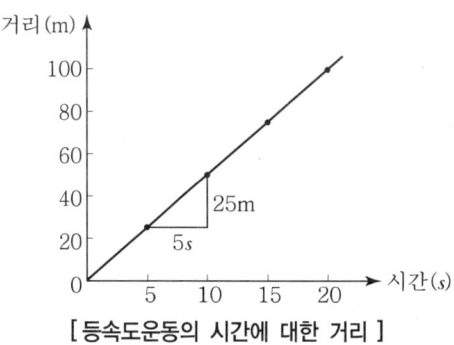

[등속도운동의 시간에 대한 거리]

- 속도 : $V = \dfrac{S(거리)}{t(시간)} = \dfrac{25\text{m}}{5\text{sec}} = 5\text{m/sec}$

2) 등속도운동의 시간에 대한 속력

한편 시간과 속력의 관계그래프는 그림과 같이 속력이 시간축에 나란한 직선이 된다. 그리고 운동선수가 20초 동안 달린 거리는

- 거리 : $S = (속도\ V) \times (시간\ t)$
- 거리 : $5\text{m/s} \times 20\text{s} = 100\text{m}$

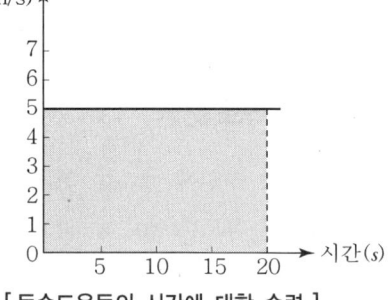

[등속도운동의 시간에 대한 속력]

로 빗금 그은 부분의 넓이에 해당하는 값이다. 속력과 방향이 일정한 운동을 **등속도운동**이라 한다. 물체가 등속도운동을 하는 경우에 속도 V는 다음 식으로 쉽게 구할 수 있다.

- 속도 : $V = \dfrac{S(거리)}{t(시간)}$

또는

- 거리 : $S = (속도\ V) \times (시간\ t)$

여기서, S : 나아간 거리, t : 그동안 걸린 시간, V : 속도

2 가속도운동

자연에서 일어나는 운동 중에 속도와 방향이 일정한 등속도 운동만 있다면 얼마나 간단할까! 그러나 실제로 일어나는 대부분의 운동은 속력이나 방향 또는 그 둘이 모두 계속 변하는데 이와 같은 운동을 **가속도운동**이라 한다.

운동선수의 운동도 사실은 달리면서 속력이 빨라지기도 하고 느려지기도 하기 때문에 가속도운동인 것이다. 이러한 가속도운동은 속력이 변하기 때문에 각 시각의 속력을 측정하기가 어렵다. 그래서 가속도운동의 경우 도중에 빠르거나 느린 것에 상관하지 않고 어느 한곳에서 다른 곳까지 운동한 거리를 그 동안 걸린 시간으로 나눈 값을 **평균속력**이라 한다.

- 평균속력(속도) = $\dfrac{\text{운동한 거리}(S)}{\text{걸린 시간}(t)}$

시간간격 dt 동안에 위치변화가 dS라고 하면, 그 시간 동안의 평균속력 V는 시간간격과 위치변화의 비는 다음과 같다.

- 평균속력(속도) : $V = \dfrac{dS}{dt}$

시간에 대한 거리의 그래프를 그려보면 다음 그림과 같다.

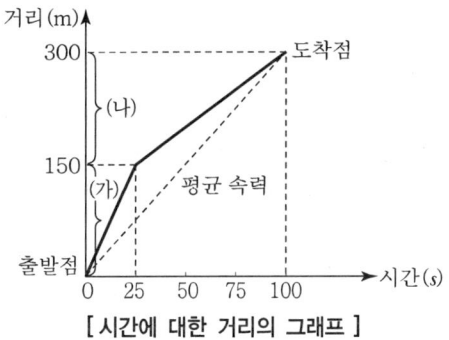

[시간에 대한 거리의 그래프]

3 중력가속도(Gravitational Acceleration)

물질 간에 작용하는 인력을 만유인력이라 하고 지구가 지상의 물체에 미치는 인력을 중력이라 한다. 지상의 물체에 작용하는 중력은 그 질량을 m이라 하면 mg 이다. 이때 g는 단위질량에 대한 중력으로서 물체의 성질에는 관계없이 g를 중력의 가속도라 한다. g의 값은 지구상의 위치, 높이 등에 따라 다르나 일반적으로 다음과 같이 사용한다.

- 중력가속도 : $g = 980 \text{cm/s}^2 = 9.8 \text{m/s}^2$

4 무게

물체에 작용하는 중력의 크기를 말하며 중력가속도의 영향을 받는다. 순수한 물은 1기압하에서 4℃일 때 가장 무겁고 그 부피는 최소가 된다.

- 무게 : $W = $ (질량 m)×(중력가속도 g) = (단위중량 w_0)×(체적 V)

여기서, m : Mass(질량), g : 중력가속도
w_0 : 단위중량, V : Volume(체적)

5 밀도(Density : ρ)

밀도란 물체의 단위체적당 질량의 크기를 말하며, 일명 비질량이라고도 한다. 순수한 물은 1기압하에서 4℃일 때 가장 무겁고 부피는 최소가 되며, 4℃일 때 물 1cm^3의 무게는 1g이 된다.

- 무게 : $W = $ (질량 m)×(중력가속도 g) = (단위중량 w_0)×(체적 V)

무게 W는 $w_0 V = mg$이므로

- 단위중량 : $w_0 = \left(\dfrac{m}{V}\right) \cdot g = \rho \cdot g$

- 밀도 : $\rho = \dfrac{m(\text{g})}{V(\text{cm}^3)}$: (g/cm^3) ················· 절대단위계

- 밀도 : $\rho = \dfrac{w_0(\text{kg/m}^3)}{g(\text{m/s}^3)}$: $(\text{kg} \cdot \text{s}^2/\text{m}^4)$ ········ 공학단위계

① 물의 밀도 : $\rho = \dfrac{m}{V} = \dfrac{1\text{g}}{\text{cm}^3} = 1\text{g/cm}^3 = 1\text{t/m}^3$

② 물의 밀도 : $\rho = \dfrac{w_0}{g} = \dfrac{1\text{t/m}^3}{9.8\text{m/s}^2} = 0.102\text{t} \cdot \text{s}^2/\text{m}^4 = 102\text{kg} \cdot \text{s}^2/\text{m}^4$

③ 수은의 밀도 : $\rho = \dfrac{m}{V} = \dfrac{13.5956\text{g}}{1\text{cm}^3} = 13.5956\text{g/cm}^3 = 13.5956\text{t/m}^3$

④ 수은의 밀도 : $\rho = \dfrac{w_0}{g} = \dfrac{13.5965\text{t/m}^3}{9.8\text{m/s}^2} = 1.387\text{t} \cdot \text{s}^2/\text{m}^4 = 1,387\text{kg} \cdot \text{s}^2/\text{m}^4$

6 단위중량(Unit Weight : w_0)

단위체적당 물체의 중량을 말하며, 비중량이라고도 한다.

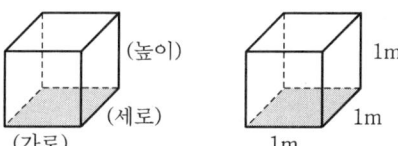

[체적 V = 가로 × 세로 × 높이 = 1m × 1m × 1m = 1m³]

- 무게 : $W = (\text{질량 } m) \cdot (\text{중력가속도 } g) = (\text{단위중량 } w_0) \cdot (\text{체적 } V)$
- 단위중량 : $w_0 = \dfrac{W}{V} = \dfrac{mg}{V} = \left(\dfrac{m}{V}\right) \cdot g = \rho g$

단위중량 역시 밀도가 변하므로 약간씩 변화하나 실용상 다음과 같이 계산한다.

① 물의 단위중량 : $w_0 = \dfrac{W}{V} = \dfrac{1\text{g}}{1\text{cm}^3} = 1\text{g/cm}^3 = 1\text{kg}/l = 1\text{t/m}^3 = 1,000\text{kg/m}^3$

② 물의 단위중량 : $w_0 = \rho g = 1\text{g/cm}^3 \times 980\text{cm/s}^2 = 980\text{g/cm}^2 \cdot \text{s}^2 = 980\text{dyne/cm}^3$

③ 해수의 단위중량 : $w_0 = \dfrac{W}{V} = \dfrac{1.025\text{g}}{1\text{cm}^3} = 1.025\text{g/cm}^3 = 1.025\text{t/m}^3$

④ 수은의 단위중량 : $w_0 = \dfrac{W}{V} = \dfrac{13.5956\text{g}}{1\text{cm}^3} = 13.5956\text{g/cm}^3 = 13.5956\text{t/m}^3$

여기서, 1dyne이란 1g의 질량이 1cm/s²의 가속도를 받았을 때의 힘이다. 즉,

- $1\text{dyne} = (1\text{g}) \cdot (1\text{cm/s}^2) = 1\text{g} \cdot \text{cm/s}^2$

1N(N : Newton)이란 1kg의 질량이 1m/s²의 가속도를 받았을 때의 힘이다. 즉,

- 1N = (1kg) · (1m/s²) = 1kg · m/s²

여기서, 무게 1kg · 중 = (1kg)(9.8m/s²) = 9.8kg · m/s²이다.

7 비중(Specific Gravity : r)

비중(Specific Gravity)은 그 질량에 최대 밀도가 생기게 하는 온도에서 그것과 같은 체적을 가진 순수한 물의 질량과의 비이므로 차원은 무차원, 수치는 절대단위로 표시한 밀도와 서로 같다. 예를 들면, 어떤 유체의 단위중량이 1.905t/m³였을 때 비중(r)은 다음과 같다.

- 비중 : $r = \dfrac{\text{물체의 단위중량}}{\text{물의 단위중량}} = \dfrac{1.905 \text{t/m}^3}{1 \text{t/m}^3} = 1.905$

- 물체의 비중 : $r = \dfrac{\text{물체의 질량}}{\text{동일체적의 물의 질량}} = \dfrac{\text{물체의 중량}}{\text{동일체적의 물의 중량}}$

$= \dfrac{\text{물체의 단위중량}}{\text{물의 단위중량}} = \dfrac{\text{물체의 밀도}}{\text{물의 밀도}}$

8 물의 압축성

1) Hook의 법칙

Hook의 법칙에 따라 모든 탄성체는 비례한도 이하에서는 응력(σ)과 변형률(ε)이 비례한다. 이것을 후크의 법칙(Hook's Law)이라 하며, 재료에서는 아래 그림과 같은 응력(σ) – 변형률(ε)의 관계를 갖는다.

탄성이란 힘을 가하면 변형되고 힘을 제거하면 원래의 형태로 되돌아오는 성질을 말한다.

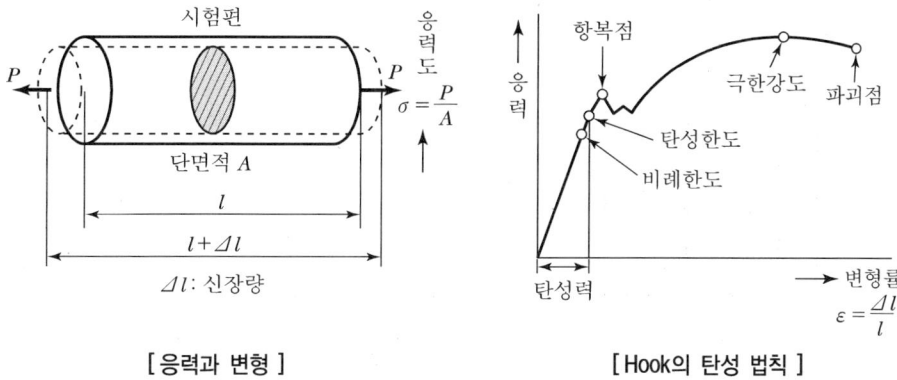

[응력과 변형]　　　　　　[Hook의 탄성 법칙]

- 탄성계수 : $E = \tan\theta = \dfrac{높이}{밑변} = \dfrac{\sigma 응력(\text{Stress})}{\varepsilon 변형률(\text{Strain})}$

- 변형률 : $\varepsilon = \dfrac{\pm \Delta l(늘어나거나\ 줄어든\ 길이)}{l(원\ 길이)}$

- 응력 : $\sigma = \dfrac{P(하중)}{A(단면적)}$

모든 유체는 탄성물질이고 공학에 있어서 강철과 같은 탄성고체에 적용되는 **탄성계수**(Modulus of Elasticity)의 정의에 의하여 이 성질을 표시하게 된다.

2) 체적탄성계수

완전 유체가 아닌 보통 유체는 압력을 가하면 다소나마 수축하고 압력을 제거하면 처음 체적으로 되돌아간다. 이러한 성질을 유체의 압축성이라고 한다. 물도 미소하나마 압축된다.

물의 압축성은 온도, 압력 및 물에 포함되어 있는 공기의 양에 따라 다르다. 물은 상온에서 약 1,000기압의 압력을 가하면 체적은 겨우 5%밖에 감소하지 않는다. 그러나 유체는 형태를 유지하는 강성이 없으므로 탄성계수는 체적을 기준으로 해서 정의하지 않으면 안 된다. 이러한 의미에서 이 계수를 **체적탄성계수**(Bulk Modulus of Elasticity)라고 부르게 된다.

이와 같은 탄성압축 기구는 그림과 같은 유체체적 V를 포함하는 완전히 비탄성인 원통과 피스톤을 상상해서 표시할 수 있다.

온도를 일정하게 하고 압력을 P에서 $P + dp$로 증가시켰을 때 체적이 V에서 $V - dV$로 수축되었다고 하자.

| 수리학 |

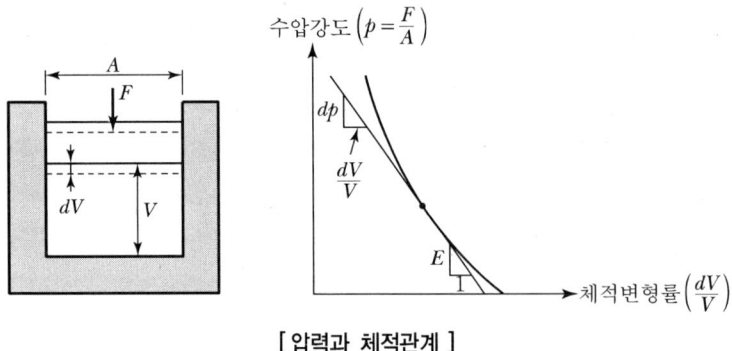

[압력과 체적관계]

- 체적변형률 : $\varepsilon_v = \dfrac{dV(줄어든\ 체적)}{V(원체적)} = \dfrac{(V+dV)-V}{V}$

- 체적탄성계수 : $E_v = \dfrac{(P+dp)-P}{\varepsilon_v} = \dfrac{dp}{\varepsilon_v} = \dfrac{dp}{\left(\dfrac{dV}{V}\right)} = \dfrac{1}{C}$

3) 압축률

압력이 증가함에 따라서 곡선의 경사가 급하게 된다는 것은 유체가 압축되면 이론적으로 생각하더라도 분자 사이의 간격이 적어지는 결과 점점 압축하기가 어렵게 된다는 것을 표시하는 것이다. 또 체적탄성계수의 역수를 압축률(Modulus of Compressibility : C)이라 한다. 완전 유체가 아닌 실제 유체는 압력을 가하면 수축하고, 이 압력을 제거하면 처음 상태로 되돌아 간다.

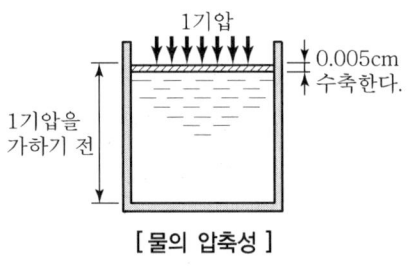

[물의 압축성]

- 압축률 : $C = \dfrac{\varepsilon_v}{(P+dp)-P} = \dfrac{\varepsilon_v}{dp} = \dfrac{\left(\dfrac{dV}{V}\right)}{dp} = \dfrac{1}{E_v}$

물의 압축률은 10℃에서 1기압의 압력에 대해 $\dfrac{4}{100,000} \sim \dfrac{5}{100,000}$ 정도 압축된다.
물의 운동에 급격한 변화가 있는 경우, 예를 들어 고압판 내의 물을 차단한 경우 관벽에 미치는 압력을 계산할 때는 압축률을 고려해야 한다.

(1) 압축성 유체(Compressible Fluid)

일정한 온도하에서 압력을 변화시킴에 따라 체적이 쉽게 변하는 유체를 말하며, 유체인 물(액체), 공기(기체) 중에서 기체가 압축성 유체이다.

(2) 비압축성 유체(Incompressible Fluid)

압력의 변화에 따른 체적의 증감이 대단히 작은 유체를 말하며, 유체인 물(액체), 공기(기체) 중에서 액체가 비압축성 유체이다.

9 점성(Viscosity)

모든 유체는 점성을 가지고 있으며, 이 때문에 운동할 때 마찰이 생기는 것이다. 점성은 근본적으로 응집력과 유체분자 간의 상호작용 때문에 생기고 유체층 간의 접선방향 응력 또는 전단응력으로서 나타난다.

(1) 점성 유체(실제유체, Real Fluid)

유체가 흐를 때 유체의 점성 때문에 유체 분자 간 혹은 유체와 경계면 사이에 전단응력이 발생하는 유체를 말한다.

(2) 비점성 유체(이상유체, Ideal Fluid)

유체가 흐를 때 점성이 전혀 없어서 전단응력이 발생하지 않으며 압력을 가하여도 압축이 되지 않는 유체, 즉 비점성, 비압축성인 가상적인 유체를 말하며 완전유체라고도 한다.

1) 전단응력 τ 와 속도구배

정수압이 면에 직각으로 작용하지 않으면 분력의 차이로 전단력이 발생하여 흐르게 된다. 서로 인접하여 상대운동을 하는 유체층 사이에 Newton의 점성법칙에 의하여 전단응력 τ 와 속도구배(dv/dy) 사이에는 다음 식의 관계가 성립된다.

- 전단응력 : $\tau \propto \left(\dfrac{dV}{dy}\right)$
- 전단응력 : $\tau = -\mu\left(\dfrac{dV}{dy}\right)$ (Newton의 점성법칙)

| 수리학 |

- 속도구배 : $I = \tan\theta = \dfrac{높이}{밑변} = \dfrac{dV}{dy}$

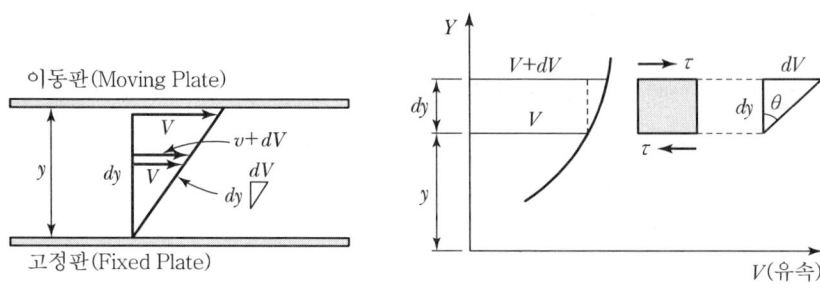

[Newton의 점성법칙]

점성이란 물분자가 상대적인 운동을 할 때 분자 간 혹은 물분자와 고체경계면 사이에 마찰력을 유발시키는 물의 성질을 말하며, 물분자 간의 응집력 및 물분자와 다른 분자 간의 점착력 등의 상호작용에 의하여 나타난다.

2) 점성계수

기체의 점성은 온도가 증가하면 같이 증가하는 경향이 있다. 기체의 주된 점성원인은 분자상호 간의 운동이지만 액체는 분자 간의 응집력이 점성을 크게 좌우하기 때문이다.

액체의 밀도를 ρ라 하면 $\dfrac{\mu}{\rho} = \nu$를 동점성계수라 한다. μ 및 ν는 물질에 따라 다르며, 같은 물질에 대해서는 온도에 따라 변화하나 1기압 0℃에 있어서 점성계수(Coeficient of Viscosity) μ는 다음과 같다. 점성계수는 $\mu = \dfrac{0.017834}{1 + 0.0337t + 0.000221t^2}$에서 온도 t 대신에 0°를 넣으면 $\dfrac{0.017834}{1 + 0.0337 \times 0 + 0.017834 \times 0^2}$

- 점성계수 : $\mu = 0.017834 \mathrm{g/cm \cdot s}$ ………… (절대단위)

- 점성계수 : $\mu = 0.017834(\mathrm{g/cm \cdot s}) \times \dfrac{1}{\mathrm{g}}$

$= \dfrac{0.017834 \mathrm{g/cm \cdot s}}{980 \mathrm{cm/s^2}} = 0.0000182 \mathrm{g \cdot s/cm^2}$

$= 1.82 \times 10^{-4} \mathrm{kg \cdot s/m^2}$ ……… (공학단위)

3) 온도와 점성계수

액체가 기체보다 점성이 크며, 물의 점성은 온도에 따라 그 크기가 변하게 된다. 즉, 온도가 0℃일 때 점성이 가장 크며 온도가 높아질수록 점성은 작아진다.

온도(t)에 따른 물의 점성계수(μ)는 변화를 나타내는 경험식으로 온도 0~100℃ 범위 내에서 다음 식이 사용되기도 한다.

- 점성계수 : $\mu = \dfrac{0.017834}{1 + 0.0337t + 0.000221t^2}$ (g/cm·s)

점성계수의 단위를 CGS 단위에서는 **1포아즈**(Poise)라고 한다. 즉,

- 1Poise = 1dyne·s/cm²
  = 0.00102g·s/cm²
  = 0.0102kg·s/m²
  = 1g/cm·s

물의 점성이란 비교적 적은 것이나, 이 성질 등 때문에 물이 흐름에 따라 Energy의 손실이 일어난다. 보통의 수리계산에 있어서는 점성을 고려하는 경우는 없지만, Energy 손실의 항에 들어있기 때문에 간접적으로 고려하는 셈이 된다. 또한 점성은 흐름의 상태를 결정할 때 고려해야 할 필요가 있는 것이다.

4) 동점성계수

또, 이 점성계수를 밀도로서 나눈 값이 유체역학이나 수리학에서 많이 사용되는데 이를 다음과 같이 정의한다.

- 동점성계수 : $\nu = \dfrac{(점성계수 : \mu)}{(밀도 : \rho)}$

위 식의 차원을 생각하면, ν의 차원을 매초에 대한 cm² 또는 m²로 표시되며, 이는 ν가 운동학적 변수임을 뜻하고 있다. 미터 단위계에 있어서 동점성계수의 단위는 cm²/s로서 표시할 수 있으며, 1cm²/s를 **스토크스**(Stokes)라고 부른다.

10 표면장력과 모세관 현상

물질 분자 간의 인력을 응집력(Cohesion)이라고 한다. 물의 작은 입자를 공기 중에 두면 물 분자 간의 응집력에 의해서 최소의 부피 즉, 구형(球形)으로 되려고 한다. 물의 자유표면은 응집력 때문에 생기는 인장력에 저항하는 힘이 생긴다. 이 힘을 **표면장력**(Surface Tension)이라 한다.

표면장력은 액체와 기체가 접하는 액체표면에 생기는 얇고 탄성적인 막을 말하며, 표면장력의 강도 T는 액체의 표면적을 ΔA만큼 증가시키는 데 요하는 힘을 ΔW라 하면 표면장력은 다음과 같이 표현된다.

- 표면장력 : $T = \dfrac{\Delta W}{\Delta A}$ (g/cm)

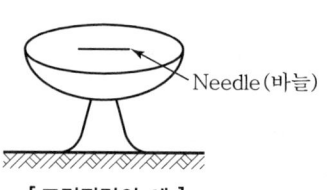

[**금속반지의 표면장력**]

표면장력은 단순히 액체의 자유표면뿐만 아니라 섞이지 않는 액체의 경계면, 고체와 기체, 고체와 고체의 접촉면 등 대체로 표면의 변화에 대한 Energy가 존재할 때 생기는 현상이다.

1) 액체의 표면장력(T)

가느다란 바늘이 가라앉지 않고 물 표면에 뜬다거나 풀잎 위의 이슬방울이 구형(球形)을 이룬다거나, 가느다란 관내로 액체가 올라가거나 내려가는 현상 등은 모두 표면장력 때문에 일어난다. 이러한 현상을 구체적으로 살펴보면, 중력이나 기타의 외력들이 무시될 경우에 기체 내의 액체 덩어리는 완전한 구형을 유지한다.

그 이유는 액체방울 내부의 분자들은 동종의 분자들로 둘러싸인 모든 방향에서 균일한 인력(Cohesive Force, **응집력**)을 받는 반면에, 액체방울의 표면에 위치한 분자들은 내부로부터는 동종의 분자들 사이에 작용하는 응집력을 받고 외부로부터는 다른 종의 분자들 사이에 작용하는 인력(Adhesive Force, **부착력**)을 받기 때문이다.

즉, 액체 분자들 사이에 작용하는 응집력이 액체분자와 기체분자 사이에 작용하는 부착력보다 크기 때문에, 표면상의 액체분자들은 액체방울 내부로 향하는 힘을 받게 되어 액체방울은 완전한 구형을 이루게 되는 것이다.

공기에 접촉하는 액체의 표면장력

액체 종별	물					에틸알코올	수은
온도(℃)	0	0	20	30	100	20	15
표면장력(dyne/cm)	75.64	74.22	72.75	71.18	58.85	22.3	487
표면장력(g/cm)	0.077	0.076	0.074	0.073	0.060	0.023	0.497

2) 모세관 작용

수중에 직경 D인 세관을 세우면 물은 관내로 올라온다. 이는 물의 응집력보다 부착력이 크기 때문이다. 그러나 수은과 같이 부착력보다 응집력이 큰 액체는 자유표면보다 내려가게 된다. 이것을 **모세관 현상(Capillarity)**이라 한다. 이는 액체의 표면장력에 의해서 일어나는 현상이다. 유리막대를 물속에 담갔다 꺼내면 물분자는 유리막대에 달라붙어 나온다. 즉 젖게 된다. 반면, 수은 속에 담겼던 유리막대에는 수은분자가 달라붙지 않고 막대는 완전히 마른 상태에 있다.

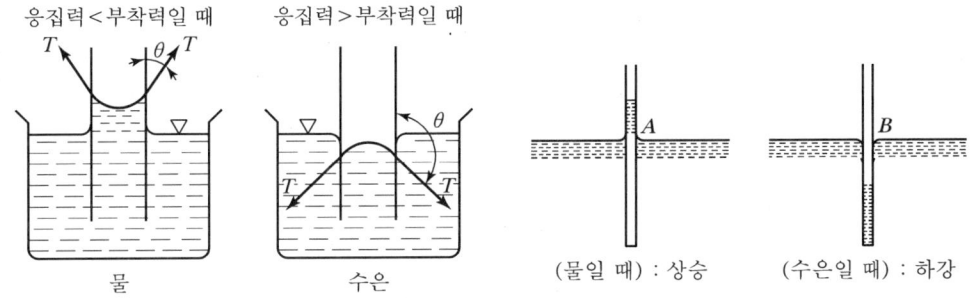

[모세관 작용(Capillarity Action)]

모세관을 물속에 담그면 물이 모세관으로 상승하지만 수은의 경우는 오히려 아래로 내려간다. 액체 속에 폭이 좁고 긴 관을 넣었을 때, 관 내부의 액체표면이 외부의 표면보다 높거나 낮아지는 것을 모세관 작용이라 하며, 이러한 현상을 표면장력이라 말한다. 이 현상을 이용하여 식물이 뿌리에서 양분과 물을 흡수할 수 있다.

3) 모세관의 접촉각

액체표면이 고체와 접촉할 때는 그 사이의 액체표면의 각도가 물질에 따라 일정하게 된다. 이 각도를 **접촉각(Angle of Contact)** θ이라고 하며, 그 값은 다음 표와 같다.

물질에 따른 접촉각

접촉물질	물과 유리관	물과 매끈한 유리관	수은과 유리관
접촉각(θ)	8~9°	0°	135~140°

4) 모세관 현상

물속에 직경 D인 세관을 똑바로 세우면 물이 세관 속으로 올라간다. 이와 같은 현상을 **모세관현상**(Capillary Phenomenon)이라 한다. 모세관현상을 물과 관벽 사이의 부착력과 물분자 사이의 응집력 때문에 생기는 현상이다. 물의 응집력이 물과 관벽 사이의 부착력보다 작은 경우는 관 속의 수면이 관 밖의 수면보다 높아지지만 수은과 같이 부착력보다 응집력이 크면 관 속의 수은표면은 관 밖의 수은표면보다 얕아진다.

5) 응집력과 부착력

어떤 물질 내에 인접하고 있는 분자들은 서로 잡아당겨 엉키려는 **응집력**(Cohesion)이 있다. 액체의 입자는 응집력에 의하여 서로 잡아당겨 그 표면을 최소로 하려는 힘이 작용한다. 다른 분자끼리의 잡아당기는 힘을 **부착력**(Adherence)이라 한다.

6) 모세관의 평형조건

그림에 있어서 관 내의 액체의 상승 또는 하강하는 높이 h만큼 한 액체의 중량은 관벽과의 부착력과 비김상태에 있어야 하므로 T를 표면장력, w_0를 액체의 단위중량 D를 관경이라 하면 평형조건은 다음과 같다.

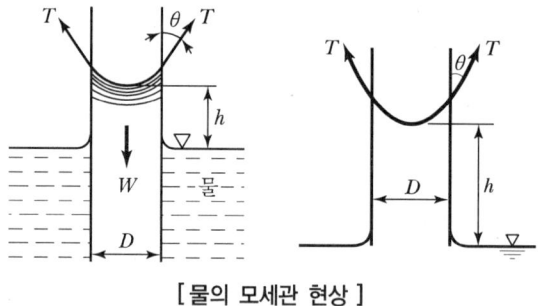

[물의 모세관 현상]

원 둘레를 따라서 위로 당기는 힘($\pi D \cdot T\cos\theta$)과 밑으로 내리는 정수압($w_0 h \cdot A$)이 같아야 올라가지도 않고 내려가지도 않는 평형상태가 된다.

$$\pi D \cdot T\cos\theta = w_0 h \cdot A$$

$$\pi D \cdot T\cos\theta = w_0 h \left(\frac{\pi D^2}{4}\right)$$

- 모세관 높이 : $h = \dfrac{4T\cos\theta}{w_0 D}$

- 표면장력 : $T = \dfrac{w_0 h D}{4\cos\theta}$

즉, 모세관 높이 h는 관경 D에 반비례한다. 이것이 Jurin's Law이다. 만일 $\theta < \pi/2$이면, $h > 0$으로서 물의 경우와 같이 되고, $\theta > \pi/2$이면 $h < 0$으로서 수은의 경우와 같이 된다. 모세관 높이 h와 접촉각 θ를 측정하면, 식에서 표면장력을 구할 수 있다.

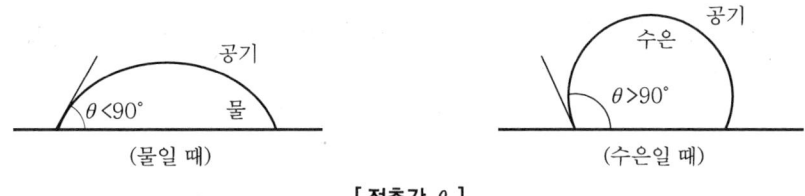

[접촉각 θ]

물방울은 유리판 위에 놓으면 곧 납작하게 퍼지나 수은방울은 거의 그대로 방울상태를 유지한다.

7) 판 사이 모세관고

모세현상은 물과 평판 벽 사이의 부착력과 물분자 사이의 응집력 때문에 생기는 현상이다. 그림과 같은 2개의 연직평판 사이의 모세관현상에 의한 수면 상승은 다음과 같이 구한다. 평판의 간격을 d, 평판의 폭을 b라 하면 평형조건은 다음과 같다.

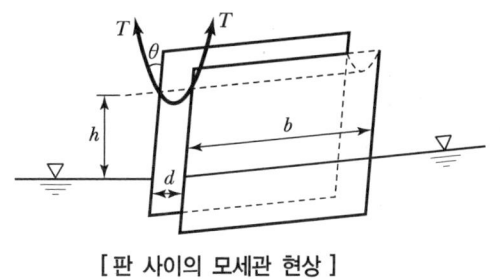

[판 사이의 모세관 현상]

양쪽 판을 따라서 위로 당기는 힘($2b \cdot T\cos\theta$)과 밑으로 내리는 정수압($w_0 h \cdot A$)이 같아야 올라가지도 않고 내려가지도 않는 평형상태가 된다.

$$2b \cdot (T\cos\theta) = (w_0 h) \cdot A$$
$$2b \cdot (T\cos\theta) = w_0 h \cdot (bd)$$

$$\therefore h = \frac{2b \cdot T\cos\theta}{w_0 bd}$$

• 판 사이 모세관 높이 : $h = \dfrac{2T\cos\theta}{w_0 d}$

8) 작은 물방울의 내외 압력차

하나의 물방울에서 반구의 평형상태를 생각한다면, '표면장력×주장(원둘레)=단위면적에 작용하는 압력×면적'이 성립한다.

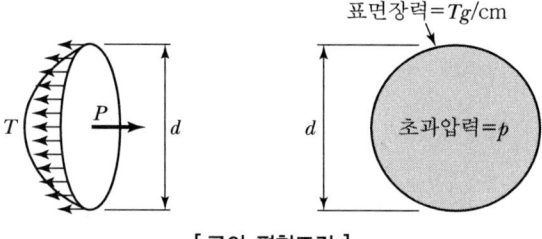

[구의 평형조건]

원둘레를 따라서 위로 당기는 힘($\pi d \cdot T$)과 밑으로 내리는 정수압($w_0 h \cdot A$)이 같아야 구가 팽창되지도 않고 수축되지도 않는 평형상태가 된다.

$$(\pi d) \cdot T = (w_0 h) \cdot A$$

• 수압강도 : $p = w_0 h$

$$(\pi d) \cdot T = p \cdot \left(\frac{\pi d^2}{4}\right)$$

$$\therefore 4\pi d \cdot T = p \cdot \pi d^2$$

• 표면장력 : $T = \dfrac{P \cdot \pi d^2}{4\pi d} = \dfrac{Pd}{4}$

• 물방울의 내외 압력차 : $p = \dfrac{4T}{d}$

다시 말해, 기포 또는 액체방울에서의 압력차는 액체방울이 두 부분으로 나뉘어 있을 때 수평방향의 표면장력 T는 액체방울 내외의 둘레를 따라 작용하게 된다.

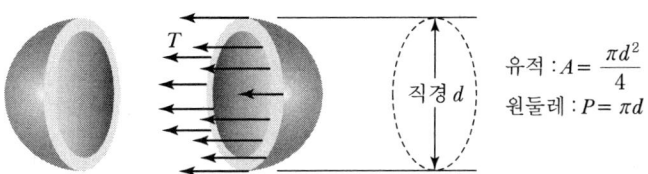

[액체방울의 표면장력]

원둘레를 따라서 위로 당기는 힘$(\pi d \cdot T)$과 밑으로 내리는 정수압$(w_0 h \cdot A)$이 같아야 구가 팽창되지도 않고 수축되지도 않는 평형상태가 된다.

$$(\pi d) \cdot T = (w_0 h) \cdot A$$
$$(\pi d) \cdot T = (w_0 h) \cdot \left(\frac{\pi d^2}{4}\right)$$

- 수압강도 : $p = w_0 h$

∴ $(4\pi d) \cdot T = p \cdot (\pi d^2)$

- 표면장력 : $T = \dfrac{p \cdot \pi d^2}{4\pi d} = \dfrac{pd}{4}$

- 물방울의 내외 압력차 : $p = \dfrac{4\pi d T}{\pi d^2} = \dfrac{4T}{d}$

11 단위와 차원

물리학자들의 과제는 물리현상을 측정하는 것뿐만 아니라 물리학의 이론과 법칙을 시험해 보고 지금까지의 실험작업을 개선하는 것이다. 측정에는 속도, 힘, 에너지, 온도, 전류, 자기장, 기타 수많은 물리량들이 관련된다. 가장 놀라운 것은 이러한 모든 양들의 길이, 질량, 시간과 같은 몇 가지 **기본량**으로 표현될 수 있다는 사실이다. 이러한 양들은 기본량(기본단위)이라 부르며, 이들에 의하여 표현되는 기타 모든 양들을 **유도량**이라 부른다.

1) 단위(Unit)

물리적인 양의 크기를 표시하는 일정한 기준량을 말하며, **절대단위**(Absolute Unit : CGS)와 **공학단위**(Technical Unit : MSK)로 분류된다.

① 기본단위
- 길이(Length) : cm, m
- 질량(Mass) : g, kg
- 시간(Time) : sec, min, hr

② 유도단위

기본단위의 조립에 의해 유도되는 단위

- 면적(Area) = (가로 cm×세로 cm) : cm^2, m^2
- 속도(Velocity) = $\left(\dfrac{거리\ cm}{시간\ sec}\right)$: cm/sec, m/sec

③ 보조단위

- rad(Radian) : $(2\pi)\,\text{rad} = 360°$
- ha(Hactare) : (100m)×(100m)의 면적

(1) 절대단위계

CGS단위계 : 길이(cm), 질량(g), 시간(sec)

힘의 단위 dyne은 1g의 질량을 가진 물체가 $1cm/sec^2$의 가속도를 받을 때의 힘을 나타낸다.

- $F = m\alpha = 1g \times 1cm/sec^2 = 1g \cdot cm/sec^2 = 1dyne$
- $F = m\alpha = 1kg \times 1m/sec^2 = 1kg \cdot m/sec^2 = 1Newton$

(2) 공학단위계

공학단위계 : 길이(m), 힘(kg중), 시간(sec)

힘의 단위 1kg중(1kgf)은 1kg의 질량을 가진 물체가 $9.8m/sec^2$의 가속도를 받을 때의 힘을 나타낸다.

- $1kg중(1kgf) = 1kg \times 9.8m/sec^2 = 9.8kg \cdot m/sec^2 = 9.8N$

2) 차원(Dimension)

역학적인 양의 크기를 표시하는 것으로 길이, 시간, 질량, 힘, 가속도, 속도, 면적, 체적, 점성계수 등의 물리량을 길이(L : Length), 질량(M : Mass), 힘(F : Force), 시간(T : Time)의 공통된 기본 단위로 표시하는 것이다.

① $[LMT]$계 : 물리학에서 많이 사용하는 절대단위계

- 절대단위계 : 길이 $[L]$, 질량 $[M]$, 시간 $[T]$

② $[LFT]$계 : $[LMT]$계의 질량 $[M]$ 대신에 힘 $[F]$를 사용하는 공학단위계

- 공학단위계 : 길이 $[L]$, 힘 $[F]$, 시간 $[T]$

Newton의 제2법칙인 운동의 법칙에서 힘은 질량에 가속도 α를 곱한 것으로 나타낸다.

힘의 차원 : $[F]=$(질량 m)·(가속도 α)$=$kg·m/sec$^2=[MLT^{-2}]$

③ $[LMT]$계와 $[LFT]$계의 상호 교환은 Newton 제2법칙을 이용한다.

- 힘의 차원 : $[F]=[MLT^{-2}]$

힘의 차원 $[F]=[MLT^{-2}]$에서 $[M]=\dfrac{[F]}{[LT^{-2}]}=[FL^{-1}T^2]$가 된다.

- 질량의 차원 : $[M]=[FL^{-1}T^2]$

3) 차원해석

공학문제를 풀 때, 힘의 단위를 물리학에서의 단위와 혼동할 때가 많다. 수리학에서 dyne을 사용하는 경우는 아주 적다. 힘의 단위는 중량, 즉 kg중(kgf)으로 표시하는데, 일반적으로 kg중(kgf)에서 중(f)을 생략한 kg을 사용하고 있다. 풀이요령은 다음과 같이 정리한다.

① 단위 중에 g이나 kg이 있으면 중(f)이 생략되었다고 보아 힘의 차원 $[F]$로 나타낸다.
② 단위 중에 cm이나 m가 있으면 길이의 차원 $[L]$로 나타낸다.
③ 단위 중에 sec나 min이 있으면 시간의 차원 $[T]$로 나타낸다.
④ 차원 중에 $[F]$가 있으면 $[MLT^{-2}]$로 나타낸다.

예를 들면 다음과 같다.

㉠ 일(kg·m) $\begin{cases} [FL]=[LFT^0] & \cdots\cdots\cdots\cdots\text{공학단위계} \\ [MLT^{-2}L]=[L^2MT^{-2}] & \cdots\cdots\cdots\text{절대단위계} \end{cases}$

㉡ 수압강도(kg/cm^2) $\begin{cases} [FL^{-2}]=[L^{-2}FT^0] & \cdots\cdots\cdots\cdots\text{공학단위계} \\ [MLT^{-2}L^{-2}]=[L^{-1}MT^{-2}] & \cdots\cdots\text{절대단위계} \end{cases}$

와 같이 정리하면 된다.

| 수리학 |

중요한 양의 단위와 차원

양	영문명	공학단위	차원 절대단위	차원 공학단위	비고
길 이	Length	cm, m	$[L]$	$[L]$	
면 적	Area	cm², m²	$[L^2]$	$[L^2]$	
체 적	Volume	cm³, m³	$[L^3]$	$[L^3]$	
시 간	Time	s	$[T]$	$[T]$	
속 도	Velocity	m/s	$[LT^{-1}]$	$[LT^{-1}]$	
가 속 도	Acceleration	m/s²	$[LT^{-2}]$	$[LT^{-2}]$	
밀 도	Density	g·s²/cm⁴	$[ML^{-3}]$	$[FL^{-4}T^2]$	
각 도	Angle	radian	1	1	
각 속 도	Angular Velocity	radian/s	$[T^{-1}]$	$[T^{-1}]$	
각가속도	Angular Acceleration	radian/s²	$[T^{-2}]$	$[T^{-2}]$	
압력, 힘 또는 중량	Pressure Force of Weight	g(kg, t)	$[MLT^{-2}]$	$[F]$	
단면 1차 모멘트	Areal Moment	cm³	$[L^3]$	$[L^3]$	
힘의 모멘트(M)	Moment of Force	kg·cm	$[ML^2T^{-2}]$	$[FL]$	
단면 2차 모멘트(I)	Moment of Inertia	cm⁴	$[L^4]$	$[L^4]$	
운 동 량	Momentum	g·s	$[MLT^{-1}]$	$[FT]$	
유량(Q)	Discharge	m³/s	$[L^3T^{-1}]$	$[L^3T^{-1}]$	
압력강도(P)	Pressure Intensity	kg/cm²	$[ML^{-1}T^{-2}]$	$[FL^{-2}]$	
비 중	Specific Gravity	무명수	1	1	
단위용적 중량(W)	Unit Weight (Specific Weight)	kg/m³	$[ML^{-2}T^{-2}]$	$[FL^{-3}]$	
일 또는 에너지	Work or Energy	kg·m	$[ML^2T^2]$	$[FL]$	
점성계수(μ)	Dynamical (or Kinetic)	g·s/cm²	$[ML^{-1}T^1]$	$[FL^{-2}T]$	
동점성 계수(ν)	Coefficient of Viscosity Kinematic Coefficient of Viscosity	cm²/s	$[L^2T^{-1}]$	$[L^2T^{-1}]$	
표면장력	Surface Tension	g/cm	$[MT^{-2}]$	$[FL^{-1}]$	
곡률반경(r)	Radius of Curveture	m	$[L]$	$[L]$	
곡률($\frac{1}{r}$)	Curveture	$\frac{1}{m}$	$[L^{-1}]$	$[L^{-1}]$	
Reynolds 수		무명수	1	1	
Froude 수		무명수	1	1	
Chezy의 유속계수 (C)	Cheay's Mean Velocity Coefficient	m^½ s⁻¹	$[L^{\frac{1}{2}}T^{-1}]$	$[L^{\frac{1}{2}}T^{-1}]$	

12 차원방정식

물리적인 현상을 나타내는 방정식을 차원의 관계로 나타내는 식을 **차원방정식**(Dimensional Equation)이라고 하며, 이 방정식의 좌우양변의 차원은 언제나 같아야 한다. 따라서 물리적 양의 방정식과 같이 차원에 대한 방정식도 성립되어야 한다.

예를 들면 초속 v_0로써 연직하방으로 물체가 낙하할 경우 공기의 저항을 무시하면 시간 t 사이에 물체가 지나가는 거리 S는 다음과 같다.

- 거리 : $S = v_0 t + \dfrac{1}{2} g t^2$

차원방정식은

$$[L] = [LT^{-1}][T] + [LT^{-2}][T^2] = [L] + [L]$$

로 되어 각 항의 차원은 $[L]$이다.

1) 차원방정식을 이용한 문제해결

① 물리현상을 나타내는 방정식이 미지인 경우, 하나의 물리현상이 이에 관계된다고 생각되는 물리량을 가정한 다음 그것이 곱의 형태로 표시된 것이라 하고 그 방정식의 양변의 차원이 같게 되도록 하면 방정식의 형을 결정할 수 있다.

② 물리방정식 중에 포함되는 상수에는 차원(Dimension)을 가지는 것도 있는데 이것을 차원상수(Dimensional Constant)라고 한다. 이와 같은 상수의 차원은 물리방정식을 차원방정식으로 바꿔 쓰면 쉽게 구할 수 있다.

③ 어느 물리현상을 나타내는 방정식이 올바른가 어떤가는 각 항의 차원을 조사하면 판정할 수 있다.

2) Chezy 유속공식에서 C의 차원

- Chezy의 유속공식 : $V = C\sqrt{RI}$

여기서, V : 유속의 단위는 m/s이므로 $[LT^{-1}]$
R : 경심으로서 길이의 단위를 갖는다. $[L]$
I : 구배이므로 차원이 없다. 즉 $[F^0 L^0 T^0]$

차원방정식은 다음과 같다.

$$[LT^{-1}] = [C][L^{\frac{1}{2}}] \text{에서, } [C] = \frac{[LT^{-1}]}{[L^{\frac{1}{2}}]} = [L^{\left(1-\frac{1}{2}\right)} T^{-1}] \text{이다.}$$

- Chezy의 유속계수차원 : $[C] = [L^{\frac{1}{2}}][T^{-1}]$

3) Darcy – Weisbach의 마찰공식에서 R_e의 차원

- Darcy – Weisbach의 마찰공식 : $h_l = f \dfrac{l}{D} \cdot \dfrac{V^2}{2g} = \dfrac{64}{R_e} \cdot \dfrac{l}{D} \cdot \dfrac{V^2}{2g}$

여기서, h_l : 마찰손실 수두로서 길이의 단위 $[L]$
V : 평균유속(m/sec) $[LT^{-1}]$
g : 중력의 가속도(9.8m/sec²) $[LT^{-2}]$
l : 관의 길이(m) $[L]$
D : 관의 지름(m) $[L]$

차원방정식은 다음과 같다.

$$[L] = [R_e^{-1}][L][L^{-1}][L^2 T^{-2}][L^{-1} T^2] = [L]$$

- Reynolds의 차원 : $[R_e] = [L^0 T^0]$

즉, R_e은 차원이 없는 양으로 무차원량이 된다.

4) 베르누이 정리에서 총수두의 차원

- Bernoulli의 총수두 : $H_t = z + \dfrac{p}{w_0} + \dfrac{V^2}{2g}$

여기서, H_l : 총수두로서의 길이(높이)의 단위(cm)로 $[L]$
w_0 : 물의 단위중량(g/cm³)으로 $[FL^{-3}]$
p : 수압강도(g/cm²)으로 $[FL^{-2}]$
g : 중량가속도(980cm/s²)로 $[LT^{-2}]$
V^2 : 유속(cm/s)의 제곱 $[LT^{-1}]^2 = [L^2 T^{-2}]$

차원방정식은 다음과 같다.

$$[L] = [L] + \left[\dfrac{FL^{-2}}{FL^{-3}}\right] + \left[\dfrac{L^2 T^{-2}}{LT^{-2}}\right]$$

- Bernoulli 총수두의 차원 : $[L] = [L] + [L] + [L]$

관련문제 : 유체의 기본 성질

01 기체와 액체의 성질이 매우 다른 점은?
㉮ 전단력　　㉯ 인장력　　㉰ 마찰력　　㉱ 비압축성

해설 전단력, 인장력, 마찰력은 액체나 기체에서 공통성질이라고 볼 수 있다. 그러나 기체는 압축이 크게 일어나는 데 반해 액체는 거의 비압축성이므로 비압축성으로 보고 이론을 전개하는 경우가 많다. 즉 기체는 일정한 온도에서 압력과 체적이 쉽게 변하므로 그 밀도도 변하지만 액체는 변화가 매우 적다.

02 물에 압력을 가하면 탄성체와 같이 체적이 수축하고, 이 압력을 제거하면 다시 원래의 상태로 돌아간다. 이러한 현상을 무엇이라 하는가?
㉮ 물의 점성　　㉯ 물의 압축성　　㉰ 완전유체　　㉱ 물의 전단력

해설 이를 물의 압축성이라 한다. 물은 약간의 압축성을 갖고 있으며 온도, 압력 및 물 속에 용해되어 있는 공기의 양에 따라 다르지만, 극히 적으므로 물의 압축성은 무시한다.

03 실제유체란 무엇인가?
㉮ 이상유체를 말한다.
㉯ 유동 시에 마찰이 존재하는 유체를 말한다.
㉰ 유동 시 마찰 전단응력이 존재하지 않는 유체를 말한다.
㉱ 비압축성 유체를 말한다.

해설 실제유체(Real Fluid)란 점성, 압축성 유체이다. 즉, 유동 시에 항상 마찰이 존재한다.

04 이상유체에 관한 다음 사항 중 옳은 것은?
㉮ 마찰이 비교적 크다.　　㉯ 뉴튼의 제2법칙을 만족한다.
㉰ 점성이 없는 흐름이다.　　㉱ 흐름 경계면에서 유속은 존재하지 않는다.

해설 이상유체(Ideal Fluid) 또는 완전유체(Perfect Fluid)는 점성이 없는 유체로 유체입자 간 또는 유체입자와 경계면 사이에 점성으로 인한 마찰효과가 있을 수 없으며 따라서 와류의 형성이나 에너지의 손실도 있을 수 없다.

정답 01. ㉱　02. ㉯　03. ㉯　04. ㉰

| 수리학 |

05 물은 미소하나마 압축이 된다. 다음 중 압축성과 관계가 없는 것은?

㉮ 온도 ㉯ 압력 ㉰ 함유공기량 ㉱ 흐름상태

해설 모든 유체는 압력을 가하면 압축 또는 변형되었다가 압력을 제거하면 다시 처음 체적으로 되돌아간다. 이러한 성질을 유체의 압축성이라 한다. 물도 또한 미소하기는 하나 압축한다. 물의 압축은 온도, 압력, 함유공기량 등에 따라 다르다.

06 물의 밀도를 공학단위로 표시하면?

㉮ $102 \text{kg sec}^2/\text{m}^4$
㉯ $1,000 \text{kg/m}^3$
㉰ $9,800 \text{kg/m}^3$
㉱ $1,000 \text{kg sec}^2/\text{m}^4$

해설 $\rho = \dfrac{w_0}{g} = \dfrac{1,000 (\text{kg/m}^3)}{9.8 (\text{m/s}^2)} = 102 \text{kg sec}^2/\text{m}^4$

07 어느 유체의 비중이 3.0일 때 이 유체의 비체적은?

㉮ $\dfrac{1}{3,000} (\text{m}^3/\text{kg})$
㉯ $\dfrac{1}{300} (\text{m}^3/\text{kg})$
㉰ $\dfrac{1}{3} (\text{m}^3/\text{kg})$
㉱ $3,000 (\text{m}^3/\text{kg})$

해설 비체적이란 단위무게당 체적으로서 단위중량의 역수이다.
즉, 비중이 3.0이므로 단위중량 $w_0 = 3.0 \text{t/m}^3 = 3,000 \text{kg/m}^3$
∴ 비체적 $= \dfrac{1}{w_0} = \dfrac{1}{3,000 \text{kg/m}^3} = \dfrac{1}{3,000} (\text{m}^3/\text{kg})$

08 질량 2kg 물체를 용수철 저울로 달아보니 19.60Newton이었다. 이 지점의 중력가속도는?

㉮ $9.8 \times 10^{-2} \text{m/sec}^2$
㉯ 8.9m/sec^2
㉰ 0.98m/sec^2
㉱ 9.8m/sec^2

해설 $1 \text{Newton} = 1 \text{kg} \times 1 \text{m/sec}^2$ 이므로
$19.6 \text{N} = 19.6 \text{kg} \cdot \text{m/sec}^2$
무게 : $W = mg$ 에서, $g = \dfrac{W}{m} = \dfrac{19.6 (\text{kg} \cdot \text{m/s}^2)}{2 (\text{kg})} = 9.8 \text{m/sec}^2$

정답 05. ㉱ 06. ㉮ 07. ㉮ 08. ㉱

09 물의 단위중량(w_0)은 얼마인가?

㉮ 9.8N/m^3 ㉯ 980N/m^3 ㉰ $9,800 \text{N/m}^3$ ㉱ $1,000 \text{N/m}^3$

해설 ① 물의 밀도 ρ(절대단위) $= \dfrac{m}{V} = 1\text{t/m}^3 = 1,000 \text{kg/m}^3$ (단위중량과 같다.)
② $1\text{Newton} = 1\text{N} = (1\text{kg}) \times (1\text{m/s}^2) = 1\text{kg} \cdot \text{m/s}^2$
③ 단위중량 : $w_0 = \rho g = (1,000 \text{kg/m}^3) \times (9.8 \text{m/s}^2) = (1,000 \times 9.8)(\text{kg/m}^3)(\text{m/s}^2)$
$= 9,800 (\text{kg} \cdot \text{m/s}^2)\text{m}^3 = 9,800 \text{N/m}^3$

10 물의 단위중량(w_0)은 얼마인가?

㉮ 102kg/m^3 ㉯ 980kg/m^3 ㉰ $1,000 \text{kg/m}^3$ ㉱ $9,800 \text{kg/m}^3$

해설 ① 물의 밀도 ρ(공학단위) $= \dfrac{w_0}{g} = 102 \text{kg} \cdot \text{s}^2/\text{m}^4$
② 단위중량 : $w_0 = \rho g = (102 \text{kg} \cdot \text{s}^2/\text{m}^4) \times (9.8 \text{m/s}^2) = (102 \times 9.8 \text{kg/m}^3) = 1,000 \text{kg/m}^3$

11 체적이 4m³, 중량이 12ton인 액체의 비중은?

㉮ 3.0 ㉯ 4 ㉰ 1.0 ㉱ 2.0

해설 단위중량 : $w_0' = \dfrac{W}{V} = \dfrac{12t}{4\text{m}^3} = 3\text{t/m}^3$

비중 : $\gamma = \dfrac{w_0'(\text{물체의 단위중량})}{w_0(\text{물의 단위중량})} = \dfrac{3\text{t/m}^3}{1\text{t/m}^3} = 3.0$

12 부피가 5,000cm³인 직육면체의 돌을 물 속에 넣었을 때 물 속에서 돌의 무게는 8kg이었다. 돌의 비중은?

㉮ 1.6 ㉯ 2.6 ㉰ 1.0 ㉱ 2.0

해설 ① 공기 중 무게 = 수중무게 + 부력 = $8\text{kg} + w_0 V = 8\text{kg} + (1\text{g/cm}^3 \times 5,000 \text{cm}^3)$
$= 8\text{kg} + 5,000\text{g} = 8\text{kg} + 5\text{kg} = 13.0\text{kg} = 13,000\text{g}$
② 단위중량 $w_0' = \dfrac{W}{V} = \dfrac{13,000\text{g}}{5,000\text{cm}^3} = 2.6 \text{g/cm}^3$
③ 비중 $\gamma = \dfrac{\text{물체의 단위중량 } w_0'}{\text{물의 단위중량 } w_0} = \dfrac{2.6 \text{g/cm}^3}{1 \text{g/cm}^3} = 2.6$

| 수리학 |

13 어떤 물체의 공기 중에서 무게가 50kg인 물체가 수중에서는 40kg일 때 이 물체의 비중 γ?

㉮ 2.0 ㉯ 3.0 ㉰ 4.0 ㉱ 5.0

해설
① 공기 중 무게 = 수중무게 + 부력이므로, $50\,kg = 40\,kg + w_0 V$

② $w_0 V = (50\,kg - 40\,kg) = 10\,kg$ ∴ $V = \dfrac{10\,kg}{w_0} = \dfrac{10,000\,g}{1\,g/cm^3} = 10,000\,cm^3$

③ 단위중량 $w_0 = \dfrac{W}{V} = \dfrac{50,000\,g}{10,000\,cm^3} = 5\,g/cm^3$

④ 비중 $\gamma = \dfrac{\text{물체의 단위중량}\,w_0{'}}{\text{물의 단위중량}\,w_0} = \dfrac{5\,g/cm^3}{1\,g/cm^3} = 5.0$

14 일반적으로 물에 대한 체적 탄성계수를 E_v, 압축률을 α라고 할 때 다음 중에서 옳은 것은?

㉮ $E_v \cdot \alpha = 1$ ㉯ $E_v \cdot \alpha = 0$ ㉰ $E_v = \alpha$ ㉱ $E_v \cdot \alpha = 100$

해설 체적탄성계수의 역수를 압축률이라 하므로, $\alpha = \dfrac{1}{E_v}$ 즉, $E_v \cdot \alpha = 1$이다.

15 다음 중 물의 압축률을 바르게 표시한 식은?(단, 여기서 E_v는 체적탄성계수, V는 원래의 체적, dV는 체적변화량, dp는 압력변화량이다.)

㉮ $C = E_v = \dfrac{\left(\dfrac{dV}{V}\right)}{dp}$ ㉯ $C = \dfrac{1}{E_v} = \dfrac{dp}{\left(\dfrac{dV}{V}\right)}$

㉰ $C = E_v = \dfrac{dp}{\left(\dfrac{dV}{V}\right)}$ ㉱ $C = \dfrac{1}{E_v} = \dfrac{\left(\dfrac{dV}{V}\right)}{dp}$

해설
① 체적변화율 : $\varepsilon_v = \dfrac{dV(\text{체적변화량})}{V(\text{원체적})}$

② 체적탄성계수 : $E_v = \dfrac{dp}{\varepsilon_v} = \dfrac{dp}{\left(\dfrac{dV}{V}\right)} = \dfrac{1}{C}$

③ 압축률 : $C = \dfrac{\varepsilon_v}{dp} = \dfrac{\left(\dfrac{dV}{V}\right)}{dp} = \dfrac{1}{E_v}$

④ 체적 탄성계수(E_v)의 단위는 kg/cm^2이고, 압축률의 단위는 cm^2/kg이다.

정답 13. ㉱ 14. ㉮ 15. ㉱

Chapter 01 | 유체의 기본 성질 |

16 물의 체적을 2% 감축시키려면 얼마의 압력이 필요한가?(단, 물의 체적탄성계수는 $2×10^4$kg/cm^2 이다.)

㉮ $4×10^9$kg/m^2 ㉯ $4×10^9$kg/cm^2 ㉰ $4×10^6$kg/cm^2 ㉱ $4×10^6$kg/m^2

해설 체적탄성계수 : $E_v = \dfrac{dp}{\varepsilon_v} = \dfrac{dp}{\left(\dfrac{dV}{V}\right)}$ 에서,

압력변화량 : $dp = \left(\dfrac{dv}{V}\right) × E_v = 2(\%) × E_v$

$= \left(\dfrac{2}{100}\right) × 2 × 10^4 \,\text{kg/cm}^2 = 400 \,\text{kg/cm}^2$

$= \dfrac{400 \,\text{kg}}{\left(\dfrac{1}{100} × \dfrac{1}{100}\right)\text{m}^2} = 4 × 10^6 \,\text{kg/m}^2$

17 물의 체적탄성계수 $E_v = 2.0×10^6$kg/cm^{2}이고, 물의 체적을 1% 감소시키려면 얼마의 압력을 가해야 하나?

㉮ 2t/cm^2 ㉯ 20t/cm^2 ㉰ 200t/cm^2 ㉱ 200kg/cm^2

해설 ① 체적탄성계수 : $E_v = \dfrac{dP}{\varepsilon_v} = \dfrac{dP}{\left(\dfrac{dV}{V}\right)}$

② 압력변화량 : $dP = E_v × \varepsilon_v = E_v × \left(\dfrac{dV}{V}\right)$

$= (2×10^6 \text{kg/cm}^2) × (1\%)$

$= (2×10^6 \text{kg/cm}^2) × \left(\dfrac{1}{100}\right)$

$= 2×10^4 \text{kg/cm}^2 = 20,000 \,\text{kg/cm}^2 = 20 \,\text{t/cm}^2$

18 1기압의 조건 아래서 5m^{3}의 액체가 있다. 300기압으로 압력을 증가시키니 4.95m^{3}가 되었다. 이 액체의 탄성계수 E_v를 구하라.

㉮ 299 기압   ㉯ 2,990 기압   ㉰ 29,900 기압   ㉱ 299,000 기압

해설 체적탄성계수 : $E_v = \dfrac{dp(\text{압력변화량})}{\varepsilon_v(\text{체적변화률})} = \dfrac{dP}{\left(\dfrac{dV}{V}\right)} = \dfrac{(300-1)}{\dfrac{(5-4.95)}{5}} = 29,900$ 기압

정답 16. ㉱   17. ㉯   18. ㉰

| 수리학 |

19 4℃의 물의 체적탄성계수는 2.0×10⁴kg/cm²이다. 이 물에서 음속은 얼마인가?(단, 물의 ρ = 102kg·s²/m⁴이다.)

㉮ 100m/sec　　㉯ 340m/sec　　㉰ 13,900cm/sec　　㉱ 1,400m/sec

해설 ① 물의 체적탄성계수 : $E_v = 2.0 \times 10^4 \text{kg/cm}^2 = \dfrac{2.0 \times 10^4 \text{kg}}{\left(\dfrac{1}{100}\right) \times \left(\dfrac{1}{100}\right) m^2} = 2.0 \times 10^8 \text{kg/m}^2$

② 음속 : $C = \sqrt{\dfrac{E_v}{\rho}} = \sqrt{\dfrac{2.0 \times 10^8 \text{kg/m}^2}{102 \text{kg} \cdot \text{s}^2/\text{m}^4}} = 1,400 \text{m/s}$

20 다음 중 이상유체의 정의를 옳게 내린 것은?

㉮ 점성이 없고 등류인 유체
㉯ 점성이 없는 모든 유체
㉰ 점성이 없고 비압축성인 유체
㉱ $\tau = \mu \dfrac{dV}{dy}$를 만족하는 비압축성인 유체

해설 이상유체(Ideal Fluid)는 일명 완전유체(Perfect Fluid)라 하며, 비점성, 비압축성 유체를 말한다.

21 동점성계수는?

㉮ 점성계수와 같은 값을 가진다.　　㉯ 무차원이다.
㉰ 유체의 밀도와는 관계가 없다.　　㉱ 단위가 m²/sec, cm²/sec이다.

해설 점성계수를 밀도로 나눈 값 $\dfrac{\mu(\text{g/cm} \cdot \text{sec})}{\rho(\text{g/cm}^3)}$를 동점성계수라 한다. 단위는 m²/sec 또는 cm²/sec로 차원을 갖고 있다.

22 액체의 점성계수는 온도가 높으면 그 값은?

㉮ 작게 된다.
㉯ 크게 된다.
㉰ 크게 되는 경우도 있고, 작게 되는 경우도 있다.
㉱ 온도에는 관계가 없다.

해설 액체의 점성계수 μ와 온도 t와의 사이에는 다음과 같은 관계식이 있다.

$$\mu = \dfrac{0.017834 (\text{g/cm} \cdot \text{sec})}{1 + 0.0337t + 0.000221t^2}$$

즉, 온도가 상승됨에 따라 분모값이 커지므로 점성계수는 감소한다.

정답 19. ㉱　20. ㉰　21. ㉱　22. ㉮

23 액체의 유동계수는?

㉮ 점성계수와 같다.　　㉯ 동점성계수와 같다.
㉰ 동점성계수의 역수와 같다.　　㉱ 점성계수의 역수와 같다.

해설　점성계수의 역수를 액체의 **유동계수**라 한다.

24 1Stoke에 관한 설명 중 맞는 것은?

㉮ $1cm^3/sec$　　㉯ $1cm/sec$　　㉰ $1cm^2/sec$　　㉱ $1cm/sec^2$

해설　동점성계수의 단위로서 $1cm^2/sec$를 1Stoke라 한다.

25 1Poise에 관한 설명 중 맞는 것은?

㉮ $1gr \cdot sec/m^2$　　㉯ $1ft \cdot sec/cm^2$　　㉰ $1dyne \cdot cm/sec^2$　　㉱ $1dyne \cdot sec/cm^2$

해설　
① $1\,dyne = (1\,g) \times (1\,cm/s^2) = (g \cdot cm/s^2)$
② 점성계수의 공학단위는 $dyne \cdot s/cm^2$으로 Poise라 한다.
③ 점성계수의 절대단위로는 $\dfrac{(g \cdot cm/s^2) \cdot s}{cm^2} = \dfrac{(g \cdot cm \cdot s)}{(cm^2 \cdot s^2)} = \dfrac{g}{cm \cdot s} = (g/cm \cdot s)$ 이다.

26 물의 점성계수 μ와 온도 $t\,℃$의 관계식은?

㉮ $\mu = \dfrac{0.017834}{1+0.0337t+0.000221t^2}\ g/cm \cdot sec$

㉯ $\mu = \dfrac{0.017834}{1+0.0337t+0.000221t^2}\ g \cdot sec/cm$

㉰ $\mu = \dfrac{0.017834}{1+0.0337t+0.000221t^2}\ cm^2/sec$

㉱ $\mu = \dfrac{0.017834}{1+0.0337t+0.000221t^2}\ g \cdot sec/cm^2$

해설　위의 식은 LMT계로 표시된 것이다. 즉 CGS단위이다.

정답 23. ㉱　24. ㉰　25. ㉱　26. ㉮

| 수리학 |

27 동점성계수와 비중이 각각 0.0019m²/sec와 1.2인 액체의 점성계수는 다음 중 어느 것인가?
　㉮ 0.0233kg·sec/m²　　　　　　㉯ 0.233kg·sec/m²
　㉰ 228kg/m²　　　　　　　　　㉱ 228kg/sec·m²

해설　① 비중 : $\gamma = \dfrac{\text{물체의 밀도}}{\text{물의 밀도}}$
　　　　∴ 물체의 밀도 $= \gamma \times$ 물의 밀도 $= 1.2 \times 102 \text{kg} \cdot \text{s}^2/\text{m}^4 = 122.4(\text{kg} \cdot \text{s}^2/\text{m}^4)$
　　　② 동점성 계수 : $\nu = \dfrac{\mu}{\rho}$ 에서, 점성계수 : $\mu = \nu \cdot \rho = 0.0019 \text{m}^2/\text{sec} \times (1.2 \times 102 \text{kg} \cdot \text{sec}^2/\text{m}^4)$
　　　　　　　　　　　　　　　　　　　　　　　　　$= 0.233(\text{kg} \cdot \text{sec}/\text{m}^2)$

28 속도분포가 $v = 4y^{\frac{3}{2}}$ 으로 주어질 때 벽에서 10cm 떨어진 곳의 속도구배는 얼마인가?
　㉮ 1.9/sec　　　㉯ 2.3/sec　　　㉰ 1.9sec　　　㉱ 2.3sec

해설　① 미분요령은 지수가 앞으로 오고, 지수에서 1을 뺀다.
　　　② $\dfrac{dV}{dy} = \left(\dfrac{3}{2}\right) \times 4y^{\left(\frac{3}{2}-1\right)} = 6y^{\frac{1}{2}}$, 차원해석에서 $\dfrac{dV(\text{m}/\text{sec})}{dy(\text{m})}$ 의 단위는 $\dfrac{1}{\text{sec}}$ 이다.
　　　　따라서 거리 y 값을 0.1m 대입하면 $\dfrac{dV}{dy} = 6 \times 0.1^{\frac{1}{2}} = 1.9/\text{sec}$

29 뉴턴의 점성법칙에 의하여 전단응력 τ 와 속도구배 $\left(\dfrac{dV}{dy}\right)$ 사이에는 $\tau = -\mu\dfrac{dV}{dy}$ 라는 식이 성립된다. 이 식에 관한 사항 중 옳지 않은 것은?
　㉮ 이 식에서 압력의 요소가 없는 것은 τ 와 μ 의 관계에는 무관하다.
　㉯ $\dfrac{dV}{dy} = 0$ 이고, μ 의 크기에 관계없는 정지상태의 점성유체의 전단응력은 0이다.
　㉰ 점성계수 μ 의 단위는 g/cm·sec이며 poise라고 한다.
　㉱ 이 식은 층류 난류 유체운동에 제한됨이 없이 사용된다.

해설　뉴튼의 점성법칙은 층류일 때만 성립된다.
　　　　　　$\tau = -\mu\dfrac{dV}{dy}$ 에서
　　　① τ 와 μ 는 압력에 관계가 없다.
　　　② 적은 마찰응력 τ 가 작용하면 유체층 사이에는 상대운동이 일어난다.
　　　③ $\dfrac{dV}{dy} = 0$ 즉, $\tau = 0$ 인 곳에서 μ 의 크기에 관계없이 전단응력은 0이다.
　　　④ 속도분포는 고체 경계면에 접선될 수 없다.
　　　⑤ 층류 운동에 제한된다.

Chapter 01 | 유체의 기본 성질 |

30 일반적으로 물의 점성계수 μ와 압력 P 사이의 관계식으로 옳은 것은?(단, μ_0 : 1기압(1.033 kg/cm²)에 있어서 점성계수는, P : 압력(kg/cm²), α : 액체 따른 계수)

㉮ $\mu = -\mu_0(1+\alpha P)$ ㉯ $\mu = \mu_0(1-\alpha P)$
㉰ $\mu = -\mu_0(1-\alpha P)$ ㉱ $\mu = \mu_0(1+\alpha P)$

해설
① 물의 점성계수는 압력이 증가하면 작아진다. 그러나 벤젠과 에테르는 증가한다.
② 20℃의 물의 경우 $\alpha = -1.7 \times 10^8$ 정도이다.
③ $\mu = \mu_0(1+\alpha P)$로 나타낸다.

---

31 가느다란 철사나 바늘을 조심해서 물 위에 놓으면 가라앉지 않고 뜬다. 바늘이 뜨는 이유와 관계가 되는 것은?

㉮ 부력   ㉯ 점성력
㉰ 마찰력   ㉱ 표면장력

해설 표면장력에 의해 액체의 표면에는 표면막이 형성되어 물보다 비중이 약간 큰 물체도 뜨게 할 수 있다.

---

32 표면장력 T가 75.46dyne/cm일 때 g/cm이 단위로 옳게 표시된 것은?

㉮ 0.0077g/cm   ㉯ 0.077g/cm
㉰ 7.413g/cm   ㉱ 74.13g/cm

해설
① 1dyne $= (1\text{g} \cdot \text{cm/s}^2)$이다.
② 표면장력 : $T = 75.76\,\text{dyne/cm} \times \dfrac{1}{980\,\text{cm/s}^2} = \dfrac{75.76(\text{g}\cdot\text{cm/s}^2)/\text{cm}}{980(\text{cm/s}^2)} = 0.077\,\text{g/cm}$

---

33 직경의 비가 1 : 2 : 3 되는 3개의 모세관을 물 속에 수직으로 세웠을 때 모세관 현상에 의하여 관내 상승고 H의 비는 다음 중 어느 것인가?

㉮ 3 : 2 : 1   ㉯ $3^2 : 2^2 : 1^2$
㉰ $\dfrac{1}{1} : \dfrac{1}{2} : \dfrac{1}{3}$ ㉱ $\dfrac{1}{1^2} : \dfrac{1}{2^2} : \dfrac{1}{3^2}$

해설 모관고 H는 관경 D에 반비례한다.(Jurin's 법칙)

정답 30. ㉱ 31. ㉱ 32. ㉯ 33. ㉰

| 수리학 |

34 직경 0.3cm에 매끈한 유리관을 15℃의 물 속에 세웠을 경우 모세관 현상에 의한 물의 높이는? (단, 접촉각은 9°, T_{15} = 0.075g/cm이다.)

㉮ 0.324cm ㉯ 0.154cm ㉰ 0.988cm ㉱ 0.215cm

해설 모세관고 : $h = \dfrac{4T\cos\theta}{w_0 d} = \dfrac{4 \times 0.075 \cos 9°}{1 \times 0.3} = \dfrac{4 \times 0.075 \times 0.988}{0.3} = 0.988\text{cm}$

35 정지하고 있는 물 속에 지름 0.2cm의 유리관을 똑바로 세웠을 때 모세관 현상으로 물이 관내로 1.528cm가 올라왔다. 이때 표면장력을 구하라. (단, 접촉각 $\theta = 0°$이다.)

㉮ 0.0764g/cm ㉯ 0.0864g/cm ㉰ 0.0964g/cm ㉱ 0.1064g/cm

해설 표면장력 : $T = \dfrac{w_0 dH}{4\cos\theta} = \dfrac{1 \times 0.2 \times 1.528}{4 \times 1} = 0.0764\text{g/cm}$

36 물의 표면장력이 0.075g/cm일 때 지름 4mm인 물방울이 외부압력의 차이는?

㉮ 0.75g/cm² ㉯ 1.51g/cm² ㉰ 0.3g/cm² ㉱ 0.22g/cm²

해설 압력차 : $\Delta P = \dfrac{4T}{d} = \dfrac{4 \times 0.075 \text{g/cm}}{0.4 \text{cm}} = 0.75 \text{g/cm}^2$

37 다음 중에서 표면장력의 차원은?

㉮ ML^{-2} ㉯ MT^{-2} ㉰ MLT^{-2} ㉱ ML

해설 표면장력 : $T\left(\dfrac{\text{g}}{\text{cm}}\right) = \dfrac{F}{L} = \dfrac{MLT^{-2}}{L} = MT^{-2}$

38 동점성계수 ν 단위가 아닌 것은?

㉮ kg·s/m² ㉯ m²/s ㉰ cm²/s ㉱ Stokes

해설 동점성계수 : $\nu = \dfrac{\mu}{\rho} = \dfrac{\text{kg·s/m}^2 (\text{공학단위})}{\text{kg·s}^2/\text{m}^4 (\text{공학단위})} = \text{m}^2/\text{s}$

정답 34. ㉰ 35. ㉮ 36. ㉮ 37. ㉯ 38. ㉮

39 점성계수 μ의 차원은?

㉮ $ML^{-1}T^{-2}$　　㉯ $ML^{-1}T^{-1}$　　㉰ $M^{-1}L^{-1}T^{-1}$　　㉱ $ML^{-2}T^{-1}$

해설 ① 전단력 : $\tau = \mu \dfrac{dV}{dy}$ 에서 $\mu = \dfrac{\tau}{\dfrac{dV}{dy}} = \dfrac{\text{kg/m}^2}{\text{(m/s)/m}} = \text{kg} \cdot \text{s/m}^2$

② 점성계수 : $\mu = \dfrac{\tau}{\left(\dfrac{dV}{dy}\right)} = \dfrac{[ML^{-1}T^{-2}]}{\left[\dfrac{LT^{-1}}{L}\right]} = ML^{-1}T^{-1}$

40 동점성계수의 차원은 다음 어느 것인가?

㉮ $\dfrac{L^2}{T}$　　㉯ $\dfrac{T}{L^2}$　　㉰ $\dfrac{LM}{T^2}$　　㉱ $\dfrac{L^2M}{T}$

해설 동점성계수의 단위(cm²/s)이므로 $[L^2T^{-1}]$이다.

41 마력의 차원은 다음 어느 것인가?

㉮ $[MLT]$　　㉯ $[ML^2T^{-1}]$　　㉰ $[ML^2T^{-3}]$　　㉱ $[MLT^{-2}]$

해설 $1H_P = 75 \text{kg} \cdot \text{m/s}$ 이므로 $[FLT^{-1}] = [MLT^{-2}][LT^{-1}] = [ML^2T^{-3}]$

42 5g/cm²의 양을 C.G.S로 환산하면?

㉮ 980g · sec²　　㉯ 4,900g · cm/sec²
㉰ 980g/cm · sec²　　㉱ 4,900g/cm · sec²

해설 ① 1g(공학)단위는 $1g \times g = 1g \times 980 \text{cm/sec}^2$ 이므로
② $5 \text{g/cm}^2 \times 980 \text{cm/sec}^2 = 4,900 \text{g/cm} \cdot \text{sec}^2$

43 5,880의 C.G.S 단위를 공학적으로 표시하면?

㉮ 35,280g/cm²/sec²　　㉯ 676,240g/cm²
㉰ 6g · cm · sec²　　㉱ 588g · cm

정답 39. ㉯　40. ㉮　41. ㉰　42. ㉱　43. ㉰

| 수리학 |

해설 $5,880\,\text{g}\cdot\text{cm}^2 \div g = 5,880\,\text{g}\cdot\text{cm}^2 \times \dfrac{1}{980\,\text{cm/sec}^2} = 6\,\text{g}\cdot\text{cm}\cdot\text{sec}^2$

44 Manning의 공식은 $V_m = \dfrac{1}{n}R^{\frac{2}{3}}I^{\frac{1}{2}}$ 이다. 조도계수 n의 차원은?

㉮ $[LT^{-1}]$ ㉯ $[L^{\frac{1}{2}}T]$ ㉰ $[L^{-\frac{1}{3}}T]$ ㉱ $[L^{-\frac{2}{3}}T]$

해설 식 중에서 V_m은 유속으로 차원은 $[LT^{-1}]$, R은 경심 $[L]$, I는 동수구배 $[L^0M^0T^0]$
$[LT^{-1}] = \dfrac{1}{n}\cdot L^{\frac{2}{3}}$ ∴ $[n] = L^{-\frac{1}{3}}T$

45 유속 V, 경심 R, 동수경사를 I라 하면 Chezy 평균유속공식은 $V = C\sqrt{RI}$로 표시된다. C의 차원은?

㉮ $[LT^{-1}]$ ㉯ $[L^{\frac{1}{2}}T^{-1}]$ ㉰ $[LT^{-2}]$ ㉱ $[L^{\frac{1}{2}}T^{-2}]$

해설 V의 차원은 $[LT^{-1}]$, R의 차원 $[L]$, I의 차원은 $[L^0M^0T^0]$로 없으므로 따라서
차원방정식은 $[LT^{-1}] = [C][L^{\frac{1}{2}}]$ ∴ $[C] = [L^{\frac{1}{2}}T^{-1}]$

46 다음 중 투수계수(k)의 차원은 어느 것인가?

㉮ $[LT^{-1}]$ ㉯ $[L^{-2}T]$ ㉰ $[LT^{-2}]$ ㉱ $[L^{-2}T^{-2}]$

해설 유속 : $V = (K\cdot I) = k\left(\dfrac{dh}{dl}\right) = k(\text{m/s}) \times \dfrac{dh(\text{m})}{dl(\text{m})} = \text{m/s} = [LT^{-1}]$

47 다음은 힘의 단위인 dyne을 표시한 것이다. 옳은 것은?

㉮ $1\text{g}\cdot\text{cm/sec}$ ㉯ $1\text{g/cm}\cdot\text{sec}$ ㉰ $1\text{g}\cdot\text{cm/sec}^2$ ㉱ $980\text{g}\cdot\text{cm/sec}^2$

해설 1dyne이란 질량 1g인 물체에 1cm/sec^2의 가속도를 갖는 힘이다.

정답 44. ㉰ 45. ㉯ 46. ㉮ 47. ㉰

48 용적 $V= 4.8\text{m}^3$인 유체의 중량 $W= 6.384\text{ton}$일 때 이 유체의 밀도(ρ)를 구하면?

㉮ $135.7\text{kg}\cdot\text{s}^2/\text{m}^4$ ㉯ $133.0\text{kg}\cdot\text{s}^2/\text{m}^4$
㉰ $306.2\text{kg}\cdot\text{s}^2/\text{m}^4$ ㉱ $470.4\text{kg}\cdot\text{s}^2/\text{m}^4$

해설 ① 무게 : $W=\text{mg}=w_0 V$에서, $w_0=\dfrac{m}{V}=\dfrac{6.384t}{4.8\text{m}^3}=1.33\text{t}/\text{m}^3$

② $W=w_0 V$에서 $w_0=\left(\dfrac{m}{V}\right)g=\rho g$이므로, 밀도 $\rho=\dfrac{w_0}{g}=\dfrac{1,330\text{kg}/\text{m}^3}{9.8\text{m}/\text{sec}^2}=135.7\text{kg}\cdot\text{s}^2/\text{m}^4$

49 부피가 5,000cm³인 직육면체의 물체를 물속에 넣었을 때 물속에서 물체의 무게가 10kg이었다. 물체의 비중 γ는?

㉮ 2 ㉯ 3 ㉰ 4 ㉱ 5

해설 ① 공기 중 무게 = 수중무게 + 부력($w_0 V$)
   = 10kg + 1g/cm³×5,000cm³
   = 10kg + 5,000g
   = 15,000g

② 단위중량 : $w_0=\dfrac{w}{V}=\dfrac{15,000\text{g}}{5,000\text{cm}^3}=3\text{g}/\text{cm}^3$

③ 비중 : $\gamma=\dfrac{\text{물체의 단위중량}}{\text{물의 단위중량}}=\dfrac{3\text{g}/\text{cm}^3}{1\text{g}/\text{cm}^3}=3$

50 어떤 물체가 공기 중에서 27kg이고, 물속에서는 18kg일 때 이 물체의 비중은?

㉮ 1 ㉯ 2 ㉰ 3 ㉱ 4

해설 ① 공기 중 무게 = 수중무게 + 부력($w_0 V$)
   $27\text{kg}=18\text{kg}+w_0 V$
   $w_0 V=9\text{kg}$

② 체적 : $V=\dfrac{9\text{kg}}{w_0}=\dfrac{9,000\text{g}}{1\text{g}/\text{cm}^3}=9,000\text{cm}^3$

③ 단위중량 : $w_0=\dfrac{W}{V}=\dfrac{27,000\text{g}}{9,000\text{cm}^3}=3\text{g}/\text{cm}^3$

④ 비중 : $\gamma=\dfrac{\text{물체의 단위중량}}{\text{물의 단위중량}}=\dfrac{3\text{g}/\text{cm}^3}{1\text{g}/\text{cm}^3}=3$

Chapter 02

정수역학

1. 정수압의 특성   41
2. 압력   43
3. 압력의 전달   45
4. 압력의 측정   48
5. 평면에 작용하는 정수압   51
6. 연직면에 작용하는 정수압   53
7. 경사 평면에 작용하는 수압   58
8. 곡면에 작용하는 전수압   59
9. 부체와 안정   63
10. 상대적 정지운동   69

Chapter 02 정수역학

흐르지 않고 정지상태에 있는 물이 어떤 점 혹은 면에 작용하는 힘의 관계를 다루는 분야를 **정수역학**(Hydrostatic)이라 한다. 즉, 물 속에서의 위치변화에 따르는 압력의 변화양상과 물의 무게에 의해 유발되는 단위면적당의 힘인 정수압강도의 측정단위 및 방법, 각종 면에 작용하는 전수압의 크기와 작용점 등의 문제를 다루는 것이다. 정지하고 있는 유체에서는 분자 상호간에 상대적인 운동이 없으므로 유체의 점성은 역할을 못한다. 따라서 마찰의 원인이 되는 점성효과를 무시할 수 있으므로 실험할 필요 없이 순수 이론적 해석에 의해 정수역학 문제의 해결이 가능한 것이다.

유체 내부에 상대속도가 없으면 마찰력은 작용하지 않으므로 정지유체 속에는 마찰력이 작용하지 않는다. 그리고 정지유체의 물은 기체와 접하고 있는 수면에 작용하는 표면장력 이외에는 인장력이 없으므로 결국 정지 수중에 작용하는 힘은 압력뿐이다.

이와 같이 정지 수중이나 용기의 벽면에 작용하는 물의 압력을 **정수압**(Hydrostatic Pressure)이라 한다. 용기의 벽면에 작용하는 정수압은 항상 생각하고 있는 면에 수직으로 작용한다. 이것으로 정수 중에는 마찰력이 작용하지 않음을 설명할 수 있다.

정수역학의 이론은 압력의 측정과 물탱크, 기름탱크, 벽 및 Dam의 수문 등에 작용하는 힘을 계산하는 데 이용된다.

1 정수압의 특성

유체의 내부에 상대속도가 없으면 마찰력은 작용하지 않으므로 정지유체 속에는 마찰력이 작용하지 않는다. 그리고 정지유체의 물은 기체와 접하고 있는 수면에 작용하는 표면장력 이외에는 인장응력과 전단응력도 생기지 않으며, 단지 정지상태에 있는 유체가 작용하는 힘의 크기로 그 면에 수직인 압력만이 작용하는데, 이 압력을 **정수압**(Hydrostatic Pressure)이라 한다.

1) 정수역학의 정의

정수역학의 유체 내에서 유체입자의 상대적인 움직임이 없는 경우나 정지상태의 경우를 의미하며, 유체 속에서 마찰력이 작용하지 않는 상태($\tau=0$)이므로 Newton의 점성법칙 $\tau=-\mu(dv/dy)$에서 속도기울기가 $dv/dy=0$인 경우이다. 즉 정수 중에는 마찰력이 작용하지 않기 때문에 압력은 반드시 면에 직각으로 작용한다.

① 정수압이 면에 수직으로 작용하지 않으면 분력의 차이로 전단력이 발생하여 흐르게 된다.
② 정수압이 면에 수직으로 작용하여야 수평분력과 수직분력이 같아서 전단력이 발생하지 않는다.

| 수리학 |

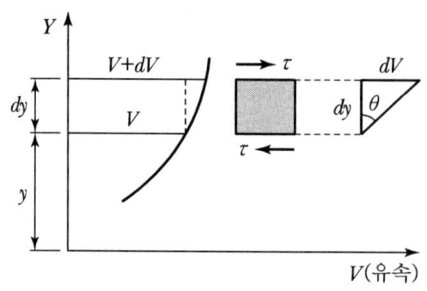

[뉴턴의 점성법칙]

- Newton의 점성법칙 : $\tau = -\mu \left(\dfrac{dV}{dy} \right)$
- 속도구배 : $I = \dfrac{높이}{밑변} = \dfrac{dv}{dy}$

유체입자 사이에 상대적인 운동이 없으므로 점성효과가 나타나지 않게 되어 전단응력이 발생하지 않는다. 즉, 마찰의 원인이 되는 점성은 무시된다.

2) 정수역학의 기본원리

물속의 한 점에서는 전후·좌우·상하의 모든 방향에서 같은 세기(크기)의 힘이 미친다. 그 크기는 물의 깊이에 따라 달라진다. 정수압의 크기는 단위면적당 작용하는 수압으로 표시하고 이것을 정수압강도 또는 수압이라고 한다.

① 정수 중의 물체에 작용하는 정수압의 방향은 물체 표면에 직각으로 작용한다.
② 정수압의 강도는 단위면적에 작용하는 크기로 표시한다.
   전면적 A에 균일하게 작용하는 전수압을 P라고 하면 단위면적당에 작용하는 수압강도 p는 다음과 같다.

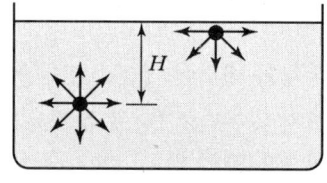

[정수압의 작용방향]

- 수압강도 : $p = \dfrac{P}{A}$ (kg/cm², t/m²)

③ 정수 중 임의점이 받는 정수압의 강도는 수심에 비례한다.

- 수압강도 : $p = w_0 H$

여기서, w_0 : 물의 단위중량
H : 수심

④ 정수 중 임의점 한 점이 받는 정수압의 강도는 모든 방향에 대하여 동일하다.

- $p_1 A_1 = p_3 A_3 \sin\theta$
- $p_2 A_2 = p_3 A_3 \cos\theta$

그러나, $A_3 \sin\theta = A_1$, $A_3 \cos\theta = A_2$

그러므로 $p_1 = p_2 = p_3$이다.

따라서 정수 중의 한 점에 있어서 정수압의 강도는 면의 방향에 관계없이 일정하다.

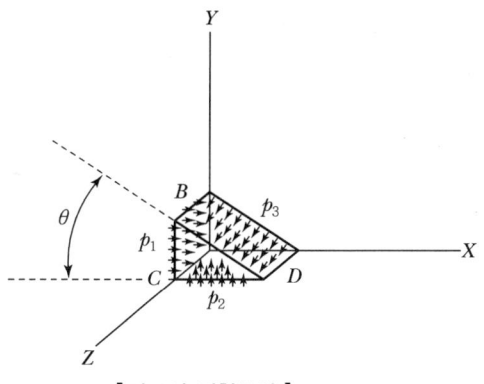

[좌표의 평형등식]

2 압력(Pressure)

고체의 경우 그 표면 위에 모든 방향에서 힘을 작용시킬 수 있지만 액체의 경우에는 그 표면에 수직방향으로만 힘을 작용해야 한다. 그 이유는 정지해 있는 유체는 표면의 접선방향의 힘을 지탱하지 못하기 때문이다. 접선방향의 힘을 작용하면 유체 내부의 각층은 서로 미끄러져 나가게 될 것이다.

1) 대기압

지구의 표면을 둘러싸고 있는 공기는 질량을 가지고 있기 때문에 지상의 물체에 대하여 모든 방향으로부터 압력을 가한다. 이 압력을 대기압(Atmospheric Pressure)이라 한다. 지상의 물체는 대기압을 받아도 양측에서 또는 내외에서 받기 때문에 지각(知覺)할 수가 없다. 다만 진공(眞空)과 비교할 때 비로소 기압이 가해짐을 알 수 있다.

한쪽 끝이 막힌 유리관에 수은을 가득 채우고 수은이 담긴 그릇에 거꾸로 세웠더니 관 내부의 수은이 그릇의 수은 표면에서 약 76cm 높이에서 멈추는 것을 발견하였다. 따라서 대기압은 수은주 높이로 76cm의 압력과 같다고 할 수 있다.

- 1기압(atm) ≒ 표준기압 1기압

- 1기압(atm) = $w_o'H$ = 13.5965g/cm³×76cm
   $\qquad\qquad$ = 1,033g/cm² = 1.033kg/cm²

- 1기압(atm) = 1,033g/cm²×g = 1,033g/cm²×980cm/s²
   $\qquad\qquad$ = 1.013×10³(g·cm/s²)/cm² = 1.013×(10³dyne/cm²)
   $\qquad\qquad$ = 1,013millibar

- 1기압(atm) = 수주 높이로 10.33m에 해당하는 압력

- 1기압(atm) = 수은주 높이로 76cm에 해당하는 압력

2) 표준기압 1기압

대기압은 지구상의 위치 및 시간에 따라 다르나 보통은 1기압으로 가정한다. 1기압이란 위도 45°의 해면상에 0℃일 때 단위면적상에 수은주 760mmHg의 무게를 지칭하는 것으로서, 4℃일 때의 수주라면 10.33m 높이에 상당한 무게이다. 이를 표준기압 1기압이라고 한다.

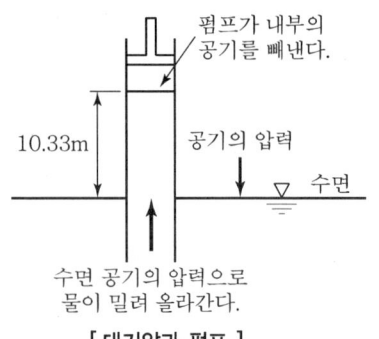

[대기압과 펌프]

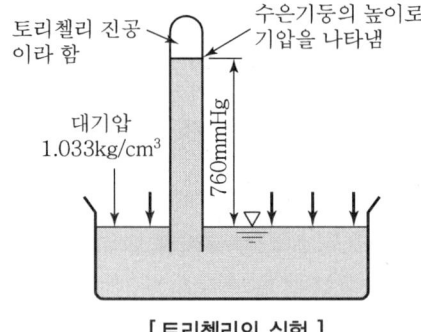

[토리첼리의 실험]

양수펌프(Pump)가 물을 길어올릴 수 있는 것은 그림과 같이 생각할 수 있다. 펌프가 파이프(Pipe) 내부의 공기를 빼낼수록 파이프 내부의 공기의 압력은 줄어든다. 그러나 수면에서는 대기압이 일정하게 작용하므로 수면의 대기압과 파이프 내부 공기압력의 차로 인하여 물이 파이프 내부로 밀려 올라간다. 파이프 내부에 물이 최대로 올라갔을 때가 내부의 공기를 거의 빼냈을 때인데, 이때 파이프 내부에 올라가는 물기둥의 높이는 약 10.33m 정도가 된다. 이것을 결국 대기압이 물기둥을 10.33m 정도 밀어올릴 수 있은 크기임을 나타낸 것이다.

3) 공학기압 1기압

20세기에 와서 유럽에서는 1kg/cm²의 수압력, 즉 단위면적을 가진 10m의 수주가 4℃일 때 나타내는 무게와 같은 대기압을 공학기압으로 정하였는데, 이는 수리학상으로 대단히 유리하다.

4) 절대압력과 계기압력

① 절대압력(Absolute Pressure)은 압력측정 시 대기압(P_a)을 고려하는 압력이다.

- 절대압력 : $P_{abs} = (대기압 + 계기압력) = P_a + w_0 H$

② 계기압력(Gauge Pressure)은 압력측정 시 대기압(P_a)을 무시하는 압력이다.

- 계기압력 : $p = (단위중량) \times T(수두) = w_0 H$

여기서, w_o : 액체의 단위중량
H : 수두(수심)

3 압력의 전달

유체(Fluid)는 흐를 수 있고 자체의 고유 형태를 갖고 있지 않은 물질을 뜻한다. 따라서 모든 액체와 기체는 유체에 속한다. 액체는 그것이 담겨 있는 용기의 모양을 갖게 되며, 기체는 담겨 있는 용기의 모양을 가질 뿐만 아니라 그 속을 꽉 채운다.

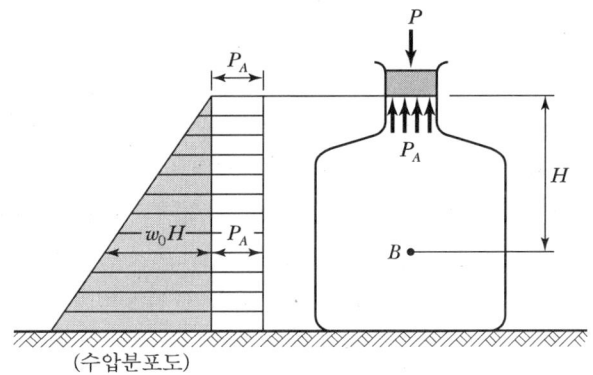

[압력의 전달관계]

① 마개의 밑면 A에 작용하는 수압의 강도 P_A는 다음과 같다.

- 수압강도 : $P_A = \dfrac{\text{총수압}(P)}{\text{단면적}(A)}$

② 수심 H 깊이에 있는 B점의 수압강도 P_B는 다음과 같다.

- 수압강도 : $P_B = P_A + w_0 H$

1) Pascal의 원리

정수 중의 한 점에 압력을 가하면 그 압력은 그 거리에 관계없이 물속의 모든 곳에 동일하게 전달된다. 이것을 Pascal의 원리(Theorem of Pascal)라고 한다. 파스칼의 원리는 밀폐되어 있는 액체나 기체에 압력을 가하면 압력을 받는 물질 내 모든 곳이 같은 크기의 압력을 받는다는 것이다. 압력의 전달속도 C는 용기가 완전히 강체로써 액체의 체적탄성계수를 E_v라 하면 다음과 같다.

- 전달속도 : $C = \sqrt{\dfrac{\text{체적탄성계수}(E_v)}{\text{밀도}(\rho)}} = \sqrt{\dfrac{2.04 \times 10^8}{102}} = 1{,}400 \text{m/s}$

여기서, 수온이 20℃이면 $E_v = 2.04 \times 10^8 \text{kg/m}^2$, $\rho = \dfrac{w_0}{g} = \dfrac{1{,}000 \text{kg/m}^3}{9.8 \text{m/s}^2} = 102 \text{kg} \cdot \text{s}^2/\text{m}^4$이므로 $C ≒ 1{,}400 \text{m/s}$의 곳으로 전달되어 용기가 매우 크다고 하더라도 압력의 전달은 용기 전체를 통해서 순간적이다.

2) 수압기의 원리

Pascal의 원리를 응용하여 작은 힘으로 큰 힘을 얻을 수 있는 장치를 **수압기**라 한다. 그림과 같이 용기 속에 액체를 넣고 마개를 막은 다음 외력을 작용시켜 평형이 되게 한 뒤 평형조건식을 세우면 양측의 수압강도가 같아야 하므로, 수압기는 바로 이러한 원리를 이용한 것으로 좁은 면적을 통해 물을 흘려보냄으로써 작은 힘으로 큰 수압을 낼 수 있게 하는 것이다. 샤워기의 구멍을 작게 만드는 것도 물살을 세게 만들기 위해 이와 같은 원리를 이용한 것이다.

- 수압강도 : $p = \dfrac{\text{힘}}{\text{단면적}} = \dfrac{f}{a} = \dfrac{F}{A}$

- 왼쪽의 수압강도 : $\left(\dfrac{f}{a}\right)$ = 오른쪽의 수압강도 : $\left(\dfrac{F}{A}\right)$

- 하중 : $F = \left(\dfrac{A}{a}\right) \cdot f$

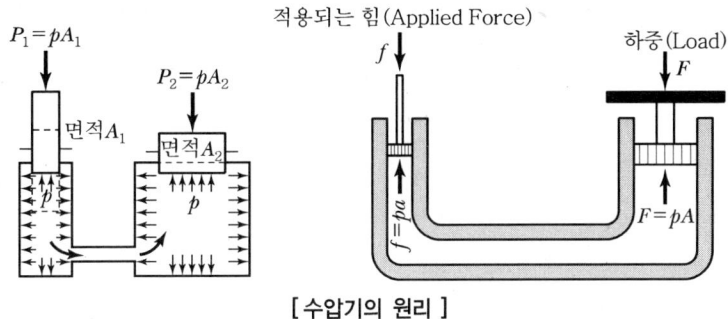

[수압기의 원리]

① 압력은 작용하는 면에 수직하게 작용한다.
② 각 점의 압력은 모든 방향에 같다.
③ 밀폐용기 중의 정지유체의 압력은 같다.

3) 수압기계의 원리

압력을 전하는 액체로 기름을 많이 사용하므로 유압기라고도 한다. 단면이 작은 부분에 압력을 가하여 단면이 큰 부분에서 큰 힘을 얻도록 한 장치이다. 즉 A와 a의 비를 크게 하면 A의 작은 움직임에 대하여도 a가 매우 크게 움직이는 것이 필요하게 되므로 이 움직임을 적게 하기 위하여 펌프로 기름을 보급한다.

오른쪽 그림과 같은 장치를 하면 내압재료를 압축하는 힘 Q는 다음 식으로 얻어진다.

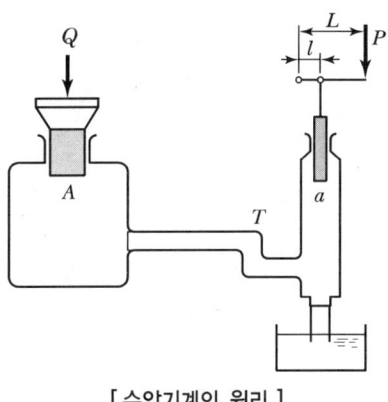

[수압기계의 원리]

- 힘 : $Q = P \cdot \dfrac{L}{l} \cdot \dfrac{A}{a}$

4 압력의 측정

정지유체는 인접하고 있는 유체층에 대하여 미끄러지지 않으므로 유체요소의 변형이 없고 전단력을 받지 않는다. 그것은 마찰을 받지 않기 때문이며 마찰의 영향은 유체가 움직일 때에만 전단력을 받는다. 그러므로 정지유체는 전단력이나 인장력을 받지 않고 압축력만 받게 된다.

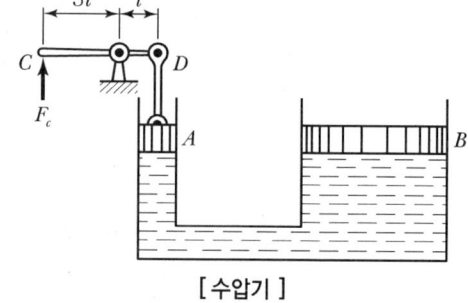

[수압기]

① 압력계 : 대기압 이상을 측정하는 계기이다.
② 진공계 : 대기압 이하를 측정하는 계기이다.
③ 게이지 압력(Gauge Pressure) : 대기에 접하는 수면은 모두 대기의 압력을 받고 있다. 대기압이 작용하고 있지만 대기의 압력을 생략하고 $p = w_0 H$로 나타내는 압력을 말한다. 대기압을 고려한 압력을 절대압력이라고 한다.

- 절대압력 : $P_{abs} = (대기압) + (계기압력) = P_a + w_0 H$

여기서, P_a : 대기압, $w_0 H$: 계기압력

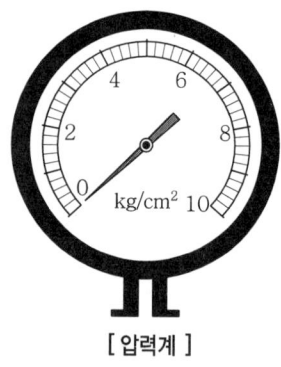

[압력계]

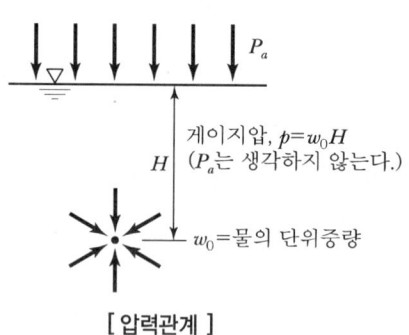

[압력관계]

1) 액주계(Manometer)와 피에조미터(Piezometer)

밀폐된 용기 내의 압력 또는 관 내의 압력을 측정할 때에는 압력계를 사용한다. 압력계는 보통 똑바른 유리관으로 되어 있으며 이것을 측정하고자 하는 용기 또는 관에 연결하여 유리관 내에 상승하는 물의 높이 H로써 압력을 측정하는 것이다.

액주계는 관로나 용기의 한 단면에서 특정지점의 압력이나 두 점 간의 압력차를 측정하는 데 사용된다.

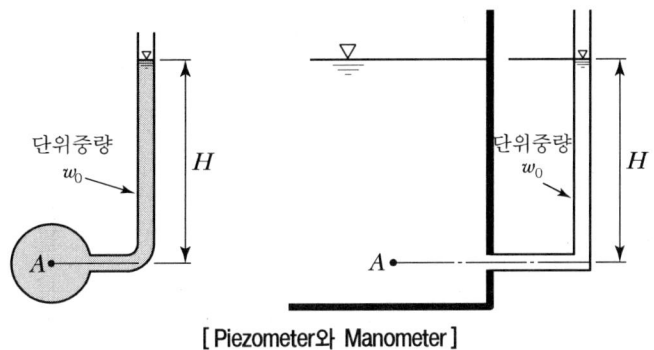

[Piezometer와 Manometer]

- A점의 계기압력 : $p = w_0 H$

연직식 액주계는 낮은 압력을 측정하는 데 이용한다.

2) 경사액주계

압력의 변화가 적은 경우 혹은 압력 측정의 정도를 높이기 위해서 경사액주계를 사용한다.

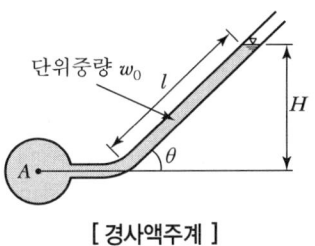

[경사액주계]

- A점의 계기압력 : $p = w_0 H = w_0 (l \sin\theta)$

경사직 액주계는 압력이 작아서 눈금을 읽기 어려울 때 액주계를 기울어지게 하여 눈금을 확대시킴으로써 읽기 쉽게 한 것이다.

3) U자형 액주계

관 속의 압력이 클 때 관의 길이를 줄이기 위해 비중이 큰 수은 등을 사용하여 U자형 액주계를 사용한다. U자형의 오른쪽과 왼쪽은 압력이 같아서 평형 상태를 유지하고 있다.

$$\therefore \mathrm{p}_A + w_1 h_1 = w_2 h_2$$

- A점의 수압강도 : $\mathrm{p}_A = w_2 h_2 - w_1 h_1$

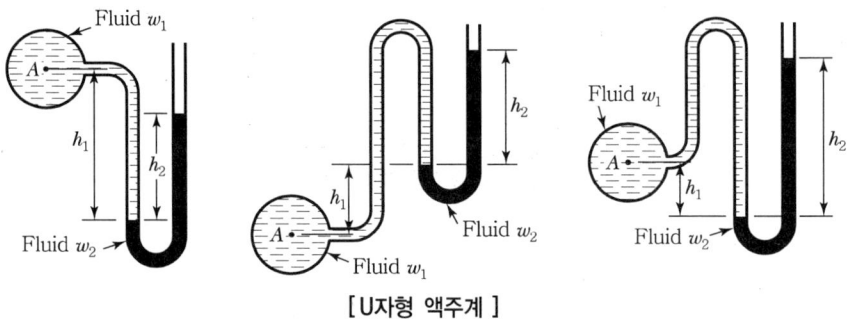

[U자형 액주계]

4) 역U자형 액주계

압력차가 비교적 적을 때 사용하며 비중이 1보다 작고 물과 잘 혼합하지 않은 벤젠 등을 사용한다.

5) 차동수압계

차동수압계를 U자형 수압계라고 한다. 여기서 압력을 측정하고자 하는 유체보다 비중이 크고 서로 혼합되지 않는 유체를 U자관 내에 넣어야 한다. 두 관 또는 두 점 사이나 두 개의 탱크 사이의 압력차를 측정하고자 할 때에는 **차동수압계**(Differential Manometer)를 사용하는데 시차액주계라고도 한다. U자형의 오른쪽과 왼쪽은 압력이 같아서 평형 상태를 유지하고 있다.

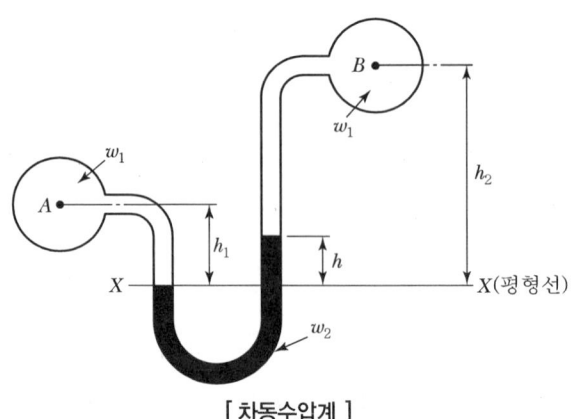

[차동수압계]

$$\therefore p_A + w_1 h_1 = p_B + w_1(h_2 - h) + w_2 h$$

- AB점 압력차 : $p_A - p_B = w_2 h + w_1(h_2 - h_1 - h)$
$$= w_1(h_2 - h) + w_2 h - w_1 h_1$$

6) 미차수압계

높은 정밀도의 수압을 측정하고자 할 때 혹은 극히 작은 압력차를 측정할 때는 미차수압계(Micro Manometer)를 사용한다.

5 평면에 작용하는 정수압

물 속의 평면에 작용하는 정수압에 의한 힘의 크기와 작용방향 및 작용점을 결정하는 문제는 댐, 수문, 수조 및 선박의 설계에 있어서 여기에 작용하는 전수압과 그 작용점의 위치를 정확히 알아야만 구조적인 계산을 거쳐 단면의 두께나 재료의 선택 등에 대단히 중요한 위치를 차지한다. 정지유체 중에 잠겨있는 수평면은 액체의 자유표면으로부터 같은 깊이(h)에 놓여 있으므로 평면의 한 쪽 면에 작용하는 압력 $p = w_0 h$는 평면 전체 면에 균등하게 수직으로 작용한다.

1) 수압강도와 총수압

정지상태의 유체가 단위면적에 작용하는 힘의 크기를 수압강도라 하며, 어느 면적 전체에 작용하는 정수압의 크기를 전수압(전압력, 총수압)이라 한다.

- 수압강도 : $p = \dfrac{\text{총수압}(P)}{\text{단면적}(A)} = \dfrac{w_0 h A}{A} = w_o h$
- 총수압 : $P = pA = (w_0 h)A = w_0(h \cdot A) = w_0 V$

여기서, p : 수압강도
P : 총수압
A : 정수압이 작용되는 면적
V : 체적

즉, 수평한 평면에 작용하는 총수압은 그 평면을 밑면으로 하는 연직수주의 무게와 같다. 총수압 P의 작용선은 그 평면의 도심을 통하고 면에 수직한 선이다. 총수압이 작용한다고 가상하는 점을 수압의 중심(Center of Pressure)이라고 한다.

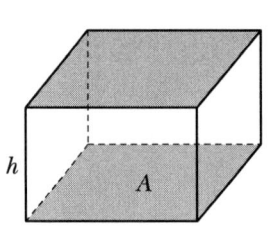 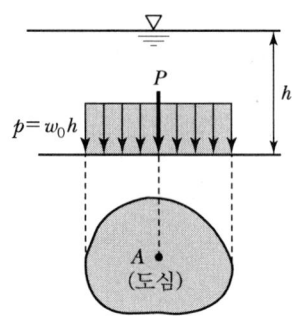

[밑면에 작용하는 정수압]

2) 수평한 평면에 작용하는 전수압

물속에 임의의 평면을 생각하여 그 평면의 단면적을 A, 이 단면에 균일한 압력이 작용할 때 그 평면상에 작용하는 힘을 전수압(총수압)이라 한다.

① 전수압은 평면을 바닥으로 하는 수면까지의 연직수조의 무게와 같다.
② 평면이 물 속에 수평으로 놓여 있으면 단위면적당 압력인 수압강도 $p = w_0 h$이며 평면의 면적을 A라 할 때 전수압 $P = (수압강도\ p) \times (단면적\ A) = (w_0 h)A$이다.
③ 전수압의 작용점은 평면의 도심, 즉 수중물체의 중심(도형의 도심)이 된다.

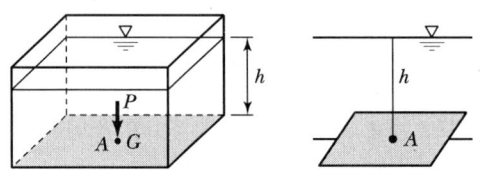

[밑면에 작용하는 정수압]

수면과 평행한 평면에 작용하는 정수압의 분포는 평면상의 모든 점에서의 압력강도가 동일하므로 직사각형 모양을 가지며 직사각형의 면적은 평면 위의 물의 실체적을 표시하며 이를 **압력프리즘**(Pressure Prism)이라 부른다.

- 밑면에 작용하는 총수압 : $P = (수압강도) \times (단면적) = pA = (w_0 h)A$

3) 정수압의 분포

정수 중에 있는 평면에 작용하는 정수압은 면에 수직으로 작용하고, 그 강도는 수심에 비례한다. 압력분포도는 다음과 같은 다각형으로 형성된다.

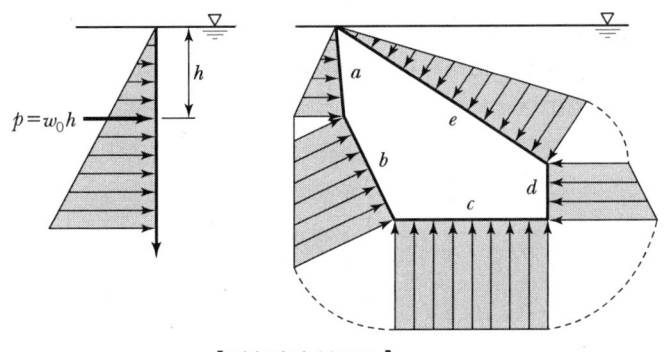

[정수압의 분포도]

6 연직면에 작용하는 정수압

정지하고 있는 물속에 평판을 수직으로 세우면 수심에 비례하는 정수압이 면에 직각으로 작용한다. 구형평면을 연직으로 세워서, 그림과 같이 물을 막아놓았다면, 수압은 면에 수직하게 작용하고 수압의 분포는 수면에서 삼각형이 된다.

- 도형의 단면적 : $A = bh$
- 수면에서 도형의 도심까지 거리 : h_G
- 수면에서 수압의 작용점까지 거리 : h_C

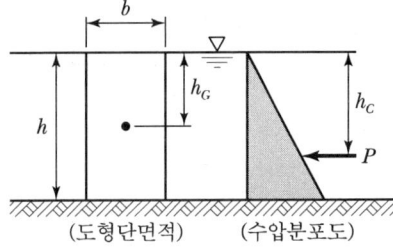

[연직면에 작용하는 정수압]

1) 상면이 수면과 일치할 때

그림에서 수심 Z인 점의 수압강도는 $p = w_0 z$이고 미소면적 $dA = b \cdot dz$, 이때 단면에 작용하는 전수압 $dP = p \cdot dA = w_0 z \cdot bdz$이다. 따라서 전면적을 적분하면 전수압(Total pressure)이 된다.

$$dP = w_0 z \cdot dA$$

$$\int dP = \int_0^h w_0 z \cdot bdz = \int_0^h w_0 bzdz$$

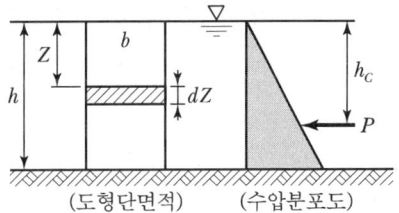

[연직면에 작용하는 정수압]

*적분 : (지수에 1을 더한 것 분의 1)에 (지수에 1을 더한다)

$$P = w_0 b \cdot \left(\frac{1}{1+1}\right)[z^{(1+1)}]_0^h = \frac{1}{2} w_0 bh^2 = w_0\left(\frac{h}{2}\right)(b \cdot h)$$
$$= w_0 (h_G) A$$

또, 상면이 수면과 일치할 때 그 장방형의 폭을 b, 높이를 h라 하고 수압의 분포도를 그리면 삼각형으로 되어 전수압은 이 삼각형의 면적 곱하기 폭 b로 표시된다.

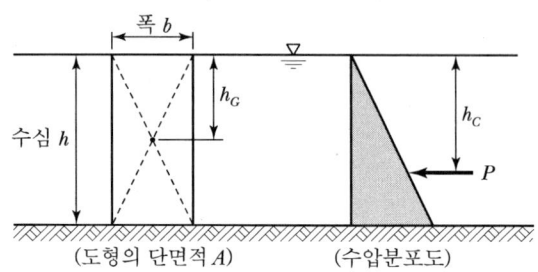

[도형과 수압분포도]

- 전수압 : $P = \blacktriangle$면적 $\times$ 폭 $b = \left(\dfrac{1}{2} \times 밑변 \times 높이\right) \times 폭 b$

$$= \left(\dfrac{1}{2} \times w_0 h \times h\right) \times b = \dfrac{1}{2} w_0 b h^2 = w_0 \left(\dfrac{h}{2}\right)(b \cdot h) = w_0(h_G)A$$

- h_G : 수면에서 도형의 도심까지 거리
- h_C : 수면에서 전수압의 작용점까지 거리

도형의 도심

도 형	사 각 형	삼 각 형	원 형
도 심	$\dfrac{h}{2}$, $\dfrac{h}{2}$	$\dfrac{2}{3}h$, $\dfrac{1}{3}h$	$\dfrac{D}{2}$, $\dfrac{D}{2}$
특 징	대각선의 교점	각의 2등분선의 교점	원의 중심

2) 상면이 수면 이하에 있을 때

그림과 같이 수심이 Z인 점의 수압강도 $p = w_0 z$이고 미소면적 $dA = b \cdot dz$, 이때 단면에 작용하는 전수압 $dP = w_0 z \cdot dA = w_0 z \cdot b dz$이다. 따라서 전면적을 적분하면 전수압(Total pressure)이 된다.

$$dP = w_0 z \cdot dA$$
$$\int dP = w_0 z \cdot b dz = \int_{h_2}^{h_1} w_0 b \cdot z dz$$

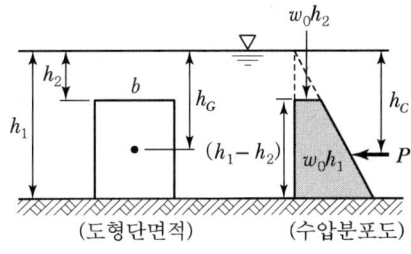
[연직면에 작용하는 정수압]

*적분 : (지수에 1을 더한 것 분의 1)에 (지수에 1을 더한다)

$$P = w_0 b \left(\frac{1}{1+1}\right)\left[z^{(1+1)}\right]_{h_2}^{h_1}$$
$$= \frac{1}{2}w_0 b\left(h_1^2 - h_2^2\right)$$
$$= \frac{1}{2}w_0 b(h_1 + h_2)(h_1 - h_2)$$
$$= w_0\left(\frac{h_1 + h_2}{2}\right)\{b \cdot (h_1 - h_2)\}$$
$$= w_0(h_G)A$$

또, 수면에서 떨어진 면적 A의 평면형이 수면에 연직인 위치에 있을 때 수압을 구해보면 수압분포는 사다리꼴이 된다. 따라서 전수압은 이 사다리꼴의 면적에 폭 b를 곱하면 된다.

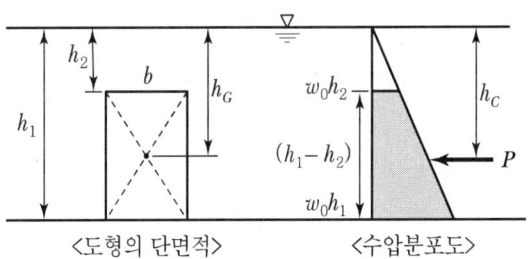
[도형과 수압분포도]

• 전수압 : $P =$ ▨ 면적 × 폭 $b = \left\{\frac{1}{2}(윗변+아랫변) \times 높이\right\} \times$ 폭 b
$$= \left\{\frac{1}{2}(w_0 h_2 + w_0 h_1) \times (h_1 - h_2)\right\} \times b$$
$$= w_0\left(\frac{h_1 + h_2}{2}\right)\{(h_1 - h_2) \times b\}$$
$$= w_0(h_G)A$$

3) 임의의 평면에 작용하는 정수압

수중의 평면이 자유평면과 평행할 경우에 작용하는 힘은 압력분포가 그 평면을 따라 일정하므로 대단히 쉽게 구할 수 있다. 그러나 자유표면과 평행하지 않은 평면 즉, 연직면 혹은 경사면에 작용하는 힘은 압력 분포의 깊이에 따른 변화 때문에 까다로워지지만 정수압은 깊이에 따라 직선적으로 변하므로 복잡한 것은 아니다.

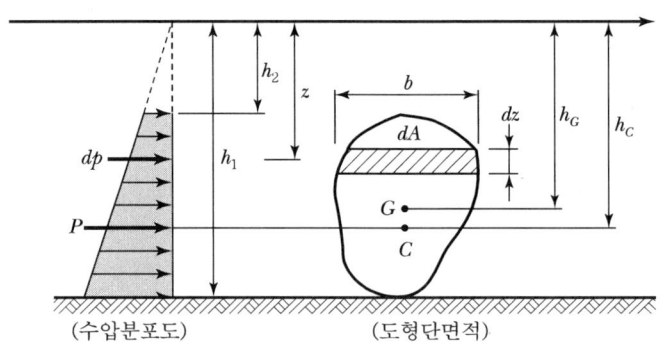

[연직면에 작용하는 정수압]

수심 z에 높이 dz의 미소면적 dA를 생각하면 dA에 작용하는 총수압 dP는 다음과 같이 표현된다.

$$dP = p(dA) = (w_0 z)dA$$

전면적 A에 작용하는 총수압은 전면적 A에 대해 적분하면 되므로

$$\therefore 총수압 : P = w_0 \int_A z dA = w_0 (h_G) A$$

- 총수압 : $P =$ (도심에 대한 수압강도) × (평면의 면적)

여기서, $\int_A z dA$: 수면에 관한 면적 A의 1차 모멘트
(평면 도심의 수심 h_a에 면적 A를 곱한 값)

그러므로 이 평면에 작용하는 총압력 P는 압력강도의 합력과 같다.

4) 총수압의 작용수심(h_C)

총수압이 작용하는 점 C를 압력의 중심이라 하며 C까지의 수심 h_C는 총수압의 수면에 관한 모멘트를 취해서 구한다.

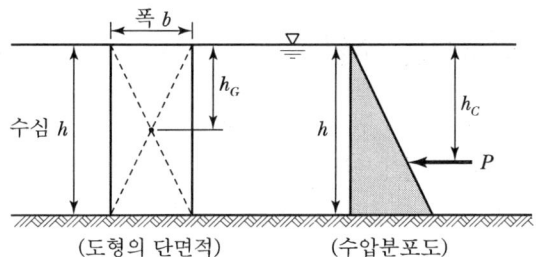

[도형과 수압분포도]

$$P \cdot h_C = \int_A z \cdot dP = w_0 \int_A z^2 dA = w_0 I$$

여기서, $I = \int_A z^2 dA$: 평면의 수면에 관한 단면 2차 모멘트

평면도심 G를 통하는 단면 2차 모멘트를 I_0라 하면 $I = I_0 + A(h_G)^2$가 되므로

$P \cdot h_C = w_0 I$에서

$P \cdot h_C = w_0(I_0 + A(h_G)^2)$

• 작용점 위치 : $h_C = \dfrac{w_0(I_0 + A(h_G)^2)}{P} = \dfrac{w_0(I_0 + A(h_G)^2)}{w_0(h_G)A}$

$\qquad\qquad\quad = (h_G) + \dfrac{I_0}{(h_G)A}$

도형에 따른 단면 2차 모멘트

도 형	면 적	하단에서 G까지의 높이	단면 2차 모멘트
직사각형	bh	$\dfrac{h}{2}$	$\dfrac{bh^3}{12}$
삼각형	$\dfrac{bh}{2}$	$\dfrac{h}{3}$	$\dfrac{bh^3}{36}$
사다리꼴	$\dfrac{h}{2}(a+b)$	$\dfrac{h}{3} \cdot \dfrac{(2a+b)}{(a+b)}$	$\dfrac{h}{36} \cdot \dfrac{(a^2+4ab+b^2)}{(a+b)}$
원	$\dfrac{\pi}{4}D^2$	$\dfrac{D}{2}$	$\dfrac{\pi D^4}{64}$

7 경사 평면에 작용하는 수압

평면이 경사졌을 때에도 수압은 그 평면에 수직하게 작용한다. 그림에서와 같이 평면이 수면과 θ인 각도를 이루고 있을 때, 수면에서부터 깊이를 h 평면의 면적 $A = bl$라 하면, 이 평면에 작용하는 총수압 P는 수압분포도의 면적·평면의 면적이다.

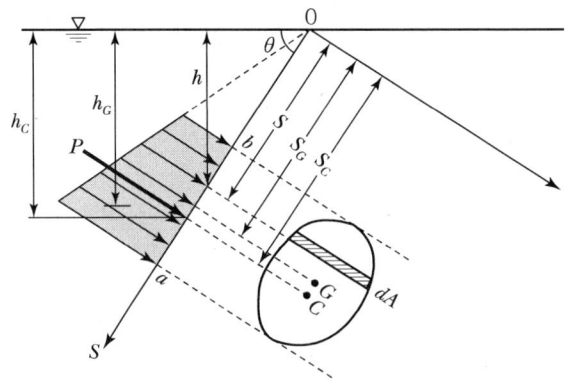

[경사평면에 작용하는 수압]

- S_G : 경사진 상태에서 수면에서 도형의 도심까지의 거리
- S_C : 경사진 상태에서 수면에서 수압의 작용점까지 거리

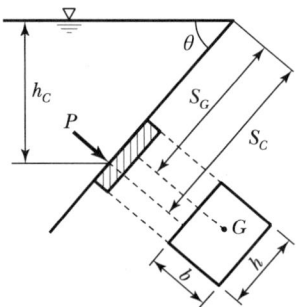

[경사면에 작용하는 수압]

- 총수압 : $P = w_0(h_G)A$ 이므로
$$= w_0(S_G)\sin\theta(bh) = w_0(S_G)\sin\theta A$$
$h_G = (S_G)\sin\theta \cdots (S_G$를 세우면 : $h_G)$

$$S_C = (S_G) + \frac{I_0}{(S_G)A}$$

- 작용점 위치 : $h_C = (S_C)\sin\theta \cdots (S_C$를 세우면 : $h_C)$

8 곡면에 작용하는 전수압

수중의 곡면에 작용하는 정수압으로 인한 힘은 평면의 경우에 사용한 방법으로는 직접 계산할 수 없으나 전수압의 수평 및 수직분력을 각각 계산하여 힘의 합성에 의해 전수압을 계산할 수 있다.

1) 수압계산의 원리

곡면에 작용하는 전수압을 구하기 위해서는 수평방향의 분력과 수직방향의 분력을 먼저 계산하고, 그것을 합성하는 방법이 일반적으로 이용되고 있다.

① 곡면에 작용하는 수압의 연직분력은 곡면을 밑면으로 하는 연직 물기둥의 무게와 같고, 그 작용선은 물기둥의 무게중심을 통하는 연직선이다.

② 곡면에 작용하는 수압의 수평분력은 연직 투영면상에 투영된 투영면상에 작용하는 수압과 같고 그 작용선도 이 경우와 같다.

③ 곡면의 일부분이 수평 투영면에 있어서 중복되는 부분이 있는 경우는, 면의 안쪽에 작용하는 수압의 연직분력은 외주가 바닥이 되는 연직 물기둥에서 중복되는 부분이 바닥이 되는 연직 물기둥의 무게를 뺀 것과 같다. 이는 투영면이 중복될 때 항상 성립된다.

2) 곡면에 작용하는 수압

물넘이의 설계에서 중요한 것의 하나는 저수지의 댐을 안전하게 유지시키기 위한 설계홍수량을 산정하는 문제이다. 만일, 필요 이상으로 많은 설계홍수량을 책정하게 되면 물넘이 규모가 지나치게 커지게 되어 비경제적인 결과를 초래하게 된다.

그렇다고 해서 너무 적은 설계홍수량을 책정하게 되면 홍수 시에 물이 넘쳐 흐르게 되어 특히 필댐(Fill Dam)에서는 댐이 터지는 위험이 있으므로 각별히 주의하여 책정해야 한다.

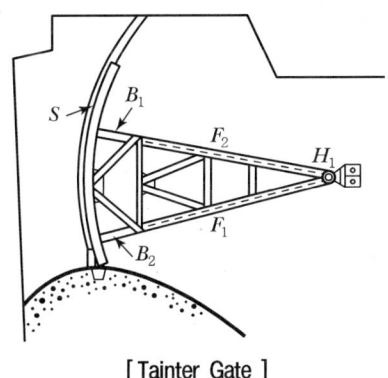

[Tainter Gate]

| 수리학 |

따라서 수중의 곡선에 작용하는 힘의 수평 및 연직분력의 크기와 작용점은 다음과 같은 방법으로 구할 수 있다.

① 수중의 곡면에 작용하는 정수압으로 인한 힘의 수평분력은 그 곡면을 연직면상에 투영했을 때 생기는 투영면적에 작용하는 정수압으로 인한 힘의 크기와 같고 작용점은 수중의 연직면에 작용하는 힘의 작용점과 같다.

② 수중의 곡면에 작용하는 힘의 연직분력은 그 곡면이 밑면이 되는 물기둥(수주)의 무게와 같고 그 작용점은 수주의 중심을 통과한다.

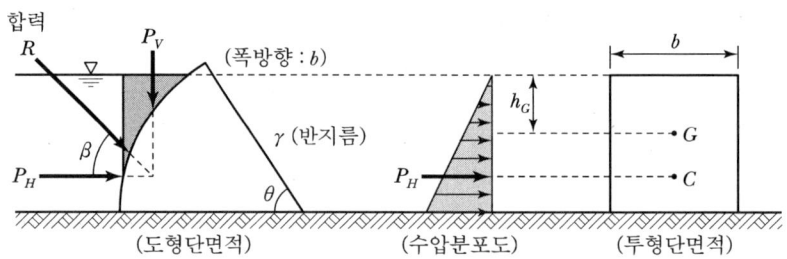

[곡면에 작용하는 수평분력과 수직분력]

- 수평분력 : $P_H = w_0(h_G)A$ ··· (4각형이 있는 것으로 생각한다.)
- 연직분력 : $P_V = w_0 V = w_0 (\triangledown \times 폭\ b)$
- 합력 : $R = \sqrt{P_H^2 + P_V^2}$
- 합력이 이루는 각 : $\tan\beta = \dfrac{높이}{밑변} = \dfrac{P_V}{P_H}$
- 합력이 이루는 각도 : $\theta = \tan^{-1}\left(\dfrac{P_V}{P_H}\right)$

(1) Tainter Gate

Tainter Gate는 원호형(圓弧形)의 지수벽이 호의 중심에 있는 힌지둘레를 회전하는 형식이며, 지수벽은 양단에서 프레임(Frame)에 의하여 지지되어 있다.

- 수심 : $H = \gamma \sin\theta$
- 수평력 : $P_H = w_0(h_G)A$ ······
  (4각형이 있는 것처럼 생각한다.)
- 연직력 : $P_V = w_0 V = w_0 (\triangledown \times 폭\ b)$

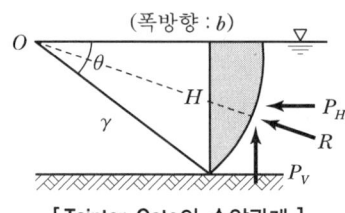

[Tainter Gate의 수압관계]

60

※ P_V가 밑에서 위로 작용할 때는 자기가 물고 있는 도형의 단면적만 고려한다.

- 수심 : $H = \gamma \sin\theta$
- 수평력 : $P_H = w_0(h_G)A$ ······
  (4각형이 있는 것처럼 생각한다.)
- 연직력 : $P_V = w_0 V = w_0 (\text{▽} \times \text{폭 } b)$

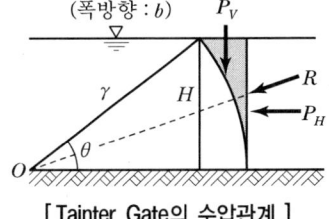

[Tainter Gate의 수압관계]

※ P_V가 위에서 아래로 작용할 때는 자기가 물고 있는 도형 밖의 단면적만 고려한다.

(2) Rolling Gate

그림과 같은 직경이 d인 Rolling Gate에 물이 만수일 경우, 이 Gate에 작용하는 수평방향의 수압 P_H, 연직방향의 수압 P_V 또는 작용점의 위치를 구하면 다음과 같다.

① 수평방향의 수압(P_H)

- 수평분력 : $P_H = w_0(h_G)A$ ······
  (사각형이 있는 것처럼 생각한다.)
- 작용점 위치 : $H_{Px} = \dfrac{2}{3}d$ ······
  (사각형이 있는 것처럼 생각한다.)

② 연직방향의 수압(P_V)

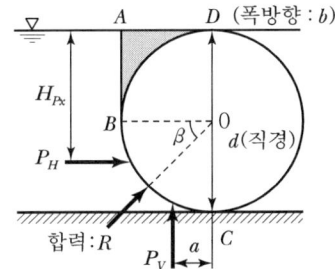

[Rolling Gate의 수압관계]

※ P_V가 밑에서 위로 작용할 때는 자기가 물고 있는 도형의 단면적만 고려한다.

- 연직분력 : $P_V = w_0 V = w_0 (\text{◖} \times \text{폭 } b) = w_0 \left(\dfrac{\pi d^2}{4} \times \dfrac{1}{2} \times \text{폭 } b \right)$

피타고라스 정리에 의해 '긴 변의 제곱은 짧은 변의 제곱의 합과 같다'에서

③ 합력 : $R = \sqrt{P_H^2 + P_V^2}$

④ 합력이 이루는 각 : $\tan\beta = \dfrac{\text{높이}}{\text{밑변}} = \dfrac{\text{연직력}(P_V)}{\text{수평력}(P_H)}$

⑤ 합력이 이루는 각도 : $\beta = \tan^{-1}\left(\dfrac{P_V}{P_H}\right)$

⑥ C점에서 P_V작용점까지 거리 : a

C점으로부터 P_V의 작용점까지의 거리를 a라 하면 Rolling Gate에 작용하는 합력 R은 중심 O에 대한 (통하므로)모멘트는 영(Zero)이므로 각 분력의 O점에 대한 모멘트도 영(Zero)이 된다.

$$-(P_H) \cdot \left(H_{Px} - \frac{d}{2}\right) + (P_V) \cdot a = 0$$

- 작용점까지 거리 : $a = \dfrac{(P_H)\left(H_{Px} - \dfrac{d}{2}\right)}{(P_V)}$

3) 주장력 공식

그림에서 관의 길이를 l이라 하면 관을 파괴하려는 힘 T는 원관을 절반만 절단하여 생각할 때, 연직면에 투영된 평면에 작용하는 수압과 같을 것이다.

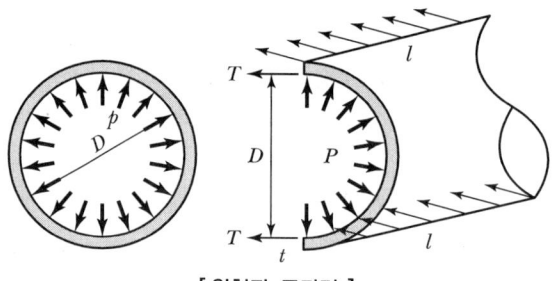

[원형관 주장력]

원관내에 작용하는 수압은 곡면에 작용하는 수압의 수평분력을 계산하는 방법을 적용하여 구할 수 있다. 전수압 $P = p(Dl)$로 나타낸다. 따라서 반원을 생각했을 때 평형조건은 다음과 같다. 관길이를 따라 당기는 장력($2tl$)과 관길이를 따라 안쪽으로 당기는 장력{(수압강도)×(4각형이 있는 것처럼 생각)}이 같다는 평형상태에서 구하면 된다.

$$2Tl = p(Dl)$$

여기서, 장력 : $T = (\sigma_{ta})t$이므로

$$\therefore 2(\sigma_{ta})tl = pDl$$

- 관두께 : $t\dfrac{pDl}{2(\sigma_{ta})l} = \dfrac{pD}{2(\sigma_{ta})}$

여기서 p : 관 속의 수압강도, D : 관의 직경, l : 관의 길이
t : 관의 두께, σ_{ta} : 관의 허용인장응력

9 부체와 안정

1) 부력(Buoyancy)

물 속에 잠겨 있는 물체는 그 표면에 정수압을 받는다. 물체에 작용하는 수압의 수평분력은 물체의 수평방향의 투영면에 작용하므로 이것은 항상 평형을 이루고 있다. 따라서 정수압은 연직분력만 생각하게 된다. 부력은 수중부분의 체적(배수용적)만큼의 물의 무게와 같다.

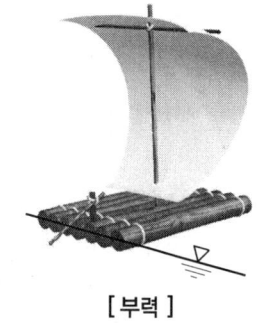

[부력]

- 부력 : $B = $ (물의 단위중량)$\times$(물속 체적)
  $= w_0 V'$
- 무게 : $W = $ (물체 단위중량)$\times$(물체 전 체적)
  $= w_0' V$

물체 $ABCD$의 체적과 같은 물의 무게로서 상향으로 작용한다. 이것을 **부력**(Buoyancy)이라 한다. 부력의 크기는 물체 $ABCD$가 배제한 물의 무게로서, 즉 **배수량**(Displacement)으로 항상 상향으로 작용한다.

물체의 중량은 수중에서만 부력만큼 가벼워진다. 이 원리를 아르키메데스의 원리라고 한다.

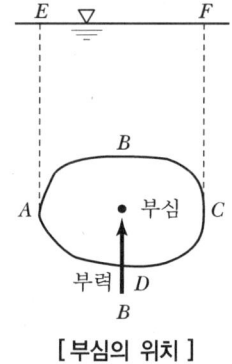

[부심의 위치]

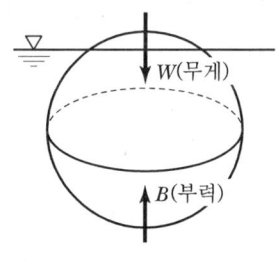

[부력과 무게 관계]

① Archimedes의 원리 : 수중에 있는 물체의 무게는 그 물체가 배제한 물의 무게만큼 가벼워진다. 이것을 아르키메데스의 원리라 한다.(BC 250년경 발견함)

② **부심**(Center of Buoyancy) : 부력의 작용선은 부체가 배제한 용적의 중심을 통한다. 이것을 부심이라 한다.(부체 중에서 물에 잠긴 부분의 무게 중심)

③ **홀수**(Draft, Draught) : 부양면에서 부체(Floating Body)의 최심부까지의 수심을 말한다.

④ **부양면**(Plane of Floatation) : 부체의 일부가 수상에 있을 때 수면에 의하여 절단되었다고 생각되는 단면을 부양면이라 한다.

⑤ **공기 중 무게** = 수중무게에 부력을 더한 것과 같다.

⑥ **부력**(Buoyancy) : 수중에 있는 물체가 배재된 물의 체적의 중량과 같은 상향력을 말한다.

- 부력 : $B = w_0 V = w_0 \times$ (물속에 잠겨 있는 부분의 물체의 체적)

⑦ **무게와 부력관계** : 정수 중에 물체가 떠 있을 경우 물체에 작용하는 힘은 물체의 무게와 물체의 표면에 작용하는 전수압, 즉 부력의 두 가지이며, 물체가 평형상태를 유지하려면 이 두 힘의 크기가 같고 동일 작용선 위에서 서로 반대방향으로 작용해야 한다.

- 무게 : $W = $ (물체의 w_0') × (물체 전체 체적) $= w_0' V$
- 부력 : $B = $ (물의 w_0) × (배제된 체적 V') $= w_0 V'$
- 평형조건 : (무게) $= B$(부력)

이와 같은 평형조건은 물체와 유체의 성질에는 관계없이 항상 성립되어야 한다.

2) 부체운동

부체운동은 파랑에 의한 힘, 부체의 복원력, 계류색 및 방충재의 반력을 외력으로 한 평형방정식으로 구한다.

부체운동은 강체운동으로 가정 시에 그림과 같이 서징(Surging), 스웨이(Swaying), 히빙(Heaving)의 공간운동과 요잉(Yawing), 피칭(Pitching), 롤링(Rolling)의 회전운동 등 6가지 성분으로 구성한다.

[홀수 : Draft] [선체의 운동 성분]

3) 부체의 안정(Stability of Floating Body)

부체가 평형상태에서 조금 기울어지면 수중에 잠겨 있는 부분의 모양이 변화한다. 그러나 물체 중심의 위치에는 변화가 없고 부심의 위치만 변화한다. 기울어지면 부심의 위치 C가 이동부심 C'로 변화하면 물체의 무게 W와 부력 B는 동일 연직선상에 작용하지 않고 우력을 발생하게 된다. 이때 발생하는 우력은 물체를 원상태로 회전시키려 하는데 이것을 **복원모멘트**(Righting Moment)라 한다.

[부체]   [부력(B)와 무게(W)]

부체(浮體)에 복원력이 발생할 때에는 부체는 안전상태에 있게 되고, 반대로 경사된 방향에 더 큰 우력이 발생할 때에는 부체는 불안정하게 된다. 그리고 우력이 0(Zero)일 때 중립(Neutral) 상태에 있게 된다. 즉 부체가 수중에 떠 있을 때에는 중립상태를 나타낸다.

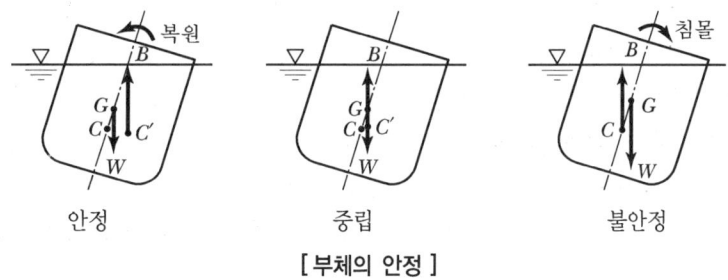

[부체의 안정]

(1) 물체의 무게(W)와 부력(B)

- 무게 W > 부력 B : 물체는 침몰
- 무게 W = 부력 B : 일부가 또는 전부가 수중에 잠긴 상태에서 물체는 정지
- 무게 W < 부력 B : 물체는 부상

(2) 무게 중심(G)과 경심(M)

배를 물에 띄워 항해하거나 해안에 방파제를 축조할 때 사용되는 케이슨(Caisson)을 바다에 띄워 운행할 경우에 이 부체들이 파도나 바람에 의해 기울어져 침몰하지 않고 복원력이 작용하여 안정을 유지할 수 있도록 설계해야 한다.

① 경심(Metacenter) M : 부체의 중심선과 부력의 작용선의 교점을 말한다.

② 경심고(Height of Metacenter) h : 경심 M에서 부체의 무게중심 G까지의 높이를 말하며, 부체가 일정할 때는 경심고가 클수록 복원 Moment가 커지므로 더욱 안전하다.

- 경심 M이 무게중심 G보다 위에 있을 때 : 안정상태
- 경심 M이 무게중심 G보다 아래에 있을 때 : 불안정상태
- 경심 M이 무게중심 G와 일치할 때 : 중립상태

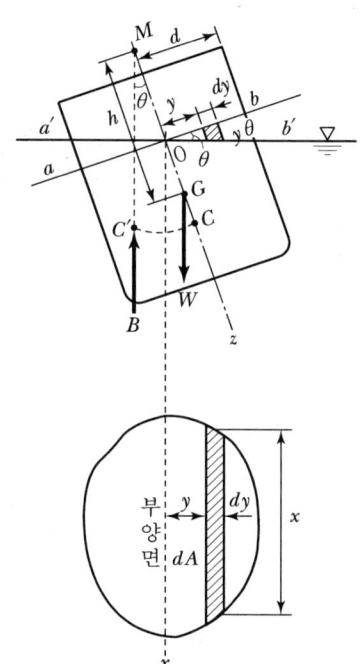

(3) 부체의 안정판별

그림과 같이 축대칭의 부체에서 x축을 기준으로 해서 아주 작은 각 θ만큼 기울이면 처음의 수면 $bb'0$는 수면 $aa'0$로 이동한다.

① 부체는 대칭이다.
② 부체는 θ만큼 기울어졌다.
③ 회전축은 부체를 끊는 면을 2등분한다.
④ $aa'0 = bb'0$이므로 부력은 변화가 없다.
⑤ $aa'0$와 $bb'0$는 우력이 되며 이 우력 모멘트를 Mr 이라 한다.

[부체의 안정]

$$Mr = \int_{-d}^{0} w_0(x \cdot y\theta \cdot dy) \cdot y + \int_{0}^{d} w_0(x \cdot y\theta \cdot dy) \cdot y$$

$$= w_0\theta \int_{-d}^{d} y^2 x dy = w_0\theta \int_{-d}^{d} y^2 dA$$

여기서, $I_x = \int y^2 dA$: 부양면 A의 중심축
x 둘레의 단면 2차 모멘트

$$\therefore Mr = w_0 \theta I_x$$

W는 G에 작용하고 부력($B = w_0 V = W$)은 C에서 C'로 이동된다.
$B = W$이므로 부체에 대한 우력 모멘트(Mr')는

$$Mr' = B \times \overline{CG'}, \ W = B = w_0 V, \ \overline{CG'} = \overline{CM} \cdot \theta$$
$$\therefore Mr' = w_0 V \overline{CM} \theta$$

$Mr = Mr'$에서

$$w_0 \theta I_x = w_0 V \overline{CM} \theta$$
$$\therefore I_x = V\overline{CM}, \ \therefore \overline{CM} = \frac{I_x}{V}$$
$$\overline{CM} = \overline{MG} + \overline{GC}, \ \overline{MG}(h) = \overline{CM} - \overline{GC}$$
$$\therefore 경심고 : \overline{MG}(h) = \frac{I_x}{V} - \overline{GC}$$

여기서, V는 수중 부분의 체적이며 부체는 일반적으로 부양면의 단면 2차 모멘트가 가장 작은 축 주위로 기울어지기 쉽다. 따라서 I_x는 최소 단면 2차 모멘트이다.

부체안정의 판별은 경심 M의 위치에 따라 부체의 무게중심 G가 부심 C보다 아래에 있으면 부체는 안정하나 G가 C보다 위에 있을 때는 경심 M의 위치에 따라 결정할 수가 있다.

- 경심 : $h > 0, \ \dfrac{I_x}{V} > \overline{GC}$: 안정

- 경심 : $h = 0, \ \dfrac{I_x}{V} = \overline{GC}$: 중립

- 경심 : $h < 0, \ \dfrac{I_x}{V} < \overline{GC}$: 불안정

부체가 일정할 때는 $\overline{MG}$가 크면 클수록 복원모멘트가 커진다. 따라서 I_x가 가장 작은 축의 둘레로 기울어질 때가 가장 복원모멘트가 작고, 또한 이런 축의 둘레로 가장 잘 기울어진다.

(4) 경심고 : $h(\overline{GM})$

경심높이 h를 구하자면, 그림과 같이 먼저 임의의 무게(추) P를 부체의 한쪽에 놓고 이 부양축 OO를 구하고 다음 추를 l 만큼 떨어진 반대쪽에 이동시킬 때의 경사각 θ를 측정하면 다음 식으로 주어진다.

- 경심고 : $h = \overline{GM} = \dfrac{Pl}{W\theta}$

여기서, θ : 기울어진 각도(Radian), l : 이동거리
W : 부체의 총중량(추를 포함), P : 선적하중

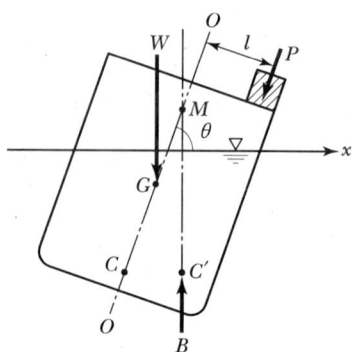

[부게(W)와 부력(B)의 관계]

(5) 부체의 횡진동

그림과 같이 가로방향으로 부체가 기울어질 때 중심에서 진자가 자유진동하는 것과 마찬가지로 경심 M에 대하여도 그 중력하에서 자유진동하는 것이라고 할 수 있다. 지금 부체의 무게를 W, 경심높이를 h, 시각 t에 있어서의 변위각 θ Radian($2\pi \, rad = 360°$), 각속도 $\alpha = \dfrac{d^2\theta}{dt^2}$, 진동주기를 T, x에 평행이고 중심 G를 지나는 축에 대한 부체의 관성모멘트를 I, 이 축에 대한 회전반지름을 k라고 하면 다음과 같다.

- 관성 Moment : $I = \dfrac{W}{g} k^2$

이 진동축은 G를 통과하는 것이라고 가정하였으며, 경심고 h가 매우 작으며 근사적으로 정확하다. 각도 θ가 매우 작다고 하면 그림에서 보는 바와 같이 복원모멘트는 $-Wh\theta$이므로

$$\therefore Wh\theta = I\alpha$$

따라서 이 식에 I 및 α를 대입하면,

$$-Wh\theta = \dfrac{W}{g} k^2 \cdot \dfrac{d^2\theta}{dt^2}$$

$$\dfrac{d^2\theta}{dt^2} + \dfrac{gh}{h^2}\theta = 0$$

미분방정식을 풀면

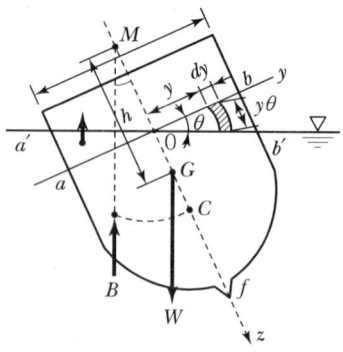

[부체의 횡진동 관계]

• 횡진동주기 : $T = 2\pi\sqrt{\dfrac{k^2}{gh}} = 2\pi\dfrac{k}{\sqrt{gh}}$

여기서, k : 회전반경
h : 경심고

10 상대적 정지운동

물이 들어 있는 용기에 가속도를 주면 그 가속도는 수중에 전달되고, 물도 가속운동을 한다. 용기에 가해진 가속도와 크기가 같고 방향이 반대인 가속도에 상당한 질량력이 물에 작용하는 것이라고 가정하면 물은 용기에 대하여 상대적으로 정지하고 있는 것으로 취급한다. 이 질량력과 중력을 포함해서 외력의 세 가지 성분을 단위질량당 X, Y, Z로 한다.

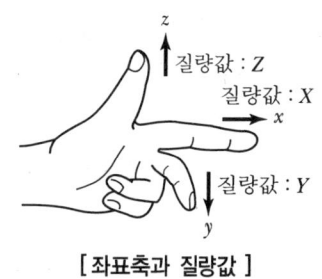

[좌표축과 질량값]

1) 수평가속도를 받는 액체의 수면

물이 들어 있는 용기를 수평방향으로 α인 가속도로 움직이는 경우 물통 속의 물은 중력가속도 g를 받는 동시에 관성 때문에 가속도 α와 크기가 같고 방향이 반대인 힘을 받게 된다. 이때의 수면은 g와 α의 합성가속도에 직각으로 된다.

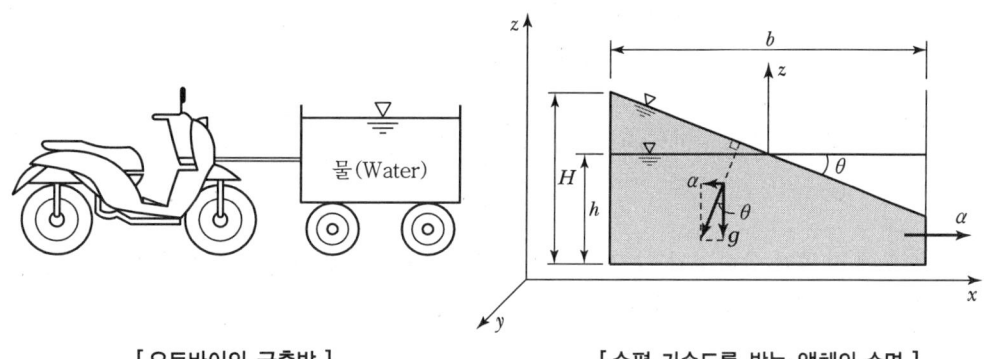

[오토바이의 급출발]   [수평 가속도를 받는 액체의 수면]

• 등압면 : $Xdx + Ydy + Zdz = 0$에서 준 힘을 반대방향으로 준 것처럼 생각해야 하므로 α 대신에 $-\alpha$, g 대신에 $-g$를 생각한다.

• 질량값 $\begin{cases} X = -\alpha \\ Y = 0 \\ Z = -g \end{cases}$

$$(-\alpha)dx + ody + (-g)dz = 0$$
$$\therefore -\alpha dx - gdz = 0$$

이 식을 적분하면

$$\int -\alpha dx - gdz = 0$$
$$\therefore -\alpha x - gz + C = 0$$

여기서, C는 적분상수이며 수면의 중심을 좌표의 원점이라 하면 $x=0$, $z=0$이므로 $C=0$이다. 따라서, $-\alpha x - gz = 0$이므로 $gz = -\alpha x$가 된다.

- 평형 표면식 : $z = -\dfrac{\alpha}{g}x$

그리고 수면경사각 $\tan\theta = \dfrac{높이}{밑변} = \dfrac{\alpha}{g}$ 이다.

- 수면경사각도 : $\theta = \tan^{-1}\left(\dfrac{\alpha}{g}\right)$

그림에서 수면경사 때의 최대수심 H와 정지상태의 수심 h의 차이와 수조 폭의 $\dfrac{b}{2}$에서의 수면경사 $\tan\theta = \dfrac{높이}{밑변} = \dfrac{(H-h)}{\left(\dfrac{b}{2}\right)}$ 이다.

- 수면경사각도 : $\theta = \tan^{-1}\dfrac{(H-h)}{\left(\dfrac{b}{2}\right)} = \tan^{-1}\left(\dfrac{2(H-h)}{b}\right)$

수조에서 물이 쏟아지지 않고 최대로 달릴 수 있는 가속도는 수면경사각 $\tan\theta$가 같다는 조건을 구하면 다음과 같다.

$$\tan\theta = \dfrac{(H-h)}{\left(\dfrac{b}{2}\right)} = \dfrac{\alpha}{g}$$

이므로 여기서 α를 구하면 된다.

- 수조에 물이 넘치지 않는 가속도 : $\alpha = \dfrac{(H-h)g}{\left(\dfrac{b}{2}\right)} = \dfrac{2g(H-h)}{b}$

2) 연직가속도를 받는 액체의 압력

물탱크에 연직상향으로 작용하는 가속도에 대하여 고려하면, 물탱크 내의 물은 중력가속도를 받는 동시에 연직하향의 힘을 받게 된다. 물탱크에 가속도 α가 연직상향으로 작용하면 물에는 z방향으로 $-\alpha$의 가속도($-\alpha - g$)가 생긴다. x축 및 y축 방향의 운동은 없으므로 $X = 0, Y = 0$이다.

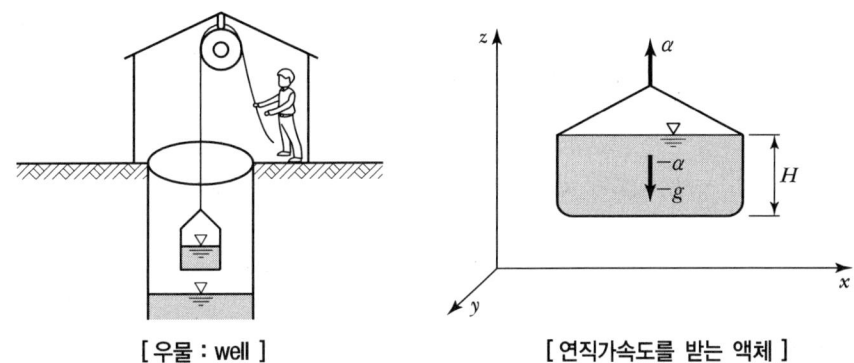

[우물 : well]   [연직가속도를 받는 액체]

- 등압식 : $dp = \rho(Xdx + Ydy + Zdx)$에서 준 힘을 반대방향으로 준 것처럼 생각해야 하므로 α 대신에 $-\alpha$, g 대신에 $-g$를 생각한다.

- 질량값 $\begin{cases} X = \alpha \\ Y = 0 \\ Z = -(g+\alpha) \end{cases}$

$$dp = \rho(0dx + 0dy + (-g-\alpha)dz)$$
$$\therefore\ dp = \rho(-g-\alpha)dz = -\rho(g+\alpha)dz$$

이 식을 적분하면

$$\int dp = \int -(g+\alpha)dz$$
$$\therefore\ p = -\rho(g+\alpha)z + C$$

$\rho = \dfrac{w_0}{g}$이고, 수면을 좌표의 원점이라 하면, $C = 0$이다.

$$\therefore\ p = -\frac{w_0}{g}(g+\alpha)z = -w_0 z\left(\frac{g}{g} + \frac{\alpha}{g}\right) = -w_0 z\left(1 + \frac{\alpha}{g}\right)$$

수면으로부터 깊이를 H라 하면, $z = -H$이므로

- 연직상향 시 압력 : $p = w_0 H \left(1 + \dfrac{\alpha}{g}\right)$

즉, 연직방향의 가속도를 받는 수압은 정수압 $p = w_0 H$보다 $w_0 H \left(\dfrac{\alpha}{g}\right)$만큼 더 크다. 만일 연직하향의 가속도로 운동한다면 다음과 같다.

- 연직하향 시 압력 : $p = w_0 H \left(1 - \dfrac{\alpha}{g}\right)$

즉, 정수압 $P = w_0 H$보다 $w_0 H \left(\dfrac{\alpha}{g}\right)$만큼 작아지며 연직하향의 가속도 α가 중력가속도 g와 같으며, $p = 0$이 되어 물 속에는 압력이 작용하지 않는다.

3) 회전원통 속의 수면

반지름 r인 원의 일정한 각속도 ω로 회전시킬 때 각속도, 접선속도, 원심력은 다음과 같다.

- 각속도 : $\omega = \dfrac{d\theta}{dt}$

 (단위 : rad/sec, 360°=2π(rad))

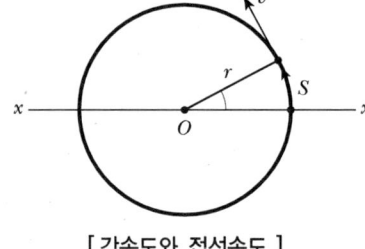

[각속도와 접선속도]

- 접선속도 : $S = r\theta$
 양 변을 t에 관해서 미분, r은 일정하므로

$$\dfrac{dS}{dt} = r \cdot \dfrac{d\theta}{dt}$$

$$\therefore v = r\omega$$

- 원심력 : $C = \dfrac{v^2}{r} = \dfrac{(\gamma w)^2}{r} = \omega^2 r$

물이 들어 있는 반지름 a인 원통을 일정한 각속도 ω로 원통축 둘레로 회전시키면 물 전체가 같은 각속도로서 회전하게 된다. 이때 회전축을 포함하는 연직단면을 생각하고, 그림과 같이 좌표를 취할 때 중심축에서 거리가 x되는 곳에 있는 점에서의 물의 접선속도는 ωx이므로 그 점의 구심가속도는 $\omega^2 x$이다. 따라서 x점의 단위질량의 물은 원심력 $\omega^2 x$과 중력가속도 g를 받게 된다.

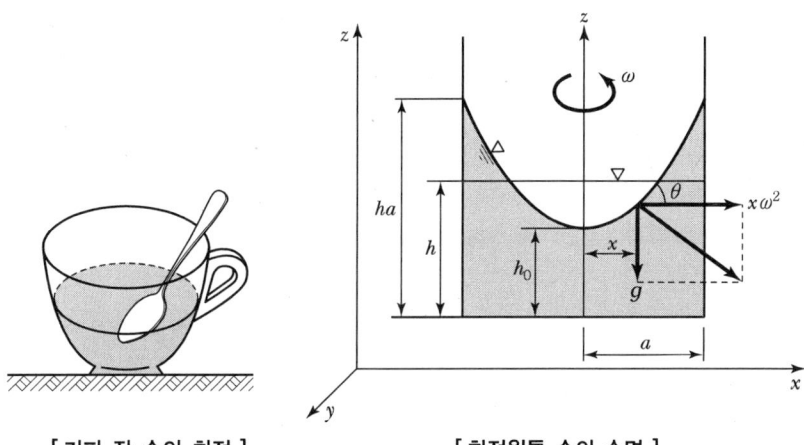

[커피 잔 속의 회전]　　[회전원통 속의 수면]

물이 든 원통을 Z축을 중심으로 일정한 각속도 ω로 회전할 경우의 수면형을 보면

- 등압면 : $Xdx + Ydy + Zdz = 0$에서 준 힘을 반대방향으로 준 것처럼 생각해야 하므로 g 대신에 $-g$를 생각한다.

- 질량값 $\begin{cases} X = \dfrac{V^2}{x} = \dfrac{(wx)^2}{x} = \dfrac{\omega^2 x^2}{x} = \omega^2 x \\ V = \omega x \\ Y = 0 \\ Z = -g \end{cases}$

$(w^2 x)dx + 0dy + (-g)dz = 0$

$\therefore \omega^2 x dx - g dz = 0$

$dz = \dfrac{\omega^2}{g} x dx$ 에서 $\dfrac{dz}{dx} = \dfrac{\omega^2}{g} x$ 가 되며, $\tan\theta = \dfrac{w^2}{g} x$ 가 된다.

- 임의점의 경사각 : $\theta = \tan^{-1}\left(\dfrac{\omega^2}{g} x\right)$

$w^2 x dx - g dz = 0$ 에서

$g dz = w^2 x dx$

$dz = \dfrac{w^2}{g} x dx$

적분하면

*적분 : (지수에 1을 더한 것 분의 1)에 (지수에 1을 더한다)

$$z = \left(\frac{1}{1+1}\right)\frac{w^2 x^{(1+1)}}{g} + C(\text{적분상수})$$

$$\int dz = \int \frac{w^2}{g} x \, dx$$

$$\therefore z = \frac{w^2 x^2}{2g} + C$$

여기서, $x=0$ 이면 $z=h_0$ 이므로 $C=h_0$ 이다.

$$h_0 = \frac{w^2(o^2)}{2g} + C \text{에서 } C = h_0 \text{가 된다.}$$

$$\therefore z = \frac{w^2 x^2}{2g} + h_0$$

$x=a$ 에 있어서 $z=ha$ 가 되므로

$$\therefore ha = \frac{w^2(a^2)}{2g} + h_0$$

- 최상단 수심 : $ha = \dfrac{\omega^2 a^2}{2g} + h_0$

원통의 반지름을 a, 정지 시의 수심을 h, 회전할 때의 중심축과 외주의 수심을 각각 h_0, h_a 라고 하면, 수면은 항상 h_0 와 h_a 사이의 원통체적을 2등분하게 되므로 다음 식이 성립된다.

$$\frac{1}{2}\pi a^2 (h_a - h_0) = \pi a^2 (h - h_0)$$

$$\therefore h_0 = 2h - h_a$$

최상단 수심 $h_a = \dfrac{\omega^2}{2g} a^2 + h_0$ 식에서 h_0, h_a 는 다음과 같다.

- 최하단 수심 : $h_0 = \dfrac{1}{2}\left(2h - \dfrac{\omega^2}{2g} a^2\right)$
- 최상단 수심 : $h_a = \dfrac{1}{2}\left(2h + \dfrac{\omega^2}{2g} a^2\right)$

또한, 이때 수조의 측벽에 작용하는 총 압력 P_x 는 다음과 같다.

그리고 연직면적 A는 원통을 펼쳐 놓은 면적과 같으므로 원둘레 πa 곱하기 최상단수심 ha 와 같다.

- 연직방향 총 수압 : $P_x = w_0(h_G)A = w_0\left(\dfrac{h_a}{2}\right)2\pi ah_a = w_0\pi ah_a^2$

그러나 수조 밑면에 작용하는 총 수압 P_z는 물기둥의 무게이므로, 수평면적 A는 πa^2과 같다.

- 수평방향 총 수압 : $P_z = w_0 h A = w_0 h(\pi a^2)$

즉, 물의 회전이 P_z(수평방향 총 수압)에는 영향을 미치지 못한다.

관련문제 — 정수역학

01 다음 정수압의 성질 중 옳지 않은 것은?

㉮ 정수압은 수중의 가상면에 항상 직각방향으로 존재한다.
㉯ 대기압을 압력의 기준으로 잡은 정수압은 반드시 절대압력으로 표시된다.
㉰ 정수압의 강도는 단위면적에 작용하는 압력의 크기로 표시한다.
㉱ 정수 중의 한 점에 작용하는 수압의 크기는 모든 방향에서 똑같은 크기를 갖는다.

해설 절대압력(Absolute Pressure) : 대기압력＋계기압력, $P_{abs} = P_a + w_0 H$
계기압력(Gauge Pressure) : 대기압을 무시하여 압력을 측정, $P = w_0 H$

02 유체 중에서 어떠한 점에 대한 압력이 모든 방향에서 같은 경우는?

㉮ 유체가 압축성일 때에 한한다.
㉯ 유체가 비압축성일 때에 한한다.
㉰ 정지유체 또는 유체의 층간에 상대적인 운동이 없을 때에 한한다.
㉱ 유체가 유동하고 있을 때에 한한다.

해설 한 점에 있어서의 수압의 강도가 모든 방향에 대하여 동일한 경우는 정수 또는 층 상호 간에 상대적인 운동이 없을 경우이다.

03 상대적인 운동이 없는 유체의 정수역학에 대한 설명 중 옳지 않은 것은?

㉮ 전단운동은 발생하지 않으며 수직응력만 작용한다.
㉯ 물에 가한 압력의 증가는 물의 모든 점에 같은 강도로 전달된다.
㉰ 곡면에 작용하는 연직력은 곡면을 밑변으로 하는 연직수주의 무게와 같다.
㉱ 유체에 점성이 있을 경우에는 정수역학에 영향을 준다.

해설 정지하고 있는 유체에서는 분자 상호간에 상대적인 운동이 없으므로 유체의 점성은 역할을 못한다.

04 그림에서 2t의 자동차를 들어올리는 데 필요한 힘을 계산한 값은?(단, 피스톤의 단면적은 각각 400cm², 10cm²이고, 피스톤의 마찰은 무시한다.)

㉮ 49.0kg ㉯ 50.0kg
㉰ 52.5kg ㉱ 55.0kg

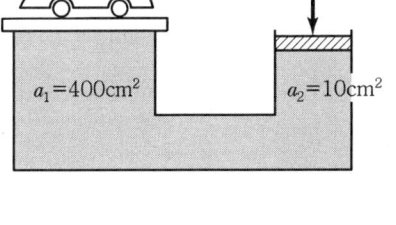

해설 $\dfrac{P_1}{A_1} = \dfrac{P_2}{A_2}$ 에서 $P_2 = \dfrac{A_2}{A_1} P_1 = \dfrac{10}{400} \times 2{,}000 = 50\text{kg}$

05 그림에서 $\dfrac{A}{a} = 1{,}000$, $\dfrac{L}{l} = 8$로 하여 $P = 10\text{kg}$의 힘이 가해질 때 Q의 힘은?

㉮ 80t ㉯ 50t
㉰ 8t   ㉱ 5t

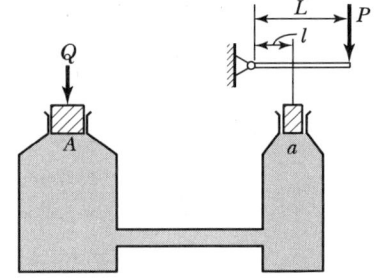

해설 $Q = P \times \dfrac{A}{a} \times \dfrac{L}{l} = 10 \times (1{,}000)(8) = 80{,}000\text{kg} = 80\text{ton}$

06 무게가 20t인 피스톤 위에 무게가 W인 물체를 올려놓았더니 수은이 피스톤 아랫면보다 5.0m 높이 올라가서 평형상태가 되었다. 물체의 무게는 얼마인가?

㉮ 48ton ㉯ 66ton
㉰ 68ton ㉱ 88ton

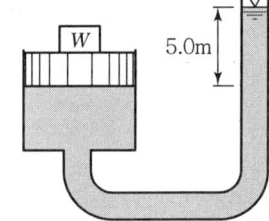

해설 $20 + W = w_0' H$
$\therefore W = 13.6 \times 5 - 20 = 48\text{ton}$

07 압력측정에 관한 설명 중 옳은 것은?

㉮ 두 관 또는 두 점 사이의 압력차를 측정할 때 차동수압계를 사용한다.
㉯ 두 점 사이의 극히 작은 압력차를 측정할 때 미동수압계를 사용한다.
㉰ 용기 내의 압력을 측정할 때 압력계를 사용하며 일반적으로 공학에서 계기압력을 사용한다.
㉱ 역 U자형 액주계는 수은 등 비중이 큰 액체를 사용하고 U자형 액주계는 물보다 비중이 작은 액체의 압력을 측정한다.

해설 ① U자형 액주계 : 비중이 물의 비중 1보다 큰 액체인 수은 등 사용
② 역 U자형 액주계 : 비중이 물의 비중 1보다 작은 액체인 벤젠 등 사용

정답 04. ㉯ 05. ㉮ 06. ㉮ 07. ㉱

| 수리학 |

08 표준대기압 1기압은 몇 kg/cm²에 해당하는가?

㉮ 1,033kg/cm²   ㉯ 10.33kg/cm²   ㉰ 1.033kg/cm²   ㉱ 0.1033kg/cm²

해설 ① $1atm = 760mmHg = 10.33t/m^2 = 1.033kg/cm^2 = 1,033g/cm^2$
② 표준대기압=수은주 높이로 $76cm = w_0'H = 13.5956g/cm^3 \times 76cm = 1,033g/cm^2$

09 표준기압 1기압과 공학기압 1기압의 차를 0℃ 수은주 높이로 표시하면?

㉮ 9.8mm   ㉯ 760mm   ㉰ 24.3mm   ㉱ 4.5mm

해설 표준기압 $= w_0'H = 13.6g/cm^3 \times 76cm = 1,033g/cm^2$
공학기압 $= 1,000g/cm^2$
따라서 $\Delta P = 1,033g/cm^2 - 1,000g/cm^2 = 33g/cm^2$
수은주로 환산하면 $H = \dfrac{\Delta P}{w_0'} = \dfrac{33g/cm^2}{13.6g/cm^3} = 2.43cm$

10 그림에서 A와 B의 압력의 차는?

㉮ 50.4g/cm²   ㉯ 110.8g/cm²
㉰ 150.4g/cm²   ㉱ 250.4g/cm²

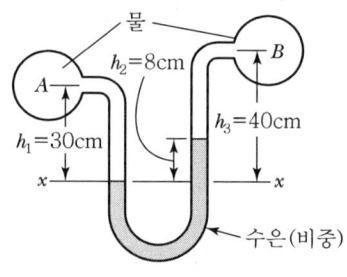

해설 ① $x-x$면에서 평행이므로
$P_A + w_0 h_1 = P_B + w_0' h_2 + w_0(h_3 - h_2)$
② $P_A + (1g/cm^3 \times 30cm)$
$= P_B + (13.6g/cm^3 \times 8cm) + 1g/cm^3 \times (40-8)cm$
③ $P_A - P_B = (13.6 \times 8) + (1 \times 32) - (1 \times 30) = 110.8g/cm^2$

11 그림과 같이 물을 가득 채운 용기가 있다. A 점이 표준대기에 접하고 있을 때 B 점의 절대압력은?

㉮ 0.153kg/cm²   ㉯ 0.533kg/cm²
㉰ 1.530kg/cm²   ㉱ 5.330kg/cm²

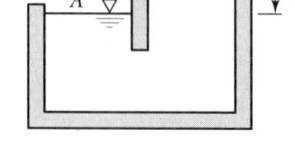

해설 $P_A = P_B + w_0 H$ 에서
$P_B = P_A - w_0 H = 1.033kg/cm^2 - (1g/cm^2 \times 500cm) = 1.033kg/cm^2 - 0.5kg/cm^2 = 0.533kg/cm^2$

12 대기압의 수은주 760mm일 때 그림의 h를 계산한 값은?

㉮ 17.7mm ㉯ 519mm
㉰ 758mm   ㉱ 241mm

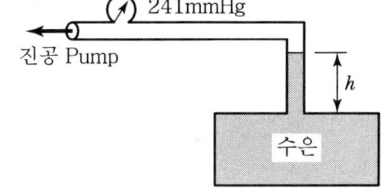

[해설] $h = 760 - 241 = 519$mm

13 1.5kg/cm²의 압력을 수두로 환산하면?

㉮ 1.5m   ㉯ 15m   ㉰ 20.4m   ㉱ 30m

[해설] $P = w_0 H$에서, $H = \dfrac{P}{w_0} = \dfrac{1.5 \text{kg/cm}^2}{1\text{g/cm}^3} = \dfrac{1,500\text{g/cm}^2}{1\text{g/cm}^3} = 1,500\text{cm} = 15\text{m}$

14 어떤 액체의 수면으로부터 15m 깊이에서 압력을 측정했더니 2.64kg/cm²이었다. 이 액체의 단위중량은?

㉮ 176kg/m³   ㉯ 0.176kg/cm³   ㉰ 1.76kg/m³   ㉱ 1,760kg/m³

[해설] $P = w_0 H$에서, $w_0 = \dfrac{P}{H} = \dfrac{2.64\text{kg/cm}^2}{15\text{m}} = \dfrac{2,640\text{g/cm}^2}{1,500\text{cm}} = 1.76\text{g/cm}^3 = 1.76\text{t/m}^3 = 1,760\text{kg/m}^3$

15 수면 아래 30m의 점의 압력을 수은주의 높이로 표시한 값은?(단, 수은은 13.596g/cm³이다.)

㉮ 0.221m   ㉯ 2.21m   ㉰ 22.1m   ㉱ 28.5m

[해설] ① $P = w_0 H = 1\text{g/cm}^3 \times 30\text{m} = 1\text{g/cm}^3 \times 3,000\text{cm} = 3,000\text{g/cm}^2$
② $P = w_0' H$에서, $H = \dfrac{P}{w_0'} = \dfrac{3,000\text{g/cm}^2}{13.596\text{g/cm}^3} = 221\text{cm} = 2.21\text{m}$

16 탱크 속의 기름 표면상의 공기의 압력이 5.0t/m²이다. 기름의 비중이 0.8일 때 기름 표면에서 5.0m 밑의 압력은 물기둥으로 몇 m인가?

㉮ 10m   ㉯ 2m   ㉰ 5m   ㉱ 9m

[해설] ① $P = P_0 + w_0' H = 5\text{t/m}^2 + 0.8\text{t/m}^3 \times 5\text{m} = 9\text{t/m}^2$
② $P = w_0 H$에서, $H = \dfrac{P}{w_0} = \dfrac{9\text{t/m}^2}{1\text{t/m}^3} = 9\text{m}$

정답 12. ㉯ 13. ㉯ 14. ㉱ 15. ㉯ 16. ㉱

| 수리학 |

17 지름 20cm, 높이 30cm의 원통 그릇에 물을 채워 세웠을 때 그릇의 저면에 작용하는 전수압은?

㉮ 9.42kg ㉯ 18.84kg ㉰ 94.2kg ㉱ 188.4kg

해설 수면에 평행한 평면에 작용하는 전수압 $P = w_0 HA$

$$\therefore P = (1\text{t/m}^3) \times (0.3\text{m}) \times \left(\frac{\pi \times 0.2^2}{4}\text{m}^2\right) = 0.00942\text{ton} = 9.42\text{kg}$$

18 그림과 같이 비중이 각각 다른 액체로 채워진 수조에서 바닥으로부터 2m인 점에 작용하는 AB 의 압력은?

㉮ 4.5t/m^2 ㉯ 5.6t/m^2
㉰ 4.4t/m^2 ㉱ 6.0t/m^2

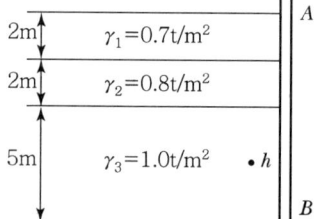

해설 $P_{AB} = w_1 h_1 + w_2 h_2 + w_3 h_3$
$= (0.7 \times 2) + (0.8 \times 2) + \{1.0 \times (5-2)\} = 6.0\text{t/m}^2$

19 수심이 3m, 폭이 2m인 구형 수로를 연직으로 가로막을 때 연직판에 작용하는 전수압의 작용점 h_C 의 위치를 구하시오.(단, h_C 는 수면으로부터의 거리이다.)

㉮ 2m ㉯ 2.5m
㉰ 3m ㉱ 6m

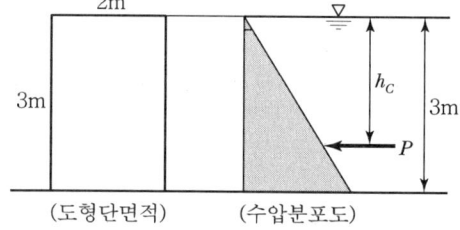

해설 ① 정수압 $P = w_0 (h_G) A = 1 \times \frac{3}{2} \times (2 \times 3) = 9$

② 수압은 도심에 작용하므로 삼각형의 도심은 좁은 쪽에서 $\frac{2}{3}H$에 위치하므로,

$$h_C = \frac{2}{3}H = \frac{2}{3} \times 3 = 2\text{m}$$

③ $h_C = (h_G) + \dfrac{I_0}{(h_G)A} = (h_G) + \dfrac{\left(\dfrac{bh^3}{12}\right)}{(h_G)A} = 1.5 + \dfrac{\left(\dfrac{2 \times 3^3}{12}\right)}{1.5 \times (2 \times 3)} = 2\text{m}$

Chapter 02 | 정수역학 |

20 수면하 1.0m에 상단을 가진 그림과 같은 연직으로 놓인 판에 작용하는 총수압 P와 그 작용위치 h_C를 구한 값 중 옳은 것은?(단, 판의 폭은 2.5m이다.)

	P	h_C		P	h_C
㉮	30ton	3.44m	㉯	30ton	1.56m
㉰	18ton	3.44m	㉱	18ton	1.56m

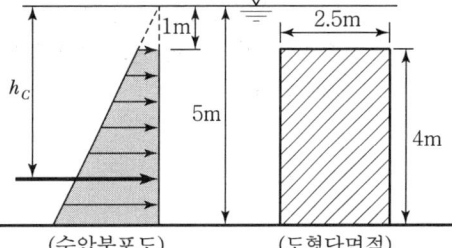

(수압분포도)　(도형단면적)

해설 ① 총수압 $P = w_0(h_G)A = w_0\left(\dfrac{h}{2}+1\right)A = (1)\times(3)\times(2.5\times 4) = 30$

② 작용점 위치 $h_C = (h_G) + \dfrac{I_0}{(h_G)A} = 3 + \dfrac{\left(\dfrac{2.5\times 4^3}{12}\right)}{3\times(2.5\times 4)} = 3.44\text{m}$

21 그림과 같은 수문비(水門扉)가 받고 있는 전정수압(全靜水壓)은?

㉮ 36t　㉯ 36t/m²
㉰ 30t　㉱ 30t/m²

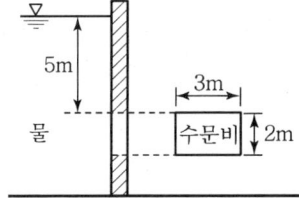

해설 총수압 : $P = w_0(h_G)A = w_0\left(\dfrac{h}{2}+5\right)A = 1\times\left(5+\dfrac{2}{2}\right)\times(3\times 2) = 36$

22 정수면의 중심 Hm 에 폭 8m의 구형판으로 물을 수직으로 가로막았을 때 이 수직판에 작용하는 전수압이 100t이었다. 이때의 수심은?

㉮ 3m　㉯ 4m　㉰ 5m　㉱ 6m

해설 ① 총수압 : $P = w_0(h_G)A$에서, $100 = 1\times\left(\dfrac{H}{2}\right)\times(8\times H)$

② $100 = 4H^2$　∴ $H^2 = \dfrac{100}{4} = 25$ 여기서, $H = \sqrt{25} = 5\text{m}$

23 그림의 원판에 작용하는 총수압은?

㉮ 18.84t　㉯ 37.68t
㉰ 75.36t　㉱ 93.62t

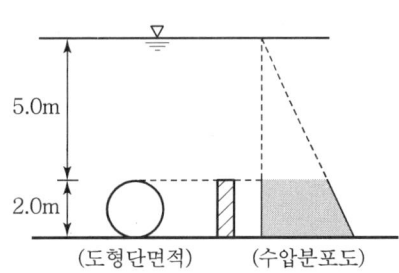

(도형단면적)　(수압분포도)

해설 $P = w_0(h_G)A$에서

$P = w_0\left(\dfrac{h}{2}+5\right)A = (1\text{t/m}^3)\times\left(5+\dfrac{2}{2}\right)\times\left(\dfrac{\pi\times 2^2}{4}\right) = 18.84\text{ton}$

정답 20. ㉮　21. ㉮　22. ㉰　23. ㉮

| 수리학 |

24 밑변 2m, 높이 3m의 삼각형 형상의 판이 밑변을 수면과 맞대고 연적(수직)으로 수중에 있다. 이 삼각형 판의 압력 중심은 수면 아래 얼마인가?

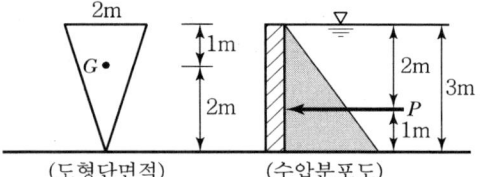
(도형단면적)   (수압분포도)

㉮ 1.05m ㉯ 2.03m
㉰ 1.16m ㉱ 1.52m

해설 ① 총수압 $P = w_0(h_G)A = 1 \times \left(3 \times \dfrac{1}{3}\right) \times \left(\dfrac{1}{2} \times 2 \times 3\right) = 3$

② 작용점 위치 $h_c = (h_G) + \dfrac{I_0}{(h_G)A} = h_G + \dfrac{\left(\dfrac{bh^3}{36}\right)}{h_G A} = 1 + \dfrac{\left(\dfrac{2 \times 3^3}{36}\right)}{1 \times \left(\dfrac{1}{2} \times 2 \times 3\right)} = 1.16\text{m}$

25 높이 5m인 댐을 월류할 때 댐이 받는 전수압은 얼마인가? (단위 폭만 생각한다.)

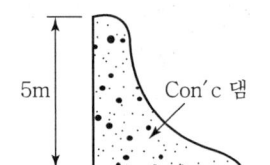

㉮ 12.0t ㉯ 3.0t
㉰ 5.0t   ㉱ 12.5t

해설 ① 총수압 : $P = \dfrac{1}{2} w_0 \cdot b \cdot h^2 = \dfrac{1}{2} \times 1 \times 1 \times 5^2 = 12.5\text{t}$

② 총수압 : $P = w_0(h_G)A = 1 \times \left(\dfrac{5}{2}\right) \times (5 \times 1) = 1 \times 2.5 \times (5 \times 1) = 12.5\text{t}$

26 그림과 같은 월류보에 작용하는 전수압을 제방의 단위 길이에 대하여 계산하면 어느 것인가?

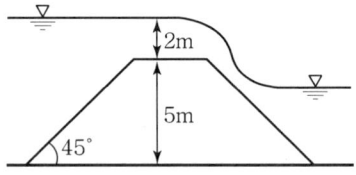

㉮ 31.82t ㉯ 49.50t
㉰ 17.5t   ㉱ 34.65t

해설 ① Lami 법칙=sin 법칙 적용하면 $\dfrac{5}{\sin 45°} = \dfrac{x_1}{\sin 90°}$ ∴ $x_1 = \dfrac{5\sin 90°}{\sin 45°} = 7.07\text{m}$

② Lami 법칙=sin 법칙 적용하면 $\dfrac{2}{\sin 45°} = \dfrac{x_2}{\sin 90°}$ ∴ $x_2 = \dfrac{2\sin 90°}{\sin 45°} = 2.83\text{m}$

③ 경사진 상태에서 수면에서 도심까지 거리
$S_G = \dfrac{x_1}{2} + x_2 = \left(\dfrac{7.07}{2}\right) + 2.83 = 6.365\text{m}$

④ S_G를 세우면 h_G이므로,
$h_G = (S_G)\sin\theta = 6.365\text{m} \times \sin 45° = 4.5\text{m}$

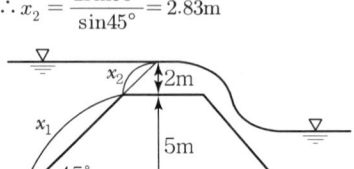

⑤ 총수압 : $P = w_0(h_G)A = 1\text{t/m}^3 \times 4.5\text{m} \times (7.07\text{m} \times 1\text{m}) = 31.82$

정답 24. ㉰ 25. ㉱ 26. ㉮

27 그림과 같이 경사가 60°인 댐이다. 저수지의 물의 깊이가 10m일 때 댐에 미치는 압력은 얼마인가?
(단, 단위길이당 값을 구하시오.)

㉮ 63.35ton   ㉯ 57.75ton
㉰ 54.55ton   ㉱ 32.25ton

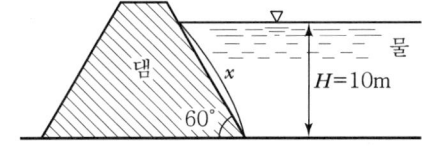

해설 ① 댐의 경사길이 x는 Lami 법칙에서
$$\frac{10}{\sin 60°} = \frac{x}{\sin 90°}$$
$$\therefore x = \frac{10\sin 90°}{\sin 60°} = 11.55\text{m}$$
② 총수압 : $P = w_0(h_G)A = 1 \times \frac{10}{2} \times (11.55 \times 1) = 57.75$

28 그림과 같이 45° 경사진 물탱크 원형수문이 설치되어 있다. 이 수문에 걸리는 힘은?

㉮ 28.4ton   ㉯ 35.3ton
㉰ 42.6ton   ㉱ 50.4ton

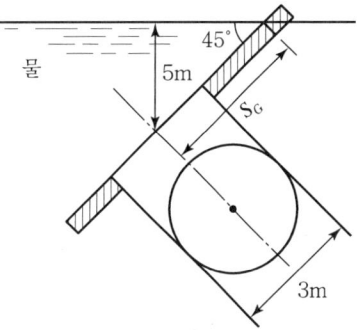

해설 $P = w_0(h_G)A = (1\text{t/m}^3)(5\text{m})\left(\frac{\pi \times 3^2}{4}\text{m}^2\right) = 35.3$

29 다음 그림과 같이 경사면에 수문을 설치했을 때 수문에 작용하는 전 압력은?

㉮ 6.0t   ㉯ 5.0t
㉰ 15.0t ㉱ 8.6t

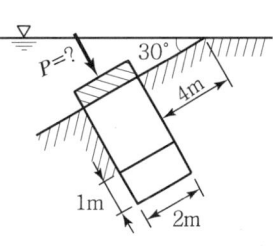

해설 ① 경사진 상태에서 수면에서 도심까지 거리 S_G
$$\therefore S_G = (4+1) = 5\text{m}$$
② S_G를 세우면 h_G
$$\therefore h_G = (S_G)\sin\theta = (5)\sin 30° = 2.5\text{m}$$
③ 총수압 : $P = w_0(h_G)A = 1 \times 2.5 \times (2 \times 1) = 5$

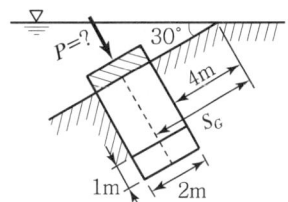

30

다음 그림과 같은 테인터 게이트가 받는 수평수압은? (단, 폭은 1.0m이다.)

㉮ 0.707t ㉯ 1.0t
㉰ 1.4t ㉱ 1.55t

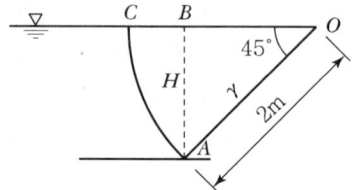

해설
① 수평수압은 4각형이 있는 것처럼 생각한다.
② 수심 : $H = \gamma\sin\theta = 2\sin45° = 1.414\text{m}$
③ 총수압 : $P = w_0(h_G)A = w_0 \times \left(\dfrac{H}{2}\right) \times (H \times b) = 1 \times \left(\dfrac{1.414}{2}\right) \times (1.414 \times 1) = 0.999\text{t} = 1.0$

31

다음의 롤링 게이트(Rolling Gate)에서 수평수압 P_x는 얼마인가? (단, 폭은 1m이다.)

㉮ 2t ㉯ 4.5t
㉰ 7.5t ㉱ 9t

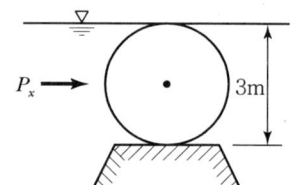

해설
① 수평수압~사각형이 있는 것처럼 생각한다.
② 수평수압 : $P_x = w_0(h_G)A = w_0\left(\dfrac{H}{2}\right)A = 1 \times \left(\dfrac{3}{2}\right) \times (3 \times 1) = 4.5$

32

강관의 길이가 50m, 내경 2m인 강관이 수두 100m의 수압을 받고 있을 때 최소 강관의 두께는? (단, 강관의 허용 인장응력은 1,400kg/cm²)

㉮ 71.4mm ㉯ 0.714mm ㉰ 7.14mm ㉱ 714mm

해설
① 수압강도 : $P = w_0 H = (1\text{g/cm}^3 \times 100\text{m}) = 1\text{g/cm}^3 \times 10,000\text{cm} = 10,000\text{g/cm}^2 = 10\text{kg/cm}^2$
② 관두께 : $t = \dfrac{pD}{2\sigma_{ta}} = \dfrac{10\text{kg/cm}^2 \times 200\text{cm}}{2 \times 1,400\text{kg/cm}^2} = 0.714\text{cm} = 7.14\text{mm}$

33

안지름 300mm, 두께 10mm의 강관에서 60kg/cm²의 압력을 받고 있는 물을 통과시킬 때 강관에 생기는 인장응력은?

㉮ 300kg/cm² ㉯ 600kg/cm² ㉰ 900kg/cm² ㉱ 1,200kg/cm²

해설
관두께 : $t = \dfrac{PD}{2\sigma_{ta}}$ 에서, 관허용응력 : $\sigma_{ta} = \dfrac{PD}{2t}$

∴ 관허용응력 : $\sigma_{ta} = \dfrac{PD}{2t} = \dfrac{60\text{kg/cm}^2 \times 30\text{cm}}{2 \times 1\text{cm}} = 900\text{kg/cm}^2$

34 부력의 작용선은?

㉮ 잠겨진 물체의 중심을 통과한다.
㉯ 떠 있는 물체의 중심을 통과한다.
㉰ 잠겨진 물체에 해당되는 유체의 중심을 통과한다.
㉱ 잠겨진 물체의 연직상하에 있는 액체의 중심을 통과한다.

해설 부력은 언제나 배제한 액체의 무게만큼 받게 되므로 잠겨진 물체에 해당되는 유체의 중심을 통과한다.

35 액체 속에 잠겨진 물체에 작용되는 부력은?

㉮ 물체의 중력과 같다. ㉯ 물체의 중력보다 크다.
㉰ 그 물체에 의해서 배제된 무게와 같다. ㉱ 액체의 토중량과는 관계가 없다.

해설 아르키메데스의 원리로 액체 속에 잠겨진 물체는 그 물체에 의해서 배제된 액체의 무게와 같은 부력을 받는다.

36 해면상에 떠 있는 배가 안정을 이루려면?

㉮ 배의 중력과 부력이 상호작용하여 복원 모멘트가 작용할 때이다.
㉯ 배의 중력과 부력이 상호작용하여 전복 모멘트가 작용할 때이다.
㉰ 배의 중력과 부력의 크기가 상이할 때이다.
㉱ 부력이 중력보다 클 때이다.

해설 물체의 중력과 해면 중에서 작용되는 부력이 상호작용하여 항상 기울어진 배의 위치를 원위치로 되돌려 보내려는 복원 모멘트(Righting Moment)가 작용할 때에는 배는 안정된다.

37 지름 25cm, 길이 1.0m의 원주가 연직으로 물에 떠 있다. 물속 부분의 길이가 80cm라면 원주의 무게는?

㉮ 25.25kg ㉯ 39.25kg ㉰ 42.35kg ㉱ 50.30kg

해설 $W = B = w_0 V = w_0 (A \cdot l) = 1,000 (\text{kg/m}^3) \times \dfrac{\pi \times 0.25^2}{4} (\text{m}^2) \times 0.8 (\text{m}) = 39.25 \text{kg}$

정답 34. ㉰ 35. ㉰ 36. ㉮ 37. ㉯

|수리학|

38 배의 흘수 깊이가 3.0m이고, 흘수선에서의 단면적이 400m²를 가질 때 흘수 0.1m를 증가시키기 위한 하중은?(단, 해수의 단위중량은 1.025t/m³)

㉮ 31t ㉯ 41t ㉰ 51t ㉱ 61t

해설 ① 부력 : $B = w_0 V = w_0(A \times h) = 1.025 \times 400 \times 3 = 1,230$t
② 흘수 0.1m 증가시킨 부력 : $B = w_0 V = w_0(A \times h) = w_0 A(h+0.1) = 1.025 \times 400 \times 3.1 = 1,271$t
③ 증가하중 : $P = 1,271 - 1,230 = 41$t

39 20m×10m의 구형 선박의 중앙에 코끼리를 태웠더니 1.0cm만큼 가라앉았다. 코끼리의 무게는? (단, 해수임)

㉮ 1.85t ㉯ 2.0t ㉰ 2.05t ㉱ 2.25t

해설 무게 : $W = w_0 V = w_0 \times$(가로×세로×높이) $= 1.025$t/m³ $\times (20$m$\times 10$m$\times 0.01$m$) = 2.05$t

40 비중 0.92인 빙산이 비중 1.025인 해수에 떠 있다. 수면 위로 노출된 부피가 150m³이라면 물에 잠긴 부분은 얼마인가?

㉮ 1,464m³ ㉯ 1,314m³ ㉰ 1,530m³ ㉱ 1,415m³

해설 전체 부피를 V라 하면
① 부력 : $B = $(물의 w_0)(물속 체적)
  $= (1,025) \times (V-150)$
② 무게 : $W = $(물체 w_0')(전체 체적)
  $= (0.92) \times V$
③ $W = B$에서, $0.92V = 1.025(V-150)$
④ 전체 체적 : $V = \dfrac{1.025 \times 150}{1.025 - 0.92} = 1,464$m³
⑤ 물속 부피 = (전체 체적) - (물 위의 체적)
  $= (1,464 - 150) = 1,314$m³

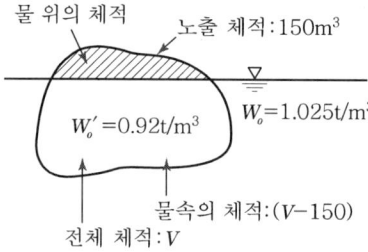

41 폭 $b=4$m, 길이 $l=5$m, 무게가 45.1t의 물체가 해수 중에 떠 있을 경우 흘수(Draft)는?(단, 해수의 비중은 1.025)

㉮ 1.6m ㉯ 1.8m ㉰ 2.0m ㉱ 2.2m

해설 ① 무게(W) = 부력(B)
② 부력 : $B = w_0 V = w_0(A \times $흘수 $d) = w_0(b \times l)d$
③ 흘수 : $d = \dfrac{W}{w_0(b \times l)} = \dfrac{45.1}{(1.025) \times (5 \times 4)} = 2.2$m

42

바닥 및 벽의 두께가 10cm, 안치수가 3m×5m 내측의 높이가 1.5m인 콘크리트 케이슨의 강물에 떠 있을 때 흘수는 얼마인가?(콘크리트 $w_0' = 2.5 t/m^3$이다.)

㉮ 0.65m ㉯ 0.62m ㉰ 0.90m ㉱ 1.00m

해설
① 무게 : $W = w_0'V = 2.5 \times (3.2 \times 5.2 \times 1.6) - (3.0 \times 5.0 \times 1.5) = 10.31$ton
② 부력 : $B = w_0 V = 1.0 \times (3.2 \times 5.2 \times d) = 16.64d$
③ $B = W$에서, $16.64d = 10.31$이므로, 흘수 : $d = \dfrac{10.31}{16.64} = 0.62$m

43

바다에서 배수용량 15,000t, 흘수 6.0m의 배가 강물로 들어갔을 때 흘수는 얼마나 증가되나? (단, 부양 부근의 전체 단면적은 2,000m²이다.)

㉮ 6.123m ㉯ 6.183m ㉰ 1.23m ㉱ 1.83m

해설
① 해수 1t의 부피 : $V = \dfrac{1,000}{1,025} = 0.975$m³
② 강물 1t의 부피 : $V' = 1,000$m³
③ 따라서 강물 1t당 배수체적이 $1.0 - 0.9756 = 0.244$m³만큼 증가한다.
   ∴ $0.244 \times 15,000 = 366$m³
④ 이를 부양면적으로 나누면 $\dfrac{366}{2,000} = 0.183$m
   ∴ 강물에서의 흘수 : $d = 6 + 0.183 = 6.183$m

44

부체에 있어서 수중 부분의 부피 V 부양면의 도심을 지나는 x에 관한 단면 2차 모멘트 I_x, 부심과 중심과의 거리를 a라고 할 때 이 부체의 안정조건은 다음 중 어느 것인가?

㉮ $\dfrac{I_x}{V} = a$ ㉯ $\dfrac{I_x}{V} > a$ ㉰ $\dfrac{I_x}{V} < a$ ㉱ $\dfrac{V}{I_x} > a$

해설 M : 경심, G : 중심, C : 부심, V : 체적, $\overline{CG} = a$
I_x : x축 둘레의 관성 모멘트(단면 2차 모멘트)
$\overline{GM} = \dfrac{I_x}{V} = \overline{CG}(a)$이면 중립
$\overline{GM} = \dfrac{I_x}{V} > \overline{CG}(a)$이면 안정
$\overline{GM} = \dfrac{I_x}{V} < \overline{CG}(a)$이면 불안정

| 수리학 |

45 선박의 갑판에서 100t의 하중을 선박의 종축에 직각방향으로 10m 움직였을 때 선박이 $\frac{1}{20}$ 정도 기울어지고 경심고가 2.5m가 되었다면 이 선박의 배수용량은?

㉮ 2,000t　　㉯ 8,000t　　㉰ 7,900t　　㉱ 2,400t

해설　경심고 : $h = \frac{pl}{W\theta}$ 에서, 무게 : $W = \frac{pl}{\theta h} = \frac{100 \times 10}{\left(\frac{1}{20}\right) \times 2.5} = 8,000t$

46 배수용량 2,000t인 선박의 갑판에서 20t의 하중을 선박의 종축에 직각방향으로 20m 움직였을 때 2°만큼 기울였다면 이 배의 경심 높이는?

㉮ 5.73m　　㉯ 2.87m
㉰ 1.0m　　㉱ 5.0m

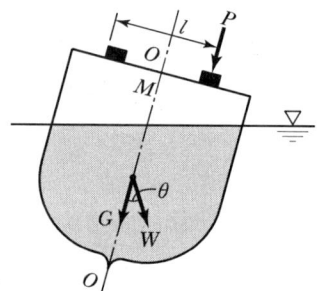

해설　① 경심 높이를 $\overline{GM}$이라 하면 $\overline{GM} = h = \frac{pl}{w\theta}$ 에서
　　$W \times \overline{GM} \cdot \theta = pl$ 이므로
　　$2,000 \times \overline{GM} \cdot \theta = 20 \times 20$
　　$\overline{GM} \cdot \theta = 0.2$
② $360° : 2\pi(\text{rad}) = 2° : x(\text{rad})$ 에서
　　$x = \frac{2\pi \times 2}{360} = 0.0349(\text{rad})$
③ 경심고 : $h = \overline{GM} = \frac{Pl}{W\theta} = \frac{20 \times 20}{2,000 \times 0.0349} = 5.73m$

47 진동주기가 15초이고 경심고가 1.2m인 배의 회전반경을 구하라.

㉮ 1.43m　　㉯ 5.98m　　㉰ 8.19m　　㉱ 10.36m

해설　진동주기 : $T = 2\pi \frac{k}{\sqrt{hg}}$ 에서, 회전반경 : $k = \frac{T\sqrt{hg}}{2\pi} = \frac{15\sqrt{1.2 \times 9.8}}{2 \times \pi} = 8.19m$

48 등가속도운동을 하고 액체는?

㉮ 액체의 층 상호간에 상대적인 운동이 존재한다.
㉯ 액체의 층 상호간에 상대적인 운동이 존재하지 않는다.
㉰ 액체의 자유표면은 계속적으로 이동된다.
㉱ 정지액체와 같이 자유표면은 수평을 이룬다.

해설 등가속도운동을 받고 있는 액체는 상대적 평형을 이루게 되므로 액체의 층 상호 간에는 상대적 운동이 존재하지 않게 된다.

49 5.65m/s²의 일정한 가속도로 일직선으로 달리고 있는 열차 속에 물그릇을 놓았을 때 이 물은 수평에 대하여 얼마의 각도로 기울어지겠는가?

㉮ 30°　　　㉯ 60°　　　㉰ 45°　　　㉱ 35°

해설 $\tan\theta = \dfrac{\alpha}{g} = \dfrac{5.65(\text{m/s}^2)}{9.8(\text{m/s}^2)} \fallingdotseq 0.577$　　∴ $\theta = \tan^{-1}(0.577) = 30°$

50 그림에서 연직방향 가속도가 9.8m/sec²일 때 A점에서의 압력강도는?

㉮ 1t/m²　　㉯ 2t/m²
㉰ 3t/m²　　㉱ 4t/m²

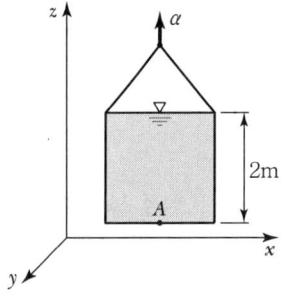

해설 수직상향 시 압력
$P = w_0 H\left(1 + \dfrac{\alpha}{g}\right) = (1 \times 2)\left(1 + \dfrac{9.8}{9.8}\right) = 4\text{t/m}^2$

51 그림에서 연직하향 가속도 α=4.9m/s²일 때 A점에서의 압력강도는?

㉮ 1t/m²　　㉯ 2t/m²
㉰ 3t/m²　　㉱ 4t/m²

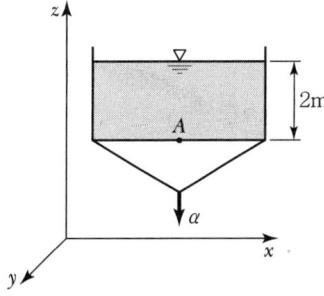

해설 수직하향 시 압력
$P = w_0 H\left(1 - \dfrac{\alpha}{g}\right) = (1 \times 2)\left(1 - \dfrac{4.9}{9.8}\right) = 1\text{t/m}^2$

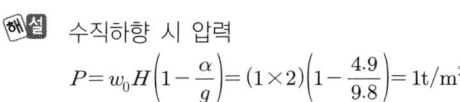

| 수리학 |

52 물이 담겨 있는 그릇을 정지상태에서 수평으로 잡아 당겼을 때 수면이 수평면과 이루는 각은 30°였다면 수평가속도 α는?(단, 중력가속도는 9.8m/sec²으로 함)

㉮ 약 4.9m/sec² ㉯ 약 5.7m/sec² ㉰ 약 8.5m/sec² ㉱ 약 17.0m/sec²

해설 $\tan\theta = \dfrac{\alpha}{g}$ 에서, 수평가속도 : $\alpha = \tan\theta \times g = \tan 30° \times 9.8 = 5.65\text{m/sec}^2$

53 다음 그림과 같이 높이 2.0m인 물통에 물이 1.5m만큼 담겨져 있다. 물통이 수평으로 4.9m/sec²의 일정한 가속도로 받고 있을 때 물통의 물이 넘쳐 흐르지 않기 위해서는 물통의 길이는?

㉮ 2.0m 이상 ㉯ 2.4m 이상
㉰ 2.8m 이상 ㉱ 3.0m 이상

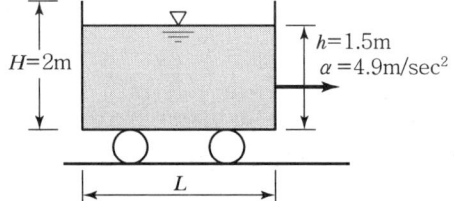

해설 $\tan\theta = \dfrac{\alpha}{g} = \dfrac{(H-h)}{\left(\dfrac{L}{2}\right)}$ 에서, $\dfrac{4.9}{9.8} = \dfrac{(2-1.5)}{\left(\dfrac{L}{2}\right)}$

∴ $\dfrac{L}{2} = \dfrac{(2-1.5) \times 9.8}{4.9} = \dfrac{4.9}{4.9} = 1$

그러므로 $\dfrac{L}{2} = 1$에서, 길이 : $L = 2\text{m}$ 이상

54 직경 2.0m인 원통에 2.0m 수심으로 물이 차 있다. 이것을 각속도 $\omega = 10(\text{rad/sec})$로 회전시킬 때 수면이 상승하는 높이는 얼마인가?

㉮ 0.55m ㉯ 1.55m ㉰ 2.55m ㉱ 3.55m

해설 ① 원통바닥에 최대상승수면의 높이 h_a는

최상단높이 : $h_a = \dfrac{1}{2}\left(2h + \dfrac{\omega^2}{2g}a^2\right)$ 이므로

$h_a = \dfrac{1}{2}\left(2 \times 2 + \dfrac{10^2}{2 \times 9.8} \times 1^2\right)$

$= \dfrac{1}{2}(4 + 5.1) = 4.55$

② 수면상승높이 Δh 는

수면상승높이 : $\Delta h = (h_a - h) = 4.55 - 2.0 = 2.55\text{m}$

정답 52. ㉯ 53. ㉮ 54. ㉰

Chapter 03

동수역학

1. 물의 흐름 — 93
2. 유선과 유적선 — 94
3. 유선의 차원 흐름 — 95
4. 윤변과 경심 — 97
5. 정류와 부정류 — 98
6. 층류와 난류 — 100
7. 상류와 사류 — 104
8. 연속방정식 — 105
9. Bernoulli 정리 — 107
10. Bernoulli 정리의 응용 — 110
11. 운동량과 역적 — 117
12. 에너지 보정계수와 운동량 보정계수 — 123

03 동수역학

동수역학(動水力學, Hydrodynamic)은 물이 흐를 경우의 운동에 관한 학문이다. 물의 흐름에서는 유체입자의 속도, 가속도, 압력, 밀도, 온도, 전단, 난류, 점성, 변위 등 여러 가지 성질이 있다. 따라서 동수역학에서는 이들 성질과 힘 사이의 관계를 다루게 된다.

흐르는 물을 구성하고 있는 물입자(粒子)들은 각기 다른 속도나 가속도를 가지는데 관로나 하천과 같은 고체의 표면상으로 흐를 때에는 다른 현상이 나타난다.

여기서는 물의 유체역학적 성질과 기본이론을 실제 현상에 적용하기 위하여 물의 운동학적 성질을 표현하는 방법과 연속적인 흐름이 가지는 질량보존의 법칙, 에너지 보존의 법칙, 평균유속 및 에너지 손실 등에 관한 기본이론을 다룬다.

유체흐름에서 발생하는 힘은 다음과 같다.
- 중력 : 지구가 물체를 잡아당기는 힘을 말한다.
- 압력력 : 각 지점 사이의 압력차로 인한 힘을 말한다.
- 관성력 : 유체의 질량과 이것이 가지는 가속도와의 곱으로 표시되는 힘을 말한다.
- 마찰력 : 유체의 경계면 사이에 작용하는 힘을 말한다.
- 탄성력 : 유체의 압축성에 의한 힘을 말한다.

1 물의 흐름

유체의 운동을 **흐름**(Flow)이라 하고 흐름의 속도를 **유속**(流速, Velocity of Flow)이라 한다. 흐름의 방향에 수직인 평면으로 끊은 횡단면적을 **단면적** 또는 **유적**(流積, Cross Sectional Area) 이라 하고, 이 유적을 지나서 단위시간 내에 통과하는 유체의 질량(비압축성 유체이면 체적)을 **유량**(流量, Discharge of Flow)이라고 한다.

1) 유속(Velocity of Flow)

흐름의 속도로 단위시간당 물이 흐른 거리를 말한다. 유속은 어느 한 단면에서의 수심변화에 따라 실제유속이 있으나, 편의상 실제유속은 각 유속을 평균한 평균유속을 의미한다.

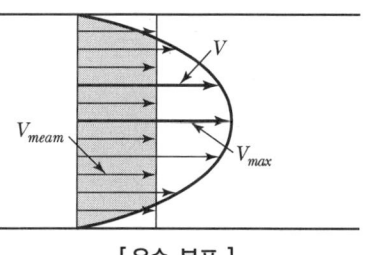

[유속 분포]

2) 유량(Discharge)

단위시간에 단면을 통과하는 물의 체적(m^3/s)을 나타낸다.

- 유량 : $Q = (A\,m^2) \times (V\,m/s) = AV\,(m^3/s)$

3) 유적(Cross Sectional Area of Flow)

흐름을 직각으로 끊는 횡단면적(물이 흐르는 부분의 면적 : m^2)을 말한다.

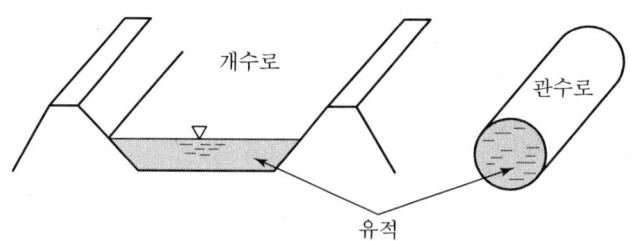

[관수로와 개수로의 유적]

2 유선과 유적선

운동하고 있는 유체 중 어느 순간에 생각한 곡선에서 그 곡선상의 임의의 점에 그은 접선이 그 점에 있어서 유속의 방향(속도벡터의 방향)과 일치하는 곡선을 유선(流線, Stream Line)이라 한다. 이에 대하여 한 유체입자가 운동하여 가면 그것은 하나의 궤도를 그리는 데 그 경로를 유적선(流跡線, Path of Particle)이라고 한다. 특히 정류에 있어서 그 궤도는 시간과 더불어 변화하지 않아 유적선과 유선은 일치한다. 유체는 그려진 유선에 따라 흐르며 유선을 가로지르는 흐름은 없다.

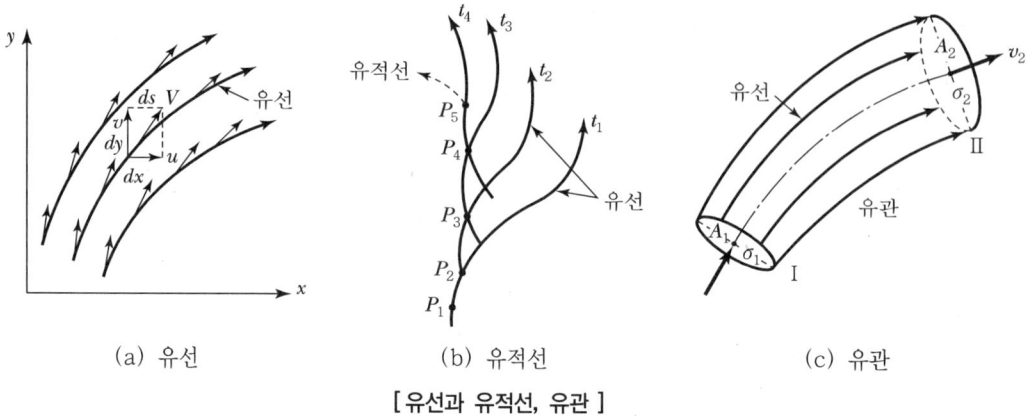

[유선과 유적선, 유관]

1) 유선(Stream Line)

유체가 흐를 때 한 순간에 있어서 각 유체입자의 속도벡터를 그릴 수 있다. 이때 모든 점에 있어서 **속도벡터가 접선이 되는** 곳을 말한다.

유선은 한 순간에 대한 것이므로 하나의 유선은 다른 유선과 교차하지 않는다.

유선상 한 점 (x, y, z)의 속도의 각 성분을 u, v, w라 하고, 이 점에서 유선에 따른 선분 ds의 세 성분을 dx, dy, dz라 하면 유선방정식은 다음과 같다.

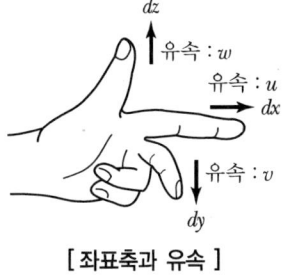

[좌표축과 유속]

- 유선방정식 : $\dfrac{dx}{u} = \dfrac{dy}{v} = \dfrac{dz}{w}$

2) 유적선(Path Line)

유체의 한 입자의 운동경로를 말하며 정류일 때 유선과 유적선은 일치한다.

3) 유관(Stream Tube)

유체 속의 하나의 폐곡선을 생각할 때 그 곡선상의 각 점에서 유선을 그리면 유선은 하나의 관 모양이 되며 이때의 가상적인 관을 유관이라 한다.

이 관은 유선으로 만들어져 있으므로 벽을 지나 유체의 출입이 없으며 고체의 벽으로 된 관과 같이 취급한다.

3 유선의 차원 흐름

공간 내의 한 점에서 그 점을 연속적으로 지나가는 유체입자들의 운동 특성을 다룬 것으로 유체입자의 운동 특성을 나타내는 모든 변수들은 위치 및 시간의 함수가 된다.

1) 1차원 흐름

한 개의 유선은 수학적으로 정의된 개념적인 가상의 선으로서 단지 한 개의 차원(Dimension)만을 가진다고 볼 수 있다. 따라서 개개 유선을 따라 흐르는 흐름은 **1차원 흐름**(One Dimensional Flow)이라 부르며 이러한 흐름에서는 압력이나 유속, 밀도 등의 변화는 오로지 유선을 따라서만 생각할 수 있는 것이다. 실제의 흐름이 1차원이 아니더라도 유동장(Flow

Field) 내의 유선이 거의 직선에 가깝고 서로 평행할 경우에는 1차원 흐름으로 간단하게 해석하는 경우가 대단히 많다.

1차원 흐름은 유체의 흐름특성이 1개의 공간좌표와 시간의 함수로 표시될 수 있는 흐름으로, 원관 등의 임의의 단면 폐수로에서의 흐름특성이 각 단면에서 평균값으로 균일하게 분포되었다고 가정할 때의 흐름이다.

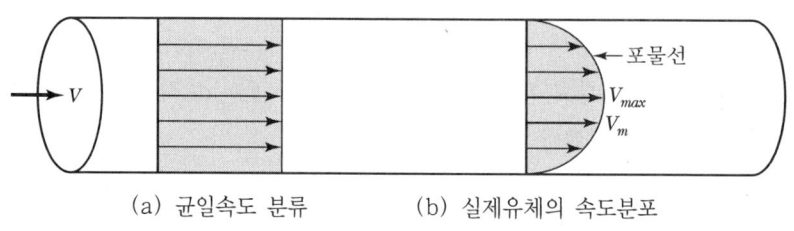

(a) 균일속도 분류   (b) 실제유체의 속도분포

[관로의 유속분포]

2) 2차원 흐름

2차원 흐름은 한 개의 유선으로는 정의될 수 없고 여러 개의 상이한 유선으로 정의될 수 있는 유동장(Flow Field)을 말한다. 따라서 2차원 흐름의 유동장(Flow Field)을 표시하기 위해서는 여러 개의 유선으로 이루어지는 개개 평면이 필요하다.

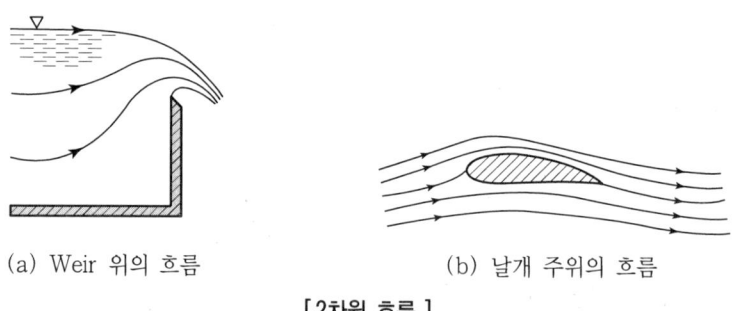

(a) Weir 위의 흐름   (b) 날개 주위의 흐름

[2차원 흐름]

예를 들면, $u = -\dfrac{ky}{r}$, $v = \dfrac{kx}{r}$, $r^2 = x^2 + y^2$, $k = \text{Constant}(일정)$로 표시되는 2차원 흐름의 유선 방정식을 구해보자.

- 유선방정식 : $\dfrac{dx}{u} = \dfrac{dy}{v} = \dfrac{dz}{w}$

$$\dfrac{dx}{\left(\dfrac{-ky}{r}\right)} = \dfrac{dy}{\left(\dfrac{kx}{r}\right)}$$

$$\therefore xdx + ydy = 0$$

이 식을 적분하면 $x^2 + y^2 =$ Constant(일정)로 유선은 원을 그리고 흐름은 원운동을 한다. 2차원 흐름은 유체의 흐름특성이 2개의 공간좌표와 시간의 함수로 표시될 수 있는 흐름으로 두 개의 평행한 평판 사이의 점성흐름을 말한다.

3) 3차원 흐름

이들 흐름에 있어서의 유선은 곡면을 형성하며 유관은 동심원 단면(Annular Cross Section)을 가지고 있고 유동장(Flow Field)은 3차원 공간에서만 완전히 표시될 수 있다. 한 개의 면만으로는 결정될 수 없고, 하나의 체적요소의 공간으로만 정의될 수 있는 흐름이다.

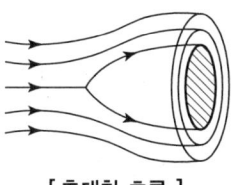

[축대칭 흐름]

3차원 흐름은 흐름특성이 3개의 공간좌표와 시간의 함수로 표시될 수 있는 흐름으로 흐름특성을 평균값으로 생각하지 않는 원관 내의 점성흐름을 말한다.

4 윤변과 경심

수로에서 물이 수로면과 맞닿는 길이를 **윤변**(潤邊, Wetted Perimeter)이라고 하는데, 이는 수로의 유속을 지배하는 요소 중의 하나이다.
윤변으로 그 유적을 나눈 값을 **경심**(徑深, Hydraulic Radius) 또는 수리반경, 수리평균심이라 한다.

① 유적(Area) A : 흐름의 방향에 대해 수직인 평면으로 끊은 횡단면적으로 즉 물이 흐르는 부분의 면적(m²)을 말한다.
② 윤변(Wetted Perimeter) P : 유적 중에서 유체가 벽에 접하는 길이로 즉 젖은 변의 길이를 말한다.
③ 경심(Radius) R : 동수반경, 수리평균심(m)이라고도 한다.

- 유적 : $A = (윤변\ P) \times (경심\ R)$
- 경심 : $R = \dfrac{A(유적)}{P(윤변)}$

| 수리학 |

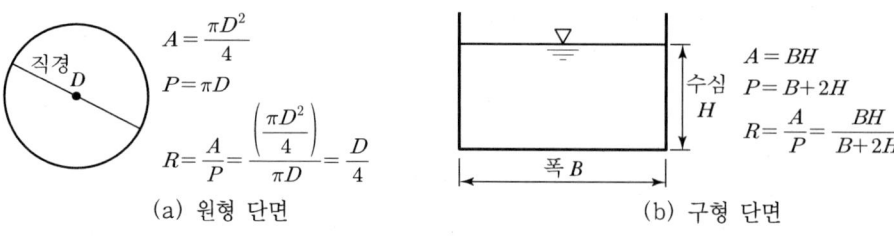

[윤변과 단면적]

5 정류와 부정류

속도의 증가는 힘이 평형에 이를 때까지 계속되며 힘이 평형해지는 순간 등속운동이 이루어지고, 등속운동이 계속되는 구간은 유동단면적, 즉 깊이가 일정하게 유지된다. 이 유체운동은 **등류**(Uniform Flow)라고 한다. 하류로 감에 따라 압력과 중력은 다시 저항력보다 크게 되고 부등류를 형성한다. 실제로 힘의 평형은 그 가능성이 적어 부등류가 대부분이고, 짧은 수로에서는 등류 조건이 얻어질 수 없다고 단정할 수 있다. 그럼에도 불구하고 해석의 편의를 위하여 **등류**는 개수로 유동에서 계산의 기초가 되고 있다.

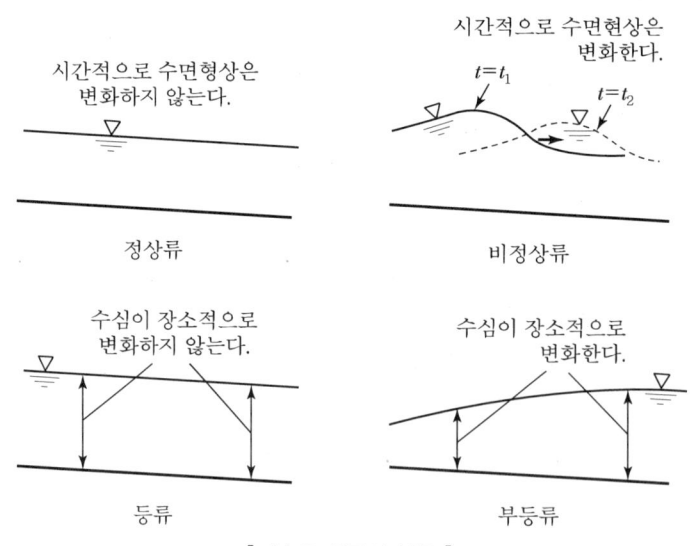

[개수로 흐름의 분류]

흐름
- 정류(Steady Flow)
  - 등류(Uniform Flow) ········(단면이 일정한 인공수로)
  - 부등류(Nonuniform Flow) ········(하천의 흐름)
- 부정류(Unsteady Flow) ········(홍수 시 흐름)

1) 정류(Steady Flow)

수류의 단면에 있어서 유속, 유량, 밀도, 압력 등이 시간에 따라 변하지 않는 흐름을 말한다. 평상시의 하천 또는 수로는 정류로 취급한다.

$$\frac{\partial V}{\partial t}=0, \ \frac{\partial Q}{\partial t}=0, \ \frac{\partial \rho}{\partial t}=0, \ \frac{\partial A}{\partial t}=0$$

㉠ 평상시 하천의 흐름을 말한다.
㉡ 인공수로에서 흐름과 유량이 일정하다고 할 때 유선과 유적선이 일치한다.

2) 부정류(Unsteady Flow)

수류의 단면에 있어서 유속, 유량, 밀도, 압력 등이 시간에 따라 변하는 흐름, 홍수 시 일반 하천은 부정류로 간주한다.

$$\frac{\partial V}{\partial t} \neq 0, \ \frac{\partial Q}{\partial t} \neq 0, \ \frac{\partial \rho}{\partial t} \neq 0, \ \frac{\partial A}{\partial t} \neq 0$$

㉠ 홍수시 하천의 흐름을 말한다.
㉡ 유선과 유적선이 일치하지 않는다.

3) 등류(Uniform Flow)

정류 중에서 수류의 어느 단면에서나 유적과 유속이 같은 흐름을 말한다.

$$\frac{\partial V}{\partial t}=0, \ \frac{\partial V}{\partial l}=0, \ \frac{\partial Q}{\partial t}=0, \ \frac{\partial Q}{\partial l}=0$$

등류는 수로의 모든 단면에서 흐름의 수리학적 특성이 동일하다. 인공수로와 같이 단면형과 경사가 일정할 때 발생하는 흐름이다.

4) 부등류(Nonuniform Flow)

정류 중에서 수류의 유량과 유적이 길이에 따라 변하는 흐름을 말한다.

$$\frac{\partial V}{\partial t}=0, \ \frac{\partial V}{\partial l} \neq 0, \ \frac{\partial Q}{\partial t} \neq 0, \ \frac{\partial Q}{\partial l} \neq 0$$

부등류는 수로의 모든 단면에서 유속과 수심이 변하는 흐름으로, 자연하천과 같이 단면형과 경사가 변화할 때 발생하는 흐름이다.

6 층류와 난류

흐름에 있어서 유체입자의 운동이 정연한 층상을 이루며 흐르는가 또는 유체입자가 상하 좌우로 뒤섞여서 흐르는가에 따라 **층류**(層流, Laminar Flow)와 **난류**(亂流, Turbulent Flow)로 분류한다. **점성효과**는 흐름의 상태에 미치는 점성의 효과를 점성에 대한 관성력의 비로 나타낸다.

1) 층류(層流)

유체입자가 흐름 방향에 전후, 좌우, 상하의 위치를 변하지 않고 층상으로 정연하게 운동하는 흐름 즉, 그림에서 색소액이 실처럼 흐트러지지 않고 층상으로 흐르는 흐름을 말한다.
층류는 난류에 비해 상대적으로 점성력 > 관성력이고, 물입자가 직선운동을 하며, 실험용 수로에서의 흐름이나 유속이 비교적 느린 토양 내에서의 흐름 등이다.

2) 난류(亂流)

유체입자가 전후, 상하, 좌우로 불규칙하게 흐트러지면서 흐르는 흐름 즉, 색소액이 흐트러지는 흐름을 말한다. 난류는 층류에 비해 상대적으로 점성력 < 관성력으로 물입자가 불규칙한 경로를 가진다. 일반적인 흐름은 거의 모두가 난류이다.

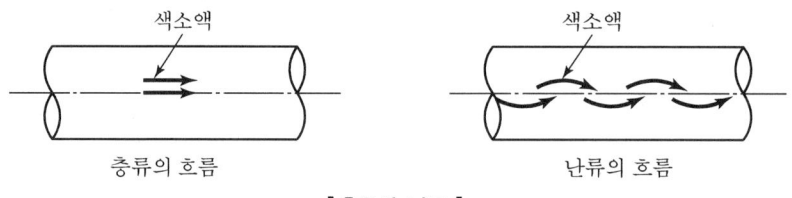

[층류와 난류]

3) Reynolds 장치

수로의 물이 유리관을 통해서 흐르는 동시에 관의 입구에서, 아주 가는 관으로부터 주입된 색소액도 물과 같이 흐르게 하는 장치이다. 처음에 유리관의 끝단에 있는 밸브를 서서히 열면 유리관 속의 물은 매우 작은 유속으로 흐른다. 이때 색소액도 물과 함께 흐르게 되는데 색소액은 물에 혼합되지 않고 실처럼 흐른다. 연이어 밸브를 열어서 관속의 유속을 크게 하여 어떤 유속에 도달하면 색소액은 흐트러지기 시작하고, 다시 유속을 크게 하면 색소액은 구름처럼 관 전체로 확산되어 흐르게 된다.

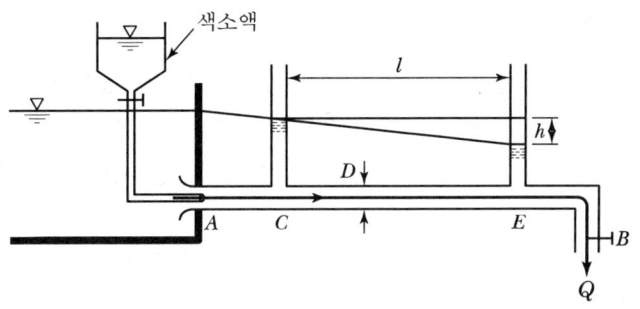

[Reynolds 장치]

4) Reynolds 값

레이놀즈는 시험방법을 일정하게 하고 실험조건을 달리하여 여러 가지의 경우에 대하여 실험을 하여 층류에서 난류 또는 난류에서 층류로 변하는 조건을 발견하였다. 즉, 지름 D의 유리관 속의 평균유속을 V, 흐르는 물의 동점성 계수를 ν라고 할 때 이들의 양으로 만든 **무차원수(無次元數)**의 값에 따라 층류가 되기도 하고 난류가 되기도 하는 것을 발견하였다. 이와 같은 무차원 수는 레이놀즈에 의해서 제안된 것이며 이 수를 **레이놀즈수(Reynolds Number)**라고 한다.

- Reynolds 수 : $R_e = \dfrac{V \cdot D}{\nu} = \dfrac{\text{유속(cm/s)} \times \text{관경(cm)}}{\text{동점성계수(cm}^2\text{/s)}}$

(1) 관수로의 R_e

- $R_e > 4,000$ ·················· (난류)
- $4,000 > R_e > 2,000$ ············ (과도상태 : 한계류)
- $R_e < 2,000$ ·················· (층류)

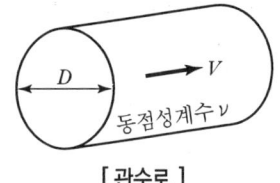

[관수로]

(2) 개수로의 R_e

- $R_e < 500$ ·················· (층류)
- $R_e > 500$ ·················· (난류)

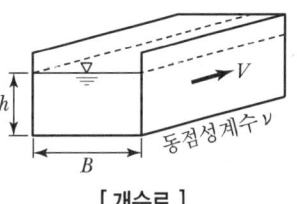

[개수로]

(3) 층류와 난류

관수로 내에서 유속이 작을 때에는 물 입자의 혼합은 없으며 평행인 층을 이루어 움직이고 층류상태에 있으며, 유속이 커지면 물 입자의 혼합이 일어나 난류상태가 된다.

① 층류 : 유체가 규칙적으로 정연한 흐름상태로 관수로에서의 레이놀즈수가 2,000 이하인 흐름이다.

② 난류 : 유체가 불규칙하고 혼란스런 흐름상태로 관수로에서 레이놀즈수가 4,000 이상인 흐름이다.

③ 천이 길이 : 유체의 흐름이 완전히 발달된 흐름까지 유도되는 거리를 말한다.

- 층류일 때 천이 길이 : $L_t = 0.05 R_e \times D$
- 난류일 때 천이 길이 : $L_t = (40 \sim 50) \times D$

여기서, R_e : Reynolds 수(무차원)
D : 관직경(m)

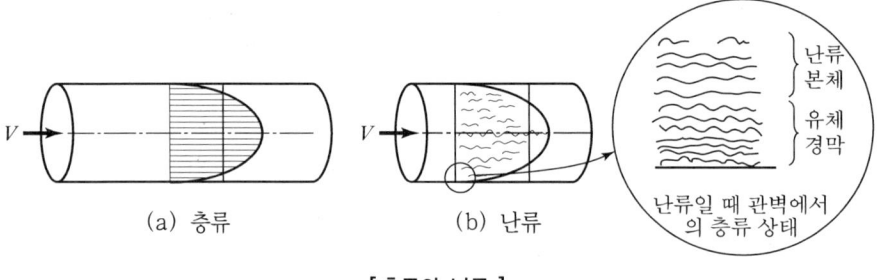

[층류와 난류]

5) 손실수두와 관속의 평균유속 관계

층류상태로 흐르는 수류의 유속을 어떤 한계값 이상으로 크게 하면 색소액은 흐트러져서 난류가 되고 유속을 다시 작게 하면 층류로 되돌아간다.

이와 같이 층류에서 난류 또는 난류에서 층류로 변화하는 조건은 유속뿐만 아니라 흐름의 규모, 유체의 점성, 그리고 실험방법 등에 따라서 달라진다.

Reynolds와 그 밖의 많은 사람들의 실험에 의하면 손실수두(h_l)와 관속의 평균유속(V)과의 관계는 다음과 같다.

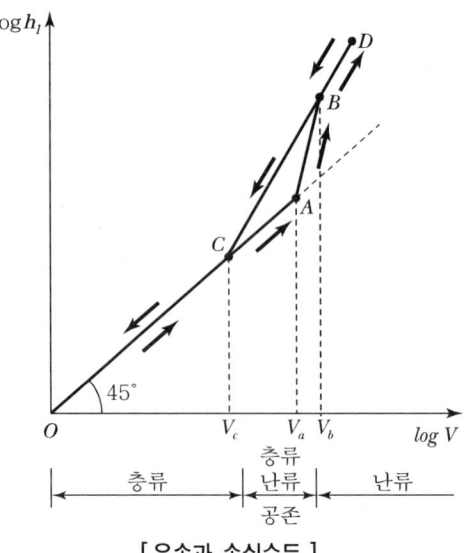

[유속과 손실수두]

양변에 대수를 취하면,

$$\log h_l = \log k + n \log V$$

여기서, V_a : 층류에서 난류로 변하는 유속(상한계 유속)
V_c : 난류에서 층류로 변하는 유속(하한계 유속)

층류상태로 흐를 때는 레이놀즈수가 매우 작을 때이며 이것은 유속 또는 관의 지름이 매우 작을 때이다. 일반적으로 지하수와 같이 지중을 흐르는 흐름은 층류이지만 자연계의 대부분의 흐름은 난류라고 생각해도 될 것이다.

6) 층류와 난류의 유속

관내에서의 근본적인 유동형태로는 **층류**(Laminar Flow)와 **난류**(Turbulent Flow)가 있다. **층류 유동** 시는 주어진 층내의 유체입자는 두 층 내에 머물며, 전단응력은 층과 층의 미끄럼으로 생기게 된다. **난류 유동** 시 유체입자는 시간과 공간적으로 불규칙적으로 흐르며 속도교란은 유동방향과 수직방향으로 발생한다.

빠른 유동층에서부터 느린 유동층까지 유체입자의 유동은 느린 유동층에서의 속도를 증가시키는 효과를 갖게 될 것이다. 비슷하게 느린 유동입자의 빠른 유동입자에 대한 운동은 빠른 유동층의 유체속도를 감소시킬 것이다.

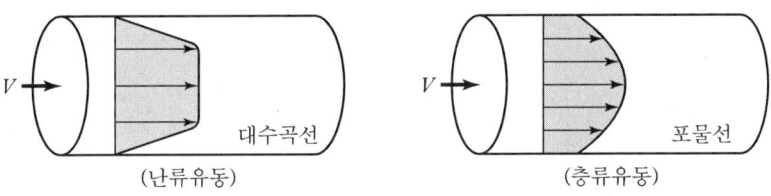

[관내 유동에서의 속도분포]

유체가 관에서 흐를 때 유체의 점성 때문에 관 중심부 유속은 평균유속보다 크고 관 벽에 가까울수록 유속은 줄어들어 관 벽에서 속도는 0(Zero)이 된다. 층류에서는 평균유속이 관중심의 최대 유속인 V_{max}의 1/2과 같다. 또한 난류는 유속이 층류보다는 상당히 균일하게 분포되어 흐르며 평균유속은 최대유속인 V_{max}의 약 $0.81 \sim 0.83$배가 된다.

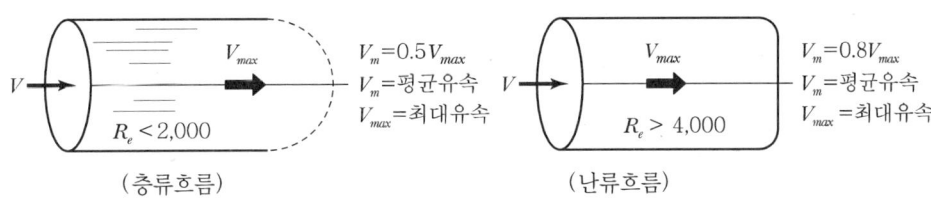

[평균유속과 최대유속]

한편 원통관을 통하여 유량 $Q(\text{m}^3/\text{sec})$가 흐르고 있을 때 평균유속은 다음과 같다.

- 유속 : $V = \dfrac{Q(\text{유량})}{A(\text{유적})}$
- 유량 : $Q = (\text{유적 } A) \times (\text{유속 } V)$

여기서, V : 평균유속(m/sec)
Q : 유량(m^3/sec)
A : 유적(단면적)(m^2)

7 상류와 사류

개수로의 흐름으로 수면에 미소한 변동을 주면 그 변동은 **장파**(長波, Long Wave)의 전파속도로 전달되는데 유속이 이 전파속도보다 큰 흐름을 **사류**(射流, Super Critical Flow), 작은 흐름을 **상류**(常流, Sub Critical Flow)라 분류한다. **중력효과**란 흐름의 상태에 미치는 중력의 효과를 중력에 대한 관성력의 비로 나타낸다.

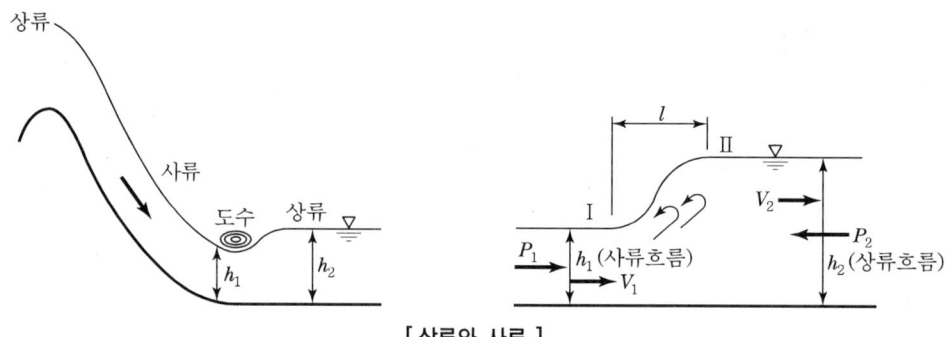

[상류와 사류]

① 상류 : 유속이 장파의 전파속도보다 작고($V < \sqrt{gh}$) 수심은 한계수심보다 큰 ($h > h_c$) 흐름일 때를 말한다. 따라서 중력>관성력으로 하천 등 경사가 급하지 않은 수로에서 볼 수 있는 비교적 느린 흐름이다.
② 사류 : 유속이 장파의 전파속도보다 크고($V > \sqrt{gh}$) 수심은 한계수심보다 작은 ($h < h_c$) 흐름일 때를 말한다. 따라서 중력<관성력으로 흐름이 빠르고, 수문의 개구에서 분출되는 흐름이나 댐을 월류하거나 하류면을 유하하는 흐름 등이 그 예이다.
③ 한계류 : 중력과 관성력이 동일한 흐름으로 흐름이 상류에서 사류로 바뀔 때의 흐름이다.

상류와 사류를 수식으로 구별하는 방법에는 Froude Number가 사용되고 있다.

- Froude Number : $Fr = \dfrac{V}{\sqrt{gh}}$
- $Fr < 1$ ·· (상류)
- $Fr > 1$ ·· (사류)
- $Fr = 1$ ·· (한계류)

상류수로(常流水路)에서는 하류 측에서 생긴 현상이 상류 측의 흐름 상태에 영향을 끼치나, 사류수로(射流水路)에서는 하류 측에서 생긴 현상은 상류 측의 흐름상태에 영향을 주지 못한다.

8 연속방정식

흐름을 해석하는 데 사용되는 기본 방정식에는 연속방정식, Bernoulli 방정식 및 운동량 방정식의 3가지가 있으며, 이 식들은 자연의 기본법칙인 질량보존의 법칙, Energy 보존의 법칙 및 Newton의 제2법칙을 각각 유체의 흐름에 적용시킴으로써 유도되었다.

'유체는 일반적으로 연속체로 생각할 수 있고, 그 운동도 연속적이다.'라고 생각한 방정식이다. 유체 속의 임의의 폐합면을 생각하면 짧은 시간에 이 면을 통해서 유입한 질량과 유출한 질량의 차가 같다는 수류의 **질량 불변의 법칙**을 의미한다.

정류에서 하나의 유관을 생각하여 단면 ①, ②의 단면적 A_1, A_2 유속을 V_1, V_2라 하면 단면 ①을 통과하는 유량 $Q_1 = A_1 V_1$이 되고 단면 ②를 통과하는 유량 $Q_2 = A_2 V_2$가 된다. 그러므로 연속되어 흐르는 물이 정류라면 $Q = Q_1 = Q_2$가 된다.

- 유량 : $Q = A_1 V_1 = A_2 V_2 = \text{Constant}(일정)$

이것은 정류의 기본법칙으로 **연속방정식**(Equation of Continuity)이라 한다.

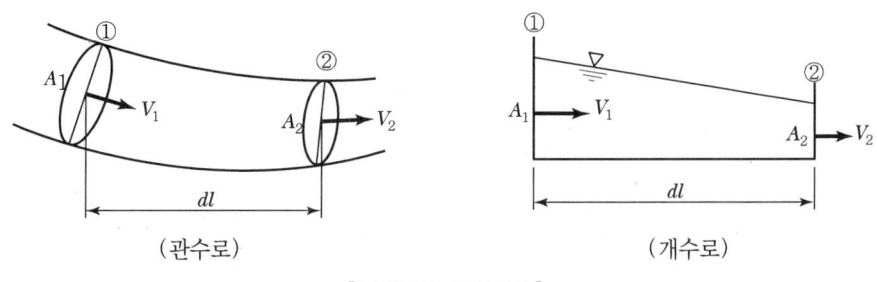

[단면적과 유속관계]

1) 연속방정식의 유동관계

연속방정식이란 "질량보존의 법칙"을 유체유동에 적용한 것으로써 그림과 같이 단위시간당 ① 단면에 유입하는 유체의 질량과 ② 단면으로 유출되는 유체의 질량은 일정하다고 정의한 식을 말한다.

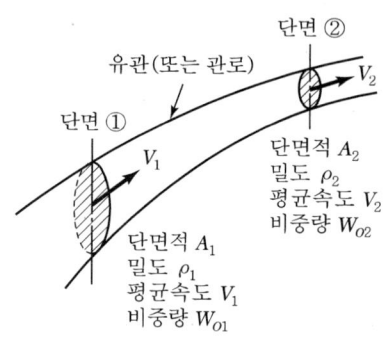

[유관의 연속방정식]

2) 1차원 정상유동에 대한 연속방정식

질량보존의 법칙에 의하여 관로 내를 흐르는 유체에 대하여 유체의 흐름이 1차원 정상상태일 때 관로 내의 ①지점을 흐르는 질량과 어느 거리에 있는 ②지점을 흐르는 유체의 질량은 같다.

- 연속방정식 : $\rho_1 A_1 V_1 = \rho_2 A_2 V_2 = \text{Constant}(일정)$

① 질량유량(Mass Flowrate)

- 유량 : $Q = \rho_1 A_1 V_1 = \rho_2 A_2 V_2$

② 중량유량(Weight Flowrate)

- 유량 : $Q = w_{01} A_1 V_1 = w_{02} A_2 V_2$

③ 체적유량(Volumetric Flowrate)

- 유량 : $Q = A_1 V_1 = A_2 V_2$

비압축성 유체인 경우는 밀도(ρ)나 단위중량(w_0)의 변화가 없다.
따라서 $\rho_1 = \rho_2$, $w_{01} = w_{02}$이므로 연속방정식에서 다음과 같이 표현된다.

- 유량 : $Q = A_1 V_1 = A_2 V_2 = \text{Constant}(일정)$

3) 2차원 및 3차원 흐름에 있어서의 연속방정식

질량보존의 법칙에 의하여, 배관을 흐르는 유체에 대하여 유체의 흐름이 1차원 정상상태일 때 배관 내의 1지점을 흐르는 유체의 질량과 1지점으로부터 어느 거리에 있는 2지점을 흐르는 유체의 질량은 같으며, 1·2·3차원에서 연속방정식의 여러 가지 경우는 다음과 같다.

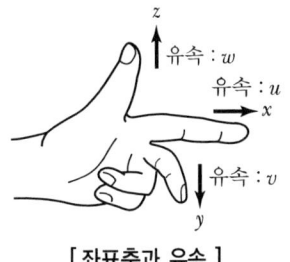

[좌표축과 유속]

여러 가지 경우에 대한 연속방정식

흐름의 차원	정상상태(Steady State)	
	압축성 유체 (Compressible Fluid)	비압축성 유체 (Incompressible Fluid)
3차원 흐름 ($x,\ y,\ z$ 방향)	$\dfrac{\partial(\rho u)}{\partial x}+\dfrac{\partial(\rho v)}{\partial y}+\dfrac{\partial(\rho w)}{\partial z}=0$	$\dfrac{\partial u}{\partial x}+\dfrac{\partial v}{\partial y}+\dfrac{\partial w}{\partial z}=0$
2차원 흐름 ($x,\ y$ 방향)	$\dfrac{\partial(\rho u)}{\partial x}+\dfrac{\partial(\rho v)}{\partial y}=0$	$\dfrac{\partial u}{\partial x}+\dfrac{\partial v}{\partial y}=0$
1차원 흐름 (x 방향)	$\dfrac{\partial(\rho u)}{\partial x}=0$	$\dfrac{\partial u}{\partial x}=0$
흐름의 차원	비정상상태(Unteady State)	
	압축성 유체 (Compressible Fluid)	비압축성 유체 (Incompressible Fluid)
3차원 흐름 ($x,\ y,\ z$ 방향)	$\dfrac{\partial(\rho u)}{\partial x}+\dfrac{\partial(\rho v)}{\partial y}+\dfrac{\partial(\rho w)}{\partial z}=-\dfrac{\partial\rho}{\partial t}$	$\dfrac{\partial u}{\partial x}+\dfrac{\partial v}{\partial y}+\dfrac{\partial w}{\partial z}=-\dfrac{\partial\rho}{\partial t}$
2차원 흐름 ($x,\ y$ 방향)	$\dfrac{\partial(\rho u)}{\partial x}+\dfrac{\partial(\rho v)}{\partial y}=-\dfrac{\partial\rho}{\partial t}$	$\dfrac{\partial u}{\partial x}+\dfrac{\partial v}{\partial y}=-\dfrac{\partial\rho}{\partial t}$
1차원 흐름 (x 방향)	$\dfrac{\partial(\rho u)}{\partial x}=-\dfrac{\partial\rho}{\partial t}$	$\dfrac{\partial u}{\partial x}=-\dfrac{\partial\rho}{\partial t}$

9 Bernoulli 정리

유체가 유관 속을 흐를 때 에너지 변화와 압력변화에 의한 일의 관계에서 속도수두, 압력수두 및 위치수두의 합에 의해 발생한 에너지(Energy)가 일정하다는 것이 Bernoulli 정리이다. 동수경사선은 그림과 같이 관속을 물이 흐를 경우 관속의 압력을 나타내는 선이며, 관 벽에 가는 유리관을 연결하면 동수경사선까지 물이 올라온다. 이 때문에 이것을 압력선이라고도 한다. 그림에서 보는 바와 같이 에너지선과 동수경사선의 높이 차는 속도수두와 같다.

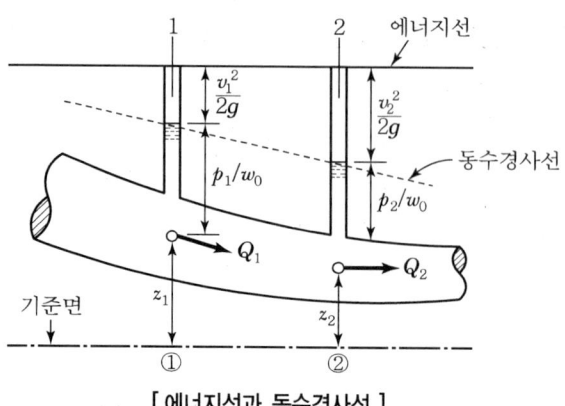

[에너지선과 동수경사선]

베르누이 방정식은 에너지 보존의 법칙을 물의 흐름에 적용시켜 각 에너지를 수두로 환산하여 그 크기를 간편하게 나타내어 적응에 편리하도록 유도된 방정식이다.

- 흐르는 물이 가진 에너지 : E = 위치에너지 + 압력에 의한 에너지 + 운동에너지

①, ② 단면에 Bernoulli 정리를 적용하면 다음과 같다.

- 총수두 : $H_t = z_1 + \dfrac{p_1}{w_0} + \dfrac{v_1^2}{2g} = z^2 + \dfrac{p_2}{w_0} + \dfrac{v_2^2}{2g} =$ Constant

유관 중의 어느 부분을 생각하여도 각 항의 합은 일정하다. 따라서 총수두는 다음과 같이 표현된다.

- 총수두 : $H_t = Z + \dfrac{p}{w_0} + \dfrac{v^2}{2g} =$ Constant

여기서, Z : 위치수두(Potential Head)

$\dfrac{p}{w_0}$: 압력수두(Pressure Head)

$\dfrac{v^2}{2g}$: 속도수두(Velocity Head)

위 식을 각 수두를 가지고 설명하면 「정류를 이루고 흐르는 하나의 유선상의 **위치수두, 속도수두, 압력수두**의 총합은 언제나 일정하다」는 것이다.

이것은 1738년 Swiss의 Daniel Bernoulli가 제안한 액체의 운동에 관한 정리로서 수리학상 매우 중요한 정리이다.

베르누이 방정식이란 에너지보존의 법칙을 다음과 같이 정리한다.

① 정상류일 것
② 유선을 따라 흐른다.
③ 비점성 즉 무마찰일 것(점성력=0)
④ 비압축성 유체(ρ=Constant)(임의의 두 점은 같은 유선상에 있다.)일 것
⑤ 흐름은 소용돌이가 없다.
⑥ 외력은 중력가속도 g만이 있다.

1) 동압력

흐르는 유체 속에 부유체가 흐름과 반대방향으로 흐르거나 유체 속에 정지하고 있을 때 부유체가 받는 실제압력을 동압력(Dynamic Pressure)이라 한다.

베르누이 정리에서 $H_t = Z + \dfrac{p}{w_0} + \dfrac{v^2}{2g}$ 에서 식에 $w_0 = \rho g$를 곱해주면

- 총수두 : $H_t = (\rho g)Z + \dfrac{(\rho g)p}{w_0} + \dfrac{(\rho g)v^2}{2g}$

- 총수두 : $H_t = (\rho g Z) + \underset{(정압)}{p} + \underset{(동압)}{\dfrac{\rho v^2}{2}}$

2) 에너지선

기준 수평면에서 총수두(H_t)까지의 높이를 연결한 선 즉, 전수두를 연결한 선을 에너지선(Energy Line)이라 한다.

3) 동수경사선

기준 수평면에서 위치수두(Z)와 압력수두$\left(\dfrac{p}{w_0}\right)$의 합을 연결한 선을 동수경사선(Hydraulic Gradient Line)이라 말한다.

| 수리학 |

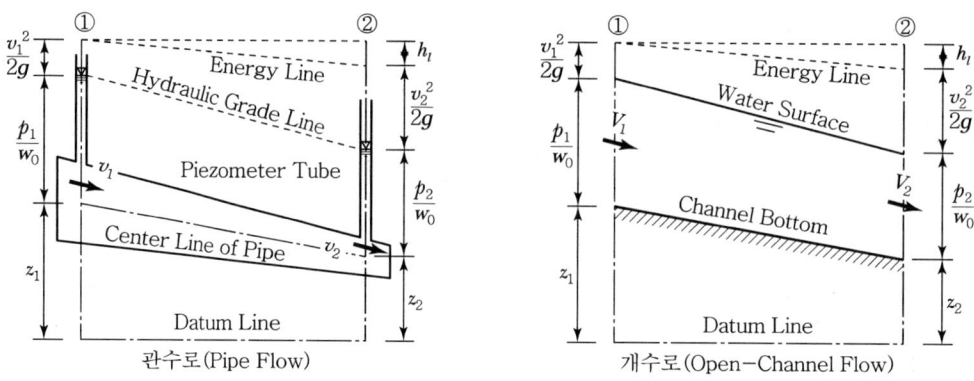

[Comparison Between Pipe Flow and Open-Channel Flow]

4) 에너지선과 동수구배선의 관계

① 이상유체(비점성 유체) 흐름에서는 에너지선과 수평기준면이 평행하다.
② 실제유체(점성 유체) 흐름에서는 에너지손실(수두손실)이 발생하므로 에너지선은 흐름 방향으로 기울어지게 되어 수평기준면과 평행하지 않다.
③ 유선상의 두 점 사이의 총수두 차이값이 수두손실량(h_l)이 되며, 이 값을 두 점 사이의 거리로 나눈 값을 에너지 경사(또는 마찰경사)라 한다. 즉,

- 동수구배 : $I = \tan\theta = \dfrac{높이}{밑변} = \dfrac{h_l}{l}$

점성으로 인하여 마찰력이 발생되어 생긴 경사이므로 마찰경사라 부른다.
④ 에너지선은 동수경사선보다 항상 속도수두 만큼 위에 있다. 따라서 흐름구간에서 유속이 균일한 등류일 경우에만 에너지선과 동수경사선이 평행하다.
⑤ 이상유체가 등류상태로 흐를 경우에만 에너지선, 동수경사선 및 수평기준면이 평행하다.

10 Bernoulli 정리의 응용

물은 중력의 작용에 따라 높은 곳에서 낮은 곳으로 흐른다. 이때 낮은 곳에서 보면 높은 곳의 물은 그 높이만큼 흘러내려오는 힘을 갖고 있다. 이것을 **위치에너지**(Potential Energy)라고 한다. 수조 속에 물이 들어있는 경우 수면의 물은 바닥의 물보다 많은 위치에너지를 갖고 있어서 내부의 물은 자유롭게 교환되므로 바닥의 물도 수면으로 올라갈 수 있다.
이와 같은 경우는 위치에너지가 압력으로 변하는 것이다. 수조 밑에 유리관을 연결하면 수면의

높이까지 물이 상승한다.

이와 같이 바닥의 물은 수면의 위치에너지가 압력으로 되어 저축(貯蓄)되는데 압력으로 된 에너지를 압력에너지 또는 압력수두(Pressure Head)라 한다.

1) Torricelli 정리

수조의 벽면에 아주 작은 구멍을 뚫어서 물을 방출하면 물은 그 점에서 갖고 있던 압력에 의해서 튀어나간다. 튀어나간 물은 공기 속으로 방출되어 그 압력은 대기압이 된다. 즉, 수면의 압력과 같게 된다. 이때 물이 가진 압력은 전부 튀어나가는 힘으로 변한 셈이고, 수두 h의 위치에너지가 힘으로 변한 셈이다.

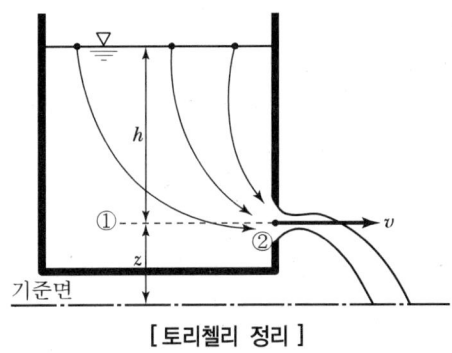

[토리첼리 정리]

베르누이 정리에서 ①, ② 단면에 대한 위치수두, 압력수두, 속도수두를 나타내면 다음과 같다.

$$Z_1 + \frac{p_1}{w_0} + \frac{v_1^2}{2g} = Z_2 + \frac{p_2}{w_0} + \frac{v_2^2}{2g}$$

(위치수두 : 0) + h + (접근유속을 무시할 때 : 0)

= (위치수두 : 0) + (두께가 얇고 상·하 대기압이 작용할 때 : 0) + $\frac{v_2^2}{2g}$

따라서,

$$0 + h + 0 = 0 + 0 + \frac{v^2}{2g}$$

$$\therefore h = \frac{v^2}{2g}$$

- 속도수두 : $\frac{v_2^2}{2g} = h$
- 유속 : $v_2 = \sqrt{2gh}$

식에서 수심이 주어지면 공구(Orifice)에서 유출하는 수맥(水脈)의 유속을 계산할 수 있다. 이 식을 **토리첼리(Torricelli)의 정리**라고 한다. 토리첼리의 정리에서 높이(수두) h에 있는 물의 위치수두는 모두 속도수두($v^2/2g$)로 변환할 수 있다는 것을 알 수 있다.

2) Pitot Tube(피토관)

관수로 또는 개수로를 흐르는 물로 인한 압력이나 물속에 잠겨 있는 물체에서 받는 압력은 크게 정압(靜壓, Static Pressure)과 정체압력(Stagnation Pressure)이 있다. 이들 흐름 속의 압력은 정수 중의 압력과는 달리 물흐름 방향에 압력 측정기기를 정확히 설치하여야 한다. 즉, 정확한 측정을 위해서는 유선 방향에 평행하게 기기를 설치하여 흐름의 교란이 없도록 하고, 압력을 측정하고자 하는 축에 가늘고 매끈한 구멍을 유선 방향에 직각으로 뚫어 액주계나 압력계(Pressure Gauge)에 연결해야 한다. 피토관의 유속은 마노미터에 나타나는 수두차에 의하여 계산한다. 왼쪽 관은 정수압을 측정하고 오른쪽 관은 유속상태가 0인 정체압력을 측정한다.

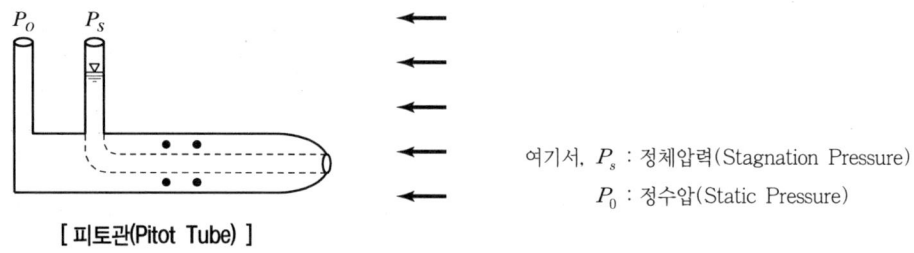

여기서, P_s : 정체압력(Stagnation Pressure)
P_0 : 정수압(Static Pressure)

[피토관(Pitot Tube)]

측정 위치에 Pitot관 계기를 위치시키면 거의 동일한 압력차($P_s - P_0$)를 얻을 수 있도록 설계되어 있어 기기의 설치로 인한 오차를 최소화하였다.

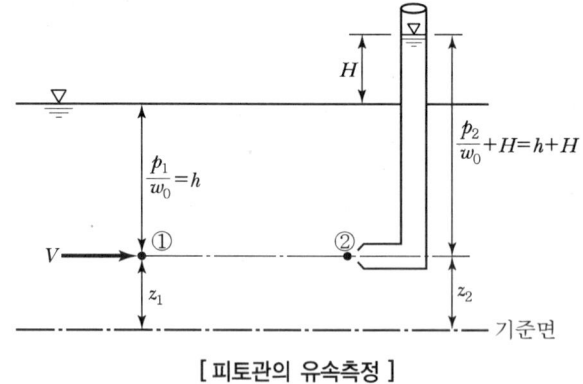

[피토관의 유속측정]

①, ② 단면에 Bernoulli 정리를 적용하면,

$$Z_1 + \frac{p_1}{w_0} + \frac{V_1^2}{2g} = Z_2 + \frac{p_2}{w_0} + \frac{V_2^2}{2g}$$

$$(\text{기준면}:0) + h + \frac{V_1^2}{2g} = (\text{기준면}:0) + (h+H) + (\text{막혀 있으므로}:0)$$

$$h + \frac{V_1^2}{2g} = (h+H)$$

$$\therefore \frac{V_1^2}{2g} = (h+H) - h = H$$

$$\therefore V_1^2 = 2gH$$

- 이론유속 : $V_t = \sqrt{2gH}$
- 실제유속 : $V_0 = C_v\sqrt{2gH}$

C_v는 유속계수(Pitot Tube에서의 $C_v \fallingdotseq 1.0$이다.)

3) 벤투리미터(Venturimeter)

관수로의 일부에 단면 축소부를 연결하여 단면 확대부분과 단면 축소부분의 압력차를 측정하여 관수로에 흐르는 유량을 측정하는 장치를 **벤투리미터**(Venturimeter)라고 한다.

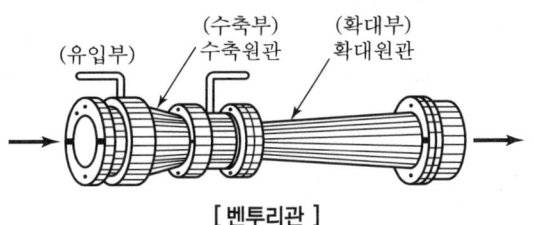

[벤투리관]

벤투리미터는 유입부, 수축부 및 확대부의 세 부분으로 되어 있다. 유입부에서는 점차적으로 유속이 증가함으로써 정수압이 감소되고, 수축부에서는 유속이 가장 크고 따라서 수압이 가장 작아진다. 그리고 확대부에서는 점차적으로 유속이 감소하고 수압도 증가하여 하류 관수로의 흐름으로 회복하게 된다. 이와 같은 세 부분의 관은 손실수두를 극소화시키기 위하여 될 수 있는 대로 원활한 현상으로 하는 것이 바람직하다.

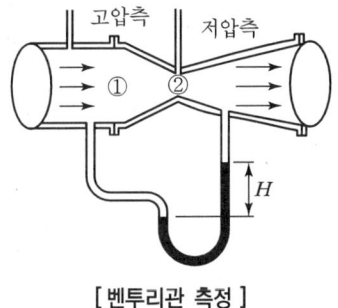

[벤투리관 측정]

벤투리미터(Venturimeter)는 관수로 내의 유량을 측정하기 위하여 관수로 도중에 수축관을 설치하여 수축부에서 압력이 저하할 때 이 압력차에 의하여 유량을 구하는 장치이다.

| 수리학 |

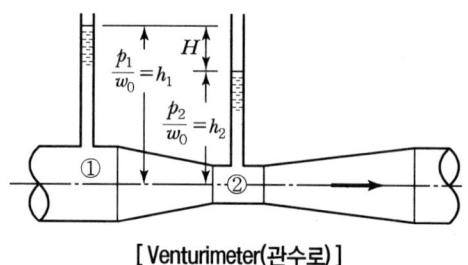

[Venturimeter(관수로)]

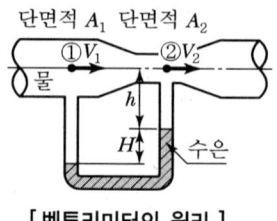

[벤투리미터의 원리]

①, ② 단면에 베르누이 정리를 적용하면

$$Z_1 + \frac{p_1}{w_0} + \frac{V_1^2}{2g} = Z_2 + \frac{p_2}{w_0} + \frac{V_2^2}{2g}$$

$$(기준면:0) + h_1 + \frac{V_1^2}{2g} = (기준면:0) + h_2 + \frac{V_2^2}{2g}$$

따라서, $h_1 + \dfrac{V_1^2}{2g} = h_2 + \dfrac{V_2^2}{2g}$ 이므로,

$$\left(\frac{V_2^2}{2g} - \frac{V_1^2}{2g}\right) = (h_1 - h_2) \text{에서}$$

$$\therefore V_2^2 - V_1^2 = 2g(h_1 - h_2)$$

연속방정식 : $Q = A_1 V_1 = A_2 V_2$ 에서

- 유속 : $V_1 = \dfrac{Q}{A_1}$

- 유속 : $V_2 = \dfrac{Q}{A_2}$

$$\left(\frac{Q}{A_2}\right)^2 - \left(\frac{Q}{A_1}\right)^2 = 2g(h_1 - h_2)$$

$$Q^2 \left(\frac{1}{A_2^2} - \frac{1}{A_1^2}\right) = 2g(h_1 - h_2)$$

$$Q^2 \left(\frac{A_1^2 - A_2^2}{A_1^2 \cdot A_2^2}\right) = 2g(h_1 - h_2)$$

$$Q^2 = \frac{1}{\left(\dfrac{A_1^2 - A_2^2}{A_1^2 \cdot A_2^2}\right)} \cdot 2g(h_1 - h_2)$$

$$Q^2 = \frac{A_1^2 \cdot A_2^2}{A_1^2 - A_2^2} \cdot 2g(h_1 - h_2)$$

$$Q = \frac{\sqrt{A_1^2 \cdot A_2^2}}{\sqrt{A_1^2 - A_2^2}} \sqrt{2g(h_1 - h_2)}$$

- 이론유량 : $\dfrac{A_1 \cdot A_2}{\sqrt{A_1^2 - A_2^2}} \sqrt{2g(h_1 - h_2)}$

- 실제유량 : $Q = C \dfrac{A_1 A_2}{\sqrt{A_1^2 - A_2^2}} \sqrt{2g(h_1 - h_2)}$

여기서, C : 유량계수 $C = 0.97 \sim 0.99$

따라서 Venturimeter는 유량과 유속을 측정하는 장치이다.

4) 벤투리 플룸(Venturi Flume)

벤투리 플룸(Venturi Flume)의 특성은 수두차가 작아도 유량측정의 정확도가 양호하며, 측정하려는 유량 중에 부유물질 또는 토사 등이 많이 섞여 있는 경우에도 목(Throat)부분에서의 유속이 상당히 빠르므로 부유물질의 침적이 적고 자연유하가 가능하다.

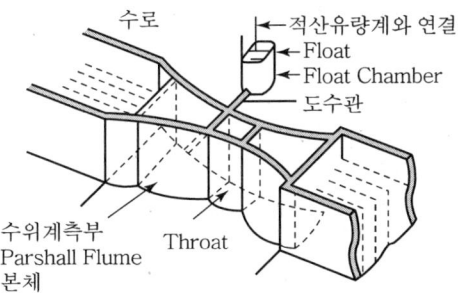

[Venturi Flume의 형태(개수로)]

Venturimeter와 같이 개수로(Open Channel)의 도중을 축소시켜서 유량을 측정하는 장치로서, 일반적으로 상류인 경우 이 부분의 유속은 빨라지고 수심은 감소한다.

그림에서 ①, ② 단면의 유속을 각각 V_1, V_2라 하고, 단면 ①, ②에 Bernoulli 정리를 적용하면

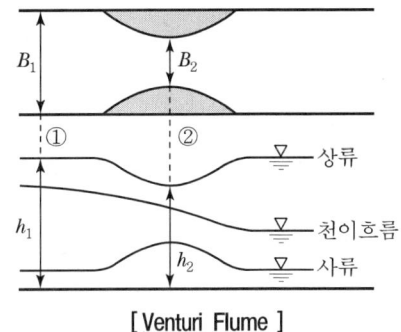

[Venturi Flume]

$$Z_1 + \frac{p_1}{w_0} + \frac{V_1^2}{2g} = Z_2 + \frac{p_2}{w_0} + \frac{V_2^2}{2g}$$

$$(\text{기준면}:0) + h_1 + \frac{V_1^2}{2g} = (\text{기준면}:0) + h_2 + \frac{V_2^2}{2g}$$

$$h_1 + \frac{V_1^2}{2g} = h_2 + \frac{V_2^2}{2g}$$

$$\therefore \left(\frac{V_2^2}{2g} - \frac{V_1^2}{2g}\right) = (h_1 - h_2)$$

- $(V_2^2 - V_1^2) = 2g(h_1 - h_2)$

연속방정식에 의해 유량 $Q = A_1 V_1 = A_2 V_2$ 에서
$Q = (B_1 h_1)V_1 = (B_2 h_2)V_2$ 이므로

$$V_1 = \frac{Q}{B_1 h_1},\ V_2 = \frac{Q}{B_2 h_2}$$

$$(V_2^2 - V_1^2) = 2g(h_1 - h_2)$$

$$\therefore \left(\frac{Q}{B_2 h_2}\right)^2 - \left(\frac{Q}{B_1 h_1}\right)^2 = 2g(h_1 - h_2)$$

$$Q^2 \left\{\left(\frac{1}{B_2 h_2}\right)^2 - \left(\frac{1}{B_1 h_1}\right)^2\right\} = 2g(h_1 - h_2)$$

$$Q^2 = \frac{2g(h_1 - h_2)}{\left(\frac{1}{B_2 h_2}\right)^2 - \left(\frac{1}{B_1 h_1}\right)^2}$$

- 이론유량 : $Q = \sqrt{\dfrac{2g(h_1 - h_2)}{\left(\dfrac{1}{B_2 h_2}\right)^2 - \left(\dfrac{1}{B_1 h_1}\right)^2}}$

- 실제유량 : $Q = C\sqrt{\dfrac{2g(h_1 - h_2)}{\left(\dfrac{1}{B_2 h_2}\right)^2 - \left(\dfrac{1}{B_1 h_1}\right)^2}}$

여기서, 유량계수 $C = 0.96 \sim 1.04$이며, 유량측정의 정밀도는 좋지 않으나, 손실수두는 극히 작다.

5) 오리피스(Orifice)

그림과 같은 수조에서 측벽의 직경이 d 되는 구멍에서 물이 분출되면서 항시 물이 공급되어 수심은 일정한 값을 유지한다. 지금 ①~③에서 Bernoulli의 정리를 적용하면

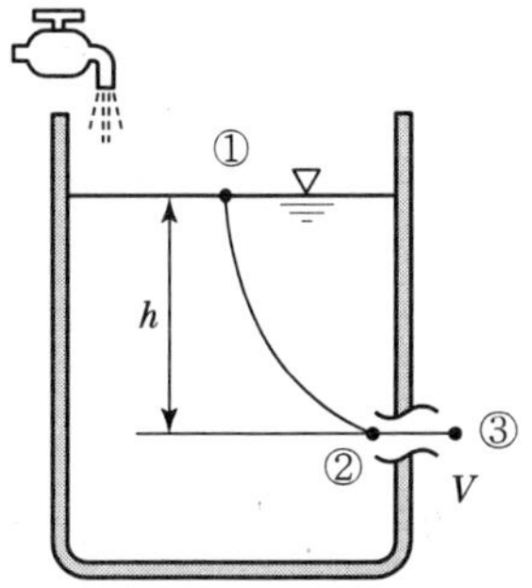

$$z_1 + \frac{p_1}{w_0} + \frac{v_1^2}{2g} = z_3 + \frac{p_3}{w_0} + \frac{v_3^2}{2g}$$ 에서

$h+$ (대기압작용 : 0)+(표면은 유속이 흐르지 않으므로 : 0)

$= $ (기준면 : 0)+(두께가 얇고 상·하 대기압작용 : 0)$+ \frac{v_3^2}{2g}$

$h = \frac{v_3^2}{2g}$

$\therefore v_3^2 = 2gh$

- 이론유속 : $v_t = \sqrt{2gh}$

실제유속은 이론유속에 유속계수 C_v를 곱해주면 된다.

- 실제유속 : $V_0 = C_v\sqrt{2gh}$ (Torricelli의 원리의 유속과 동일함)

[Orifice]

11 운동량과 역적

질량 m의 물체에 힘 F가 작용하여 그 물체에 α의 가속도를 생기게 하면 뉴턴(Newton)의 운동에 관한 제2법칙에 따라 힘은 질량과 가속도를 곱한 것과 같이 된다.

- 힘 : $F = m$(질량)$\times a$(가속도)

여기서, 가속도는 단위시간에 대한 속도의 변화량을 말하는 것이다. dt시간에 속도가 V_1에서 V_2로 변한 것이라고 하면 가속도는

- 가속도 : $a = \left(\dfrac{V_2 - V_1}{dt}\right) = \dfrac{dV}{dt}$
- 힘 : $F = ma$

- 힘 : $F = m\left(\dfrac{V_2 - V_1}{dt}\right)$

- $F \cdot dt = m(V_2 - V_1)$

여기서, $F \cdot dt$: 역적(Impulse)
$m(V_2 - V_1)$: 운동량(Momentum)

dt를 단위시간이라 하면

$$F \cdot 1 = m(V_2 - V_1)$$

무게 $W = mg = w_0 V$에서, $w_0 = \dfrac{mg}{V} = \left(\dfrac{m}{V}\right)g$이므로 여기서, $\left(\dfrac{m}{V}\right)$을 밀도 ρ라 한다.

- 밀도 : $\rho = \dfrac{질량(m)}{체적(V)}$
- 질량 : $m = \rho V$(체적) …… 정지상태
- 질량 : $m = \rho Q$(유량) …… 운동상태
- 힘 : $F = \rho Q(V_2 - V_1)$

무게 $W = mg = w_0 V$에서, $w_0 = \dfrac{mg}{V} = \left(\dfrac{m}{V}\right)g = \rho g$가 되므로 단위중량 $w_0 = \rho g$에서 $\rho = \dfrac{w_0}{g}$를 대입하면

- 힘 : $F = \dfrac{w_0}{g} Q(V_2 - V_1)$

여기서, V_1 : 물체의 처음 속도
V_2 : 단위시간에 변화한 속도

1) 수맥의 방향이 θ일 때

그림과 같은 수차(水車)의 날개에 수맥(水脈)이 충돌하여 수평면에 대하여 θ_1일 때 유속이 V_1으로, 수평면에 대하여 θ_2일 때 유속이 V_2로 변화한 것이라고 하면 수맥에 힘이 작용하게 된다. 이와 같은 경우의 힘 F는 x, y축 방향의 분력으로 나누어서 구하는 것이 편리하다.

수평방향의 분력 F_x와 연직방향의 분력 F_y는 다음과 같다.

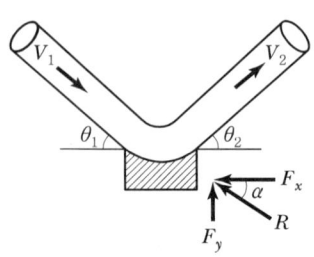

[경사면에 작용하는 힘]

- x방향의 분력 : $F_x = \dfrac{w_0}{g} Q(V_1 cos\theta_1 - V_2 cos\theta_2)$

- y방향의 분력 : $F_y = \dfrac{w_0}{g} Q(V_1 sin\theta_1 - V_2 cos\theta_2)$

피타고라스정리에 의해서 $R^2 = F_x^2 + F_y^2$ 에서 합력은 다음과 같다.

- 합력 : $R = \sqrt{F_x^2 + F_y^2}$

$\tan\alpha = \dfrac{높이\,(F_y)}{밑변\,(F_x)}$ 에서 합력이 이루는 각도는 다음과 같다.

- 합력의 각도 : $\alpha = \tan^{-1}\left(\dfrac{F_y}{F_x}\right)$

2) 정지판에 미치는 충격력

(1) 정지판에 직각으로 충돌할 경우

$F_x = \dfrac{w_0}{g} Q(V_1 \cos\theta_1 - V_2 \cos\theta_2)$ 에서

$F_x = \dfrac{w_0}{g} Q(V\cos 0° - V\cos 90°)$

$= \dfrac{w_0}{g}(AV)(V \times 1 - V \times 0)$

- 힘 : $F_x = \dfrac{w_0}{g} AV^2$

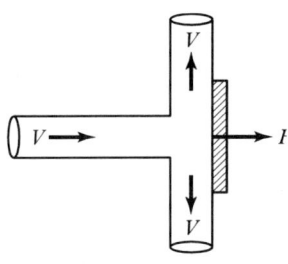

[연직판에 작용하는 힘]

(2) 정지판에 경사지게 충돌할 경우

$F_x = \dfrac{w_0}{g} Q(V_1 \cos\theta_1 - V_2 \cos\theta_2)$ 에서

$F_z = \dfrac{w_0}{g} Q(V\cos(90° - \theta) - V\cos 90°)$

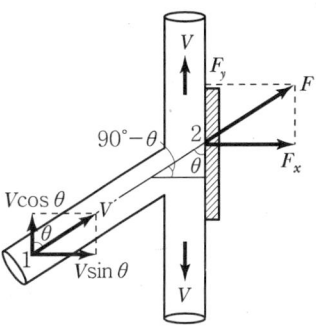

[정지판에 경사지게 작용하는 힘]

$$= \frac{w_0}{g}(AV)(V\sin\theta - V\times 0)$$

- 힘 : $F_x = \dfrac{w_0}{g}AV^2\sin\theta$

3) 움직이는 판에 미치는 충격력

(1) 평판에 직각으로 충돌할 경우

절대속도 u(m/sec)로 움직이는 판에 절대속도 V(m/sec)의 분류가 흐를 때 판에 충돌하는 상대속도는 $(V-u)$(m/sec)이다. 여기서, 절대속도는 정지좌표계 즉, 지구에 대한 물의 속도이고, 상대속도는 물체에 대한 속도를 나타낸다.

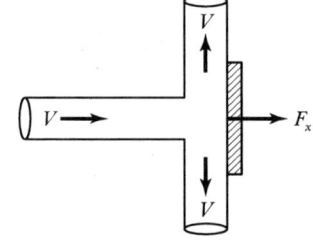

[움직이는 판에 직각으로 작용하는 힘]

$$F_x = \frac{w_0}{g}Q(V_1\cos\theta_1 - V_2\cos\theta_2) \text{에서}$$

$$F_x = \frac{w_0}{g}Q\{(V-u)\cos 0° - (V-u)\cos 90°\}$$

$$= \frac{w_0}{g}A(V-u)\{(V-u)\times 1 - (V-u)\times 0\}$$

- 힘 : $F_x = \dfrac{w_0}{g}A(V-u)^2$

(2) 수차에 충돌할 때

실제와는 관련성이 없는 하나의 평판에 수맥이 충돌하는 경우의 이론적 상태를 나타낸 것이며 수차 등 실제의 경우는 일정한 유량이 흐르는 상태이므로 $Q=AV$이고, 절대속도 u(m/sec)로 움직이는 수차에 절대속도 V(m/sec)의 분류가 흐를 때 수차에 충돌하는 상대속도는 $(V-u)$(m/sec)이다.

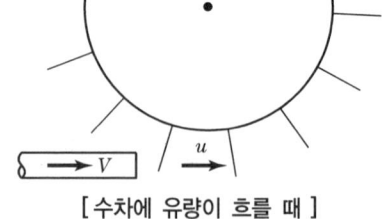

[수차에 유량이 흐를 때]

$$F_x = \frac{w_0}{g}Q(V_1\cos\theta_1 - V_2\cos\theta_2) \text{에서}$$

$$F_x = \frac{w_0}{g}Q\{(V-u)\cos 0° - (V-u)\cos 90°\}$$

$$= \frac{w_0}{g}Q\{(V-u)\times 1 - (V-u)\times 0\}$$

$$= \frac{w_0}{g}Q(V-u)$$

- 힘 : $F_x = \dfrac{w_0}{g}(AV)(V-u)$

(3) 곡면판에 충돌할 경우

절대유속 $u\,(\text{m/sec})$로 움직이는 판에 절대속도 $V\,(\text{m/sec})$의 분류가 흐를 때 판에 충돌하는 상대속도는 $(V-u)\,(\text{m/sec})$이다.

$$F_x = \frac{w_0}{g}Q(V_1\cos\theta_1 - V_2\cos\theta_2)\text{에서}$$

$$F_x = \frac{w_0}{g}Q\{(V-u)\cos 0° - (V-u)\cos\theta\}$$

$$= \frac{w_0}{g}A(V-u)\{(V-u)\times 1 - (V-u)\times\cos\theta\}$$

- 힘 : $F_x = \dfrac{w_0}{g}A(V-u)^2(1-\cos\theta)$

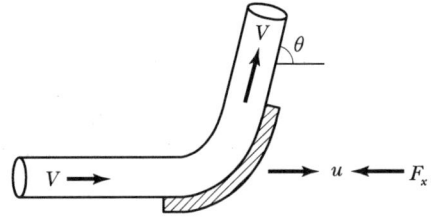

[움직이는 곡면판에 작용하는 힘]

4) 정지곡면판에 충돌할 경우($\theta < 90°$)

① x방향에 대하여

$$F_x = \frac{w_0}{g}Q(V_1\cos\theta_1 - V_2\cos\theta_2)\text{에서}$$

$$F_x = \frac{w_0}{g}Q(V\cos 0° - V\cos\theta)$$

$$= \frac{w_0}{g}(AV)(V\times 1 - V\cos\theta)$$

- 힘 : $F_x = \dfrac{w_0}{g}(AV^2)(1-\cos\theta)$

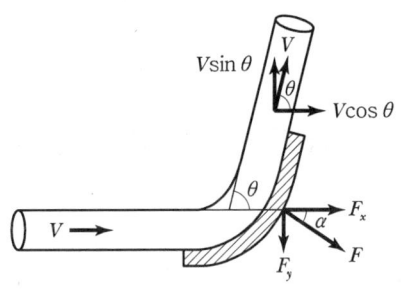

[정지곡면판에 작용하는 힘]

② y방향에 대하여

$$F_y = \frac{w_0}{g}Q(V_1\sin\theta_1 - V_2\sin\theta_2)에서$$

$$F_y = \frac{w_0}{g}Q(V\sin 0° - V\sin\theta)$$

$$= \frac{w_0}{g}Q(V\times 0 - V\sin\theta)$$

$$= \frac{w_0}{g}Q(0 - V\sin\theta)$$

$$= \frac{w_0}{g}Q(-V\sin\theta)$$

$$= -\frac{w_0}{g}(AV)(V\sin\theta)$$

- 힘 : $F_y = -\dfrac{w_0}{g}AV^2\sin\theta$

여기서, (-)란 힘의 작용방향이 반대임을 의미한다. 그러므로 판에 작용하는 합력은 다음과 같고, 합력이 이루는 각은 $\tan\alpha = \dfrac{높이(F_y)}{밑변(F_x)}$ 이다.

- 합력 : $F = \sqrt{F_x^2 + F_y^2}$
- 합력의 각도 : $\alpha = \tan^{-1}\left(\dfrac{F_y}{F_x}\right)$

5) 정지곡면판에 충돌할 경우($\theta > 90°$)

$$F_x = \frac{w_0}{g}Q(V_1\cos\theta_1 - V_2\cos\theta_2)에서$$

$$F_x = \frac{w_0}{g}Q\{V\cos 0° - V\cos(180° - \theta_0)\}$$

$$= \frac{w_0}{g}Q\{(V\times 1) - V\times(-\cos\theta_0)\}$$

$$= \frac{w_0}{g}QV(1 + \cos\theta_0)$$

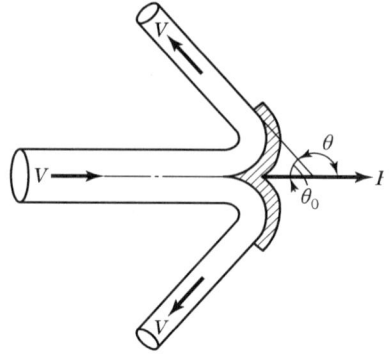

[정지곡면판에 작용하는 힘]

$$= \frac{w_0}{g}(AV)V(1+\cos\theta_0)$$

- 힘 : $F_x = \dfrac{w_0}{g}AV^2(1+\cos\theta_0)$

6) 정지곡면판에 충돌하여 180°로 회전하는 경우

분류가 방향을 바꾸어 $\theta = 180°$인 경우에 $\cos 180° = -1$이 된다.

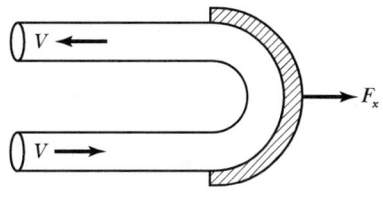

[정지곡면판에 작용하는 힘]

$$F_x = \frac{w_0}{g}Q(V_1\cos\theta_1 - V_2\cos\theta_2) \text{에서}$$

$$F_x = \frac{w_0}{g}Q(V\cos 0° - V\cos 180°)$$

$$= \frac{w_0}{g}Q\{(V\times 1 - V\times(-1)\}$$

$$= \frac{w_0}{g}QV(1-(-1))$$

- 힘 : $F_x = \dfrac{2w_0}{g}QV = \dfrac{2w_0}{g}(AV)V = \dfrac{2w_0}{g}AV^2$

12 에너지 보정계수와 운동량 보정계수

실제유속(v)과 평균유속(v_m)을 사용했을 때 에너지와 운동량의 크기가 다르므로 이를 보정하기 위한 계수이다. 물과 같은 점성 유체의 흐름에서는 점성으로 인한 마찰력이 발생하여 흐름단면에서의 유속분포가 불균등하지만, 실제의 흐름해석에서는 균등분포로 간주하고 평균유속을 사용하며, 이로 인해 발생되는 오차는 보정계수를 사용하여 보정해줄 수 있다.

1) 에너지 보정계수(Colioris 계수)

단면적이 작은 원관 내의 유속은 평균유속으로 일정하다고 생각하였으나 실제 관내의 유속은 그림과 같이 관 벽면 부근에서는 작고 관 중심에 가까워짐에 따라 점점 커져 중심이 최대 유속점이 된다.

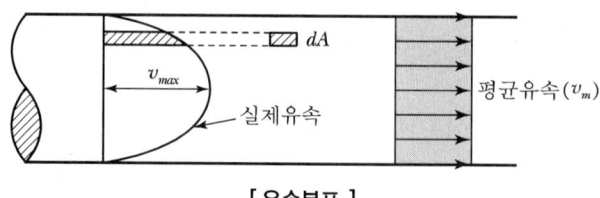

[유속분포]

지금 한 단면에 있어서 미소단면 dA를 생각하여 이 단면의 유속을 v라 하면 dA부분을 통해 흐르는 미소유량 dQ는 다음과 같다.

- 미소유량 : $dQ = vdA$

전단면에 대한 유량 Q는 다음과 같다.

- 유량 : $Q = \int_A vdA$

여기서, 한 유관에 대하서 Bernoulli 정리를 적용하면

$$\frac{p_1}{w_0} + \frac{v_1^2}{2g} + z_1 = \frac{p_2}{w_0} + \frac{v_2^2}{2g} + z_2$$

위 식에서 각 항은 단위중량의 물이 가지는 에너지를 표시하므로 단면적 dA이고, 유량 dQ인 원관에 대해서는

$$\left(\frac{p_1}{w_0} + z_1 - \frac{p_2}{w_0} - z_2\right)w_0 dQ = \left(\frac{v_2^2}{2g} - \frac{v_1^2}{2g}\right)w_0 dQ$$

전단면적 A에 대해서는

$$\int_A \left(\frac{p_1}{w_0} + z_1 - \frac{p_2}{w_0} - z_2\right)w_0 dQ = \int_A \left(\frac{v_2^2}{2g} - \frac{v_1^2}{2g}\right)w_0 dQ$$

한 단면에 있어서는 $\left(\frac{p_1}{w_0} + z\right)$가 일정하므로

$$\left(\frac{p_1}{w_0} + z_1 - \frac{p_2}{w_0} - z_2\right)w_0 \int_A dA = \left(\frac{p_1}{w_0} + z_1 - \frac{p_2}{w_0} - z_2\right)w_0 Q$$

위 식의 우변은 한 단면에 있어서 v가 변화하므로 속도 v의 분포를 알기 전에는 적분할 수 없다.

한 단면의 평균유속 v_m은 다음과 같다.

- 평균유속 : $v_m = \dfrac{Q}{A} = \dfrac{1}{A}\displaystyle\int_A v\,dA$

로 표시하고, 이와 같은 v_m를 사용한 전단면의 운동에너지는 다음과 같이 쓸 수 있다.

$$\dfrac{v_m^2}{2g}w_0 v_m A = \dfrac{v_m^2}{2g}w_0 Q$$

$\displaystyle\int_A \dfrac{v^2}{2g}w_0\,dQ$와 위의 식은 일반적으로 일치하지 않는다. 따라서 일치시키기 위해 에너지 보정계수 α로 보정을 해주어야 한다.

$$\int_A \dfrac{v^2}{2g}w_0\,dQ = \alpha \dfrac{v_m^2}{2g}w_0 Q$$

$$\therefore \int_A \dfrac{V^2}{2g}w_0(V \cdot dA) = \alpha \dfrac{V_m^2}{2g}w_0(V_m \cdot A)$$

로 정리할 수 있다. 이때 이 α를 에너지 보정계수(Kinetic Energy Correction Factor)라 부른다.

α는 위 식에서 에너지 보정계수로 다음과 같다.

- 에너지 보정계수 : $\alpha = \displaystyle\int_A \left(\dfrac{v}{v_m}\right)^3 \dfrac{dA}{A}$

평균유속을 사용하면 전단면에 대한 Bernoulli의 정리는 다음과 같이 쓸 수 있다.

$$\alpha_1 \dfrac{v_{1m}^2}{2g} + \dfrac{p_1}{w_0} + z_1 = \alpha_2 \dfrac{v_{2m}^2}{2g} + \dfrac{p_2}{w_0} + z_2$$

에너지 보정계수 α는 일반적으로 수로의 단면형과 유속분포에 따라서 결정되는 계수이며, 원관 내의 층류에 대하여서는 $\alpha = 2$이고, 난류에 대해서는 $\alpha = 1.01 \sim 1.10$ 정도이다. 특히, 폭이 넓은 구형 단면 수로에 대해서는 $\alpha = 1.058$이다. 실용적인 계산을 할 때 원관에 대해서 $\alpha = 1.1$을 사용한다.

2) 운동량 보정계수(Boussinesq 계수)

그림과 같이 하나의 유관을 생각하여 단면적을 dA, 유량을 dQ라 하고, 유속이 v_1에서 v_2로 변화한다고 하면 유관에 작용하는 힘 ΣF는 운동량방정식에서 다음과 같이 된다.

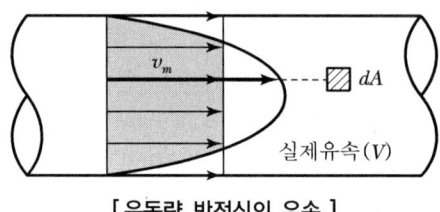

[운동량 방정식의 유속]

$$\Sigma dF = \rho v_2 dQ - \rho v_1 dQ$$

수로의 전단면적 A에 대해서는

$$\Sigma dF = \int_A \rho v_2 dQ - \int_A \rho v_1 dQ$$

위 식의 우변의 각 항은 각 단면의 운동량이며, 단면의 유속분포를 알면 적분할 수 있다. 여기서도, 에너지와 같이 평균유속을 사용하면 운동량은 $\rho v_m Q$이며,

$$\eta \rho v_m Q = \int_A \rho v dQ$$

$$\therefore \eta \rho v_m (v_m \cdot A) = \int_A \rho V(V \cdot dA)$$

따라서 이 η를 운동량 보정계수(Momentum Correction Factor)라 부른다.

- 운동량 보정계수 : $\eta = \int_A \left(\dfrac{v}{v_m}\right)^2 \dfrac{dA}{A}$

수로의 전단면에 대한 운동량방정식은 다음과 같다.

$$\Sigma F = \rho Q [(\eta v_m)_2 - (\eta v_m)_1]$$

원관 내의 층류에 대해서는 $\eta = \dfrac{4}{3}$이고, 난류에 대해서는 $\eta = 1.0 \sim 1.05$ 정도이다. 또, 폭이 넓은 구형 단면수로의 난류에 대해서는 $\eta = 1.02$이다. 그리고 실용적인 계산에서는 $\eta = 1$을 사용한다.

관련문제 : 동수역학

01 유선이란?

㉮ 속도벡터에 대하여 항상 수직이다.
㉯ 유동단면의 중심만을 연결한 선이다.
㉰ 모든 점에서 속도벡터의 방향과 일치되는 연속적인 선이다.
㉱ 정상류에서만 보여주는 선이다.

해설 유선이란 유체의 한 입자가 지나간 궤적을 표시하는 선으로 모든 점에서 속도벡터의 방향을 갖는다.

02 유관이란?

㉮ 한 개의 유선으로 이루어지는 관을 말한다.
㉯ 어떤 폐곡선을 통과하는 여러 개의 유선으로 이루어지는 관을 말한다.
㉰ 개방된 곡선을 통과하는 유선으로 이루어지는 평면을 말한다.
㉱ 임의의 여러 유선으로 이루어지는 유동체를 말한다.

해설 폐곡선을 지나는 여러 개의 유선에 의해서 이루어지는 가상적인 관을 말하며, 계산할 때는 일반관과 같이 취급된다.

03 유선의 방정식은?

㉮ $\dfrac{\partial \rho}{\partial t}=0$ ㉯ $\dfrac{\partial P}{\partial t}=0$ ㉰ $A_1 V_1 = A_2 V_2$ ㉱ $\dfrac{dx}{u}=\dfrac{dy}{v}=\dfrac{dz}{w}$

해설 유선에 대한 미분방정식은 $\dfrac{dx}{u}=\dfrac{dy}{v}=\dfrac{dz}{w}$ 이다.

04 다음 중 정상류는?

㉮ 파동이 작용하는 흐름
㉯ 밸브를 조작할 때의 관 속의 흐름
㉰ 수동펌프로써 송출되는 흐름
㉱ 곧은 관속에의 일정한 유량일 때의 흐름

해설 정상류란 유동특성이 시간에 따라 변화되지 않는 흐름이다. 곧은 관속에 유량이 일정할 때에는 각 단면에서의 속도, 밀도, 온도 등이 시간에 관계없이 일정하여야 한다.

정답 01. ㉰   02. ㉯   03. ㉱   04. ㉱

| 수리학 |

05 다음 중 정상류는?

㉮ 모든 점에서의 흐름과 특성이 시간에 따라 변하지 않는 흐름이다.
㉯ 모든 점에서의 흐름의 특성이 시간에 따라 변하는 흐름이다.
㉰ 모든 점에서 흐름의 특성이 동일한 흐름이다.
㉱ 흐름의 특성이 일정한 비율로 시간에 따라 변하는 흐름이다.

해설 정상류란 어느 한 점을 관찰할 때 그 점에서의 유동특성이 시간에 관계없이 일정하게 유지되는 흐름을 말한다.

06 다음은 흐름에 대한 설명의 실례를 든 것이다. 틀린 것을 고른다면?

㉮ 평상시의 하천이나 수로는 부정류의 흐름이다.
㉯ 홍수시의 하천의 흐름은 부정류의 흐름이다.
㉰ 평상시의 하천이나 수로의 흐름은 정류의 흐름이다.
㉱ 수심, 수로 폭이 변하지 않은 인공수로는 등류의 흐름이다.

해설 평상시의 하천이나 수로는 다소의 유량 유속 등에 변화가 있다. 그것은 무시할 정도이므로 부등류로 봄이 타당하다.

07 1차원 흐름이란?

㉮ 여러 개의 유선으로 이루어지는 유동면으로 정의되는 흐름이다.
㉯ 면 만으로는 정의될 수 없고 하나의 체적요소의 공간으로 정의되는 흐름이다.
㉰ 유선 방향 이외에서 유동특성이 변화되는 흐름이다.
㉱ 유동특성이 한 개의 유선 방향으로만 변화되는 흐름이다.

해설 1차원 흐름이란 유동특성이 단지 한 개의 유선을 따라서만 변화되는 흐름을 말한다.

08 다음 중 연속방정식은?

㉮ 뉴톤의 제2법칙을 만족시키는 방정식이다.
㉯ 에너지와 일과의 관계를 주는 방정식이다.
㉰ 유선상의 2점에서의 단위체적당의 모멘텀(Momentum)에 관한 방정식이다.
㉱ 질량보존의 법칙을 만족시키는 방정식이다.

해설 연속방정식은 질량보존의 법칙으로부터 유도된 방정식이다.

정답 05. ㉮ 06. ㉮ 07. ㉱ 08. ㉱

09 3차원 흐름의 $\frac{\partial(\rho u)}{\partial x} = \frac{\partial(\rho v)}{\partial y} = \frac{\partial(\rho w)}{\partial z} = 0$에 대한 연속방정식의 상태는?

㉮ 비압축성 정상류 ㉯ 비압축성 부정류
㉰ 압축성 정상류   ㉱ 압축성 부정류

해설 압축성 정상류의 경우 유체의 밀도는 시간에 따라서는 변하지 않지만 공간적으로는 변하므로 상수로 간주할 수는 없다.

10 1차원 흐름의 기본방정식이 아닌 것은?

㉮ $\frac{\partial(\rho A)}{\partial t} + \frac{\partial(\rho Av)}{\partial t} = 0$ ㉯ $\frac{\partial(\rho Av)}{\partial t} = 0$ (일정)

㉰ $Q = v_1 A_1 = v_2 A_2$ ㉱ $\frac{\partial \rho}{\partial t} = 0$

해설 정상흐름에서 모두 물의 연속방정식이므로 1차원 흐름이다.

11 속도 포텐셜을 가지고 있는 흐름은?

㉮ 회전운동을 일으킨다.   ㉯ 비회전운동을 일으킨다.
㉰ 와운동을 일으킨다.   ㉱ 도수를 일으킨다.

해설 포텐셜류(Potential Flow)는 유체입자가 회전을 하지 않은 비회전류이다. 즉, 이 유체는 비회전운동(Irrotational Motion) 또는 무와운동(無渦運動)을 하고 있다.

12 폭 10m, 수심 1.2m로 흐르는 수로의 경심을 구하면?

㉮ 0.97m   ㉯ 11.2m   ㉰ 12.0m   ㉱ 12.4m

해설 경심 : $R = \frac{(유적 A)}{(윤변 P)} = \frac{10 \times 1.2}{10 + 2 \times 1.2} = 0.97\text{m}$

13 수심 1.6m, 측면구배 1 : 2로 흐르는 3각단면 수로의 윤변은?

㉮ 3.58m   ㉯ 11.2m   ㉰ 7.16m   ㉱ 13.19m

해설 ① 윤변은 젖은 변의 길이를 나타낸다.
② 윤변 : $p = 2\sqrt{1.6^2 + 3.2^2} = 7.16\text{m}$

| 수리학 |

14 유속 1.2m/sec로 흐르는 구형 수로의 폭이 15m일 때 유량이 18m³/sec라 하면 수심은?

㉮ 1.0m ㉯ 1.2m ㉰ 1.5m ㉱ 2.0m

해설 유량 : $Q = (유적 A \times 유속 V) = (B \cdot h) \cdot V$
$h = \dfrac{Q}{B \times V} = \dfrac{18}{15 \times 1.2} = 1\text{m}$

15 지름이 100mm인 원판에 평균 유속 0.6m/sec로 물이 흐를 때 유량은?

㉮ 4.712l/sec ㉯ 18.848l/sec ㉰ 47.12l/sec ㉱ 188.496l/sec

해설 유량 : $Q = (유적 A \times 유속 V) = \left(\dfrac{\pi \times 0.1^2}{4}\right) \times 0.6 = 0.004712 \text{m}^3/\text{sec} = 4.712 l/\text{sec}$

16 평균유속 1.1m/sec인 관수로로 1일 40,000m³의 유량을 송수하고자 할 때 알맞은 관경은?

㉮ 700mm ㉯ 750mm ㉰ 800mm ㉱ 900mm

해설 ① 1일 = $24 \times 60 \times 60 = 86,400$sec
② 유량 : $Q = \dfrac{\pi}{4} D^2 \cdot V$에서, $D^2 = \dfrac{4Q}{\pi V}$
관경 : $D = \sqrt{\dfrac{4Q}{\pi V}} = \sqrt{\dfrac{4Q}{86,400 \times \pi \times v}} = \sqrt{\dfrac{4 \times 40,000}{86,400 \times \pi \times 1.1}} = 0.732\text{m} = 732\text{mm}$
③ 관경결정은 계산에서 나온 직경보다 조금 크게 취한다.

17 유량 0.5m³/s를 유속 2.0m/s와 1.0m/s로 흐르도록 하려면 단면의 지름은 각각 얼마로 하여야 하는가?

㉮ 66.4cm, 80.5cm ㉯ 56.4cm, 79.8cm
㉰ 46.4cm, 69.8cm ㉱ 56.4cm, 63.7cm

해설 유량 : $Q = AV = \left(\dfrac{\pi}{4} d^2\right) \times V$에서
① 관경 : $d_1 = \sqrt{\dfrac{4Q}{\pi V_1}} = \sqrt{\dfrac{4 \times 0.5}{\pi \times 2.0}} = 0.564\text{m} = 56.4\text{cm}$
② 관경 : $d_2 = \sqrt{\dfrac{4Q}{\pi V_2}} = \sqrt{\dfrac{4 \times 0.5}{\pi \times 1.0}} = 0.789\text{m} = 79.8\text{cm}$

정답 14. ㉮ 15. ㉮ 16. ㉯ 17. ㉯

18
지름 2.0cm의 관내로 유량 Q가 31.4cm³/sec로 흐를 경우 레이놀즈(Reynolds) 수를 구한 값은? (단, 점성계수 μ =0.1g/cm · sec, 밀도 ρ =1g/cm³이다.)

㉮ 2,000　　㉯ 2,500　　㉰ 3,000　　㉱ 3,500

해설 ① 동점성 계수 : $\nu = \dfrac{\mu}{\rho} = \dfrac{0.01\text{g/cm}\cdot\text{s}}{1\text{g/cm}^3} = 0.01\text{cm}^2/\text{s}$

② Reynolds 수 : $R_e = \dfrac{VD}{\nu} = \dfrac{QD}{\nu A} = \dfrac{31.4 \times 2}{0.01 \times \left(\dfrac{\pi \times 2^2}{4}\right)} = 2,000$

19
안지름이 10cm인 원관에 0.5l/sec의 유량이 흐르고 있다. 이 흐름의 상태는?(단, 물의 동점성계수는 0.01cm²/sec이다.)

㉮ 상류　　㉯ 사류　　㉰ 층류　　㉱ 난류

해설 ① 유량 : $Q = 0.5l/\text{s} = 0.5\text{kg/s} = 500\text{g/s} = 500\text{cm}^3/\text{s}$

② Reynolds 수 : $R_e = \dfrac{VD}{\nu} = \dfrac{QD}{\nu A} = \dfrac{500 \times 10}{0.01 \times \left(\dfrac{\pi \times 10^2}{4}\right)} = 6,369$

③ Reynolds 수 : $R_e = 6,369 > 4,000$이므로 난류이다.

20
수심이 2m이고, 유속이 3m/s일 때 Froude 수는?

㉮ 0.46　　㉯ 0.68　　㉰ 1.12　　㉱ 1.36

해설 Froude 수 : $F_r = \dfrac{V}{\sqrt{gh}} = \dfrac{3}{\sqrt{9.8 \times 2}} = 0.68$

21
정상적인 흐름 내의 한 유선상에서 에너지 선을 얻으려 한다. 다음 어느 식이 옳은가?(단, Z : 위치수두, $\dfrac{V^2}{2g}$: 속도수두, $\dfrac{p}{w_0}$: 압력수두)

㉮ $Z + \dfrac{p}{w_0} + \dfrac{V^2}{2g}$　　㉯ $Z + \dfrac{p}{w_0}$　　㉰ $Z + \dfrac{V^2}{2g}$　　㉱ $\dfrac{p}{w_0} + \dfrac{V^2}{2g}$

해설 유선상에 위치수두, 압력수두, 속도수두의 합을 연결한 선을 에너지선이라 한다.

정답 18. ㉮　19. ㉱　20. ㉯　21. ㉮

| 수리학 |

22 베르누이(Bernoulli)의 정리에 관한 설명 중 옳지 않은 것은?

㉮ 부정류(否定流)라고 가정하여 얻은 결과이다.
㉯ 하나의 유선(流線)에 대하여 성립된다.
㉰ 하나의 유선에 대하여 총에너지는 일정하다.
㉱ 두 단면 사이에 있어서 외부와 에너지 교환이 없다고 가정한 것이다.

해설 베르누이 방정식의 기본조건 및 가정사항
① 흐름은 정류이다.
② 유체는 비압축성 유체이다.
③ 하나의 유선에 대하여 성립한다.
④ 하나의 유선상에서 총에너지는 일정하다.
⑤ 흐름이 계속되는 동안 에너지는 외부와 교환이 없다.

23 베르누이 정리에 관한 설명 중 옳지 않은 것은?

㉮ 베르누이 정리는 (운동에너지)+(위치에너지)가 일정함을 표시한다.
㉯ 베르누이 정리는 에너지불변의 법칙을 유수의 운동에 응용한 것이다.
㉰ 베르누이 정리는 (속도수두)+(위치수두)+(압력수두)가 일정함을 표시한다.
㉱ 베르누이 정리로서 동수경사선과 에너지선을 설명할 수 있다.

해설 베르누이 정리 즉, 에너지방정식이란 전에너지, 즉 운동에너지, 압력에너지, 위치에너지의 합은 항상 일정하다는 에너지 불변의 법칙을 근거로 하고 있으며, 이는 에너지 항, 압력항 또는 수두의 항으로 표시할 수 있다.

총수두 : $Ht = \dfrac{V^2}{2g} + \dfrac{p}{w_0} + Z$

24 단면이 일정한 긴 관에서 마찰손실만 일어나는 경우 에너지선과 동수경사선은?

㉮ 서로 나란하다.　㉯ 서로 겹친다.　㉰ 일정하지 않다.　㉱ 알 수 없다.

해설 관의 단면 변화, 만곡, 관의 부속물 등 에너지의 손실을 일으킬 원인이 없으면 즉, 마찰손실만 일어나는 경우는 에너지 손실선과 동수구배선은 서로 나란하고 에너지선은 동수경사선보다 속도수두 $\left(\dfrac{V^2}{2g}\right)$ 만큼 위에 있다.

25. 유속이 V이고 유체의 밀도가 ρ일 때 동압력 강도를 나타내는 식은?

㉮ $\dfrac{V^2}{2g}$ ㉯ ρV^2 ㉰ $\dfrac{\rho V^2}{2}$ ㉱ $\dfrac{w_0}{2g}$

해설 ① 동압력 강도는 물의 단위중량×속도수두이다. 즉, $P=(w_0)\left(\dfrac{V^2}{2g}\right)$이다.
② $P=(w_0)\left(\dfrac{V^2}{2g}\right)=(\rho g)\left(\dfrac{V^2}{2g}\right)=\dfrac{\rho V^2}{2}$

26. 그림과 같은 수조에 연결된 지름 30cm의 관로 끝에 7.5cm의 노즐이 부착되어 있다. 관로와 노즐을 지날 때까지 모든 손실수두의 크기가 10m일 때, 이 노즐에서의 유출량은?

㉮ 0.138m³/s ㉯ 0.124m³/s
㉰ 1.979m³/s ㉱ 2.213m³/s

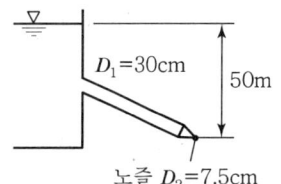

해설 ① 총수두 : $Ht=\dfrac{V^2}{2g}+10$에서, $50=\dfrac{V^2}{2g}+10$ ∴ $\dfrac{V^2}{2g}=40$
② $V^2=2gH$에서, 유속 : $V=\sqrt{2\times 9.8\times 40}=28\text{m/s}$
③ 유량 : $Q=AV=\left(\dfrac{\pi\times 0.075^2}{4}\right)\times 28=0.124\text{m}^3/\text{s}$

27. 기준면에서 5.0m인 곳에 유속 5.0m/s의 물이 흐르고 있다. 이때 압력을 측정하니 0.5kg/cm²이었다. 총 수두는 얼마인가?

㉮ 10.28m ㉯ 6.28m ㉰ 6.82m ㉱ 11.28m

해설 ① 수압강도 : $P=w_0 H$에서, 수두 : $H=\dfrac{p}{w_0}=\dfrac{0.5\text{kg/cm}^2}{1\text{g/cm}^3}=\dfrac{500\text{g/cm}^2}{1\text{g/cm}^3}=5.0\text{m}$
② 총수두 : $Ht=Z+\dfrac{p}{w_0}+\dfrac{V^2}{2g}=5.0\text{m}+\left(\dfrac{500\text{g/cm}^2}{1\text{g/cm}^3}\right)+\left(\dfrac{5^2}{2\times 9.8}\text{m}\right)=11.28\text{m}$

28. 1단면의 압력이 3.0kg/cm²이고, 2단면의 압력이 1.5kg/cm²일 때, 1, 2 단면 사이의 손실수두는?

㉮ 8.0m ㉯ 1.2m ㉰ 15m ㉱ 18m

해설 ① 손실수두 : $h_l=(z_1-z_2)+\left(\dfrac{p_1}{w_0}-\dfrac{p_2}{w_0}\right)+\left(\dfrac{V_1^2}{2g}-\dfrac{V_2^2}{2g}\right)$에서 압력 외에는 말이 없으므로, 압력 외에는 무시한다.
② 손실수두 : $h_l=\left(\dfrac{p_1}{w_0}-\dfrac{p_2}{w_0}\right)=\left(\dfrac{3\text{kg/cm}^2}{1\text{g/cm}^3}-\dfrac{1.5\text{kg/cm}^2}{1\text{g/cm}^3}\right)=\left(\dfrac{3,000\text{g/cm}^2}{1\text{g/cm}^3}-\dfrac{1,500\text{g/cm}^2}{1\text{g/cm}^3}\right)$
$=1,500\text{cm}=15\text{m}$

정답 25. ㉰ 26. ㉯ 27. ㉱ 28. ㉰

| 수리학 |

29 사이펀 작용을 이용하여 고수조에서 저수조로 관로에 의하여 송수하고자 한다. 동수경사선보다 관로를 실제로 어느 정도까지 최고로 높일 수 있는가?

㉮ 10m ㉯ 8.0m ㉰ 3.0m ㉱ 15m

해설 이론상으로는 10.33m까지 올라갈 수 있으나 마찰 기타의 저항 때문에 대략 8.0m 이상이 되면 수압의 저하로 공기가 고여서 흐름을 저해하므로 사이펀의 작용이 되지 않는다.

30 다음 그림에서 관을 통해 유출되는 유속은 몇 (m/s)인가?

㉮ 16.33(m/s) ㉯ 15.21(m/s)
㉰ 14.94(m/s) ㉱ 13.77(m/s)

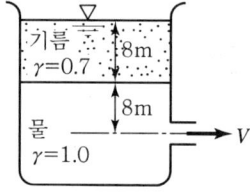

해설 ① 수두 : $H = (1.0 \times 8) + (0.7 \times 8) = 13.6$
② 유속 : $V = \sqrt{2gH} = \sqrt{2 \times 9.8 \times 13.6} = 16.33 (m/s)$

31 수직으로 세워진 노즐(Nozzle)에서 물이 초속 15m/s로 뿜어 올려진다. 마찰손실을 포함한 모든 손실이 무시된다면 그 물은 몇 m까지 올라갈 수 있겠는가?

㉮ 7.87m ㉯ 8.89m ㉰ 11.48m ㉱ 18.76m

해설 연직높이 : $H = \dfrac{V^2}{2g}(sin\theta)^2 = \dfrac{V^2}{2g}(sin90)^2 = \dfrac{V^2}{2g}(1^2) = \dfrac{V^2}{2g} = \dfrac{(15)^2}{2 \times 9.8} = 11.48m$

32 그림과 같은 사이펀에서 유량이 4.8m³/min일 때 이 사이펀에서 손실수두는 얼마인가?

㉮ 1.06m ㉯ 0.98m
㉰ 0.87m ㉱ 0.78m

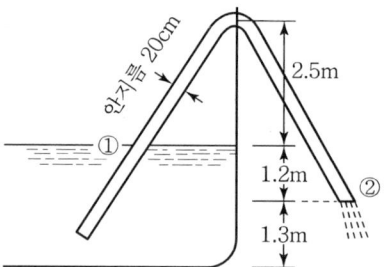

해설 ①, ②점에 대하여 베르누이 방정식을 대입하면
$$\dfrac{V_1^2}{2g} + \dfrac{p_1}{w_0} + z_1 = \dfrac{V_2^2}{2g} + \dfrac{p_2}{2g} + z_2 + h_l$$

여기에서 $V_1 = 0$, $z_1 = 0$, $z_2 = -1.2$, $p_1 = p_2 = 0$을 대입하면,

① 유량 : $Q = 4.8 m^3/min = \dfrac{4.8 m^3}{60 sec} = 0.08 m^3/s$

② 유량 : $Q = (유적 A) \times (유속 V)$에서, 유속 : $V_2 = \dfrac{Q}{A} = \dfrac{Q}{\left(\dfrac{\pi D^2}{4}\right)} = \left(\dfrac{4Q}{\pi D^2}\right) = \dfrac{4 \times 0.08}{\pi \times 0.2^2} = 2.55 m/s$

이므로, $(0+0+0) = \left(\dfrac{2.55^2}{2 \times 9.8} + 0 - 1.2 + h_l\right)$

∴ 손실수두 : $h_l = 0.87m$

정답 29. ㉯ 30. ㉮ 31. ㉰ 32. ㉰

33 다음 단면 ②에서 유속 V_2를 구한 값은?
(단, 마찰손실은 무시한다.)

㉮ 3.74m/sec   ㉯ 4.05m/sec
㉰ 3.56m/sec   ㉱ 3.43m/sec

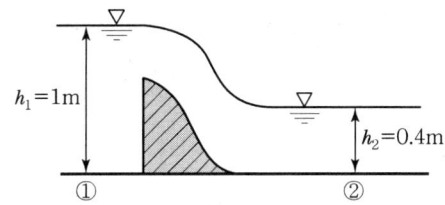

해설 베르누이 정리에서 $Z_1 + \dfrac{p_1}{w_0} + \dfrac{V_1^2}{2g} = Z_2 + \dfrac{p_2}{w_0} + \dfrac{V_2^2}{2g}$ 에서

앞쪽 유속은 접근유속이므로 V_1을 무시하며, 위치수두는 ①, ② 단면의 위치가 같으므로 $Z_1 = Z_2 = 0$이다.

$(0 + 1.0 + 0) = \left(0 + 0.4 + \dfrac{V_2^2}{2g}\right)$ 에서, $\dfrac{V_2^2}{2g} = (1.0 - 0.4)$ 이다.

유속 : $V_2 = \sqrt{2g(h_1 - h_2)} = \sqrt{2 \times 9.8(1 - 0.4)} = 3.43\text{m/sec}$

34 에너지선(Energy Line)과 동수경사선(Hydraulic Gradient Line)과의 관계 동수경사선은?

㉮ 언제나 에너지선보다 위에 있다.
㉯ 개수로(開水路) 수면보다 언제나 위에 있다.
㉰ 에너지선보다 유속수두만큼 밑에 있다.
㉱ 수면보다는 조금 위에 있다.

해설 ① 에너지선 : 위치수두(z), 압력수두 $\left(\dfrac{p}{w_0}\right)$ 속도수두 $\left(\dfrac{V^2}{2g}\right)$ 를 연결한 선
② 동수경사선 : 위치수두(z), 압력수두 $\left(\dfrac{p}{w_0}\right)$ 를 연결한 선

35 운동량의 방정식 $\Sigma F = \rho Q(V_2 - V_1)$은 다음 중 어떤 가정하에 유도된 것인가?

㉮ 각 단면에서의 속도분포는 일정하다.
㉯ 흐름이 비정상수이다.
㉰ 비압축성 유체의 흐름에서만 가능하다.
㉱ 점성흐름에서만 가능하다.

해설 $\Sigma F = \rho Q(V_2 - V_1)$에서 V_2와 V_1은 임의의 단면에서의 속도이므로 그 단면에서의 평균속도라고 가정된 값이다. 따라서 임의의 속도분포는 일정하여야 한다.

정답 33. ㉱ 34. ㉰ 35. ㉮

| 수리학 |

36 오일러(Euler)의 운동방정식을 나타낸 것은?

㉮ 관 내의 유입질량은 유출질량과 같다. ㉯ 단위질량의 힘은 가속력과 같다.
㉰ 에너지는 시간에 따라 변하지 않는다. ㉱ 유체의 운동량은 일정하다.

해설 운동방정식과 운동량방정식은 유체의 흐름에서 나타나는 힘의 개념, 즉 힘이란 그 물체의 질량에 가속도를 곱한 것과 같다는 Newton의 운동의 제2법칙에 근거를 두고 있다.

37 운동에너지의 보정계수는 어느 경우에 적용되어야 하는가?

㉮ 모든 유체 유동에 적용된다. ㉯ 이상 유체 흐름에 적용된다.
㉰ 실제 유체흐름에 적용된다. ㉱ 유동단면이 원형일 때만 적용된다.

해설 에너지의 수정계수인 에너지 보정계수는 점성유체의 흐름에 대한 실제 유속과 통상 사용되는 평균 유속과의 관계를 보정해주는 계수이다.

38 역적-운동량(Impulse-Momentum)방정식인 $\Sigma F_x = \rho Q(V_{xout} - V_{xin})$의 유도과정에서 설정된 가정은?

㉮ 흐름은 정상류이다. ㉯ 흐름은 등류이다.
㉰ 압축성 유체이다. ㉱ 마찰이 없는 유체이다.

해설 정상적으로 흐르는 흐름에 있어 Newton의 운동의 법칙 $F = (질량 m) \times (가속도 \alpha)$를 적용하여 유도하였다.

39 극히 짧은 시간 사이에 유체가 어떤 면에 충돌하여 발생되는 반작용의 힘을 구하는 식은?

㉮ 베르누이 방정식 ㉯ 연속방정식 ㉰ 운동량 방정식 ㉱ 오일러 운동방정식

해설 Newton의 운동의 법칙에 의해

힘 : $F = (질량\ m) \times (가속도\ \alpha) = m\left(\dfrac{(V_2 - V_1)}{dt}\right)$

여기서, $dt =$ 단위시간이라 하면

힘 : $F = m(V_2 - V_1)$

밀도 $\rho = \dfrac{m}{V}$ 에서 ┌ $m = \rho V$(체적) - (정지상태)
　　　　　　　　　　　　└ $m = \rho Q$(유량) - (운동상태)

정답 36. ㉯ 37. ㉰ 38. ㉮ 39. ㉰

Chapter 03 | 동수역학 |

힘 : $F = \rho Q(V_2 - V_1)$

단위중량 $w_0 = \rho Q$에서 $\rho = \dfrac{w_0}{g}$

힘 : $F = \left(\dfrac{w_0}{g}\right) Q(V_2 - V_1)$

즉, 운동량 방정식이 성립한다.

40 절대속도 U(m/sec)로 움직이고 있는 판에 같은 방향으로부터 절대속도 V(m/sec)의 분류가 흐를 때 판에 충돌하는 힘을 계산하는 식이 옳은 것은?(단, A는 통수 단면적이다.)

㉮ $F = \dfrac{w_0}{g} A(V-U)^2$ ㉯ $F = \dfrac{w_0}{g} A(V+U)^2$

㉰ $F = \dfrac{w_0}{g} A(V-U)V$ ㉱ $F = \dfrac{w_0}{g} A(V+U)V$

해설 움직이는 판에 충돌하는 경우에는 상대속도$(V-U)$를 이용한다.

힘 : $F = \dfrac{w_0}{g} Q(V_1 \cos\theta_1 - V_2 \cos\theta_2)$

$= \dfrac{w_0}{g} Q\{(V-U)\cos 0° - (V-U)\cos 90°\}$

$= \dfrac{w_0}{g} Q\{(V-U)\times 1 - (V-U)\times 0\}$

$= \dfrac{w_0}{g} A(V-U)(V-U) = \dfrac{w_0}{g} A(V-U)^2$

41 두께 10cm, 폭 20cm의 수맥이 10m/sec의 유속으로 그림과 같이 곡면 벽에 의해 구부러질 때 곡면 벽에 작용하는 힘은?

㉮ 0.075t ㉯ 0.160t
㉰ 0.011t ㉱ 0.106t

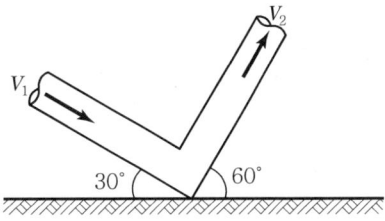

해설 ① 작용력 $F = \dfrac{w_0 Q}{g}(V_1 - V_2)$에서,

② $A = 10 \times 20 = 200\text{cm}^2 = 0.02\text{m}^2$

수평분력 : $F_x = \dfrac{w_0}{g} Q(V_1 \cos\theta_1 - V_2 \cos\theta_2) = \dfrac{1}{9.8} \times 0.02 \times 10(10\cos 30° - 10\cos 60°) = 0.075\text{t}$

연직분력 : $F_y = \dfrac{w_0}{g} Q(V_1 \sin\theta_1 - V_2 \sin\theta_2) = \dfrac{1}{9.8} \times 0.02 \times 10(10\sin 30° - 10\sin 60°) = -0.075\text{t}$

합력 : $R = \sqrt{F_x^2 + F_y^2} = \sqrt{0.075^2 + (-0.075)^2} = 0.106\text{t}$

정답 40. ㉮ 41. ㉱

42 다음 그림과 같이 여수로 위로 단위폭당 유량 $Q = 3.27$ m³/sec로 월류할 때 ① 단면의 유속 $V_1 = 2.04$ m/sec, ② 단면의 유속 $V_2 = 4.67$m/sec라면 댐에 가해지는 수평성분의 힘은?(단, 이상유체라 가정한다.)

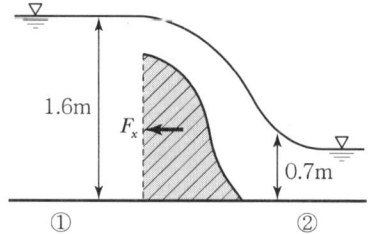

㉮ 157kg   ㉯ 277kg
㉰ 647kg   ㉱ 1,280kg

해설 평형조건 : $\Sigma F_x = P_1 - P_2 - F_x = \dfrac{w_0}{g}Q(V_2 - V_1)$

정수압 : $P_1 = w(h_{G1})A_1 = 1,000 \times 0.8 \times 1.6 \times 1 = 1,280$kg

정수압 : $P_2 = w(h_{G2})A_2 = 1,000 \times \dfrac{0.7}{2} \times 0.7 = 245$kg

$F_x = P_1 - P_2 - \dfrac{w_0}{g}Q(V_2 - V_1) = 1,280 - 245 - \dfrac{1,000}{9.8} \times 3.27(4.67 - 2.04) = 157.4$kg

43 다음 그림과 같은 유출구에서 약간 떨어져 설치한 원추형 콘을 유지시키는 데 필요한 힘 P는 얼마인가? (단, 콘의 무게는 무시한다.)

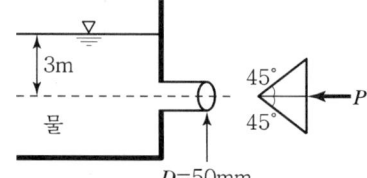

㉮ 6.07kg   ㉯ 5.21kg
㉰ 4.34kg   ㉱ 3.46kg

해설 힘 : $F = \dfrac{w_0}{g}Q(V_1 - V_2)$에서

유속 : $V_1 = \sqrt{2gh} = \sqrt{2 \times 9.8 \times 3} = 7.67$m/sec

유속 : $V_2 = V\cos 45° = 7.67 \times \cos 45° = 5.42$m/sec

힘 : $F = \dfrac{1,000}{9.8} \times \left(\dfrac{\pi \times 0.05^2}{4} \times 7.67\right) \times (7.67 - 5.42) = 3.46$kg

44 액체의 에너지형태에 속하지 않는 것은?

㉮ 운동에너지   ㉯ 질량에너지   ㉰ 위치에너지   ㉱ 압력에너지

해설 액체는 위치에너지, 압력에너지, 운동(속도)에너지의 3가지 형태의 에너지를 갖고 있다.

Chapter 04

Orifice와 수문

1. Orifice의 종류   141
2. 접근유속과 접근유속수두   144
3. 작은 오리피스   144
4. 구형 큰 오리피스   146
5. 원형 큰 오리피스   148
6. 수중 오리피스   149
7. 관 오리피스와 관 노즐   151
8. 노즐   154
9. 수조의 배수시간   156
10. Orifice의 좌표   158
11. 사출수의 경로   159
12. Orifice의 손실수두   161
13. 단관   162
14. 수문   166

Chapter 04 Orifice와 수문

비교적 두께가 얇은 벽을 가진 수조에 일정한 형의 구멍을 뚫어, 이곳으로부터 물을 흐르게 하는 경우처럼 물이 구멍을 통하여 유출되는 것을 오리피스(Orifice)라 한다. 구멍의 형으로는 보통원형, 장방형, 정방형이 취급되고 있다. 오리피스로부터 나오는 물의 흐름을 분류(Jet)라 한다. 구멍의 상류 측 테두리가 솟아나온 것을 예연 오리피스(Sharp-edged Orifice)라 하며, Jet의 형이 일정하므로 다른 임의의 형의 테두리를 갖는 것과 비교하기 위해 이용되어진다. 이런 의미에서 예연 오리피스를 표준 오리피스라고도 한다. 수조의 단면적에 비해 오리피스의 크기가 아주 작으면 구멍으로부터 물이 흘러나와도 수심의 변화는 작다. 오리피의 장점은 단면이 축소되는 목(Throat)부분을 조절함으로써 유량이 조절된다는 점이며, 단점은 오리피스 단면에서 커다란 수두손실이 일어난다는 점이다.

1 Orifice의 종류

오리피스는 수조의 측면 또는 밑면에 설치된 규칙적인 형상을 가진 유출구이다. 오리피스는 수조의 수면에서 오리피스 중심부까지의 깊이에 비해 오리피스의 단면적이 작아서 수두변화가 없는 경우를 작은 오리피스라 하고, 수면에서 오리피스 중심선까지의 깊이에 비하여 오리피스 단면적이 큰 것을 큰 오리피스라 한다.

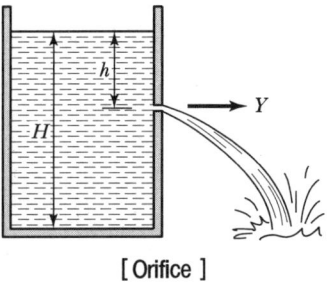

[Orifice]

1) 큰 오리피스와 작은 오리피스의 구분

큰 오리피스와 작은 오리피스의 구분은 $H = 5d$를 기준으로 한다. 즉, 오리피스 내의 유속과 압력은 상하단에서 다르기 때문이다.

① $H > 5d$: 작은 오리피스 … 수두를 1개 고려
② $H < 5d$: 큰 오리피스 …… 수두를 2개 고려

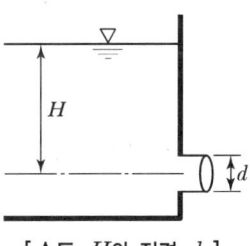

[수두 H와 직경 d]

2) Orifice의 종류

① 작은 Orifice : 오리피스는 수조의 수면에서 오리피스 중심부까지의 깊이에 비해 오리피스의 단면적이 작아서 수두변화가 없는 경우이다.
② 큰 Orifice : 수면에서 오리피스 중심선까지의 깊이에 비하여 오리피스 단면적이 큰 경우이다.
③ 연직 Orifice : 수조의 측면에 설치된 Orifice를 말한다.
④ 수평 Orifice : 수조의 바닥에 설치된 Orifice를 말한다.
⑤ 표준 Orifice : 오리피스 끝이 45° 각도로 칼날 같이 날카로운 것을 말한다.
⑥ 퐁쎌레(Poncelet) Orifice : 45° 깎인 원형 수평 오리피스를 말한다.
⑦ 관 Orifice : 관속에 구멍 뚫린 얇은 판을 넣어 유량을 측정하는 장치를 관 오리피스라 한다.
⑧ 수중 Orifice : 사출 수맥(Jet Nozzle)이 수중으로 유출하는 경우를 말한다.
⑨ 노즐(Nozzle) : 호스(Hose) 선단에 붙여서 물을 사출할 수 있도록 한 점축소관을 말한다.

3) 수축·유속·유량계수

오리피스로부터 유출하는 물의 속도는 저항에 의한 에너지 손실 때문에 실제유속은 이론유속보다 항상 작은 값이 된다.

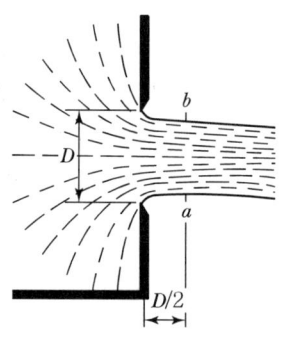

[Vertical Sharpedged Orifice]

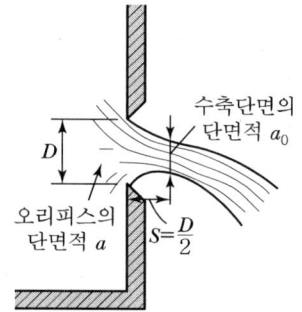

[Vena Contracta]

(1) 수축계수(C_a)

실제 오리피스는 지름 D로 흐르지 않고 수축된 단면으로 흐른다. 이처럼 오리피스 단면적에 대한 수축된 단면적의 비를 수축계수라 한다.

① 수축단면의 발생위치는 벽면으로부터 거리 $S = \dfrac{D}{2}$ 지점에서 생긴다.

오리피스로 유출할 때 최소단면적이 되었다가 다시 단면적이 커진다. 최소단면적이 되는 단면에서는 모든 유선의 방향이 수평하며 유속도 거의 균일하다. 이 부분을 수축단면(Vena Contracta)이라 한다.

② Orifice 직경은 D, Vena의 직경은 약 $0.8D$ 정도이다.

③ 수축계수 : $C_a = \dfrac{a_0}{a} = \dfrac{수축단면의\ 단면적}{오리피스의\ 단면적} = \dfrac{\left(\dfrac{\pi(0.8D)^2}{4}\right)}{\left(\dfrac{\pi D^2}{4}\right)} = (0.8)^2 = 0.64$

(2) 유속계수(C_v)

유속계수는 실제유속과 이론유속의 비로 나타내고, 유속계산은 ①, ② 단면에 Bernoulli 정리를 적용하면 된다.

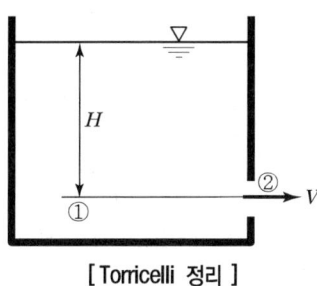

[Torricelli 정리]

$$Z_1 + \dfrac{p_1}{w_0} + \dfrac{V_1^2}{2g} = Z_2 + \dfrac{p_2}{w_0} + \dfrac{V_2^2}{2g}$$

(기준면 : 0) + H + (접근유속을 무시하면 : 0)

= (기준면 : 0) + (두께가 얇고 상·하 대기압이 작용할 때 : 0) + $\dfrac{V_2^2}{2g}$

따라서, $H = \dfrac{V_2^2}{2g}$ 이므로

∴ $V_2^2 = 2gH$

유속은 Torricelli 정리에서 유도된 공식과 같다.

- 이론유속 : $V_t \sqrt{2gH}$
- 실제유속 : $V_0 = C_v \sqrt{2gH}$

유속계수 C_v는 실제유속의 이론유속에 대한 비로 표시되며, 유속계수의 값은 오리피스의 모양 및 저수깊이에 따라 변하나 보통 $0.97 \sim 0.99$ 정도이다.

- 유속계수 : $C_v = \dfrac{V_0(실제유속)}{V_t(이론유속)} = 0.97 \sim 0.99$

(3) 유량계수(C)

유량계수는 수축계수와 유속계수의 곱으로 나타내고, 실제유량과 이론유량의 비로 그 값은 0.60~0.62 정도이다.

- 유량계수 : C = 수축계수 × 유속계수
  $= C_a \times C_v = 0.64 \times (0.97 \sim 0.99) ≒ 0.62$

2 접근유속과 접근유속수두

수조의 단면적이 오리피스의 면적에 비하여 매우 크다고 할 수 없을 때에는 오리피스에 접근하는 곳의 물은 어떤 속도를 갖는다. 이 속도를 **접근유속**(V_a ; Approach Velocity)이라 하고, 접근유속에 의해 생기는 수두를 접근유속수두(h_a ; Approach Head)라 한다.

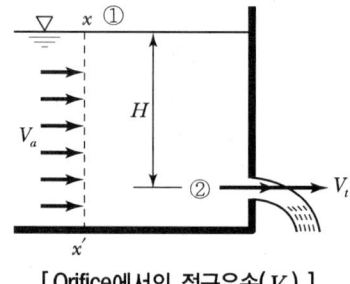

[Orifice에서의 접근유속(V_a)]

- 접근유속 : $V_a = \dfrac{(유량)\,Q}{(수조나\ 수로의\ 단면적)\,A}$

- 접근유속수두 : $h_a = \dfrac{V_a^2}{2g}$

3 작은 오리피스

오리피스의 크기가 오리피스 중심에서 수면까지의 수두와 비교해서 작을 때는 오리피스의 어느 점을 생각하여도 수심이 모두 같다고 생각되는 오리피스로서 Orifice 상하 끝의 압력차가 작은 오리피스(Small Orifice)를 말한다.

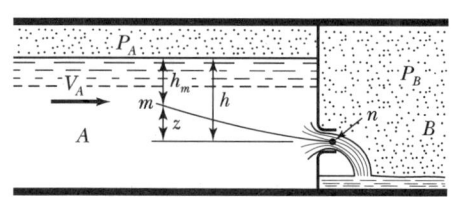

[Discharge from Orifice]

1) 접근유속을 무시할 때

①, ② 두 지점에 베르누이 정리를 적용하면

$$Z_1 + \frac{p_1}{w_0} + \frac{V_1^2}{2g} = Z_2 + \frac{p_2}{w_0} + \frac{V_2^2}{2g}$$

(기준면 : 0) + H + (접근유속 무시할 때 : 0)

= (기준면 : 0) + (두께가 얇고 상·하 대기압이 작용할 때 : 0) + $\frac{V_2^2}{2g}$

따라서, $H = \frac{V^2}{2g}$ 이므로

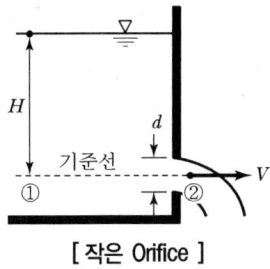

[작은 Orifice]

∴ $V_2^2 = 2gH$

- 이론유속 : $V_t = \sqrt{2gH}$
- 실제유속 : $V_0 = C_v\sqrt{2gH}$
- 유량 : $Q = a_0 V_0 = (C_a \cdot a) \times (C_v\sqrt{2gH})$
  $= C_a C_v \cdot a \sqrt{2gH} = C \cdot a \sqrt{2gH}$

2) 접근유속을 고려할 때

①, ② 두 지점에 베르누이 정리를 적용하면

$$Z_1 + \frac{p_1}{w_0} + \frac{V_1^2}{2g} = Z_2 + \frac{p_2}{w_0} + \frac{V_2^2}{2g}$$

(기준면 : 0) + H + $\frac{V_a^2}{2g}$

= (기준면 : 0)
 + (두께가 얇고 상·하 대기압이 작용할 때 : 0)
 + $\frac{V_2^2}{2g}$

[오리피스의 접근유속]

따라서, $H + \frac{V_a^2}{2g} = \frac{V_2^2}{2g}$ 이므로 $\frac{V_2^2}{2g} = H + \frac{V_a^2}{2g}$ 에서, 양변에 $2g$을 곱해주면

∴ $V_2^2 = 2gH + V_a^2$

- 이론유속 : $V_t = \sqrt{2gH + V_a^2}$

- 실제유속 : $V_0 = C_v \sqrt{2gH + V_a^2}$
- 유량 : $Q = a_0 V_0 = (C_a \cdot a) \times (C_v \sqrt{2gH + V_a^2})$
  $= C_a C_v \cdot a \sqrt{2gH + V_a^2}$
  $= C \cdot a \sqrt{2gH + V_a^2}$

또, $\dfrac{V_a^2}{2g} = h_a$(접근유속수두)와 같으므로

따라서, $\dfrac{V_2^2}{2g} = H + \dfrac{V_a^2}{2g} = (H + h_a)$, 양변에 $2g$를 곱해주면

$\therefore V_2^2 = 2g(H + h_a)$

- 이론유속 : $V_t = \sqrt{2g + (H + h_a)}$
- 실제유속 : $V_0 = C_v \sqrt{2g(H + h_a)}$
- 유량 : $Q = a_0 V_0 = (C_a \cdot a) \cdot (C_v \sqrt{2g(H + h_a)})$
  $= C_a C_v \cdot a \sqrt{2g(H + h_a)}$
  $= C \cdot a \sqrt{2g(H + h_a)}$

4 구형 큰 오리피스

오리피스의 단면이 작은 오리피스에서는 오리피스 상단과 하단부를 통과하는 유속의 차이가 별로 없으므로 오리피스 중심을 통과하는 유속을 구하여 오리피스 총 단면에 대한 평균유속으로 인정하였으나, 큰 오리피스는 단면이 커서 오리피스 상단부와 하단부를 통과하는 유속의 차이가 심하므로, 수두변화를 고려한 유속을 구하여 유량을 구해야 한다.

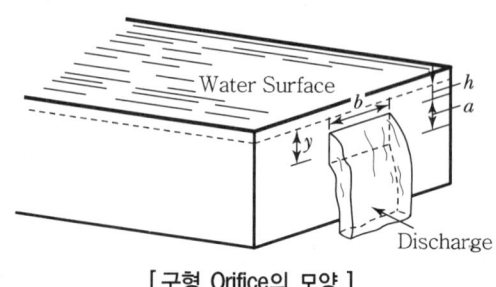

[구형 Orifice의 모양]

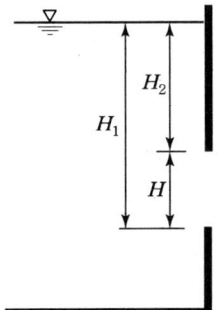 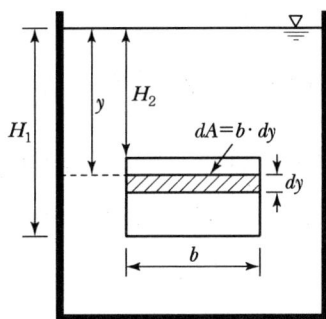

[구형 큰 Orifice]

- 미소단면적 : $dA = b \cdot dy$
- 유속 : $V = \sqrt{2gy}$
- 미소유량 : $dQ = dA \times V$

유량 $Q = AV$에서, 미소유량 dQ는

$$dQ = dA \cdot V = (bdy) \cdot \sqrt{2gy}$$

적분하면 된다.

*적분 : (지수에 1을 더한 것 분의 1)에 (지수에 1을 더한다)

$$\int dQ = b\sqrt{2g} \int_{H_2}^{H_1} y^{\frac{1}{2}} dy$$

$$\therefore Q = b\sqrt{2g} \left(\frac{1}{\frac{1}{2}+1} \right) \left[y^{\left(\frac{1}{2}+1\right)} \right]_{H_2}^{H_1} = b\sqrt{2g} \frac{1}{\left(\frac{3}{2}\right)} \left[y^{\frac{3}{2}} \right]_{H_2}^{H_1}$$

$$= \frac{2}{3} b\sqrt{2g} \left(H_1^{\frac{3}{2}} - H_1^{\frac{3}{2}} \right)$$

- 이론유량 : $Q = \dfrac{2}{3} b\sqrt{2g} \left(H_1^{\frac{3}{2}} - H_2^{\frac{3}{2}} \right)$

- 실제유량 : $Q = \dfrac{2}{3} Cb\sqrt{2g} \left(H_1^{\frac{3}{2}} - H_2^{\frac{3}{2}} \right)$

위 식에서 접근유속을 고려하여, 접근유속수두를 h_a로 나타내면

- 실제유량 : $Q = \dfrac{2}{3} Cb \sqrt{2g} \left[(h_1 + h_a)^{\frac{3}{2}} - (h_2 + h_a)^{\frac{3}{2}} \right]$

이때의 유량계수 C의 값은 0.59~0.62이다. 따라서 유량계수 $C=0.62$라 하면 실제로는 작은 오리피스에 유출하는 유량을 구하는 식을 사용해도 오차는 극히 적기 때문에 실용적으로 자주 쓰인다.

5 원형 큰 오리피스

연직오리피스에 있어서 오리피스의 높이가 그 수두에 비하여 아주 작다고 볼 수 없을 때에는 오리피스의 각 점의 수심은 각각 다르므로, 그 유출하는 속도도 각 점에 따라 각각 다르다. 따라서 작은 오리피스일 때와 같이 오리피스 중심의 유속을 오리피스의 평균유속이라고 보아 유량을 구하는 것은 불합리하다. 따라서 오리피스 단면의 직경 또는 높이가 수두의 1/5 이상일 때는 이를 큰 오리피스(Large Orifice)라 하여 따로 취급한다.

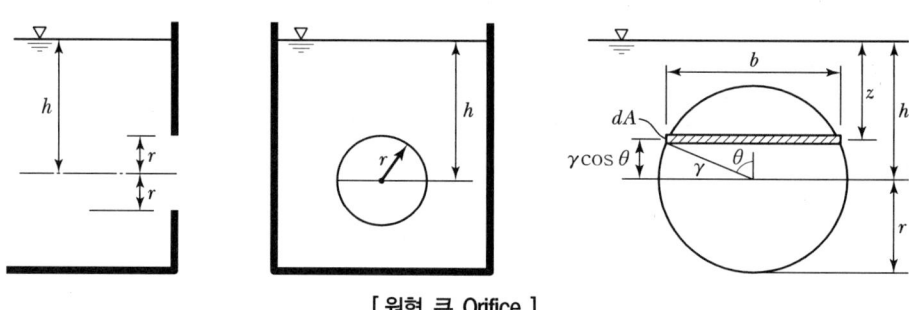

[원형 큰 Orifice]

수면에서 원형 오리피스의 중심까지 깊이 h이고, 미소 두께 d_z를 수평 미소부분을 취하여 이 미소면적 dA에서 유출하는 유량이 dQ이다.

- 유속 : $V = C_v \sqrt{2gz}$
- 미소단면적 : $dA = b d_z$
- 미소유량 : $dQ = V dA$
- 폭 : $b = 2\gamma \sin\theta$
- 수심 : $h = z + \gamma \cos\theta$
- 변하는 수심 : $z = h - \gamma \cos\theta$
- 미소두께 : $dz = \gamma \sin\theta \, d\theta$

따라서, 미소유량 $dQ = V \cdot dA$를 나타내면

$$dQ = C_v \sqrt{2gz}\, dA = C\sqrt{2gz}\, bdz = C\sqrt{2g}\, z^{\frac{1}{2}} bdz$$
$$= C\sqrt{2g}\,(h - \gamma\cos\theta)^{\frac{1}{2}} (2r\sin\theta)(r\sin\theta\, d\theta)$$

위 식을 $(h-r)$에서 $(h+r)$까지 적분하면

$$Q = \int_{(h-r)}^{(h+r)} C\sqrt{2g}\,(h - r\cos\theta)^{\frac{1}{2}} (2r\sin\theta\, r\sin\theta\, d\theta)$$

위 식을 정리하면 다음과 같다.

- 유량 : $Q = C\pi r^2 \sqrt{2gh}\left[1 - \dfrac{1}{32}\left(\dfrac{r}{h}\right)^2 - \dfrac{5}{1,024}\left(\dfrac{r}{h}\right)^4 \cdots \right]$
- 유량 : $Q = C\pi r^2 \sqrt{2gh} \times K$

여기서,

$$K = \left[1 - \dfrac{1}{32}\left(\dfrac{r}{h}\right)^2 - \dfrac{5}{1,024}\left(\dfrac{r}{h}\right)^4 \cdots \right]$$
$$= \left[1 - \dfrac{1}{2^5}\left(\dfrac{r}{h}\right)^2 - \dfrac{5}{2^{10}}\left(\dfrac{r}{h}\right)^4 \cdots \right]$$

6 수중 오리피스

수조나 수로 등에서 수중으로 물이 유출되는 오리피스를 수중 오리피스라 하며 완전 수중 오리피스와 불완전 수중 오리피스가 있다.

① 완전 수중 오리피스 : 수조의 유출수가 전부 수중으로 유출되는 오리피스를 말한다.

② 불완전 수중 오리피스 : 수조의 유출수 중 일부는 수중으로, 일부는 대기로 유출되는 오리피스를 말한다.

1) 완전 수중 오리피스

유출수가 모두 수중으로 유출하는 오리피스로 완전 수중 오리피스라 한다. 다시 말해 오리피스를 통과한 유출수맥(Nappe)이 하류 측 수면 아래로 완전히 잠겨서 보이지 않는 오리피스를 말한다.

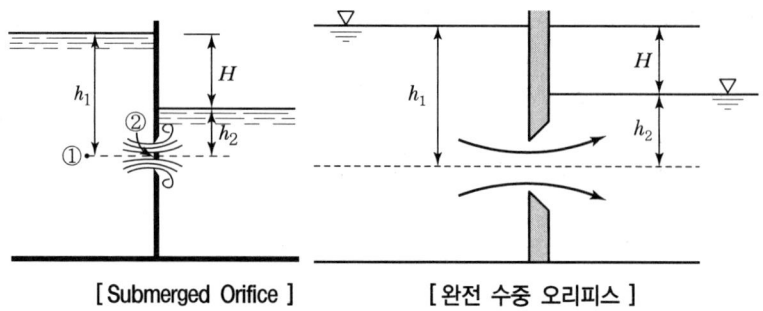

[Submerged Orifice]　　　　[완전 수중 오리피스]

①과 ② 두 지점에 Bernoulli 정리를 적용하면

$$Z_1 + \frac{p_1}{w_0} + \frac{V_1^2}{2g} = Z_2 + \frac{p_2}{w_0} + \frac{V_2^2}{2g}$$

(기준면 : 0) + h_1 + (접근유속 무시 : 0) = (기준면 : 0) + h_2 + $\frac{V_2^2}{2g}$

따라서, $h_1 = h_2 + \frac{V_2^2}{2g}$ 이므로

$\frac{V_2^2}{2g} = (h_1 - h_2)$ 에서

∴ $V_2^2 = 2g(h_1 - h_2)$

- 이론유속 : $V_t = \sqrt{2g(h_1 - h_2)}$
- 실제유속 : $V_0 = C_v\sqrt{2g(h_1 - h_2)}$
- 유량 : $Q = a_0 V_0 = (C_a \cdot a) \times (C_v\sqrt{2g(h_1 - h_2)})$
  $= C_a C_v \cdot a \sqrt{2g(h_1 - h_2)}$
  $= C \cdot a \sqrt{2g(h_1 - h_2)}$

2) 불완전 수중 오리피스

오리피스를 통과한 유출수맥(Nappe)의 일부분은 하류 측 수면 아래로 잠기고 나머지 부분은 밖으로 들어난 상태의 오리피스를 말한다. 하류 측 수면을 기준으로 하여 상부의 유량 Q_1은 구형 큰 오리피스 유출로 간주하고, 하부의 유량 Q_2는 완전 수중 오리피스로 생각하여 각각의 유량을 구한 후 합계하여 유량을 구한다.

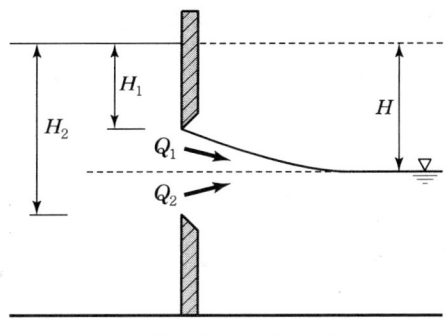

[불완전한 수중 Orifice]

- 상부유량 : 구형 큰 오리피스 $Q_1 = \dfrac{2}{3} Cb \sqrt{2g} \left(H^{\frac{3}{2}} - H_1^{\frac{3}{2}} \right)$
- 하부유량 : 완전 수중 오리피스 $Q_2 = C \cdot a \sqrt{2gH}$
- 유량 : $Q = Q_1 + Q_2 = \dfrac{2}{3} Cb (H^{\frac{3}{2}} - H_1^{\frac{3}{2}}) + C \cdot a \sqrt{2gH}$

7 관 오리피스와 관 노즐

1) 관 오리피스

관 내의 단면적 일부를 축소시켜 유속을 크게 하면 압력이 줄어든다. 이 압력강하량을 이용하여 유량을 측정하는 장치를 관 오리피스라 하며, 벤투리미터와 더불어 관수로의 유량측정용으로 널리 사용되고 있는 것을 관 오리피스(Pipe Orifice)라 한다.

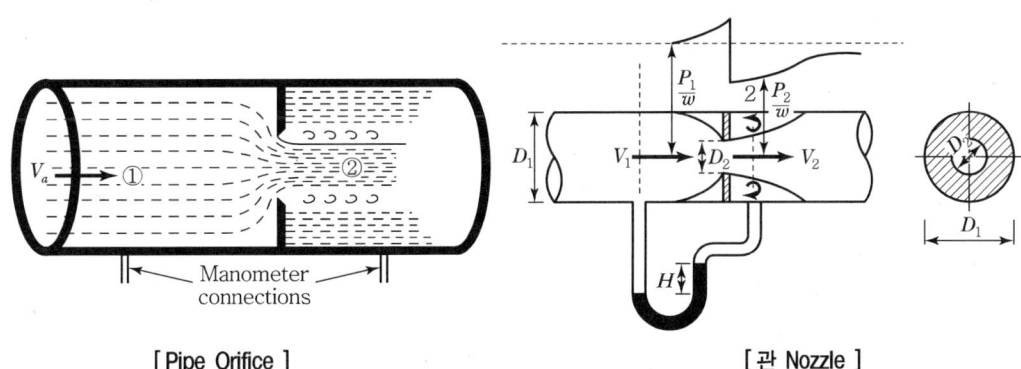

[Pipe Orifice]   [관 Nozzle]

그림에서 각 단면에 Bernoulli 정리를 적용하면 Venturi Meter와 유사한 결과를 얻을 수 있다. 즉,

$$Z_1 + \frac{p_1}{w_0} + \frac{V_1^2}{2g} = Z_2 + \frac{p_2}{w_0} + \frac{V_2^2}{2g}$$

$$(\text{기준면}:0) + \frac{p_1}{w_0} + \frac{V_1^2}{2g} = (\text{기준면}:0) + \frac{p_2}{w_0} + \frac{V_2^2}{2g}$$

따라서, $\frac{p_1}{w_0} + \frac{V_1^2}{2g} \frac{p_2}{w_0} + \frac{V_2^2}{2g}$ 이므로

$$\left(\frac{V_2^2}{2g} - \frac{V_1^2}{2g}\right) = \left(\frac{p_1}{w_0} - \frac{p_2}{w_0}\right) = H \text{에서}$$

$$\therefore (V_2^2 - V_1^2) = 2gH$$

연속방정식 : $Q = A_1 V_1 = A_2 V_2$ 에서

$$V_1 = \frac{Q}{A_1}, \ V_2 = \frac{Q}{A_2} \text{이므로}$$

$$\left(\frac{Q}{A_2}\right)^2 - \left(\frac{Q}{A_1}\right)^2 = 2gH$$

$$Q^2\left(\frac{1}{A_2^2} - \frac{1}{A_1^2}\right) = 2gH$$

$$Q^2\left(\frac{A_1^2 - A_2^2}{A_1^2 A_2^2}\right) = 2gH$$

$$Q^2 = \frac{1}{\left(\dfrac{A_1^2 - A_2^2}{A_1^2 A_2^2}\right)} \cdot 2gH$$

$$Q^2 = \frac{A_1^2 A_2^2}{A_1^2 - A_2^2} \cdot 2gH$$

$$Q = \sqrt{\frac{A_1^2 A_2^2}{A_1^2 - A_2^2} \cdot 2gH}$$

- 이론유량 : $Q = \dfrac{A_1 A_2}{\sqrt{A_1^2 - A_2^2}} \sqrt{2gH}$

- 실제유량 : $Q = C \dfrac{A_1 A_2}{\sqrt{A_1{}^2 - A_2{}^2}} \sqrt{2gH}$

  여기서, $A_1 = \dfrac{\pi D_1{}^2}{4}$

  $A_2 = \dfrac{\pi D_2{}^2}{4}$

2) 관 노즐

관 속에 단관을 넣어 유량을 측정하는 장치로 관 오리피스와 동일한 식을 가지는 것을 관 노즐(Pipe Nozzle)이라 한다.

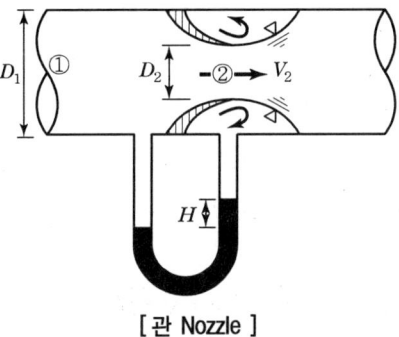

[관 Nozzle]

위 그림에서 각 단면에 Bernoulli 정리를 적용하면 Venturi Meter와 유사한 결과를 얻을 수 있다. 즉,

$$Z_1 + \dfrac{p_1}{w_0} + \dfrac{V_1{}^2}{2g} = Z_2 + \dfrac{p_2}{w_0} + \dfrac{V_2{}^2}{2g}$$

$$(기준면 : 0) + \dfrac{p_1}{w_0} + \dfrac{V_1{}^2}{2g} = (기준면 : 0) + \dfrac{p_2}{w_0} + \dfrac{V_2{}^2}{2g}$$

따라서, $\dfrac{p_1}{w_0} + \dfrac{V_1{}^2}{2g} = \dfrac{p_2}{w_0} + \dfrac{V_2{}^2}{2g}$ 이므로 $\left(\dfrac{V_2{}^2}{2g} - \dfrac{V_1{}^2}{2g}\right) = \left(\dfrac{p_1}{w_0} - \dfrac{p_2}{w_0}\right)$ 에서

$\left(\dfrac{p_1}{w_0} - \dfrac{p_2}{w_0}\right) = H$ 와 같으므로, $\left(\dfrac{V_2{}^2}{2g} - \dfrac{V_1{}^2}{2g}\right) = H$

$$\therefore (V_2{}^2 - V_1{}^2) = 2gH$$

| 수리학 |

연속방정식 : $Q = A_1 V_1 = A_2 V_2$ 에서

$V_1 = \dfrac{Q}{A_1}$, $V_2 = \dfrac{Q}{A_2}$ 이므로

$$\left(\dfrac{Q}{A_2}\right)^2 - \left(\dfrac{Q}{A_1}\right)^2 = 2gH$$

$$Q^2\left(\dfrac{1}{A_2^{\,2}} - \dfrac{1}{A_1^{\,2}}\right) = 2gH$$

$$Q^2\left(\dfrac{A_1^{\,2} - A_2^{\,2}}{A_1^{\,2} A_2^{\,2}}\right) = 2gH$$

$$Q^2 = \dfrac{1}{\left(\dfrac{A_1^{\,2} - A_2^{\,2}}{A_1^{\,2} \cdot A_2^{\,2}}\right)} \cdot 2gH$$

$$Q^2 = \dfrac{A_1^{\,2} A_2^{\,2}}{A_1^{\,2} - A_2^{\,2}} \cdot 2gH$$

$$\therefore Q = \sqrt{\dfrac{A_1^{\,2} A_2^{\,2}}{A_1^{\,2} - A_2^{\,2}} \cdot 2gH}$$

- 이론유량 : $Q = \dfrac{A_1 A_2}{\sqrt{A_1^{\,2} - A_2^{\,2}}} \sqrt{2gH}$

- 실제유량 : $Q = C \dfrac{A_1 A_2}{\sqrt{A_1^{\,2} - A_2^{\,2}}} \sqrt{2gH}$

여기서, $A_1 = \dfrac{\pi D_1^2}{4}$

$A_2 = \dfrac{\pi D_2^2}{4}$

8 노즐(Nozzle)

노즐(Nozzle)이란 관의 끝에 붙인 점축소관의 일종으로 단면을 축소시킴으로써 유속을 증가시켜 사출수의 도달거리를 증대시키기 위한 것이다. 실용적인 것으로는 소화용 호스가 있다.
호스(Hose) 선단에 붙여서 물을 사출할 수 있도록 한 점축소관을 노즐(Nozzle)이라 하며, 사출된 물을 Jet(분류)라 한다.

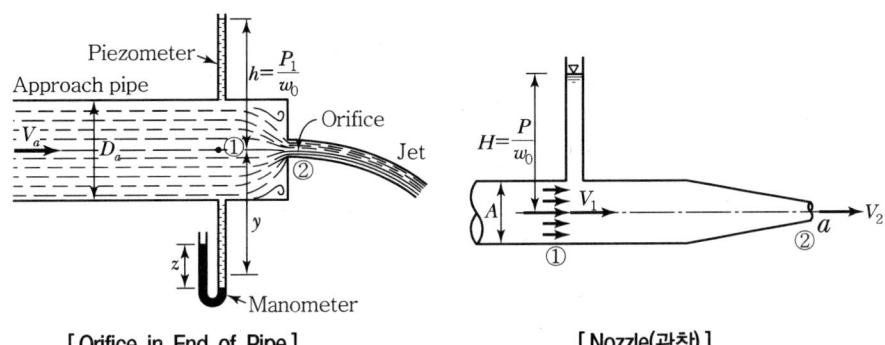

[Orifice in End of Pipe]   [Nozzle(관창)]

①, ② 단면에 Bernoulli 정리를 적용하면,

$$Z_1 + \frac{p_1}{w_0} + \frac{V_1^2}{2g} = Z_2 + \frac{p_2}{w_0} + \frac{V_2^2}{2g}$$

$$(기준면 : 0) + H + \frac{V_1^2}{2g}$$

$$= (기준면 : 0) + (두께가 얇고 상·하 대기압이 작용 : 0) + \frac{V_2^2}{2g}$$

따라서, $H + \frac{V_1^2}{2g} = \frac{V_2^2}{2g}$ 에서 $\left(\frac{V_2^2}{2g} - \frac{V_1^2}{2g}\right) = H$

$$\therefore (V_2^2 - V_1^2) = 2gH$$

연속방정식 : $Q = A_1 V_1 = A_2 V_2$ 에서

$Q = AV_1 = C \cdot aV_2$ 이므로

$V_1 = \dfrac{C \cdot aV_2}{A}$ 가 되므로

$V_2^2 - \left(\dfrac{C \cdot a}{A}\right)^2 V_2^2 = 2gH$

$\therefore V_2^2 \left\{ 1 - \left(\dfrac{C \cdot a}{A}\right)^2 \right\} = 2gH$

• 이론유속 : $V = \sqrt{\dfrac{2gH}{1 - \left(\dfrac{C \cdot a}{A}\right)^2}}$

유속계수를 C_v라 하면

- 실제유속 : $V = C_v \sqrt{\dfrac{2gH}{1 - \left(\dfrac{Ca}{A}\right)^2}}$

- 유량 : $Q = a_0 \cdot V_0 = (C_a \cdot a) \times \left(C_v \sqrt{\dfrac{2gH}{1 - \left(\dfrac{Ca}{A}\right)^2}} \right)$

- 유량 : $Q = C \cdot a \sqrt{\dfrac{2gH}{1 - \left(\dfrac{Ca}{A}\right)^2}} = a \sqrt{\dfrac{2gH}{\left(\dfrac{1}{C}\right)^2 - \left(\dfrac{a}{A}\right)^2}}$

9 수조의 배수시간

수조의 물을 측벽 또는 바닥에 낸 오리피스에서 배출시키면, 처음에는 속도수두가 크기 때문에 유출량이 크지만 유출됨에 따라 수조의 수위는 저하하여 속도수두가 감소하기 때문에 유출량은 감소되며, 따라서 수면의 강하로 점차 느리게 되지만 결국 어느 시간이 지나면 전부 유출하게 된다.

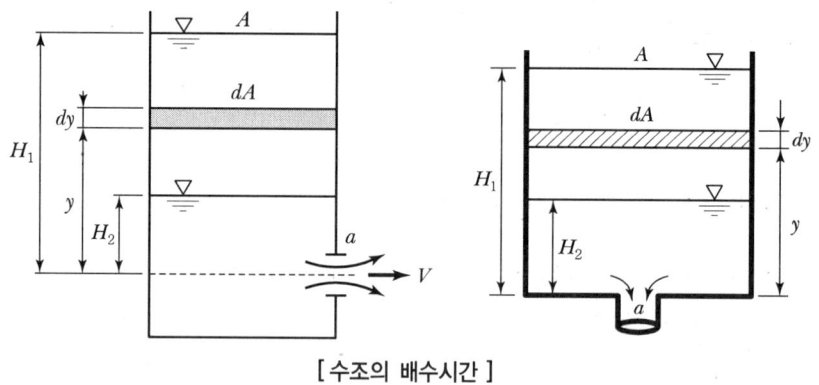

[수조의 배수시간]

∴ 수조에서 줄어든 체적 : $V = A \times dy$
∴ 오리피스로 유출한 체적 : $V = Q \times dt$

수조에서 줄어든 체적은 오리피스로 유출한 체적과 같기 때문에

$A dy = Q dt$
$A dy = C \cdot a \sqrt{2gy}\, dt$

$$dt = \frac{A\,dy}{C \cdot a\sqrt{2gy}}$$

$dt = \dfrac{A}{C \cdot a\sqrt{2g}} y^{-\frac{1}{2}} dy$ 에서 적분하면 된다.

*적분 : (지수에 1을 더한 것 분의 1)에 (지수에 1을 더한다)

$$\int dt = \frac{A}{C \cdot a\sqrt{2g}} \int_{H_2}^{H_1} y^{-\frac{1}{2}} dy$$

$$t = \frac{A}{C \cdot a\sqrt{2g}} \left(\frac{1}{-\frac{1}{2}+1}\right) \left[y^{\left(-\frac{1}{2}+1\right)}\right]_{H_2}^{H_1}$$

- 배수시간 : $t = \dfrac{2A}{C \cdot a\sqrt{2g}} \left(H_1^{\frac{1}{2}} - H_2^{\frac{1}{2}}\right) (\sec)$

1) 완전배수시간(t)

용기의 밑변에 단면적 a로 물을 유출시킬 때 수심이 H_1에서 H_2가 완전히 유출하여 0(Zero)이 될 때이다.

- 배수시간 : $t = \dfrac{2A}{C \cdot a\sqrt{2g}} \left(H_1^{\frac{1}{2}} - 0^{\frac{1}{2}}\right) = \dfrac{2A}{C \cdot a\sqrt{2g}} (H_1)^{\frac{1}{2}} (\sec)$

2) 수중 오리피스 배수시간

양수조의 사이벽에 설치된 오리피스를 통해 물이 유출할 때의 배수시간을 나타낸다.

① 수위차 H에서 h까지 변화하는 시간

- 배수시간 : $T = \dfrac{2A_1 A_2}{C \cdot a\sqrt{2g}(A_1 + A_2)} (H^{\frac{1}{2}} - h^{\frac{1}{2}})$

② 수위가 동등해질 때까지의 시간($h = 0$)

- 배수시간 : $T = \dfrac{2A_1 A_2}{C \cdot a\sqrt{2g}(A_1 + A_2)} (H^{\frac{1}{2}} - O^{\frac{1}{2}})$

$$\dfrac{2A_1 A_2}{c \cdot a\sqrt{2g}(A_1 + A_2)} H^{\frac{1}{2}}$$

- 배수시간 : $T = \dfrac{2A_1 A_2}{C \cdot a \sqrt{2g}\,(A_1 + A_2)} H^{\frac{1}{2}}$

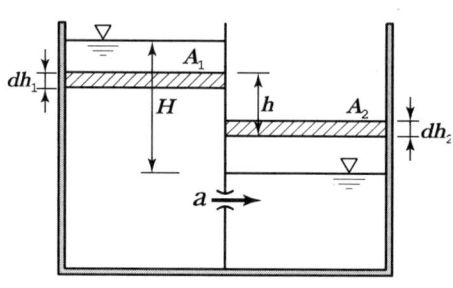

[수중 오리피스의 배수시간]

10 Orifice의 좌표

공기저항을 무시하고, 수평방향의 유속이 시간에 따라 일정하다면 수맥(Nappe) 내 임의 점 $m(x, y)$을 생각하면

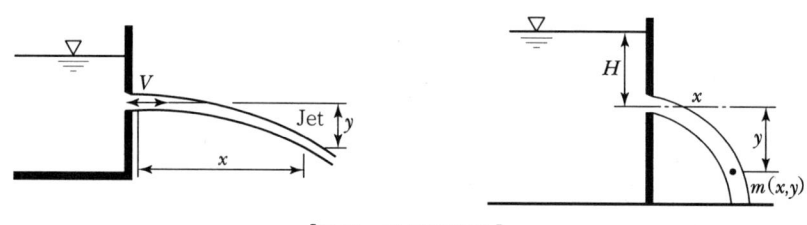

[Orifice의 좌표관계]

- 수평거리 : $x = (속도\ V) \times (시간\ t)$
- 자유낙체 : $y = \dfrac{1}{2} g t^2$

여기서, V는 t시간 후 사출수의 유속이다. 시간은 거리를 속도로 나누어주면 얻어지는 것으로, $t = \dfrac{x}{V}$를 대입하여 t를 소거하면

- 연직높이 : $y = \dfrac{1}{2} g \left(\dfrac{x}{V}\right)^2 = \dfrac{g x^2}{2 V^2}$

$$\therefore x^2 = \frac{2V^2}{g}y$$

정점이 오리피스에 있는 포물선(Parabola)의 방정식이다.

- 유속 : $V = C_v\sqrt{2gH}$

따라서, $V^2 = C_v^2 \cdot 2gh$ 이므로

$$\therefore x^2 = \frac{2(C_v^2 \times 2gH)}{g}y = 4C_v^2 Hy$$

11 사출수(분류 : Jet)의 경로

다음 노즐(Nozzle)을 평면에 대하여 θ만큼 경사로 하였을 때 물의 초속을 V라 하면, 수평도달거리 x'과 연직도달높이 y는 다음 그림과 같이 좌표를 잡았을 때 Jet의 처음 유속을 V, 수평과 이루는 각을 θ라 하고 공기나 그 밖의 저항이 없다고 하면 t시간 후 Jet는 다음과 같은 관계를 갖는다.

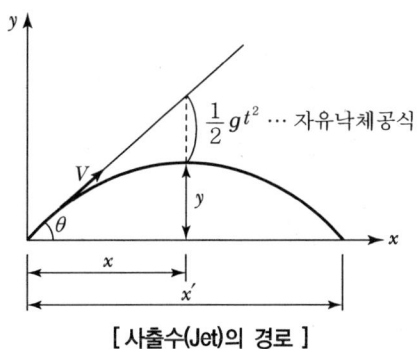

[사출수(Jet)의 경로]

- 수평거리 : $x = V\cos\theta \times t$
- 연직거리 : $y = V\sin\theta \times t - \dfrac{gt^2}{2}$

$x = V\cos\theta \times t$에서 식으로부터

- 시간 : $t = \dfrac{x}{V\cos\theta}$

따라서, 시간 $t = \dfrac{x}{V\cos\theta}$ 식을 $y = V\sin\theta \times t - \dfrac{gt^2}{2}$ 식에 대입하면

$$y = \dfrac{xV\sin\theta}{V\cos\theta} - \dfrac{g}{2}\left(\dfrac{x}{V\cos\theta}\right)^2 = x\tan\theta - \dfrac{gx^2}{2V^2}\left(\dfrac{1}{\cos\theta}\right)^2$$

$$= x\tan\theta - \dfrac{gx^2}{2V^2}\left(\dfrac{\cos^2\theta + \sin^2\theta}{\cos^2\theta}\right) = x\tan\theta - \dfrac{gx^2}{2V^2}(1 + \tan^2\theta)$$

위 식은 Jet의 경로를 표시하는 곡선식으로서 포물선이다. 곡선의 정점 즉, y가 최대가 되는 위치를 구하려면 $\dfrac{dy}{dx} = 0$으로 하면 된다.

$$\therefore \tan\theta = \dfrac{\text{높이}}{\text{밑변}} = \dfrac{dy}{dx} = \dfrac{gx}{V^2}(1 + \tan^2\theta)$$

따라서, $\tan\theta = \dfrac{gx}{V^2}(1 + \tan^2\theta)$ 식에서 x를 구하면

$$\therefore x = \dfrac{V^2\tan\theta}{g(1+\tan^2\theta)} = \dfrac{V^2}{g}\tan\theta \times \dfrac{1}{(1 \times \tan^2\theta)} = \dfrac{V^2}{g}\tan\theta\cos^2\theta$$

$$x = \dfrac{V^2}{g}\tan\theta\cos^2\theta = \dfrac{V^2}{g}\dfrac{\sin\theta}{\cos\theta}\cos^2\theta$$

$$= \dfrac{V^2}{g}\sin\theta\cos\theta = \dfrac{V^2}{2g}\sin2\theta$$

x값을 y식에 대입시켜서 풀면 연직높이 y를 구할 수 있다.

- 연직높이 : $y = \dfrac{V^2}{2g}\sin2\theta\tan\theta - \dfrac{g}{2V^2}\left(\dfrac{V^2}{2g}\sin2\theta\right)^2(1 + \tan^2\theta)$

$$= \dfrac{V^2}{2g}\left(2\sin\theta\cos\theta\dfrac{\sin\theta}{t\cos\theta}\right) - \dfrac{g}{2V^2}\left(\dfrac{V^2}{2g}2\sin\theta\cos\theta\right)^2\left(\dfrac{1}{\cos\theta}\right)^2$$

$$= \dfrac{V^2}{2g}(2\sin\theta) - \dfrac{V^2}{2g^2}(\sin^2\theta\cos^2\theta)\left(\dfrac{1}{\cos^2\theta}\right)$$

$$= \dfrac{V^2}{g}\sin^2\theta - \dfrac{V^2}{2g}\sin^2\theta = \left(\dfrac{V^2}{g} - \dfrac{V^2}{2g}\right)\sin^2\theta$$

$$= \left(\frac{2V^2}{2g} - \frac{V^2}{2g}\right)\sin^2\theta$$

$$= \frac{V^2}{2g}\sin^2\theta$$

Jet가 지상에 낙하하는 위치, 즉 최대 수평도달거리는 $y=0$ 라 놓으면

$$\tan\theta = \frac{gx}{2V^2}(1+\tan^2\theta)$$

- 수평도달거리 : $x' = \dfrac{2V^2}{g}\left(\dfrac{\tan\theta}{1+\tan^2\theta}\right)$

$$= \frac{2V^2}{g}\cos^2\theta\left(\frac{\sin\theta}{\cos\theta}\right) = \frac{V^2}{g}\sin 2\theta$$

또, 수평도달거리 x'는 x의 2배 거리에 도달되므로

- 수평도달거리 : $x' = \dfrac{V^2}{2g}\sin 2\theta \times 2 = \dfrac{V^2}{g}\sin 2\theta$

① Jet가 도달하는 최대 연직높이는 $\sin\theta = 1$ 즉, $\theta = 90°$라 놓으면

$$\therefore \text{최대 연직 높이} : H_{\max} = \frac{V^2}{2g}(\sin^2\theta) = \frac{V^2}{2g}(\sin 90)^2 \text{에서}$$

- 최대연직높이 : $H_{max} = y_{max} = \dfrac{V^2}{2g}$

② Jet가 도달하는 최대수평거리는 $\sin 2\theta = 1$, 즉 $\theta = 45°$로 하면

$$\therefore \text{최대수평거리} : L_{\max} = \frac{V^2}{g}(\sin 2\theta) = \frac{V^2}{g}(\sin 90°) \text{에서}$$

- 최대수평거리 : $L_{max} = x_{max} = \dfrac{V^2}{g}$

12 Orifice의 손실수두

물이 흐를 때의 에너지 손실은 벽의 마찰에 의한 손실뿐만 아니라 단면의 급격한 변화에 의해서 생기는 소용돌이(過), 가속(加速) 또는 감속(減速)작용, 곡류부(曲流部)에 있어서의 2차류(2次流) 등에 의해서도 생기는 것이다. 오리피스에도 손실수두(Head Loss)가 발생한다.

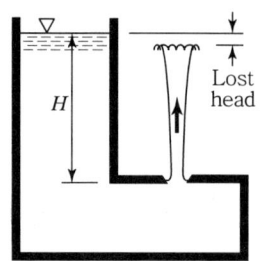 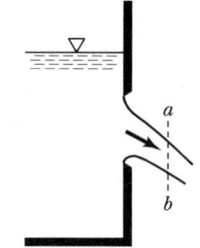

[Horizontal Orifice Discharging Upward]   [Vertical Orifice Under Low Head]

오리피스의 이론유속 $V_t = \sqrt{2gH}$ 이고, 유속계수를 C_v 손실수두를 h_l라 할 때 실제유속은 다음 2가지로 표현된다.

- 실제유속 : $V = C_v\sqrt{2gH}$
- 실제유속 : $V = \sqrt{2g(H-h_l)}$

두 식을 제곱하여 같이 놓으면, 즉 $(Cv)^2 2gH = 2g(H-h_l)$

$(Cv)^2 H = H - h_l$

$(Cv)^2 H - H = -h_l$

$-(Cv)^2 H + H = h_l$

$h_l = (1 - Cv^2)H$

- Orifice 손실수두 : $h_l = (1 - C_v^{\,2})H$

13 단관

오리피스의 내측이나 외측에 돌출한 짧은 관을 단관(短管, Short Tube)이라 하고 수류측정에 사용된다. 만일 길이가 직경의 2배 이하일 때는 물은 수축하여 조금도 단관의 내측에 접촉하지 않고 유출한다. 따라서 유출량은 오리피스일 때와 꼭 같게 된다. 그러나 표준단관에서 물은 수축했다가 다시 확대되어 관내에 충만하게 된다.

1) 오리피스와 단관의 관계

표준 오리피스에서는 유속계수 $C_v = 0.98$ 정도이고, 유량계수 $C = 0.61 \sim 0.63$이지만, 오리피스에 단관을 붙이면 유속계수 $C_v = 0.82$ 정도이고, 유량계수 $C = 0.78 \sim 0.83$(일반적으로

0.82)으로 되어 유출량은 증가한다.

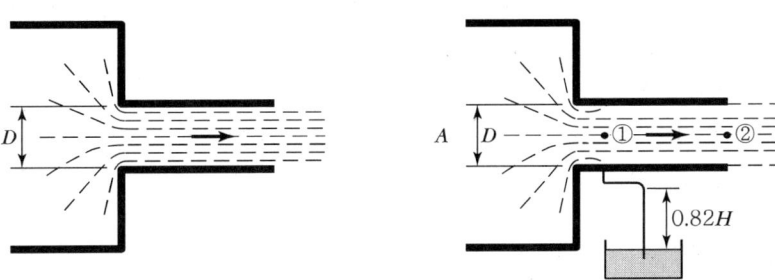

[단관(Shot Tube)]

① 오리피스에서는 $C_v = 0.98$이라 하면, $V = C_v\sqrt{2gH} = 0.98\sqrt{2gH}$ 이다. 양변을 제곱하면 $V^2 = (0.98) \cdot 2gH$에서, $\dfrac{V^2}{2g} = (0.98)^2 H$

- 속도수두 : $\dfrac{V^2}{2g} = 0.98H$

② 단관에서는 $C_v = 0.82$라 하면, $V = C_v\sqrt{2gH} = 0.82\sqrt{2gH}$ 이다. 양변을 제곱하면 $V^2 = (0.82)^2 \cdot 2gH$에서, $\dfrac{V^2}{2g} = (0.82)^2 H$이므로,

- 속도수두 : $\dfrac{V^2}{2g} = 0.67H$

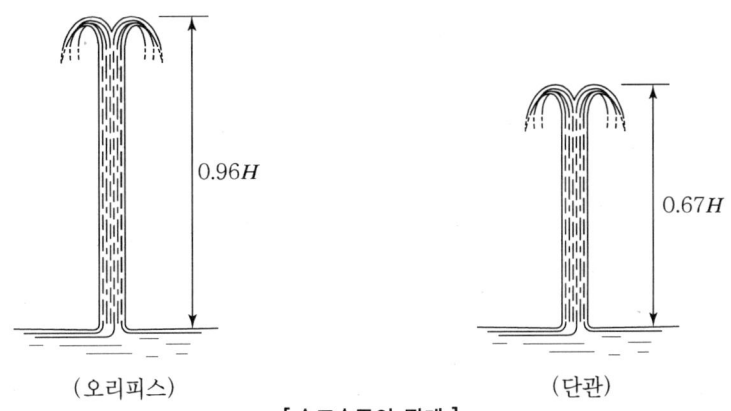

[속도수두의 관계]

2) 표준 단관(Standard Short Tube)

단관의 길이가 직경의 2~3배이고 유입단이 날카로운 각을 이루는 단관을 표준단관이라 하며, 표준단관에서는 유속계수와 유량계수가 같다.

표준단관을 유출하는 물은 수축하지 않으므로 수축계수는 1.0이다. 그러므로

유량계수 : $C = C_a \cdot C_v = 1.0 \cdot C_v = C_v$

즉, 유량계수와 유속계수와는 같은 값이다.

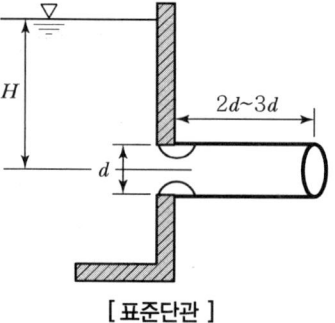

[표준단관]

- 실제유속 : $V_0 = C_v \sqrt{2gH}$
- 유량 : $Q = a_0 V_0 = (C_a \cdot a)(C_v \sqrt{2gH}) = C_a C_v \cdot a \sqrt{2gH} = C \cdot a \sqrt{2gH}$

3) Borda 단관(Borda's Mouth Piece)

짧은 원통형의 관이 수조 내로 직경의 $d/2$ 정도 유입된 단관을 Borda 단관이라 한다.

수축계수 : $C_a = 0.52$

유속계수 : $C_v = 0.98$

- 실제유속 : $v_0 = C_v \sqrt{2gH}$
- 유량 : $Q = (C_a \cdot a)(C_v \sqrt{2gH})$
- 유량 : $Q = C_a C_v \cdot a \sqrt{2gH}$
  $= C \cdot a \sqrt{2gH}$

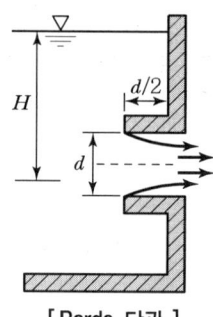

[Borda 단관]

4) 종구형오리피스(Bell Mouth)

종구형오리피스(Bell Mouth Tube)란 그림에 표시한 바와 같이 오리피스의 둘레가 뾰족하지 않은 것을 말하며 유출량이 크다. C의 값은 수두에 따라 다르다.

유속계수 : $C_v = 0.96 \sim 0.99$

수축계수 : $C_a = 1.0$

- 이론유속 : $V_t = \sqrt{2gH}$
- 실제유속 : $V_0 = C_v \sqrt{2gH}$

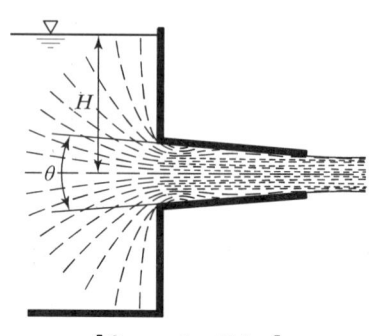

[Converging Tube]

- 유량 : $Q = (C_a \cdot a)(C_v \sqrt{2gH})$
- 유량 : $Q = C \cdot a \sqrt{2gH}$

5) 내측 돌출단관

Orifice에서 분출하는 분류의 축류를 막기 위해서 Orifice에 Orifice 직경의 2.0~2.5배의 짧은 관을 붙인 것을 단관(Short Tube)이라 한다. 단관의 길이가 직경의 2배 미만일 때는 단관의 효과를 기대할 수 없고, Orifice와 같은 결과를 갖게 된다.

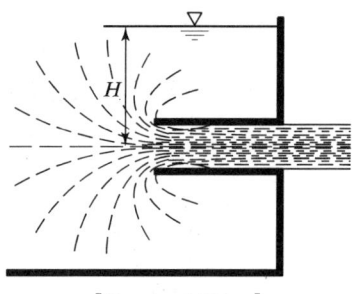

[Reentrant Tube]

유속계수 : $C_v = 0.70 \sim 0.80$
수축계수 : $C_a : 1.0$

- 이론유속 : $V_t = \sqrt{2gH}$
- 실제유속 : $V_0 = C_v \sqrt{2gH}$
- 유량 : $Q = (C_a \cdot a)(C_v \sqrt{2gH})$
- 유량 : $Q = C \cdot a \sqrt{2gH}$

6) 확대단관

유출단면의 수축이 없기 때문에 Orifice에서는 수축계수 $C_a = 0.64$이지만 단관에서는 $C_a = 1.0$이므로 유량이 크게 된다. 그러나 유속계수는 Orifice가 0.96~0.99인데 반해서 단관일 때는 0.78~0.83이다.

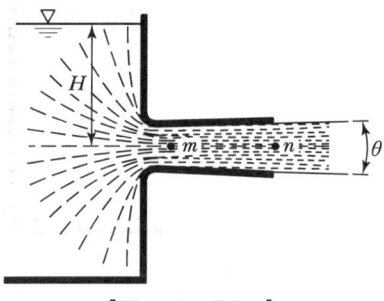

[Diverging Tube]

- 이론유속 : $V_t = \sqrt{2gH}$
- 실제유속 : $V_0 = C_v \sqrt{2gH}$
- 유량 : $Q = (C_a \cdot a)(C_v \sqrt{2gH})$
- 유량 : $Q = C \cdot a \sqrt{2gH}$

14 수문(Sluice Gate)

수문은 수로, 용수로, 상수로, 하수로, Dam 마루 등에 설치하여 수문 개방도에 따라 유량과 수위를 조절할 목적으로 수문에서 유출하는 흐름의 상태에 따라 자유 유출과 수중 유출로 분리된다.

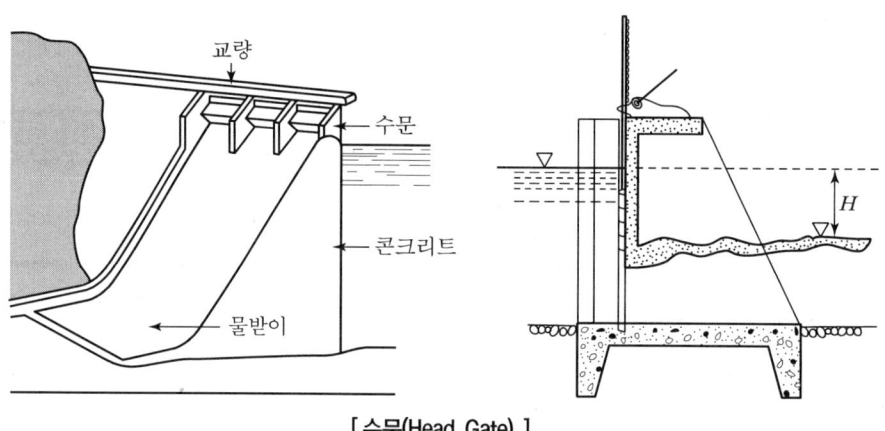

[수문(Head Gate)]

수문은 수로나 댐마루에 설치하여 유량이나 수위를 조절하는 데 이용하는 것으로서 그 형식에는 여러 종류가 있지만 가장 많이 사용되는 것은 제수수문(Sluice Gate)이다. 수문으로부터의 흐름은 하류 측의 수류상황에 따라 두 가지로 나누어진다.

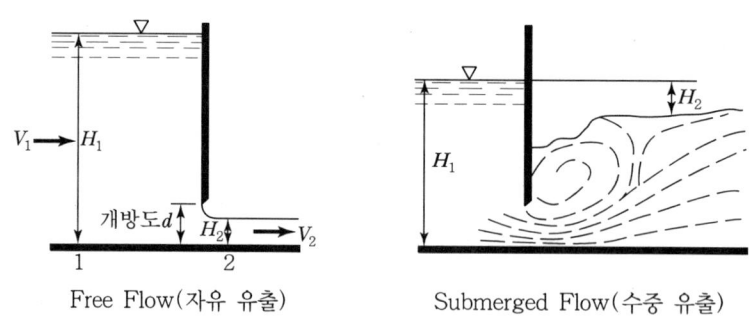

[Flow Through Sluice Gate]

1) 자유 유출

자유 유출은 수문에서 흘러나온 물이 오리피스와 같이 수심이 점차 감소되어 평행하게 흐르는 상태로 하류 측의 수심이 낮을 때 발생하며 하류 측의 흐름 영향을 받지 않는다.

2) 수중 유출

수중 오리피스와 같이 수문의 개방 높이보다 하류 수심이 더 큰 상태의 유출을 말하며, 하류 측의 수심에 따라 유속의 영향을 받는다.

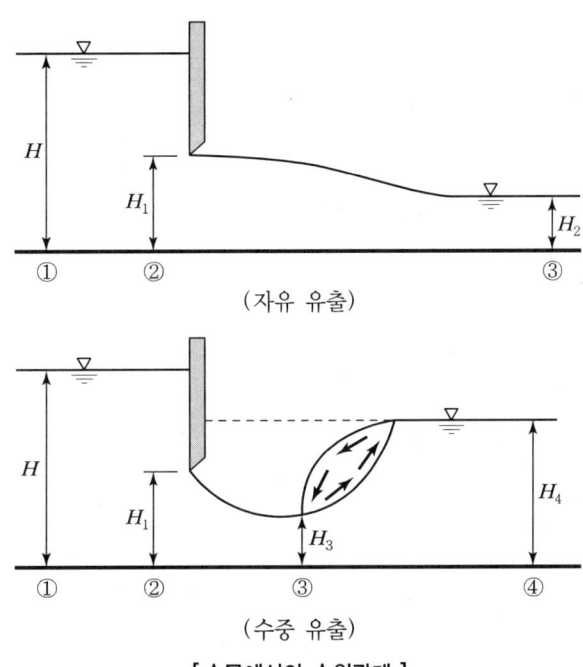

[수문에서의 수위관계]

자유 유출에서 ①지점과 하류 측 큰 수심에 영향을 받으므로 ②지점에 베르누이 정리를 적용하면 다음과 같다.

$$Z_1 + \frac{p_1}{w_0} + \frac{V_1^2}{2g} = Z_2 + \frac{p_2}{w_0} + \frac{V_2^2}{2g}$$

(기준면 : 0) + H + (접근유속 무시 : 0) = (기준면 : 0) + H_1 + $\frac{V_2^2}{2g}$

따라서, $H = H_1 + \frac{V_2^2}{2g}$

- 속도수두 : $\frac{V_2^2}{2g} = (H - H_1)$

∴ $V_2^2 = 2g(H - H_1)$

- 이론유속 : $V_t = \sqrt{2g(H-H_1)}$
- 실제유속 : $V_0 = C_v\sqrt{2g(H-H_1)}$

수중 유출에서는 ①지점과 하류 측 큰 수심에 영향을 받으므로 ④지점에 베르누이 정리를 적용해야 한다.

$$Z_1 + \frac{p_1}{w_0} + \frac{V_1^2}{2g} = Z_4 + \frac{p_4}{w_0} + \frac{V_4^2}{2g}$$

(기준면 : 0)+H+(접근유속무시 : 0) = (기준면 : 0)+H_4+$\frac{V_4^2}{2g}$

따라서, $H = H_4 + \frac{V_4^2}{2g}$

- 속도수두 : $\frac{V_4^2}{2g} = (H-H_4)$
- $\therefore V_4^2 = 2g(H-H_4)$
- 이론유속 : $V_t = \sqrt{2g(H-H_4)}$
- 실제유속 : $V_0 = C_v\sqrt{2g(H-H_4)}$
- 유량 : $Q = A_0 V_0 = (C_a \cdot A) \cdot C_v\sqrt{2g(H-H_4)}$
- 유량 : $Q = C_a C_v \cdot A\sqrt{2g(H-H_4)}$
- 수문의 유량 : $Q = C \cdot A\sqrt{2g(H-뒤쪽\ 큰\ 수위)}$

관련문제 : Orifice와 수문

01 수조 벽에 설치한 작은 오리피스에서 접근유속을 고려한 속도수두는 다음 중 어느 것과 같은가?

㉮ 접근유속수두 + 오리피스의 수심 ㉯ 접근유속수두 + 위치수두
㉰ 수면의 접근유속수두 ㉱ 수면의 위치수두

해설 $Q = Ca\sqrt{2gh}$ 에서 h는 일반적으로 오리피스 중앙에서 수면까지의 높이를 사용하나, 접근유속을 고려할 때는 접근 유속수두를 합한 수두가 된다.

02 오리피스의 직경이 2cm, 수축단면의 직경이 1.6cm라면 유속계수가 0.9일 때 유량계수는?

㉮ 0.49 ㉯ 0.58 ㉰ 0.62 ㉱ 0.72

해설 수축계수 : $C_a = \dfrac{Vena\ 단면적}{오리피스\ 단면적} = \dfrac{\left(\dfrac{\pi(1.6)^2}{4}\right)}{\left(\dfrac{\pi(2)^2}{4}\right)} = \left(\dfrac{1.6}{2}\right)^2 = 0.64$

유량계수 : $C = (수축계수\ C_a) \cdot (유속계수\ C_v) = 0.64 \times 0.9 = 0.58$

03 그림에서 유출구의 단면적이 2.0cm²이다. 이때의 유량을 토리첼리 정리를 써서 구하여라.

㉮ 8.86cm³/sec ㉯ 886cm³/sec
㉰ 4.43cm³/sec ㉱ 88.6cm³/sec

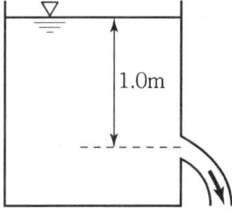

해설 ① 유속 : $v = \sqrt{2gh} = \sqrt{2 \times 980 \times 100} = 442.7$ cm/sec
② 유량 : $Q = a \cdot v = 2.0 \times 442.7 = 885.4$ cm³/sec

04 큰 수조의 연직 벽에 있는 작은 오리피스의 수두가 3.0m일 때 관경 55mm, 유속이 7.2m/sec, 유량이 0.012m³/sec이었다. 이때 유속계수 C_v의 값은?

㉮ 0.92 ㉯ 0.93 ㉰ 0.94 ㉱ 0.95

해설 유속 : $V = C_v\sqrt{2gh}$ 에서, 유속계수 : $C_v = \dfrac{V}{\sqrt{2gh}} = \dfrac{7.2}{\sqrt{2 \times 9.8 \times 3}} = 0.94$

정답 01. ㉮ 02. ㉯ 03. ㉯ 04. ㉰

| 수리학 |

05 상부 수면적이 2.0m²이고, 오리피스로부터 배수량이 4.0*l*/sec라 할 때 수로 내의 물이 오리피스로 모이는 접근유속수두는?

㉮ 2×10^{-5}cm ㉯ 1×10^{-5}cm ㉰ 1×10^{-6}cm ㉱ 2×10^{-6}cm

해설 ① 접근유속 : $v_a = \dfrac{유량\ Q}{수조의\ 단면적\ A} = \dfrac{Q}{A} = \dfrac{4.0l/s}{2.0\text{m}^2} = \dfrac{4,000(\text{cm}^3/s)}{20,000(\text{cm}^2)} = 0.2$cm/sec

② 접근유속수두 : $h_a = \dfrac{v_a^2}{2g} = \dfrac{0.2^2}{2 \times 980} = 2.04 \times 10^{-5}$cm

06 예연 또는 칼날형 직사각형 오리피스에서 개구부의 중심에서 수면까지의 수두를 2.0m로 할 때 이 개구로 분출하는 유속은?(단, 유속계수 0.98, 수축계수 0.63)

㉮ 3.88m/sec ㉯ 2.88m/sec ㉰ 1.88m/sec ㉱ 6.14m/sec

해설 유속 : $V = C_v \sqrt{2gH} = 0.98\sqrt{2 \times 9.8 \times 2} = 6.14$m/sec

07 다음의 작은 오리피스에서 속도비는?(단, $h_1 = 10$cm, $h_2 = 20$cm)

㉮ $V_1 : V_2 = 1 : 2$
㉯ $V_1 : V_2 = 10^3 : 20^2$
㉰ $V_1 : V_2 = \dfrac{1}{10} : \dfrac{2}{20}$
㉱ $V_1 : V_2 = \sqrt{10} : \sqrt{20}$

해설 ① 유속 : $V_1 = \sqrt{2gh_1} = \sqrt{2 \times g \times 10}$
② 유속 : $V_2 = \sqrt{2gh_2} = \sqrt{2 \times g \times 20}$
③ 속도비 : $(V_1 : V_2) = (\sqrt{2g \times 10}) : (\sqrt{2g \times 20}) = \sqrt{10} : \sqrt{20}$

08 수면의 높이 H인 오리피스에서 유출하는 물의 속도수두는 다음 중 어느 것인가?
(단, 유속계수 $= C_v$)

㉮ $C_v H$ ㉯ $\dfrac{C_v}{H}$ ㉰ $C_v^2 H$ ㉱ $\dfrac{C_v^2}{H}$

해설 유속 : $V = C_v\sqrt{2gH}$ 에서, 양변을 제곱하면, $V^2 = C_v^2 \times 2gH$
여기서, $\dfrac{V^2}{2g} = C_v^2 H$ 즉, 분수의 높이를 의미한다.

정답 05. ㉮ 06. ㉱ 07. ㉱ 08. ㉰

09
수두가 2.0m인 작은 오리피스에서의 유량은?(단, 공구의 지름은 10cm, C_v=0.95, C_c=0.80이다.)

㉮ 15.1 l/sec ㉯ 35.1 l/sec ㉰ 25.1 l/sec ㉱ 37.3 l/sec

해설 유량 : $Q = C_a\, C_v \cdot a\sqrt{2gh} = 0.95 \times 0.8 \times \left(\dfrac{\pi \times 0.1^2}{4}\right) \times \sqrt{2 \times 9.8 \times 2} = 0.0373\text{m}^3/\text{sec} = 37.3 l/\text{sec}$

10
그림과 같은 수조의 측벽에 직경 10cm인 구멍이 뚫어져 있다. 수조 내 수면이 일정하게 유지되고 구멍을 통해 물이 분출될 때 일체의 에너지 손실이 없다고 가정하고 분출되는 유량을 계산한 값은?(단, 유량계수 C=1.0이다.)

㉮ 0.065m³/sec ㉯ 0.078m³/sec
㉰ 0.087m³/sec ㉱ 0.058m³/sec

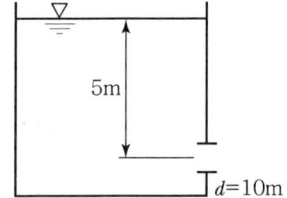

해설 유량 : $Q = C \cdot a\sqrt{2gh} = (1.0)\left(\dfrac{\pi \times 0.1^2}{4}\right) \times \sqrt{2 \times 9.8 \times 2} = 0.078\text{m}^3/\text{sec}$

11
수두 2.0m, 유량 1,500cm³/sec일 때의 작은 오리피스의 단면적은 다음 중 어느 것인가?
(단, 유량계수 C=0.62)

㉮ 3.76cm² ㉯ 3.96m² ㉰ 3.86cm² ㉱ 4.06cm²

해설 ① 유량 : $Q = C \cdot a\sqrt{2gH}$
② 단면적 : $a = \dfrac{Q}{C\sqrt{2gH}} = \dfrac{1,500}{0.62 \times \sqrt{2 \times 980 \times 200}} = 3.86\text{cm}^2$

12
폭 40cm인 구형 오리피스의 상단수심이 20cm, 하단수심이 60cm일 때 유량은 얼마인가?
(단, C=0.62)

㉮ 0.243m³/sec ㉯ 0.250m³/sec ㉰ 0.298m³/sec ㉱ 0.275m³/sec

해설 $Q = \dfrac{2}{3} Cb\sqrt{2g}\left(h_1^{\frac{3}{2}} - h_2^{\frac{3}{2}}\right) = \dfrac{2}{3} \times 0.62 \times 0.4 \times \sqrt{2 \times 9.8}\left(0.6^{\frac{3}{2}} - 0.2^{\frac{3}{2}}\right) = 0.275\text{m}^3/\text{sec}$

정답 09. ㉱ 10. ㉯ 11. ㉰ 12. ㉱

13 다음 그림과 같은 수중 오리피스에서 오리피스의 지름 $d=$ 20cm이면 흘러가는 유량 Q는?(단, 유량 계수=1.0이다.)

㉮ 0.628m³/sec　　㉯ 0.314m³/sec
㉰ 6.28m³/sec　　㉱ 3.14m³/sec

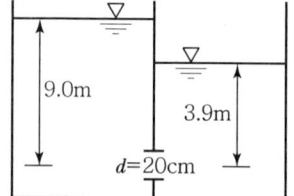

해설 유량 : $Q = C \cdot a \sqrt{2g(h_1 - h_2)} = 1 \times \left(\dfrac{\pi \times 0.2^2}{4}\right) \times \sqrt{2 \times 9.8 \times (9 - 3.9)}$
$= 0.314\text{m}^3/\text{sec}$

14 수로의 취입구에 폭 3.0m의 수문이 있다. 문을 d(m) 올리니 수심이 각각 5.0m와 2.0m가 되었다. 그때 취수량이 8.0m³/sec였다고 하면 수문의 오름 높이 d는?(단, $C=60$)

㉮ 0.36m　　㉯ 0.67m
㉰ 0.58m　　㉱ 0.73m

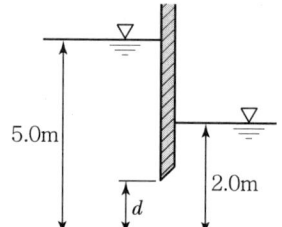

해설 유량 : $Q = CA\sqrt{2g(h_1 - h_2)} = C(bd)\sqrt{2g(h_1 - h_2)}$ 에서
개방도 : $d = \dfrac{Q}{Cb\sqrt{2g(h_1 - h_2)}}$
$= \dfrac{8}{0.6 \times 3 \times \sqrt{2 \times 9.8 \times (5-2)}} = 0.579\text{m}$

15 초속 20m/sec, 수평면과의 각 60°로 사출된 분수가 도달하는 연직높이는?(단, 공기 등의 저항은 무시한다.)

㉮ 15.3m　　㉯ 16.8m　　㉰ 17.3m　　㉱ 18.8m

해설 연직높이 : $H = \dfrac{V^2}{2g}(sin^2\theta) = \dfrac{(20)^2}{2 \times 9.8}(sin60°)^2 = 15.3\text{m}$

16 초속 30m/sec, 수평면과의 각 45°로 사출된 분수가 도달하는 수평길이는?(단, 공기저항은 무시한다.)

㉮ 45.9m　　㉯ 91.8m　　㉰ 61.2m　　㉱ 67.5m

해설 수평거리 : $L = \dfrac{V^2}{g}(sin2\theta) = \dfrac{(30)^2}{9.8}(sin90°) = 91.8\text{m}$

17 단면 2.0m×2.0m, 높이 6.0m인 수조가 만수되어 있다. 이 수조의 바닥에 직경 20cm의 오리피스로 배수시키고자 한다. 높이 3.0m까지 배수하는 데 요하는 시간은?(단, C=0.6)

㉮ 1분 8초　　㉯ 2분 36초　　㉰ 2분 45초　　㉱ 2분 55초

해설 배수시간 : $t = \dfrac{2A(h_1^{\frac{1}{2}} - h_2^{\frac{1}{2}})}{C \cdot a\sqrt{2g}} = \dfrac{2 \times (2 \times 2) \times (6^{\frac{1}{2}} - 3^{\frac{1}{2}})}{(0.6) \times \left(\dfrac{\pi \times 0.2^2}{4}\right) \times \sqrt{2 \times 9.8}} = 68.8$초 = 1분 8.8초

18 그림과 같은 분수가 설치되어 있다. 분수의 높이를 구하여라.(단, 공기의 저항은 무시하고 유속계수는 0.98이다.)

㉮ 9.7m　　㉯ 4.8m
㉰ 5.0m　　㉱ 6.8m

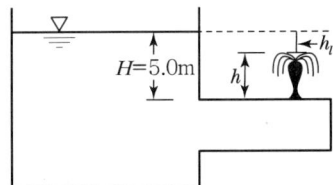

해설 ① 유속 : $V = C_v\sqrt{2gH} = 0.98 \times \sqrt{2 \times 9.8 \times 5} = 9.7$m/s

② 연직높이 $y_{max} = \dfrac{V^2}{2g}\sin^2\theta$, $\theta = 90°$이므로

③ $y_{max} = h = \dfrac{V^2}{2g}\sin^2\theta = \dfrac{9.7^2}{2 \times 9.8}(\sin 90°)^2 = \dfrac{9.7^2}{2 \times 9.8} \times 1^2 = 4.8$m

별해 : ① 실제유속 : $V = C_v\sqrt{2gH} = (0.98)\sqrt{2 \times 9.8 \times 5} = 9.7$m/s

② 실제유속 : $V = \sqrt{2g(H-h_l)}$ 에서, $V^2 = 2g(H-h_l)$, $\dfrac{V^2}{2g} = (H-h_l)$이므로

③ 손실수두 : $h_l = \left(H - \dfrac{V^2}{2g}\right) = \left(5 - \dfrac{(9.7)^2}{2 \times 9.8}\right) = 0.2$m

④ 수두 : $H = h + h_l$이므로, 유효수두 : $h = (H - h_l) = (5.0 - 0.2) = 4.8$m

19 오리피스의 유량측정에서 수두 H 측정에 3%의 오차가 있었다면 유량 Q에 미치는 오차는?

㉮ 1%　　㉯ $\dfrac{3}{2}$%　　㉰ 2%　　㉱ $\dfrac{5}{2}$%

해설 ① 유량 오차는 수두를 미분한 계수 x%

② $\dfrac{dQ}{Q} = 0.5 \times \dfrac{dh}{h} = 0.5 \times 3\% = 1.5\%$

Chapter 05

위어(Weir)

1. Weir란? · 177
2. 수맥 · 179
3. 수맥의 수축 · 180
4. 수두 · 181
5. 구형 Weir의 유량 · · · · · · · · · · · · · · · · · · 182
6. Francis의 유량 · 184
7. 삼각 Weir · 185
8. Thomson 유량 · 187
9. 제형 Weir · 187
10. 수중 Weir · 188
11. 광정 Weir · 189
12. 원통·나팔형 Weir · · · · · · · · · · · · · · · · · 190
13. 수두측정 오차와 유량오차 · · · · · · · · 191

Chapter 05 위어(Weir)

수로를 가로질러 벽을 만들어 물을 막거나 그 구조물 위로 물이 월류하도록 하는 경우, 그 벽을 위어(Weir)라 한다. 위어의 윗부분의 일부를 떼어내어 그곳에서 물을 월류하도록 한 것은 결구(Notch)라 한다. 위어에서 월류하는 흐름을 수맥(Nappe)이라 하며 위어의 상단면을 정부(Crest)라 한다. 정부가 상류 측에서 돌출되어 있거나 또는 정부 부분이 수맥(Nappe) 두께에 비해 정부의 폭이 극히 좁은 경우를 예연위어(Sharp Crested Weir)라 하는데 위어에서 월류하는 물의 양을 측정하는 데 이용된다. 예연위어의 경우에는 오리피스에서의 흐름의 경우와 마찬가지로 정부의 영향에 의하여 흐름의 단면이 수축된다. 결구의 경우에는 측변이 돌출되어 있으면 역시 흐름의 단면이 수축된다. 이것들을 축류라 하며, 양측에 축류가 있는 것과 편측만 있는 것과 전혀 없는 것이 있다. 결구에는 모양에 따라 장방형 위어, 삼각 위어, 사다리꼴 위어 등이 있다. 위어의 정부가 돌출되어 있지 않은 것, 월류수심에 비해 정부의 폭이 비교적 넓은 것을 광정 위어(Broad Crested Weir), 제방의 형에 위어를 만들어 그 위를 월류하도록 한 것을 월류댐(Over Flow Dam)이라 한다.

1 Weir란?

수로의 일부 또는 전부가 규칙적인 형상을 가지며 장벽 위를 물이 월류(Over Flow)할 때 그 장벽을 위어(Weir)라 하고 위어폭이 수로폭보다 작은 것을 **노치**(Notch : 결구)라 한다. 위어는 단면 형태에 따라 삼각위어, 구형 위어, 제형 위어, 포물선 위어 등이 있고 위어의 마루부(Crest)에 따라 칼날형 위어, 광정 위어 등이 있다. 유량의 일부가 물속으로 방출되어 있

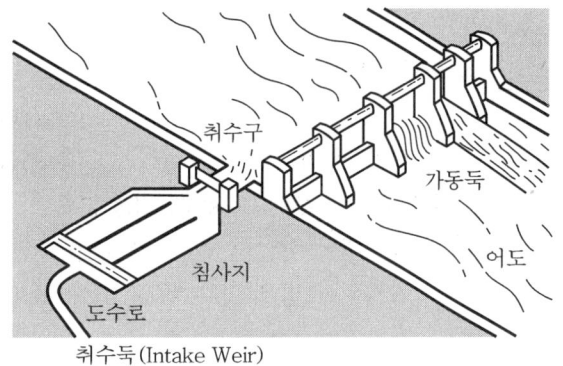

[취수 Weir(취수보)]

는 위어를 수중 위어(Submerged Weir)라 한다. 하천이나 수로를 횡단하여 축조한 구조물로 이 구조물 위로 물이 **월류**(Over Flow)하도록 되어 있는 구조물을 위어(Weir)라 하며 언, 둑, 보의 이름으로 통용된다.

1) Weir의 사용목적

Weir는 수로를 가로막고 그 전부 또는 일부분으로 물을 흐르게 한 다음 유량을 측정하는 장치이다.

① 유량측정
② 취수를 위한 수위증가(상승)
③ 분수(分水)
④ 하천 유지관리
⑤ 하천 유속의 감소
⑥ 친수공간 조성

2) Weir의 종류

위어의 벽면을 일부 절취하여 물을 월류(越流)시킬 때 이 절취한 부분을 노치(Notch)라 하고, 이 Notch의 모양에 따라 직사각형 위어, 삼각형 위어 및 사다리꼴 위어 등으로 분류된다. 위어의 상단과 측면을 날카롭게 하거나 또는 위어의 벽면 두께가 월류수심 H 에 비하여 아주 얇은 판으로 구성된 것을 칼날형(예연) 위어(Sharp Edged Weir)라 한다.
또 위어의 상단이 어떤 폭을 갖고 있어 월류수심에 비해 위어 상단폭이 비교적 넓은 것을 광정(廣頂)위어라 한다.

① 노치(Notch : 결구) : 월류하는 물의 폭이 수로의 폭보다 작은 Weir를 말한다.
② 노치의 형상에 따른 Weir의 종류
　　㉠ 사각형 Weir　　㉡ 사다리꼴 Weir
　　㉢ 삼각 Weir　　㉣ 포물선 Weir
③ 위어 마루부(Weir Crest)에 의한 분류
　　㉠ 예연위어(칼날형 Weir : Sharp Crested Weir)
　　㉡ 광정위어(넓은 마루 Weir : Broad Crested Weir)

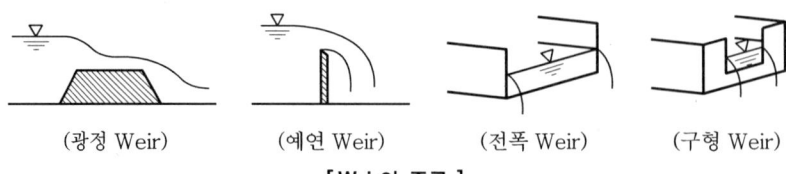

(광정 Weir)　　(예연 Weir)　　(전폭 Weir)　　(구형 Weir)

[Weir의 종류]

④ 기타
　㉠ 원통 Weir
　㉡ 나팔형 Weir
　㉢ 옆물넘이 위어(Side Overflow Weir)

2 수맥(Nappe)

위어를 월류하는 수류를 수맥(Nappe)이라 하는데 이것은 위어의 높이를 h_d, 월류수심 H, 위어 하류의 수위 등의 관계에 따라 여러 가지 형상으로 분류된다.

1) 완전 수맥(Complete Nappe)

수맥의 상하면이 동일 기압을 유지할 때, 즉 수맥 아랫면의 공기유통이 자유로운 경우 수맥은 공기 중으로 자유로이 낙하한다. 이때의 수맥을 완전 수맥이라 하며, 이것을 자유 월류(Free Overfall)라 한다. 완전 수맥은 다음 경우에 형성된다.

　　수두 : $H < 0.4 h_d$

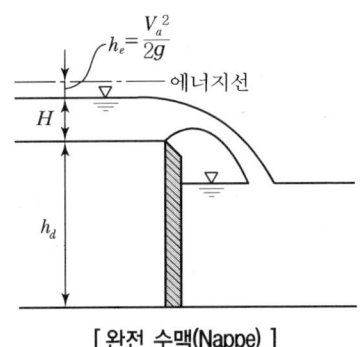

[완전 수맥(Nappe)]

2) 불완전 수맥(Incomplete Nappe)

　　수두 : $H \geq 0.4 h_d$

수맥 아랫면과 Weir판의 하류면 사이에 소용돌이가 발생하여 수맥의 형이 불분명하게 된다. 다음 그림은 H_2가 작을수록 월류의 불완전 정도는 현저하다.

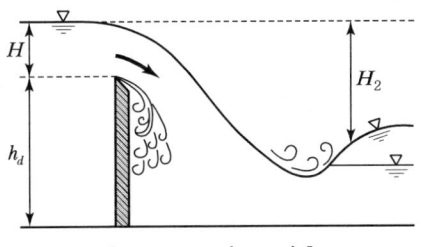

[불완전 수맥(Nappe)]

또, 수두가 $H \leq 0.75 h_d$이면, 수맥의 하류수면에도 소용돌이가 발생한다.

3) 부착 수맥(Adhering Nappe)

수두 : $H < h_d$

수맥이 Weir의 하류면에 부착하여 낙하한다. 그림의 A 공간의 압력은 대기압보다도 낮게 되어 월류의 속도를 증가시켜 유량을 크게 한다. 극단적인 경우는 약 30%의 유량증가가 있는 경우도 있다. 이때는 유량계수의 측정이 곤란하다.

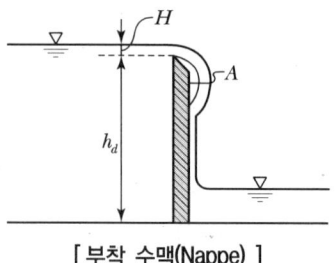

[부착 수맥(Nappe)]

3 수맥의 수축

수맥(Nappe)은 칼날형 오리피스에서 분출하는 수맥이 수축(Contraction)하는 것과 같이 수축된다. 수맥의 상단인 자유수면은 위어의 상류 쪽 약 $2H$가 되는 곳부터 위어까지 약간의 수면강하가 있어서 **면수축**(Surface Contraction)이 생기는데, 이러한 현상은 수류가 위어 쪽으로 가까워짐에 따라 유속이 증가되어 위치에너지가 운동에너지로 변하기 때문이다. 또, 위어의 마루부에서 생기는 수축을 **마루부 수축**(Crest Contraction)이라 하고, 면수축과 마루부 수축을 합하여 **연직수축**(Vertical Contraction)이라 한다.

위어의 측면이 날카롭거나 얇은 판으로 되어 있으면 측면에 수축이 생기는데 이것을 **측면수축**(End Contraction)이라 한다.

전폭위어는 측면수축이 없고 직사각형 위어, 삼각형 위어 등은 수로의 도중에 설치되었을 때 양쪽 벽면에서 측면수축이 생긴다.

① **마루부수축**(Crest Contraction, 정수축) : 수평한 Weir 마루부에서 일어나는 수축을 말한다.

② **단수축**(End Contraction) : Notch의 언저리가 날카로워서 그 폭이 수축하는 현상으로 Weir 옆면의 수축을 말한다.

③ **면수축**(Surface Contraction) : Weir의 상류 $2H$ 정도에서 시작하여 Weir까지 계속하여 일어나는 수면강하를 말하며, 물이 Weir의 마루부에 접근함에 따라 유속이 가속됨으로써 위치에너지가 운동에너지로 변하기 때문에 일어난다.

④ **연직수축**(Vertical Contraction) : 면수축과 정수축(마루부수축)을 합한 것을 말한다.

⑤ **완전수축**(Complete Contraction) : 완전수맥에 생기는 수축으로 정수축과 단수축을 합한 것이다.

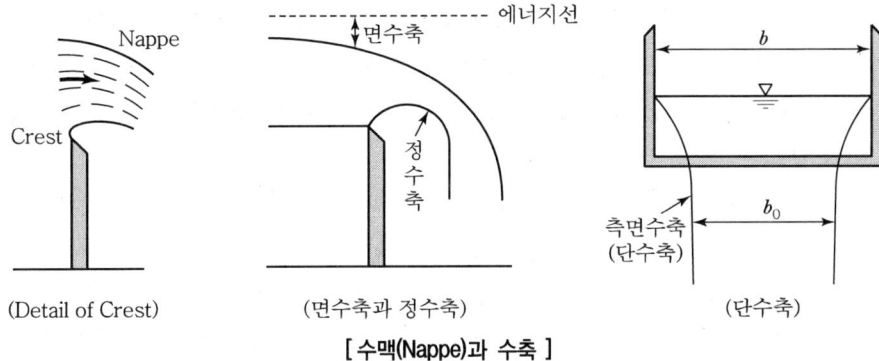

[수맥(Nappe)과 수축]

4 수두(Head)

Weir에서 전수두는 측정수두와 접근유속수두를 합한 것으로 한다. 이때 접근유속이 균일하면 $V^2/2g$이 접근유속수두가 되나 실제 수로 내 한 단면에서 균일하지 못하므로 실제의 유속수두는 평균유속을 사용한 유속수두보다 크다. 그러므로

- 전수두 : $H = h + \alpha \dfrac{V^2}{2g}$

여기서, α는 에너지 보정계수로서 1.0보다 크며 유속이 불규칙할수록 크게 된다.

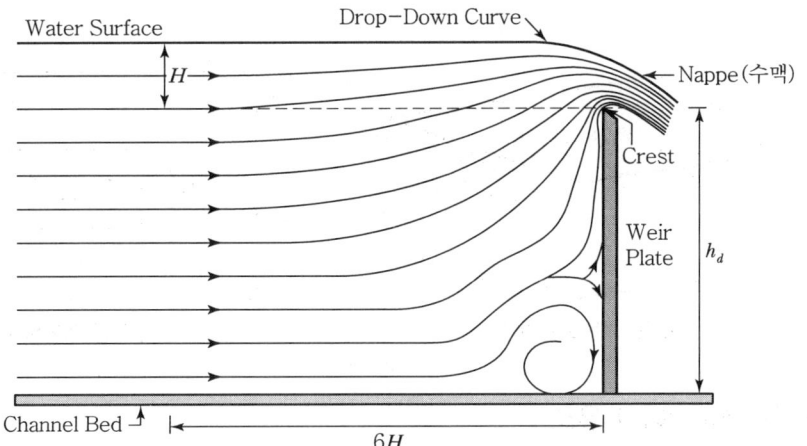

[Path Lines of Flow over Rectangular Sharp-Crested Weir]

유량을 계산할 때는 월류수심 H를 실험용 수로에서는 그림과 같이 위어로부터 $3H$ 이상 되는 상류에서 측정하는 것을 표준으로 하고 있으며 보통의 수로에서는 $5 \sim 10H$인 곳에서 측정하는 것을 적용한다. 유량측정을 목적으로 하는 위어는 마루부분이 45°로 날카롭고 매끈한 수직평판으로 구성된다.

위어를 월류하는 수류의 운동은 월류수심 H, 위어높이 h_d 및 수맥(Nappe) 밑에서 공기의 통풍 정도 등의 인자들이 흐름상태의 형상에 큰 영향을 준다.

위어의 상류로부터 위어 쪽으로 수류가 접근하면서 접근수로의 벽면과 바닥의 마찰효과, 불균일한 유속분포, 주기적인 나선형의 2차류 흐름 운동, 자유수면에서의 표면장력의 효과 등 복잡한 관계가 있으나 식을 간단히 유도하기 위해 다음과 같은 가정사항을 둔다.

① 위어 상류의 유속분포는 균일하다.
② 수류가 위어의 마루를 통과할 때 수평으로 운동한다.
③ 수맥 속에서의 압력은 0(Zero)이다.
④ 점성, 난류, 2차류 흐름 및 표면장력의 영향을 무시한다.

5 구형 Weir의 유량

구형(4각형) 칼날형 위어의 유량은 구형 큰 Orifice의 유량과 같이 생각할 수 있다. 이는 오리피스의 상면이 수면에 일치하면 결국 상면이 없는 것과 같으므로, 구형위어와 같은 형태이다. 그리하여 이때에는 언정(weir 마루부)의 수심으로 된다.

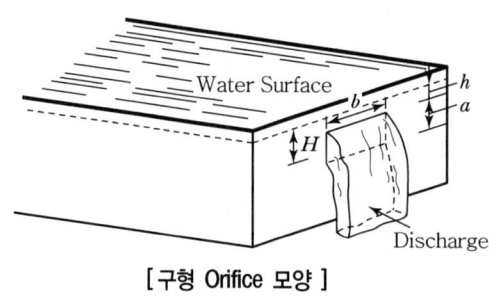

[구형 Orifice 모양]

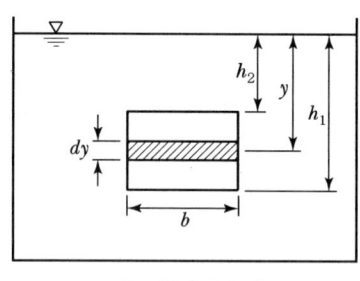

[구형 Orifice]

1) 구형 큰 Orifice에서 유도

구형 오리피스에서 $h_2 = 0$일 때 구형 위어가 되므로 아래 식에 $h_1 = H$와 $h_2 = 0$을 대입하고 접근유속을 무시하면 다음과 같다. 유량계수 $C = 0.60 \sim 0.66$(평균 0.63)이다.

- 구형 Orifice 유량 : $Q = \dfrac{2}{3} Cb \sqrt{2g} \left(h_1^{\frac{3}{2}} - h_2^{\frac{3}{2}} \right)$

구형 오리피스의 유량에서 상류단수심 h_2가 없으면 구형 Weir가 된다.
$Q = \dfrac{2}{3} C \cdot b \sqrt{2g} \left(h^{\frac{3}{2}} - O^{\frac{3}{2}} \right)$ 이므로 구형 weir는 다음과 같다.

- 구형 Weir 유량 : $Q = \dfrac{2}{3} Cb \sqrt{2g}\, h^{\frac{3}{2}}$

2) 구형 Weir에서 유도

수로를 가로막고 그 일부분으로 물을 흐르게 하여 유량을 측정하는 장치를 Weir라고 한다. 관수로에 있어서 벤투리관과 관오리피스 등은 압력을 저하시켜서 그 압력차를 측정하여 유량을 측정할 수 있었으나 위어의 경우는 위어판에 의해서 수위차를 만들어서 유량을 측정하는 것이다.

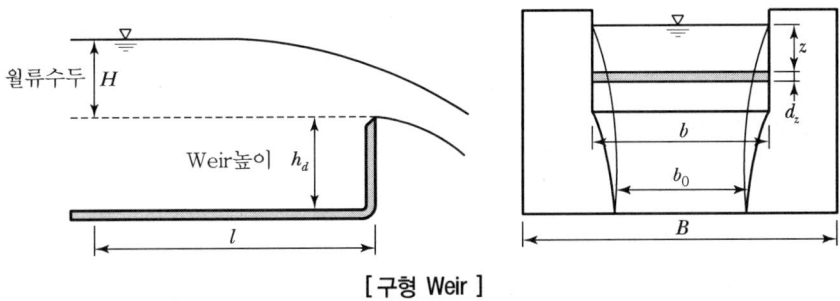

[구형 Weir]

그림에서 폭 B의 수로를 막고, 폭 b 부분을 물이 넘어서 흐르게 하여 유량을 측정하게 되는데 물이 넘어가는 부분의 형상이 구형인 수로이다.

토리첼리 정리에서, 유속 $V = \sqrt{2gz}$ 이므로 폭 b, 높이 dz 층을 통과하는 유량 dQ는 다음과 같다.

미소유량 : $dQ = dA \times V = (b \cdot dz)(\sqrt{2gz})$

위 식을 적분하면

| 수리학 |

$$\int dQ = b\sqrt{2g}\int_0^H \sqrt{z}\cdot dz$$

*적분 : (지수에 1을 더한 것 분의 1)에 (지수에 1을 더한다)

$$Q = b\sqrt{2g}\left(\frac{1}{\frac{1}{2}+1}\right)\left[z^{\left(\frac{1}{2}+1\right)}\right]_0^H$$

$$Q = b\sqrt{2g}\left(\frac{1}{\left(\frac{3}{2}\right)}\right)\left(H^{\frac{3}{2}} - O^{\frac{3}{2}}\right)$$

$$Q = b\sqrt{2g}\left(\frac{2}{3}\right)\left(H^{\frac{3}{2}} - O^{\frac{3}{2}}\right)$$

실제의 유량은 Weir 단면의 유속분포와 손실수두 등의 영향으로 식에서 계산하는 유량보다 작아진다. 실제의 유량은 유량계수 C를 곱해서 다음과 같이 나타낸다.

- 유량 : $Q = \dfrac{2}{3}Cb\sqrt{2g}\,H^{\frac{3}{2}}$

6 Francis의 유량

수류가 위어를 월류할 때 수맥이 측면수축을 하게 된다. 직사각형 위어는 양 측면에서 수축하므로 $n=2$, 전폭위어는 수로벽면을 따라 흐르므로 측면수축이 없어서 $n=0$이 된다.
프란시스(Francis)는 측면수축을 고려한 월류수맥인 수축폭 b_0를 사용한다.

- 수축폭 : $b_0 = \left(b - \dfrac{nH}{10}\right)$

구형 Weir에서 폭 b 대신에 수축폭 b_0, 유량계수 $C = 0.623$으로 불변한다고 가정한다.

- 구형 weir의 유량 $Q = \dfrac{2}{3}Cb\sqrt{2g}\,H^{\frac{3}{2}}$ 에서

- Francis의 유량 : $Q = \dfrac{2}{3}(0.623)b_0\sqrt{2\times 9.8}\,H^{\frac{3}{2}}$

Chapter 05 | 위어(Weir)

∴ 유량 $Q = \left(\dfrac{2}{3}\right)(0.623)\sqrt{2 \times 98}\, b_0 H^{\frac{2}{3}} = 1.84 b_0 H^{\frac{3}{2}} (\text{m}^3/\text{s})$ 에서

- Francis의 유량 : $Q = 1.84\left(b - \dfrac{n}{10}H\right)H^{\frac{3}{2}} (\text{m}^3/\text{s})$

여기서, n은 단수축의 수로서 양단수축의 경우 $n=2$, 1단수축의 경우 $n=1$, 단수축이 없는 무단수축일 경우 $n=0$이다.

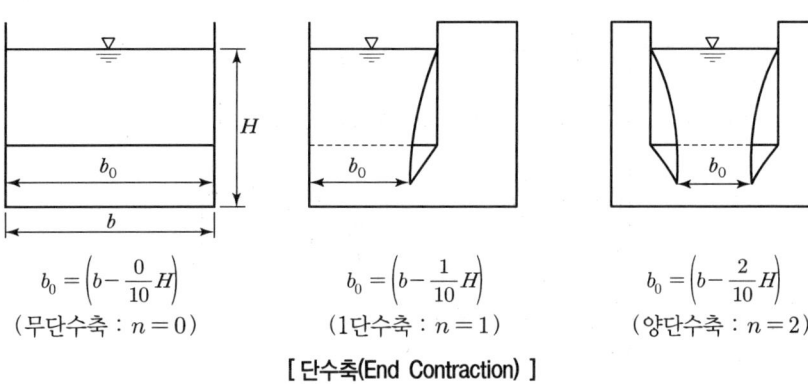

[단수축(End Contraction)]

7 삼각 Weir

유량이 적은 곳에서 유량을 측정할 때 사용하며, 비교적 가장 정확한 유량을 측정할 수 있으며, 수로의 단면적에 비하여 월류수의 단면적이 매우 작아 수로내의 접근 유속을 무시할 때가 많다. 토리첼리 정리에서 유속은 다음과 같다.

- 유속 : $V = \sqrt{2gz}$

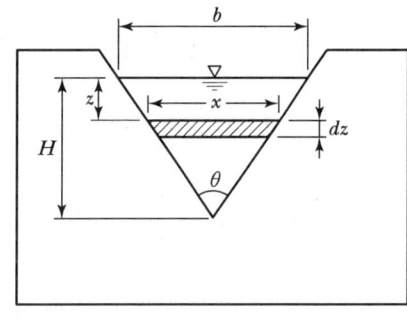

[삼각 Weir]

미소 단면적 dA에 흐르는 유량을 dQ라 한다.

- 미소유량 : $dQ = (dA) \times (\sqrt{2gz})$

수로폭 b, 월류수심 H, 수심 z인 위치에서 임의의 수평폭을 x라 하면, 삼각형은 닮은 비가 성립된다. 즉, 작은 밑변 : 큰 밑변=작은 높이 : 큰 높이의 관계에서,

| 수리학 |

$$x : b = (H-z) : H$$

- 임의의 폭 : $x = \dfrac{b(H-z)}{H}$

- 미소유량 : $dQ = dA \cdot V = (x \cdot dz) \cdot V = \dfrac{b(H-Z)}{H} \cdot \sqrt{2gz} \cdot dz$

위 식을 적분하면

$$\int dQ = \int_0^H b\dfrac{(H-z)}{H}\sqrt{2gz} \cdot dz$$

$$\int dQ = \dfrac{b\sqrt{2g}}{H}\int_0^H (Hz^{1/2} - z^{3/2}) \cdot dz$$

*적분 : (지수에 1을 더한 것 분의 1)에 (지수에 1을 더한다)

$$Q = \dfrac{b\sqrt{2g}}{H}\left[\left(\dfrac{1}{\dfrac{1}{2}+1}\right)Hz^{\left(\dfrac{1}{2}+1\right)} - \left(\dfrac{1}{\dfrac{3}{2}+1}\right)z^{\left(\dfrac{3}{2}+1\right)}\right]_0^H$$

$$Q = \dfrac{b\sqrt{2g}}{H}\left(\dfrac{2}{3}H \cdot H^{\frac{3}{2}} - \dfrac{2}{5}H^{\frac{5}{2}}\right)$$

$$Q = \dfrac{b\sqrt{2g}}{H}\left(\dfrac{2}{3} - \dfrac{2}{5}\right)H \cdot H^{\frac{3}{2}}$$

$$Q = \left(\dfrac{2}{3} - \dfrac{2}{5}\right)b\sqrt{2g}\,H^{\frac{3}{2}}$$

$$Q = \left(\dfrac{10}{15} - \dfrac{6}{15}\right)b\sqrt{2g}\,H^{\frac{3}{2}}$$

$$Q = \dfrac{4}{15}b\sqrt{2g}\,H^{\frac{3}{2}}$$

여기서, $b = 2H\tan\dfrac{\theta}{2}$ 이므로

$$Q = \dfrac{4}{15}\left(2H\tan\dfrac{Q}{2}\right)\sqrt{2g}\,H^{\frac{3}{2}}$$

- 이론 유량 : $Q = \dfrac{8}{15}\left(\tan\dfrac{\theta}{2}\right)\sqrt{2g}\,H^{\frac{5}{2}}$

- 실제 유량 : $Q = \dfrac{8}{15}C\left(\tan\dfrac{\theta}{2}\right)\sqrt{2g}\,H^{\frac{5}{2}}$

여기서, C : 유량계수

8 Thomson 유량

삼각형 위어(Triangular Weir)는 수로의 단면에 비해 위어의 단면적이 작아서 접근유속을 무시해도 좋은 곳이 많다. 약간의 유량변화가 있어도 월류수심이 크게 변화하므로 유량이 적은 곳이라도 월류수심을 정확히 측정할 수 있다.
Thomson은 직각삼각Weir의 유량계수 $C = 0.593$을 부여하여 삼각형 Weir를 개조하여 발표하였다.

- 유량 : $Q = \dfrac{8}{15} C \left(\tan \dfrac{\theta}{2}\right) \sqrt{2g}\, H^{\frac{5}{2}} \cdots$(삼각형 Weir)

- 유량 : $Q = \dfrac{8}{15}(0.593)\left(\tan \dfrac{90°}{2}\right)\sqrt{2 \times 9.8}\, H^{\frac{5}{2}}$

$\qquad = 1.40 H^{\frac{5}{2}}$ (m³/s)

9 제형(사다리꼴) Weir

제형의 유출량은 폭 b, 수심 H인 구형 Weir 유출량과 그 양측에 남은 2개의 삼각 Weir의 유출량으로 나누어서 생각할 수 있다.
여기서, 구형 Weir의 유출량을 Q_1, 삼각 Weir의 유출량을 Q_2라 하여 접근유속을 무시하면

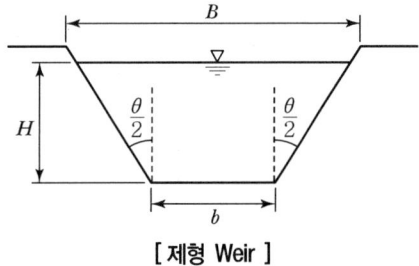

[제형 Weir]

- 유량 : $Q = Q_1$(구형 Weir) $+ Q_2$(삼각형 Weir)

- 유량 : $Q = \dfrac{2}{3} C_1 b \sqrt{2g}\, H^{\frac{3}{2}} + \dfrac{8}{15} C_2 \left(tan \dfrac{\theta}{2}\right)\sqrt{2g}\, H^{\frac{5}{2}}$

여기서, 일반적으로 유량 계수 C는 동일하게 취급한다. $C = C_1 = C_2$이다.
Cipolletti는 $\tan \dfrac{\theta}{2} = \dfrac{1}{4}$이 되는 사다리꼴 Weir에서 수축한 수맥(Nappe)의 단면적은 bH의 구형 Weir의 단면적과 같다는 것을 발견하였다. 이것을 Cipolletti Weir라 한다. 그리고 45°로 깎인 원형 수평 오리피스를 퐁쎌레(Poncelet) 오리피스라 한다.

10 수중 Weir

수중위어(Submerged Weir)는 상류의 수위를 높이기 위해서 사용되는 위어이다. 수중위어란 하류수위가 둑마루(Weir Crest)보다 높은 위어를 말한다. 그림과 같은 예연수중위어의 폭을 b라 하면 수두 h_1과 h_2의 2부분으로 나누어 생각할 수 있다.

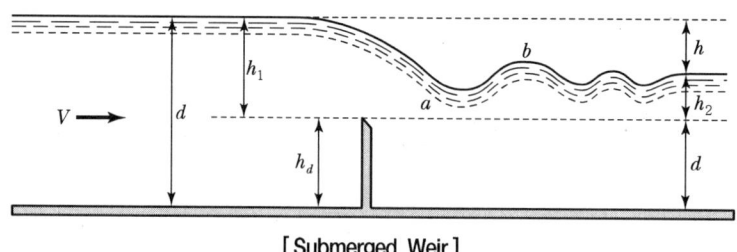

[Submerged Weir]

Weir의 하류수면이 마루부보다 높을 때를 말하며 일반적으로 상류의 수위를 높이는 데 사용된다.

수중 Weir는 구형 Weir의 유량 Q_1과 수중 오리피스의 유량 Q_2의 합으로 생각할 수 있다.

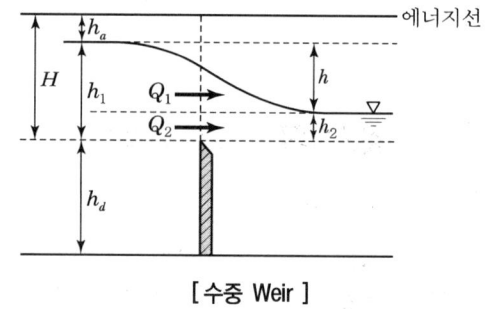

[수중 Weir]

- 유량 : $Q = Q_1$(구형 Weir) $+ Q_2$(수중 Orifice)
- 유량 : $Q = \dfrac{2}{3} C_1 b \sqrt{2g}\, h^{\frac{3}{2}} + C_2 (b h_2) \sqrt{2gh}$

접근유속을 고려하면, 접근유속수두 $ha = \dfrac{Va^2}{2g}$ 이다.

- 유량 : $Q = \dfrac{2}{3} C_1 b \sqrt{2g} \left\{ (h+ha)^{\frac{3}{2}} - h_a^{\frac{3}{2}} \right\}$
  $+ C_2 (b h_2) \sqrt{2g(h+ha)}$

11 광정 Weir

월류수심에 비해 위어정부의 폭이 상당히 넓은 경우는 광정부의 수류가 일반 수로 속의 흐름과 대략 같은 상태로 된다. 이와 같은 위어를 광정위어(Broad Crested Weir)라 한다. $0.7H < l$로 나타내며, 하천의 도중에 낮은 광정위어를 설치하면 하천의 흐름은 수류의 수면이 높아지고 위어마루로 월류하는 수심은 얕고 유속은 빠르게 된다.

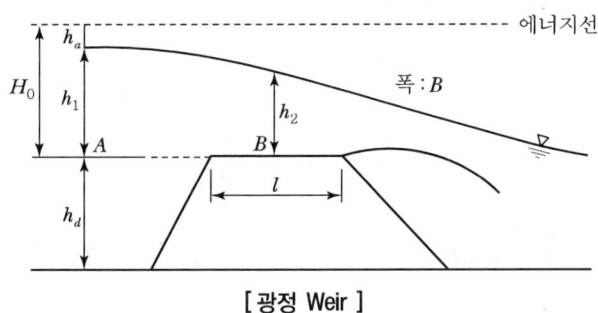

[광정 Weir]

수류가 광정위어를 월류할 때 유선은 수평이고, 수압은 정수압 분포를 한다고 생각하며, 마찰에 의한 손실은 무시하고, 에너지선은 수평이라고 가정한다.
Weir의 상류지점에 월류로 인한 수면저하가 없는 단면 A점과 h_2의 월류수심을 갖는 단면 B점에 베르누이의 정리식을 적용하면 다음과 같다.

$$Z_1 + \frac{p_1}{w_0} + \frac{V_1^2}{2g} = Z_2 + \frac{p_2}{w_0} + \frac{V_2^2}{2g}$$

$$(\text{기준면}:0) + h_1 + \frac{V_a^2}{2g} = (\text{기준면}:0) + h_2 + \frac{V_2^2}{2g}$$

- 총수두 : $H_0 = h_1 + \dfrac{V_a^2}{2g} = h_2 + \dfrac{V_2^2}{2g}$

$$H_0 = h_2 + \frac{V_2^2}{2g} \text{에서}$$

$$\therefore (H_0 - h_2) = \frac{V_2^2}{2g}$$

따라서, $V_2^2 = 2g(H_0 - h_2)$에서

- 이론유속 : $V_t = \sqrt{2g(H_0 - h_2)}$

- 실제유속 : $V_0 = C_v \sqrt{2g(H_0 - h_2)}$
- 유량 : $Q = A_0 V_0 = C_a(Bh_2) \times C_v \sqrt{2g(H_0 - h_2)}$

하류의 수심 $h_2 < \frac{2}{3}H_0$인 때는 둑마루 위의 흐름은 사류이고, $h_2 > \frac{2}{3}H_0$인 때는 둑마루 위의 흐름은 상류가 된다. 그러므로 최대월류량은 $\frac{\partial Q}{\partial h_2} = 0$에서 $h_2 = \frac{2}{3}H_0$가 한계류가 된다.

유량 $Q = C(Bh_2)\sqrt{2g(H_0 - h_2)}$ 에서, $h_2 = \frac{2}{3}H_0$로 바꾸어 주면 다음과 같다.

- 유량 : $Q = CB\left(\frac{2}{3}H_0\right)\sqrt{2g\left(H_0 - \frac{2}{3}H_0\right)}$

  $\therefore Q = \left(\frac{2}{3}\right)\sqrt{2g\left(1 - \frac{2}{3}\right)}\, CBH_0\sqrt{H_0}$ 에서

- 유량 : $Q = 1.70\, CBH_0^{\frac{3}{2}}\ (\text{m}^3/\text{s})$

12 원통 · 나팔형 Weir

원주위어는 저수지 내의 수위가 고수위 이상이 되면 일류시키는 여수토 구실을 하는 Weir이다.

1) 원통 위어

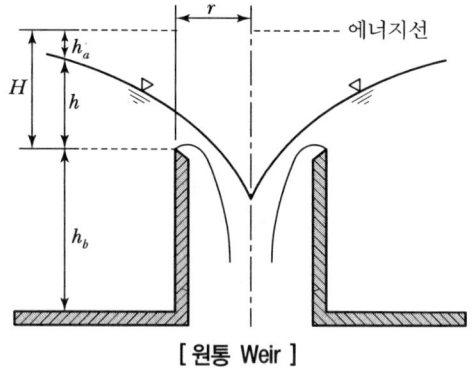

[원통 Weir]

- 유량 : $Q = C_s 2\pi r H^{\frac{3}{2}}$

여기서, C_s는 유량계수로서 r/H의 증가에 따라 작아지며 H는 $(h + h_a)$이다.

2) 나팔형 위어

나팔형 Weir는 저수지 내의 수위가 고수위 이상이 되면 일류시키는 여수토 구실을 하는 Weir이다.

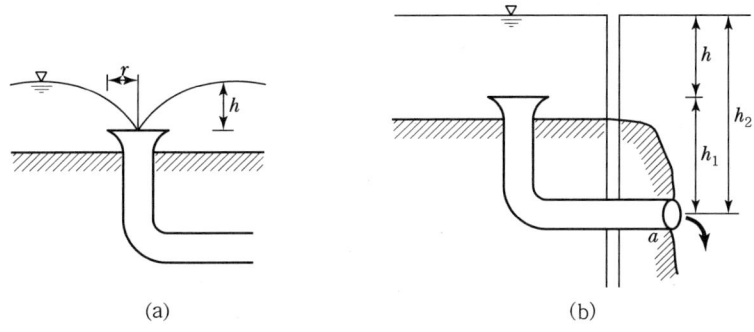

[나팔형 Weir]

(1) 그림 (a)의 경우

Weir 꼭대기의 반지름을 r, 월류하는 길이를 l, 월류수심을 h라 하면 다음과 같이 성립된다.

- 유량 : $Q = C_1 l h^{\frac{3}{2}} = C_1 2\pi r h^{\frac{3}{2}}$

(2) 그림 (b)의 경우

배출구의 단면적을 a라 하면 다음과 같이 성립된다.

- 유량 : $Q = C_2 a h_2^{\frac{1}{2}} = C_2 a (h + h_1)^{\frac{1}{2}}$

13 수두측정 오차와 유량오차

각종 Orifice나 Weir의 측정오차와 유량오차의 관계는 유량이 측정부분의 n승에 비례한다고 하면 미분식에 의해 유량은 측정오차의 n배만큼 더 오차가 생긴다. 따라서 유량오차는 수두를 미분한 계수 $x\%$ 발생한다.

1) 작은 오리피스

유량 : $Q = C \cdot a \sqrt{2gh} \left(C \cdot a \sqrt{2g} \, h^{\frac{1}{2}} \right) = k h^{\frac{1}{2}}$ 이라 하면

여기서, $C \cdot a \sqrt{2g}$ 를 k로 보면
*미분 : (지수가 앞으로 오고, 지수에서 1을 뺀다) $\cdot dh$ (미분표시)

위 식을 미분하면 $dQ = \frac{1}{2}kh^{\left(\frac{1}{2}-1\right)}dh$ 가 된다.

여기서, $dQ = \frac{1}{2}kh^{-\frac{1}{2}}dh$

$$\therefore \frac{dQ}{Q} = \frac{\frac{1}{2}kh^{-\frac{1}{2}}dh}{kh^{\frac{1}{2}}} = \frac{1}{2}\left(\frac{kh^{-\frac{1}{2}}dh}{kh^{\frac{1}{2}}}\right) = \frac{1}{2}\left(\frac{dh}{h}\right)$$

또, $dQ = \frac{1}{2}\left(\frac{dh}{h}\right)Q$

따라서, 유량오차는 $\frac{1}{2}x\%$

2) 구형 Weir

유량 : $Q = \frac{2}{3}Cb\sqrt{2g}\,h^{\frac{3}{2}}$ 에서

*미분 : (지수가 앞으로 오고, 지수에서 1을 뺀다) · dh (미분표시)

여기서, $\frac{2}{3}Cb\sqrt{2g}$ 를 k로 보면

위 식을 미분하면 $dQ = \frac{3}{2}kh^{\left(\frac{3}{2}-1\right)}dh$ 가 된다.

$$\therefore \frac{dQ}{Q} = \frac{\frac{3}{2}kh^{\frac{1}{2}}dh}{kh^{\frac{3}{2}}} = \frac{3}{2}\left(\frac{kh^{\frac{1}{2}}dh}{kh^{\frac{3}{2}}}\right) = \frac{3}{2}\left(\frac{dh}{h}\right)$$

또, $dQ = \frac{3}{2}\left(\frac{dh}{h}\right)Q$

따라서, 유량오차는 $\frac{3}{2}x\%$

3) 삼각형 Weir

유량 : $Q = \dfrac{8}{15} C \tan \dfrac{\theta}{2} \sqrt{2g}\, h^{\frac{5}{2}}$ 에서

*미분 : (지수가 앞으로 오고, 지수에서 1을 뺀다) · dh (미분표시)

여기서, $\dfrac{8}{15} C \tan \dfrac{\theta}{2} \sqrt{2g}$ 를 k로 보면

위 식을 미분하면 $dQ = \dfrac{5}{2} k h^{\left(\frac{5}{2} - 1\right)} dh$ 가 된다.

$$\therefore \dfrac{dQ}{Q} = \dfrac{\dfrac{5}{2} k h^{\frac{3}{2}} dh}{k h^{\frac{5}{2}}} = \dfrac{5}{2} \left(\dfrac{k h^{\frac{3}{2}} dh}{k h^{\frac{5}{2}}} \right) = \dfrac{5}{2} \left(\dfrac{dh}{h} \right)$$

또, $dQ = \dfrac{5}{2} \left(\dfrac{dh}{h} \right) Q$

따라서, 유량오차는 $\dfrac{5}{2} x \%$

그러므로 가장 정밀한 측정방법에는 수두 측정오차가 유량오차에 크게 미치는 삼각 Weir가 위의 3가지 방법 중에서 가장 정밀한 측정방법이다.

관련문제 : 위어(Weir)

01 위어의 보편적인 사용 목적이 아닌 것은?

㉮ 유량 측정 ㉯ 취수를 위한 수위증가
㉰ 분수(分水) ㉱ 수질 오염방지

해설 위어를 사용하는 목적
① 유량측정
② 취수를 위한 수위증가
③ 분수(分水)

02 위어의 내용 중에서 틀린 것은?

㉮ 면수축은 물의 위치에너지가 운동에너지로 변환하기 때문에 생긴다.
㉯ 정수축은 광정위어에서 생기는 수축이다.
㉰ 연직수축이란 면수축과 정수축을 합한 것이다.
㉱ 단수축은 위어의 측벽에 의해 월류폭이 수축하는 현상이다.

해설 정수축은 위어의 끝이 날카롭기 때문에 생기는 수축을 말한다.

03 치폴레티(Cippoletti) 위어란?

㉮ $\tan\frac{\theta}{2} = \frac{1}{4}$의 값을 가지는 제형위어이다.

㉯ $\tan\frac{\theta}{2} = \frac{1}{2}$의 값을 가지는 제형위어이다.

㉰ $\tan\frac{\theta}{2} = 1$의 값을 가지는 제형위어이다.

㉱ $\tan\frac{\theta}{2}$에는 관계없는 제형위어이다.

해설 사다리꼴단면위어(제형위어)로서 양단수축이 있으며, $\tan\frac{\theta}{2} = \frac{1}{4}$인 경우를 말한다.

정답 01. ㉱ 02. ㉯ 03. ㉮

04 광정위어에서 면수축(面收縮)은 어느 점에 일어나는가?

㉮ 위어로부터 아주 먼 거리의 상류점에서　㉯ 위어로부터 약간 먼 거리의 상류점에서
㉰ 위어가 바로 시작되는 점에서　㉱ 위어가 바로 끝나는 점에서

[해설] 면수축은 물이 위어 정(頂) 가까이 접근함에 따라 유속이 가속되어 발생하는 수축현상이다.

05 구형단면 위어에서 폭 4.0m, 위어 높이 0.5m, 월류수심 0.8m일 때 월류량은?(단, C=0.62)

㉮ 4.4m³/sec　　㉯ 4.8m³/sec　　㉰ 5.2m³/sec　　㉱ 5.8m³/sec

[해설] 구형위어이므로

유량 : $Q = \dfrac{2}{3} Cb \sqrt{2g}\, H^{\frac{3}{2}}$

$= \dfrac{2}{3} \times 0.62 \times 4 \sqrt{2g}\, (0.8)^{\frac{3}{2}}$

$= 5.2 \text{m}^3/\text{sec}$

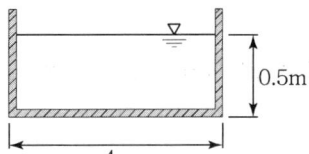

06 폭이 b인 직사각형 위어에서 양단수축이 생길 경우 폭 b_0는?(단, Francis공식 적용)

㉮ $b_0 = b - \dfrac{h}{10}$　　㉯ $b_0 = b - \dfrac{h}{5}$　　㉰ $b_0 = 2b - \dfrac{h}{10}$　　㉱ $b_0 = 2b - \dfrac{h}{5}$

[해설] Francis 공식에서, 유량 : $Q = 1.84 b_0 H^{\frac{3}{2}}$ 이고

수축폭 : $b_0 = \left(b - \dfrac{nh}{10}\right) = \left(b - \dfrac{2h}{10}\right) = \left(b - \dfrac{h}{5}\right)$

여기서, $n=0$: 수축이 없다.
$n=1$: 일단 수축
$n=2$: 양단 수축

07 폭 4.0m, 수심 0.6m인 사각형 수로의 유량을 Francis 공식에 의하면 얼마인가? (단, 수축은 양단수축이다.)

㉮ 1.28m³/s　　㉯ 3.32m³/s　　㉰ 3.82m³/s　　㉱ 4.26m³/s

[해설]
$Q = 1.84\left(b - \dfrac{n}{10} H\right) H^{\frac{3}{2}}$
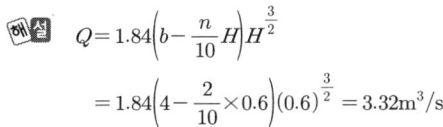
$= 1.84\left(4 - \dfrac{2}{10} \times 0.6\right)(0.6)^{\frac{3}{2}} = 3.32 \text{m}^3/\text{s}$

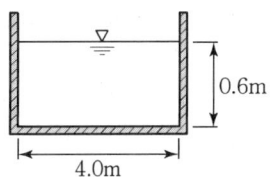

08

그림과 같은 삼각위어에서 수두 25cm일 때의 유량은?
(단, 유량계수 $C=0.62$)

㉮ 0.0792m³/sec ㉯ 0.792m³/sec
㉰ 7.92m³/sec ㉱ 79.2m³/sec

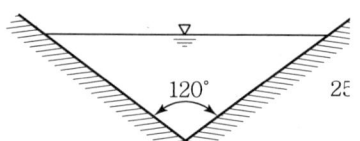

해설 유량 : $Q = \dfrac{8}{15} C \left(\tan \dfrac{\theta}{2}\right) \sqrt{2g}\, H^{\frac{5}{2}}$

$= \dfrac{8}{15} \times 0.62 \times \left(\tan \dfrac{120°}{2}\right) \times \sqrt{2 \times 9.8} \times (0.25)^{\frac{5}{2}}$

$= 0.0792 \text{m}^3/\text{sec}$

09

삼각위어에서 $\theta = 60°$일 때 월류수심은?

㉮ $\left(\dfrac{Q}{1.36C}\right)^{\frac{2}{5}}$ ㉯ $\left(\dfrac{Q}{1.36C}\right)^{\frac{5}{2}}$ ㉰ $1.36CH^{\frac{5}{2}}$ ㉱ $1.36CH^{\frac{2}{5}}$

해설 유량 : $Q = \dfrac{8}{15} C \left(\tan \dfrac{\theta}{2}\right) \sqrt{2g}\, H^{\frac{5}{2}}$ 에서

$H^{\frac{5}{2}} = \left(\dfrac{Q}{\dfrac{8}{15} C \tan \dfrac{\theta}{2} \sqrt{2g}}\right)$

수두 : $H = \left(\dfrac{Q}{\dfrac{8}{15} \tan \dfrac{\theta}{2} C \sqrt{2g}}\right)^{\frac{2}{5}}$

$= \left(\dfrac{Q}{\dfrac{8}{15} C \tan \dfrac{60°}{2} \sqrt{2 \times 9.8}}\right)^{\frac{2}{5}}$

$= \left(\dfrac{Q}{1.36C}\right)^{\frac{2}{5}}$

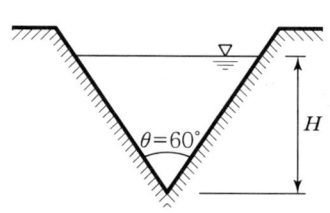

10

Thomson의 직각삼각 Weir에서 수두가 60cm일 때 유량은?

㉮ 0.22m³/s ㉯ 0.39m³/s ㉰ 0.42m³/s ㉱ 0.49m³/s

해설 유량 : $Q = 1.40 H^{\frac{5}{2}} = 1.40(0.6)^{\frac{5}{2}} = 0.39 \text{m}^3/\text{s}$

11 다음 중 광정위어에 대한 정의로서 옳은 것은?

㉮ 위어의 마루부가 좁은 위어를 일반적으로 총칭으로 말이다.
㉯ 완전월류 시 유량 $Q = Cbh_2\sqrt{2g(H-h_2)}$ 로 계산할 수 있다.
㉰ 정부(頂部)에서의 흐름이 일반수로의 흐름과 같게 되는 수로이다.
㉱ 한계수심으로 흐를 때 유량이 최대가 된다.

해설 한계수심으로 흐를 때 최대 월류량이 발생한다.

12 폭 10cm의 수로에 그림과 같은 넓은 마루(광정)위어를 설치하였을 때 유량은?(단, 유량계수는 1.0, 접근유속 0.7m/sec)

㉮ 23.0m³/sec   ㉯ 22.30m³/sec
㉰ 19.5m³/sec   ㉱ 10.8m³/sec

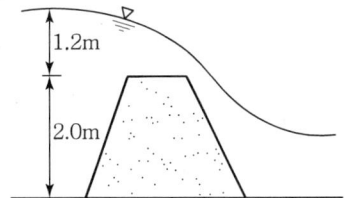

해설 접근유속수두 : $h_a = \dfrac{V_a^2}{2g} = \dfrac{0.7^2}{2\times 9.8} = 0.025\text{m}$

총수두 : $H_0 = h_1 + h_a = 1.2 + 0.025 = 1.225\text{m}$

$Q = 1.7CbH_0^{\frac{3}{2}} = 1.7 \times 1.0 \times 10 \times 1.225^{\frac{3}{2}} = 23.04\text{m}^3/\text{sec}$

13 폭 3.0m, 높이 60cm의 예연 수중위어에서 상류의 수면이 위어정 위 20cm 하류의 수면이 위어정 위 10cm일 때 유량은 얼마인가?(단, $C=0.63$, 접근유속은 무시한다.)

㉮ 0.15m³/sec   ㉯ 0.26m³/sec   ㉰ 0.35m³/sec   ㉱ 0.45m³/sec

해설 유량 : $Q = C(bh_2)\sqrt{2g(h_1 - h_2)}$
$= 0.63 \times 3.0 \times 0.1 \times \sqrt{2\times 9.8(0.2 - 0.1)}$
$= 0.26\text{m}^3/\text{sec}$

| 수리학 |

14 여수토의 배출구역 단면적 a는 0.5m² 저수지 수면과 위어까지의 높이가 그림과 같을 때 유량은?(단, $C_2 = 1.8$이다.)

㉮ 1.48m³/sec ㉯ 1.27m³/sec
㉰ 0.92m³/sec ㉱ 0.64m³/sec

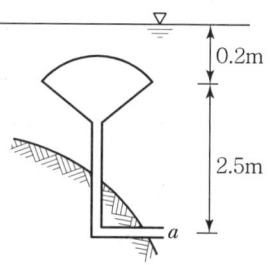

해설 $Q = C_2 \cdot a(h+p)^{\frac{1}{2}} = 1.8 \times 0.5 \times (0.2+2.5)^{\frac{1}{2}}$
$= 1.48 \text{m}^3/\text{sec}$

15 직사각형 위어에서 위어의 월류수두 H에 2%의 측정오차가 생기면 유량에는 몇 %의 오차가 생기겠는가?

㉮ 1% ㉯ 2% ㉰ 3% ㉱ 4%

해설 ① 유량 오차는 수두를 미분한 계수 $x\%$이다.
② $\dfrac{dQ}{Q} = \dfrac{3}{2}\left(\dfrac{dh}{h}\right) = \dfrac{3}{2} \times 2\% = 3\%$

16 삼각위어의 월류 수심을 측정할 때 2%의 오차가 있었다면 유량에는 얼마의 오차가 생길 것인가?

㉮ 2% ㉯ 3% ㉰ 4% ㉱ 5%

해설 ① 유량 오차는 수두를 미분한 계수 $x\%$이다.
② $\dfrac{dQ}{Q} = \dfrac{5}{2}\left(\dfrac{dh}{h}\right) = \dfrac{5}{2} \times 2\% = 5\%$

정답 14. ㉮ 15. ㉰ 16. ㉱

Chapter 06

관수로(Pipe Line)

1. 관수로 특성   201
2. 윤변과 경심   202
3. 동수구배   202
4. 평균유속공식   203
5. 손실수두의 성인   205
6. 관마찰손실수두   207
7. 마찰 이외의 손실수두   209
8. 관수로 흐름과 에너지 관계   215
9. Hazen-Poiseuille 법칙과 마찰손실수두   217
10. 단선관수로   220
11. 분기관수로   221
12. 합류관수로   223
13. 병렬관수로   224
14. 사이펀   225
15. 관망   226
16. 관수로의 유수에 의한 동력   233
17. 수격작용과 서징   238
18. 관수로 배수시간   240

관수로(Pipe Line)

관수로의 흐름이란 수로의 단면이 어떠한 형태라도 그 속을 물이 가득 차서 흐르며 자유표면을 갖지 않고 흐르는 경우를 말한다. 관수로의 단면형은 원형이 보통이나 원형 이외의 단면형이라도 물이 관로에 완전히 차서 흐르면 관수로로 취급할 수 있다. 관수로에는 원형단면을 주로 사용하므로 원형단면의 관수로, 즉 원관 내의 흐름에 관하여 설명한다.

주로 원형관으로 만들어진 수로가 관수로이며 상수도의 송·배수관, 수력발전의 수압관, 사이펀 및 압력터널 등이 여기에 속한다. 따라서 주변이 폐합된 단면을 갖는 수로라 할지라도 내면에 수압이 작용하지 않거나 만수상태가 아니고, 단면의 일부분만을 흐르는 수로, 예를 들면 하수관과 같은 것은 관수로로 취급하지 않고 개수로(Open Channel)로 취급한다.

관수로의 단면은 원형을 많이 사용하는데 그 이유는 수압에 의한 관의 반력을 작게 하기 위해서이다.

1 관수로 특성

보통 관(管, Pipe)이라고 하면 내부에 흐르는 수류의 상태에 관계하지 않고 단면이 원형인 수로를 통틀어 말하나, 수리학에서 **관수로**(管水路 또는 管路, Pipe Line)라는 것은 이와는 달리 단면형상에는 관계없이 관 내부에 물이 항상 만수의 상태로 흘러 자유수면을 갖지 않으며 더욱이 관 내부 주면에 수압이 가해지는 상태를 말한다.

관수로에서 유체는 압력차에 의해 흐르며, 점성력의 영향을 받아 관의 마찰손실수두가 발생하는데 관수로의 특징은 다음과 같다.

① 자유수면을 갖지 않는다.
② 압력에 의해 흐른다.
③ 유체의 점성력에 의해 흐른다.
④ 관로에 물이 완전히 차서 흐른다.
⑤ 대기압의 영향을 받지 않는다.

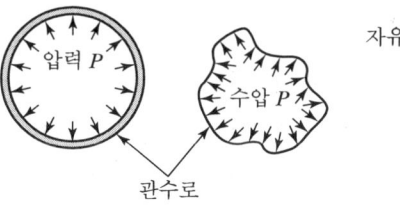
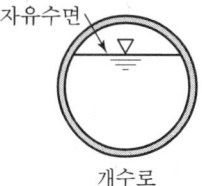

[관수로와 개수로]

2 윤변과 경심

수로에 있어서 물이 수로면과 맞닿는 길이를 **윤변**(潤邊, Wetted Perimeter)이라고 하는데, 이는 수로의 유속을 지배하는 요소 중의 하나이다.

윤변으로 그 유적을 나눈 값을 **경심**(俓深, Hydraulic Radius) 또는 수리반경, 수리평균심이라 한다.

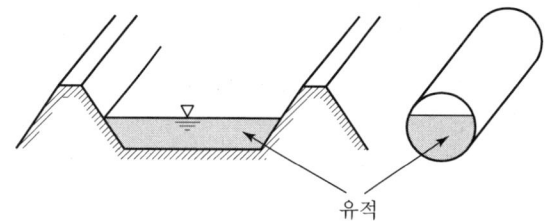 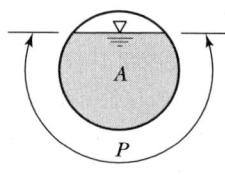

[유적(물이 흐르는 부분의 면적)]   [윤변(젖은 변의 길이)]

① 경심(Radius) R : 동수반경(수리평균심)(m)이라 한다.
② 유적(Area) A : 물이 흐르는 부분의 면적(m²)을 말한다.
③ 윤변(Wetted Perimeter) P : 젖은 변의 길이(m)를 말한다.

- 유적 : $A = (윤변\ P) \times (경심\ R)$
- 경심 : $R = \dfrac{(유적\ A)}{(윤변\ P)}$

3 동수구배

관수로의 흐름에는 물의 점성이나 운동의 흐트러짐에 따라 마찰저항이 작용한다. 그렇기 때문에 관수로 내의 흐름에는 장애에 의한 저항으로 에너지의 손실이 일어난다. 물이 흐르는 사이 여러 가지 원인에 의한 손실에너지에 상당한 수두로서 이것을 손실수두라 한다. 또 관수로 내의 흐름은 항상 동수구배에 따라 다르다.

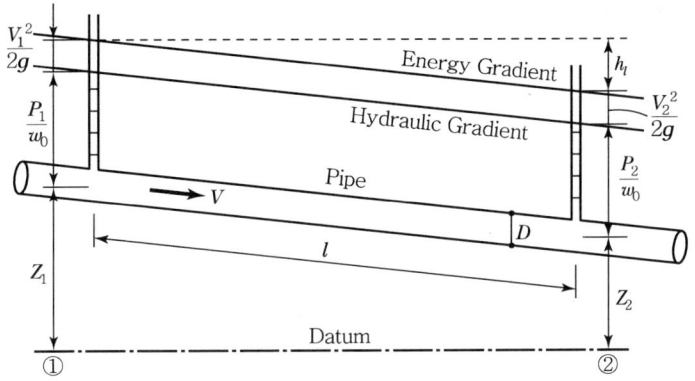

[Head Loss in Pipe]

- 구배 : $I = tan\theta = \dfrac{높이}{밑변} = \dfrac{(손실수두\ h_l)}{(길이\ l)}$

개거나 하천과 같이 자유수면을 가지고 흐르는 흐름에 대해서 동구수배는 수면구배가 된다.

4 평균유속공식

마찰에 의한 수두손실만을 고려하여 등류의 평균유속을 나타내는 실험식을 평균유속공식이라고 한다. 이 식은 관수로의 유량계산 또는 관경산정에 널리 사용되고 있으며 경심 R, 구배 I일 때 유속공식은 다음과 같다. 경심 R은 m 단위를 사용한다.

1) Chezy의 공식(1818, 프랑스)

- 유속 : $V = C\sqrt{RI}\,(\text{m/s})$

Chezy 공식의 일반형인 $V = CR^m I^n$을 지수형 평균유속공식이라 한다. C를 Chezy의 유속계수 혹은 Chezy의 계수라 한다.

2) Manning의 공식

Re 및 상대조도가 큰 단면상의 난류에 대하여 적합하며 주로 하천 등의 개수로 흐름이나 수력발전소 등의 규모가 큰 수로에 대하여 널리 사용된다.

- 유속 : $V = \dfrac{1}{n} R^{\frac{2}{3}} I^{\frac{1}{2}}\,(\text{m/s})$

3) Chezy의 C와 Manning의 n 관계

Chezy의 유속 $V = C\sqrt{RI}$와 Manning의 유속 $V = \dfrac{1}{n} R^{\frac{2}{3}} I^{\frac{1}{2}}$에서 유속이 서로 같다고 놓으면

$$C\sqrt{RI} = \frac{1}{n} R^{\frac{2}{3}} I^{\frac{1}{2}}$$

$$C = \frac{\frac{1}{n} R^{\frac{2}{3}} I^{\frac{1}{2}}}{\sqrt{RI}}$$

- 유속계수 : $C = \dfrac{1}{n} R^{\frac{1}{6}}$

4) Ganguillet – Kutter 공식

- 유속 : $V = C\sqrt{RI}$ (m/s)

- 유속 : $V = \dfrac{23 + \dfrac{1}{n} + \dfrac{0.00155}{I}}{1 + \left(23 + \dfrac{0.00155}{I}\right) \dfrac{n}{R}} \sqrt{RI}$ (m/s)

이 공식은 Kutter(스위스)가 Ganguillet의 지도하에 1868~1888년에 연구 완성한 것이다. 보통 이 공식을 Kutter 공식이라고 한다. 조도계수 n는 Manning의 조도계수 n과 같이 사용된다.

5) Hazen – Williams 공식

- 유속 : $V = 0.84935 C R^{0.63} I^{0.54}$ (m/s)

내경이 D인 원관에 대해서는

- 유속 : $V = 0.84935 C \left(\dfrac{D}{4}\right)^{0.63} I^{0.54}$

$\qquad\quad = \left(\dfrac{0.84935}{4^{0.63}}\right) C D^{0.63} I^{0.54}$ (m/s)

- 유속 : $V = 0.35464 C D^{0.63} I^{0.54}$ (m/s)

이 공식은 미국의 상수도 공식으로 잘 알려져 있다.

6) Forchheimer의 공식

Forchheimer가 Manning 공식을 개량한 것으로 작은 인공수로에 적당하다.

- 유속 : $V = \dfrac{1}{n_f} R^{0.7} I^{0.5}$ (m/s)

n_f를 Forchheimer의 계수라고 하며, Kutter의 조도계수 n과 같다고 생각하면 된다.

7) Chezy의 C와 Forchheimer의 nf의 관계

Chezy의 유속 $V = C\sqrt{RI}$와 Forchheimer의 유속 $V = \dfrac{1}{nf} R^{0.7} I^{0.5}$에서 유속이 서로 같다고 놓으면

$$C\sqrt{RI} = \dfrac{1}{nf} R^{0.7} I^{0.5}$$

$$C = \dfrac{\dfrac{1}{nf} R^{0.7} I^{0.5}}{\sqrt{RI}} = \dfrac{1}{nf} R^{0.2}$$

- 유속계수 : $C = \dfrac{1}{nf} R^{\frac{1}{5}}$

5 손실수두의 성인

관수로(Pipe Line)라 함은 단면형상의 여하에 불문하고 유수가 단면 내를 완전히 충만하여 흐를 때, 즉 자유수면을 갖지 않는 흐름을 말한다. 또는 단면형상에 관계없이 어떤 압력하에 유수가 관내를 충만하면서 유동할 때의 수로를 관수로라고 한다.

그러므로 관내 전체에 걸쳐 대기압과 그 외의 다른 수압을 받게 되며, 일반적으로 관수로에 있어서는 관마찰에 의한 손실 이외에 아래와 같은 각종 손실이 있다.

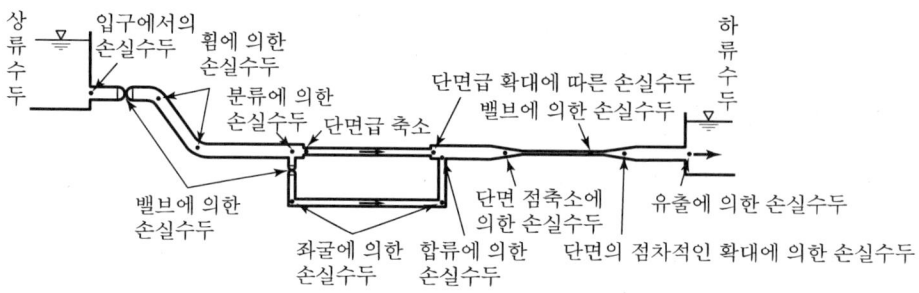

[손실수두(Head Loss)]

이 중에서 관마찰에 의하여 일어나는 손실이 가장 크다. 관수로에 물이 흐를 때 생기는 손실수두를 그 성인에 의하여 대별하면 다음과 같다.

① 물이 관 내를 흐를 때 관내면의 마찰에 의한 것
② 물이 물탱크로부터 관에 유입할 때 축류를 생기게 하는 것에 의한 것
③ 관수로의 방향이 변하는 것에 의한 것
④ 관의 단면적이 변한 것에 의한 것
⑤ 관로 내에 존재하는 밸브 등의 장애물에 의한 것
⑥ 관수로의 종단에서 운동에너지를 소실하는 것에 의한 것

등이 있는데, 이들 중 가장 큰 손실은 관마찰에 의해서 생기는 손실수두이다. 손실수두는 유체 흐름의 단면이 변화하거나 방향이 변화하며 유선은 흐트러져, 여기서 에너지 손실이 일어나게 되며 손실수두는 모두 속도수두 $V^2/2g$의 함수로 표시된다.

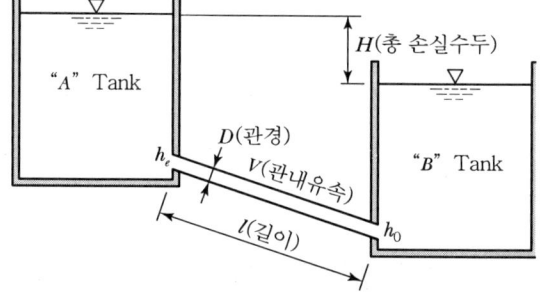

[단선 관로에서의 손실수두]

- 입구손실수두 : $h_e = f_e \dfrac{V^2}{2g}$

- 출구손실수두 : $h_0 = f_0 \dfrac{V^2}{2g}$

- 관마찰손실수두 : $h_l = f \dfrac{l}{D} \dfrac{V^2}{2g}$

- 총 손실수두 : $H = h_e + h_l + h_0$

$$= f_e \dfrac{V^2}{2g} + f \dfrac{l}{D} \dfrac{V^2}{2g} + f_0 \dfrac{V^2}{2g}$$

$$= \left(f_e + f \dfrac{l}{D} + f_0 \right) \dfrac{V^2}{2g}$$

6 관마찰손실수두

관의 길이 l과 관경 D의 비, 즉 $l/D > 3,000$일 때는 마찰손실수두만을 고려하지만 $l/D < 3,000$일 때는 마찰 외의 손실수두도 고려해야 한다. $l/D > 3,000$일 때를 **장관**이라 하고 $l/D < 3,000$일 때를 단관이라 한다.

특히, 관마찰손실수두 이외의 것을 **소손실**(小損失, Minor Loss)이라 한다. 우리는 이런 에너지 손실의 원인을 규명함으로써 관수로를 설계하는 데 필요한 수량을 필요한 곳에 송수하고 필요한 동력과 필요한 관경을 결정하는 데의 지식을 얻게 되는 것이다.

- 관마찰손실수두 : $h_l = f \dfrac{l}{D} \dfrac{V^2}{2g}$

위 식을 Darcy-Weisbach의 관마찰손실수두공식이라 하고 f를 관마찰손실계수(Coeficient of Frictional Loss)라 한다.

1) 관마찰손실수두의 성질

① 유수의 압력에 관계없이 물이 가지고 있는 에너지(속도수두)에 비례한다.
② 관경에 반비례한다.
③ 관의 길이에 비례한다.
④ 관 내 유속의 2승에 비례한다.
⑤ 관 내의 조도(Roughness)에 비례한다.
⑥ 물의 점성에 비례한다.

2) 관마찰손실계수

층류에서는 고체 경계면(벽면)의 거치른 정도(조도)가 흐름에 영향을 주지 않으나, 난류에서는 조도의 크기에 영향을 받게 되므로 벽면 요철의 평균치인 **절대조도**를 사용하여 조도의 크기를 고려해 준다. 한편 동일한 크기의 조도라 하더라도 관의 직경의 대소에 따라 흐름에 영향을 주는 정도 즉, **상대조도**는 다르므로 이를 고려해야 한다.

- 관마찰손실계수 $f = \phi'' \left(\dfrac{1}{R_e}, \dfrac{k}{D} \right)$

여기서, R_e는 Reynolds 수이고 k/D는 **상대조도**(Relative Roughness)이며 이때 조도라 함은 관벽의 높이차를 말한다. 벽면 높이의 평균치인 k를 **절대조도**라 한다.

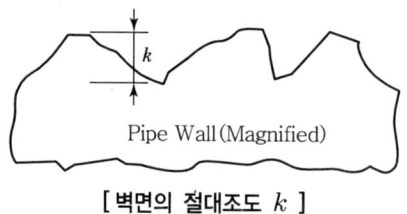

[벽면의 절대조도 k]

Nikurades에 의하면

(1) 층류인 경우(R_e < 2,000)

- 관마찰손실계수 : $f = \dfrac{64}{R_e}$

(2) 난류인 경우(R_e > 2,000)

① 매끈한 관의 경우

즉 $\dfrac{k}{D}$가 작은 경우 R_e = 3,000~100,000이면

- 관마찰손실계수 : $f = 0.3164(R_e)^{-1/4} = \dfrac{0.3164}{(R_e)^{1/4}}$

② 거친 관인 경우

R_e가 크게 되면 f는 R_e에는 관계없고 $\dfrac{k}{D}$의 함수가 된다.

- $\dfrac{1}{\sqrt{f}} = 1.74 + 2.03 \log 10 \left(\dfrac{D}{2k}\right)$

③ 관이 신주철관일 때

- 관마찰 손실계수 : $f = 0.02 + \dfrac{1}{2,000 \times D}$ (D = m 단위)

④ 관이 구주철관일 때

- 관마찰 손실계수 : $f = 0.04 + \dfrac{1}{1,000 \times D}$ (D = m 단위)

⑤ Weston의 공식
급수관의 마찰손수수두 : 동관, 경질염화비닐관, 아연도 강관의 신관, 폴리에틸렌관 등 관경이 50mm 이하의 급수관의 관마찰손실수두 계산은 Weston 공식에 따라 정하

며 관경 75mm 이상의 관 계산은 송·배수관의 경우에 준한다.

- 관마찰손실수두 : $h_l = \left(0.0126 + \dfrac{0.01739 - 0.1087D}{\sqrt{V}}\right)\dfrac{l}{D}\dfrac{V^2}{2g}$

⑥ Chezy 유속공식과 f

Chezy $V = C\sqrt{RI}$ 이고, 관마찰손실수두 $h_l = f\dfrac{l}{D}\dfrac{V^2}{2g}$

- 관마찰손실수두 : $h_l = f\dfrac{l}{D}\dfrac{V^2}{2g}$

- 관마찰손실계수 : $f = \dfrac{h_l D\, 2g}{l V^2} = \dfrac{ID\, 2g}{C^2 RI}$

$\qquad = \dfrac{D\, 2g}{C^2(D/4)} = \dfrac{D\, 2g\, 4}{C^2 D} = \dfrac{8g}{C^2}$

⑦ Manning 유속공식과 f

Manning $V = \dfrac{1}{n} R^{\frac{2}{3}} I^{\frac{1}{2}}$ 이고, 관마찰손실수두 $h_l = f\dfrac{l}{D}\dfrac{V^2}{2g}$

- 관마찰손실수두 : $h_l = f\dfrac{l}{D}\dfrac{V^2}{2g}$

- 관마찰손실계수 : $f = \dfrac{h_l D\, 2g}{l V^2} = \dfrac{ID\, 2g}{\dfrac{1}{n^2} R^{\frac{4}{3}} I^{\frac{2}{2}}} = \dfrac{D 2g n^2}{R^{\frac{4}{3}}} = \dfrac{D 2g n^2}{(D/4)^{\frac{4}{3}}}$

$\qquad = \dfrac{4^{\frac{4}{3}} D\, 2g n^2}{D^{\frac{4}{3}}} = \dfrac{4^{\frac{4}{3}} D\, 2g n^2}{D^{\frac{3}{3}} D^{\frac{1}{3}}}$

$\qquad = \dfrac{12.7 g n^2}{D^{\frac{1}{3}}} = \dfrac{124.5 n^2}{D^{\frac{1}{3}}}$

7 마찰 이외의 손실수두

수면의 고저차가 다르고, 또한 일정한 2개의 수조를 연결하는 긴 관수로는 마찰에 의한 손실수두 이외에 도중에 관경의 변화, 관의 방향이 급변할 때나 밸브 같은 장애물이 있을 경우 혹은 그 이외의 원인으로 에너지가 소실되어 각종 손실수두가 생기는데 이러한 손실을 작은 손실이라 한다. 관마찰손실수두와 같이 관수로의 전체길이에 대하여 일어나지 않고 국부적으로 생기는 것이다.

또한 유체 흐름의 단면이 변하거나 방향이 변화하면 유선은 흐트러져서 에너지 손실이 일어나게 된다. 이 에너지손실은 마찰에 의한 것과는 달리, 그 속도에 의하여 생기므로 $V^2/2g$에 비례한다고 생각하여 일반적으로 $hx = f_x(V^2/2g)$로 표시한다. 특히 f_x는 손실계수이며 Reynolds 수, 경계면의 형상 등에 따라 정해지는 실험계수이다.

1) 입구손실수두

큰 수조로부터 관으로 물이 흘러들어갈 때 입구에서 일단 수축하나 곧 확대되어 관 전체에 가득 차서 흐르므로 유속도 축류부의 V_0로부터 V로 변함에 따라 에너지손실이 생긴다. 이것은 관경의 3배까지의 깊이 부분에서 주로 발생한다.

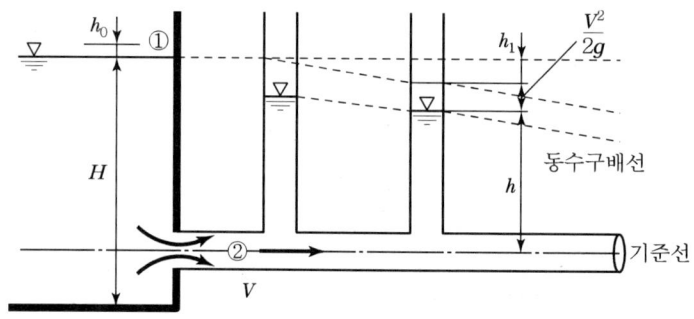

[손실수두와 동수구배선의 변화상태]

- 입구손실수두 : $h_e = fe\dfrac{V^2}{2g} = \left(\dfrac{1}{C_v^2} - 1\right)\dfrac{V^2}{2g}$

C_v는 표준단관일 때의 유속계수와 같으므로 입구손실계수 f_e는 다음과 같다.

- 입구손실계수 : $f_e = \left(\dfrac{1}{C_v^2} - 1\right) = \dfrac{1}{(0.82)^2} ≒ 0.5$

형상이 명시되지 않은 f_e값에 대해서는 Weisbach는 보통 $f_e = 0.5$로 본다.

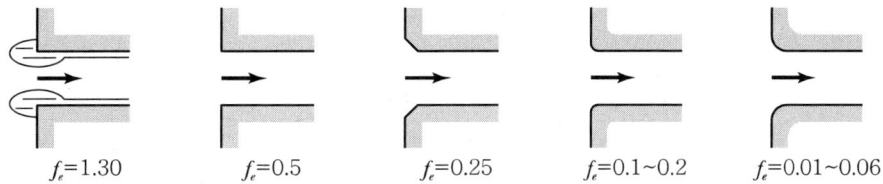

[유입구 형상에 따른 입구 손실계수값]

2) 단면이 급하게 확대되는 경우

관의 단면적이 급확대될 때 흐르는 물은 점차 확대되어 관 벽에 와류가 일어나 수두가 손실된다.

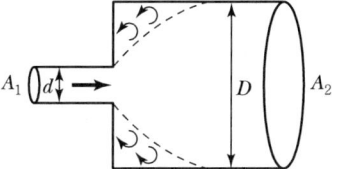

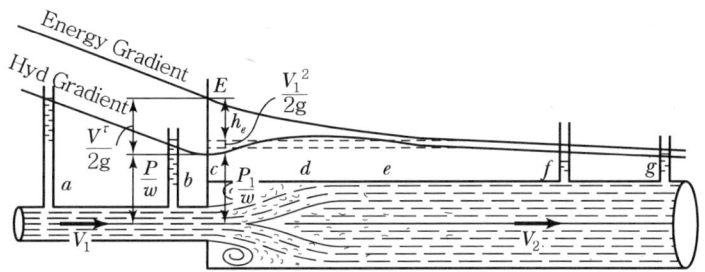

[Sudden Enlargement in Pipe]

- 단면확대손실수두 : $h_{se} = f_{se}\dfrac{V_1^2}{2g} = \left(1 - \dfrac{d^2}{D^2}\right)^2 \dfrac{V_1^2}{2g}$

- 단면확대손실계수 : $f_{se}\left(1 - \dfrac{A_1}{A_2^2}\right)^2 = \left(1 - \dfrac{d^2}{D^2}\right)^2$

3) 단면이 급하게 축소하는 경우

이 경우 손실수두는 주로 그림 e구간의 수류의 확대에 의한 것으로, 그림 d구간의 수축에 의한 것은 거의 손실이 없다.

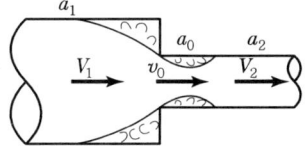

| 수리학 |

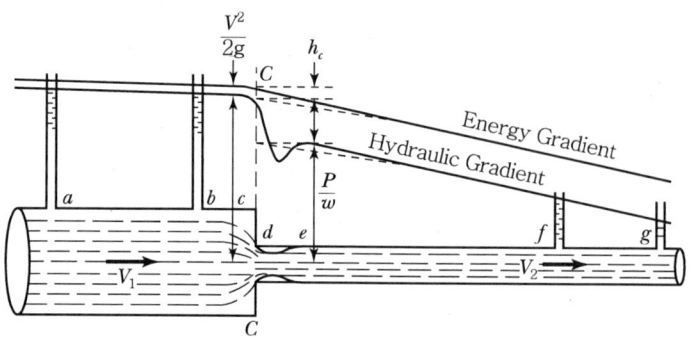

[Sudden Contraction in Pipe]

- 단면축소손실수두 : $h_{sc} = f_{sc}\dfrac{V_2^2}{2g} = \left(\dfrac{1}{Ca^2}-1\right)^2 \dfrac{V_2^2}{2g}$

- 단면축소손실계수 : $f_{sc} = \left(\dfrac{1}{C_a^2}-1\right)^2$

여기서, C_a : 수축계수

4) 단면 점확대에 의한 손실수두

관수로의 벽면이 서서히 확대되면 유수는 관벽에 연하여 서서히 변하므로 손실수두는 급확대에서의 것보다 작다. 확대각(擴大角, Angle of Divengers) θ를 작게 할 때는 유수는 벽에 연하며, θ가 커지면 벽에서 떨어져서 흐르며, 이 유선과 벽 사이에는 맴돌이를 일으킨다. 이러한 현상을 흐름의 탈이(脫離, Separation of Flow)라고 한다.

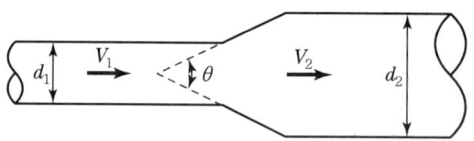

[점확대에 의한 손실수두]

- 단면 점확대 손실수두 : $h_{ge} = f_{ge}\dfrac{(V_1^2 - V_2^2)}{2g} = f_{ge}\dfrac{v_1^2}{2g}$

- 단면 점확대 손실계수 : $f_{ge} = f_{ge}'\left(1 - \dfrac{a_1}{a_2}\right)^2$

5) 단면 점축소에 의한 손실수두

관수로의 단면이 서서히 축소하는 때의 수두손실은 유선이 벽면에 따라서 서서히 그 방향을 바꾸므로 축류라든가 벽 가까이에 맴돌이 같은 것이 생기지 않으므로 그렇게 크지는 않다.

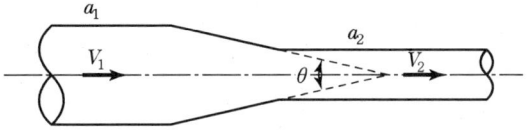

[점축소에 의한 손실수두]

- 단면 점축소 손실수두 : $h_{gc} = f_{gc} \dfrac{V_2^2}{2g} = \left(\dfrac{1}{Ca} - 1\right)^2 \dfrac{V_2^2}{2g}$

- 단면 점축소 손실계수 : $f_{ge} = \left(\dfrac{1}{Ca} - 1\right)^2$

6) 단면굴절에 의한 손실수두

관수로가 갑자기 굴절하여 방향을 바꾸는 경우는 굴절 안쪽의 물은 굴절한 뒤에도 직선운동을 계속하려 하므로 굴절부의 안쪽에서 유선은 벽면을 이탈하여 굴절 직후에 축류하여 안쪽에 와류를 일으키지만 그 뒤 다시 확대되어 관 전체에 가득 차서 흐르게 된다.

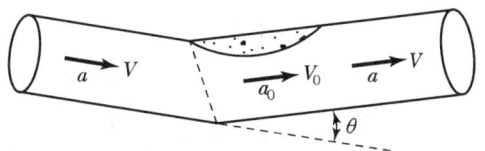

[방향변화에 의한 굴절손실수두]

- 단면굴절손실수두 : $h_{ab} = f_{ab} \dfrac{V^2}{2g} = \left(\dfrac{a}{a_0} - 1\right)^2 \dfrac{V^2}{2g}$

- 단면굴절손실계수 : $f_{ab} = \left(\dfrac{a}{a_0} - 1\right)^2$

7) 만곡에 의한 손실수두

관이 완곡하게 구부러진 부분을 곡관(Bend Pipe)이라고 하며, 이 부분을 유체가 흐를 때는 그림과 같이 그 일부에 맴돌이가 생기며, 굴절할 때보다 작은 손실수두가 생긴다.

- 단면만곡손실수두 : $h_{cb} = f_{cb} \dfrac{V_2^2}{2g} = \left(\dfrac{1}{Ca} - 1\right)^2 \dfrac{V_2^2}{2g}$

- 단면만곡손실계수 : $f_{cb} = \left(\dfrac{1}{ca} - 1\right)^2$

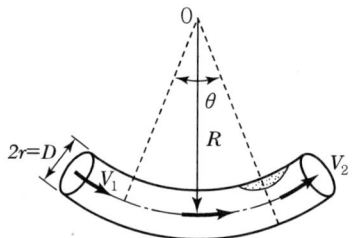

[방향변화에 의한 만곡손실수두]

8) 밸브에 의한 손실수두

관로에는 유량을 조절하기 위하여 차단밸브(Sluice Valve), 나비형 밸브(Butterfly Valve), 역지밸브(Check Valve), 콕(Cock) 등이 사용된다. 이들 때문에 유선의 형태가 변형하며, 수두에 손실을 가져오게 된다. 또한 이들의 손실이 있으므로 유량을 조절할 수 있는 것이다.

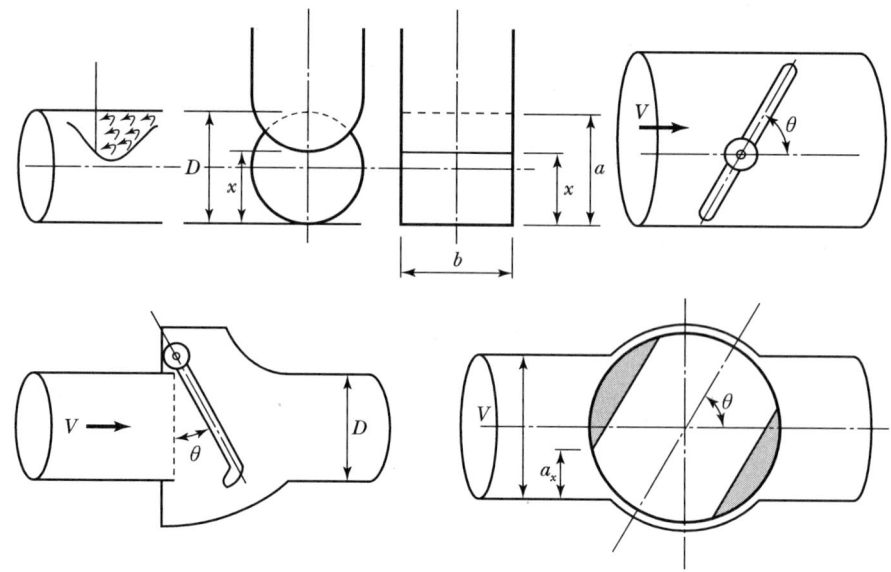

[관 내 밸브류에 의한 손실수두]

- 밸브손실수두 : $h_v = f_v \dfrac{V^2}{2g}$

9) 출구손실수두

관수로의 출구가 수조수면 이하에 있는 경우 유출하는 물은 저수의 저항을 받아 와류를 일으켜서, 속도수두의 대부분을 소실하고, 일부는 압력수두로 되돌아간다.

- 출구손실수두 : $h_0 = f_0 \dfrac{V^2}{2g}$

일반적으로 단면이 큰 수중으로 배출되는 상태인 경우 출구손실계수 $f_0 = 1.0$으로 본다.

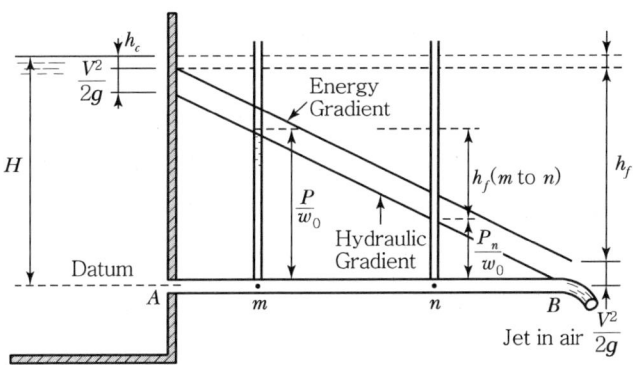

[Pipe Discharging From Reservoir]

8 관수로 흐름과 에너지 관계

그림에서 관의 직경이 변하지 않는다면 에너지(Energy)선과 동수경선은 평형선이 된다. 관경이 일정하면 단면 Ⅰ, Ⅱ에 대한 Bernoulli 정리는

$$z_1 + \frac{p_1}{w_0} + \frac{v_1^2}{2g} = z_2 + \frac{p_2}{w_0} + \frac{v_2^2}{2g} + h_l$$

여기서, v_1, v_2 : 각 단면의 평균유속
p_1, p_2 : 각 단면의 압력강도
z_1, z_2 : 각 단면의 기준면에서 관축까지의 높이
h_l : 단. Ⅰ, Ⅱ 사이의 손실수두

관경이 같으므로, $v_1 = v_2$, 손실수두 $h_l = (z_1 - z_2) + \left(\dfrac{p_1}{w_0} - \dfrac{p_2}{w_0}\right)$이다.

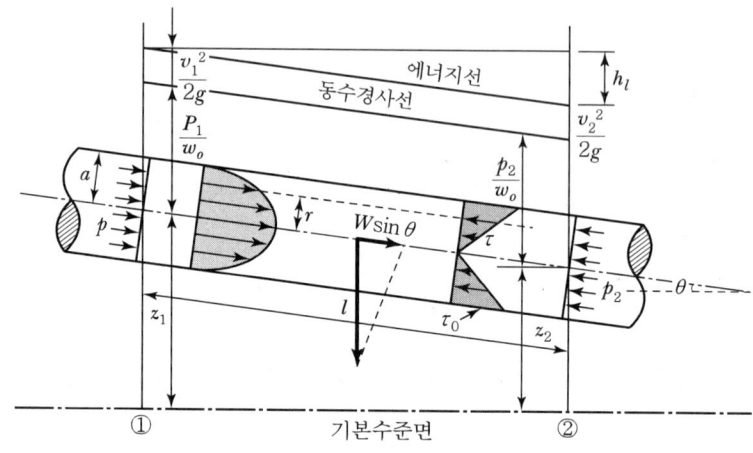

[관수로의 흐름과 에너지 관계]

관마찰손실수두 h_l은 관벽과 관내를 흐르는 유체와의 마찰력 때문에 생기는 것이다. 마찰력은 그림에서와 같이 관벽에서 최대이고 관축에서 0이며 직선변화를 한다. 그러므로 관축에서 관벽 방향으로 같은 거리의 마찰력 τ는 같다. 단면 ①과 ② 사이의 유체의 에너지를 생각하면 그 에너지는 정수압 p_1, p_2, 마찰력 τ, 유체의 중량 W를 들 수 있다. ①, ② 사이의 길이를 l이라 하면, 이들 힘의 평형식은 다음과 같다.

$$(1\text{단면의 수압}) + (\text{물 무게}) = (2\text{단면의 수압}) + (\text{표면적} \times \text{마찰력})$$
$$p_1 \pi r^2 + W\sin\theta = p_2 \pi r^2 + 2\pi r l \cdot \tau$$
$$p_1 \pi r^2 - p_2 \pi r^2 + W\sin\theta - 2\pi r l \cdot \tau = 0$$

무게 $W = mg = w_0 V$에서 $W = w_0 V = w_0(AL) = w_0(\pi r^2)l$, θ가 작을 때 $\sin\theta \fallingdotseq \tan\theta$로 본다.

$\sin\theta \fallingdotseq \tan\theta = \dfrac{높이}{밑변} = I = \left(\dfrac{z_1 - z_2}{l}\right)$을 위 식에 대입하면,

$$p_1 \pi r^2 - p_2 \pi r^2 + w_0 \pi r^2 l \cdot \left(\dfrac{z_1 - z_2}{l}\right) - 2\pi r l \cdot \tau = 0$$
$$\pi r^2 (p_1 - p_2) + w_0 \left(\dfrac{z_1 - z_2}{l}\right) = \pi r (2l \cdot \tau)$$

$r(p_1 - p_2) + w_0(z_1 - z_2) = 2l \cdot \tau$에서 등식의 양변에 w_0로 나누어주면

$$\therefore r\left(\frac{p_1-p_2}{w_0}+z_1-z_2\right)=\frac{2l\cdot\tau}{w_0} \quad \text{따라서,} \quad r(hc)=\frac{2l\cdot\tau}{w_0}$$

- 손실수두 : $h_l = \dfrac{2l\cdot\tau}{w_0 r}$

- 마찰력 : $\tau = \dfrac{w_0 h_l}{2l}\cdot r$

이 식은 관내의 에너지 손실 h_l은 관 벽의 마찰력 τ에 비례하고 흐름의 상태(층류, 난류)에 관계없이 성립된다. 다만 흐름의 상태에 따라 값이 다르다. 최대마찰력인 관벽에서의 마찰력을 τ_{max}, 관의 반경을 R이라 하면 최대마찰력은 다음과 같다.

- 최대마찰력 : $\tau_{max} = \dfrac{w_0 h_l}{2l}R$

9 Hazen – Poiseuille 법칙과 마찰손실수두

1) Hazen – Poiseuille 법칙

원관 내 흐름이 층류인 경우 관 내의 유속과 유속분포의 관계는 다음과 같다.

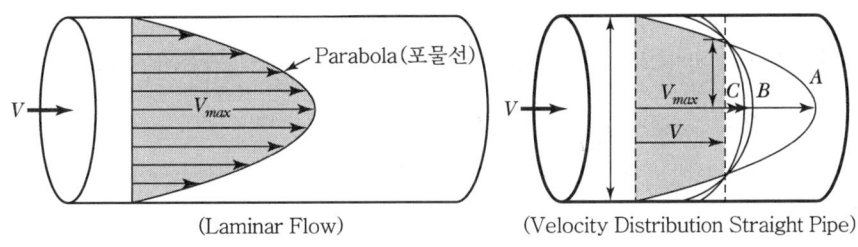

[관수로의 유속분포]

반경이 r_0인 원통 내의 흐름을 정상류라 하고 원통 안에 반경 r, 두께 dr, 길이 l이 되는 유체의 원을 가상하여 주변에 생기는 힘의 평형을 생각한다.

| 수리학 |

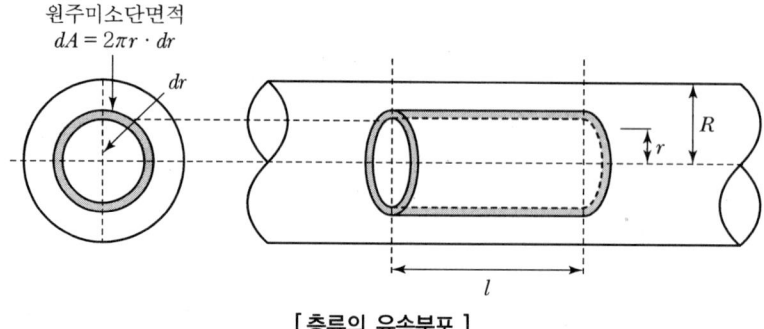

[층류의 유속분포]

단위면적에 작용하는 마찰저항력은 다음과 같다.

- 마찰저항력 : $\tau = -\mu \dfrac{dv}{dr}$

관수로의 흐름과 에너지 관계에서

- 마찰저항력 : $\tau = \dfrac{w_0 h_l}{2l} \cdot r$

위 두 식이 τ로 서로 같다고 놓으면 $-\mu \dfrac{dv}{dr} = \dfrac{w_0 h_l}{2l} r$

- 미소유속 : $dv = \dfrac{w_0 h_l}{2\mu l} r dr$

이것은 위치 r와 속도 v의 관계식이며, 이것을 적분하면 다음과 같다.

- 유속 : $v = -\dfrac{w_0 h_l}{4\mu l} r^2 + C$

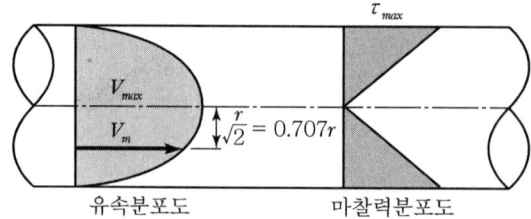

[원관 층류시의 유속분포도 및 마찰력분포도]

그림에서 보듯이 관 벽에서 유속은 0(Zero)이므로, $r=R$일 때 유속 $v=0$으로 하여 적분상수 C를 구하면 다음과 같다.

$$0 = -\frac{w_0 h_l}{4\mu l}R^2 + C \text{에서, 적분상수 } C = \frac{w_0 h_l}{4\mu l}R^2$$

- 유속 : $v = -\frac{w_0 h_l}{4\mu l}r^2 + \frac{w_0 h_l}{4\mu l}R^2 = \frac{w_0 h_l}{4\mu l}(R^2 - r^2)$

관수로의 중심에서 유속은 최대가 될 것이며, 이것을 v_{max}로 표시하면 중심에서 $r=0$이므로

- 최대유속 : $v_{max} = \frac{w_0 h_l}{4\mu l}R^2$

여기서, 평균유속과 같은 속도를 갖는 유선의 위치는 다음과 같다.

- 관 중심에서 평균 유속점까지 거리 : $r = \frac{r_0}{\sqrt{2}} = 0.707 r_0$

곡선부의 관수로에서의 유속분포는 휘어진 외측의 유속이 안쪽보다 빠르다.

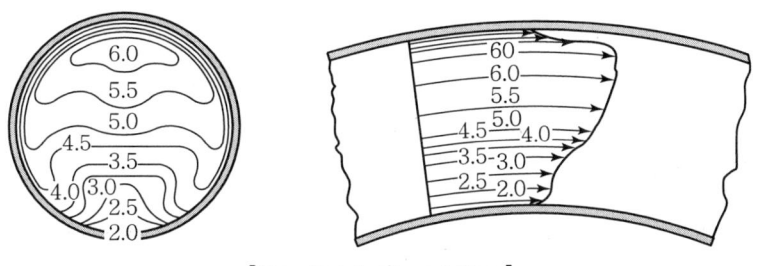

[Velocities in Curved Pipe]

원관 내의 유량 Q를 구해보면 반경 r의 원관상의 유속은 다음과 같다.

- 유속 : $V = \frac{w_0 h_l}{4\mu l}(R^2 - r^2)$과 같으며

이때 반경 r상의 원주미소단면 $dA = 2\pi r dr$상의 유량 dQ로 표시하면

- 미소유량 : $dQ = v dA = \frac{w_0 h_l}{4\mu l}(R^2 - r^2) 2\pi r dr$

위 식을 적분하면 유량 Q를 얻을 수 있다.

*적분 : (지수에 1을 더한 것 분의 1)에 (지수에 1을 더한다)

- 유량 : $Q = \int_A dQ = \int_0^R \frac{w_0 h_l}{4\mu l}(R^2 - r^2)2\pi r dr$

- 유량 : $Q = \frac{2w_0 h_l}{4\mu l}\left[\frac{R^2}{2}r^2 - \frac{r^2}{4}r^2\right]_0^R = \frac{\pi w_0 h_l}{8\mu l}R^4$

그리고, 구배 $I = \frac{h_l}{l}$ 이므로

- 유량 : $Q = \frac{\pi w_0}{8\mu}IR^4 = \frac{\pi w_0}{8\mu}I\left(\frac{D}{2}\right)^4 = \frac{\pi w_0}{128\mu}ID^4$

위의 두 식에 의하면 관을 흐르는 층류의 유량은 관 반경의 4승과 단위 길이당 $w_0 hl$ (압력강하량)에 비례하고 점성계수에 반비례한다. 이 관계식을 Hazen Poiseuille의 법칙이라고 한다. Hazen Poiseuille의 법칙에 의하여 유체의 점성계수 μ를 실험으로 구할 수 있다.

- 점성계수 : $\mu = \frac{\pi w_0 h_l}{8Ql}R^4$

이므로 유량 Q와 손실수두 h_l, 관의 길이 l, 관경 $2R$를 측정하면 점성계수를 계산할 수 있다.

10 단선관수로

그림과 같은 두 수조 A와 B를 하나의 관수로로서 연결하면 물은 높은 수조에서 낮은 수조로 흐르게 된다. 양 수조가 매우 넓고 수위를 일정하게 유지하면 수조 내의 유속은 0이고 관수로의 정상적인 흐름이 된다.

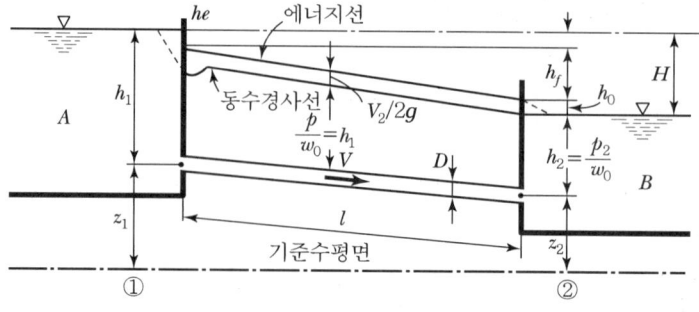

[등단면관수로]

단선관수로에서는 관경이 같을 때 관마찰손실수두 이외에 유입구와 유출구에 의하여 생기는 손실수두만을 고려하여 근사적으로 계산하는 경우가 많다.

- 입구손실수두 : $h_e = f_e \dfrac{V^2}{2g}$
- 출구손실수두 : $h_0 = f_0 \dfrac{V^2}{2g}$
- 관마찰손실수두 : $h_l = f \dfrac{l}{D} \dfrac{V^2}{2g}$

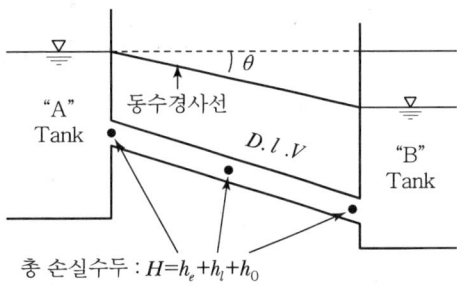

[단선 관수로]

① 총 수두차는 각종 손실수두의 합과 같으므로

- 총 손실수두 : $H = h_e + h_l + h_0 = f_e \dfrac{V^2}{2g} + f \dfrac{l}{D} \dfrac{V^2}{2g} + f_0 \dfrac{V^2}{2g}$

- 총 손실수두 : $H = (f_e + f \dfrac{l}{D} + f_0) \dfrac{V^2}{2g}$ 에서

- 유속 : $V = \sqrt{\dfrac{2gH}{f_e + f_0 + f \dfrac{l}{D}}} = \sqrt{\dfrac{2gH}{1.5 + f \dfrac{l}{D}}}$ ($f_e = 0.5, f_0 = 1$ 이면)

- 유량 : $Q = AV = \dfrac{\pi D^2}{4} \cdot \sqrt{\dfrac{2gH}{1.5 + f \dfrac{l}{D}}}$

② $\dfrac{l}{D} > 3{,}000$ 이면, 장관으로 관마찰손실만 고려하고 그 외에는 미소손실로 모두 무시한다.

- 유량 : $Q = A \cdot V = \dfrac{\pi D^2}{4} \cdot \sqrt{\dfrac{2gH}{f \dfrac{l}{D}}}$

- 관 직경 : $D = 0.6075 \left(fl \dfrac{Q^2}{H} \right)^{\frac{1}{5}}$

11 분기관수로

각 수조의 수면차, 관의 지름, 길이 등이 주어져 있을 때 각 관의 평균유속 또는 유량을 구하는 경우, 각 수조에 송수하는 유량이 주어져 있을 때, 관의 지름을 구하는 경우 등을 생각할 수 있다. 분기점 E에서의 손실수두를 h_E, 분기하기 직전까지의 손실수두, 각 수조의 수위차를 H_1, H_2라고 하고 마찰손실수두만 생각하면 다음과 같다.

| 수리학 |

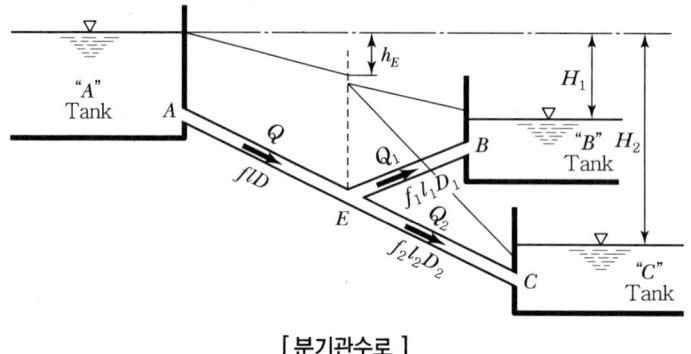

[분기관수로]

- AE관 손실수두 : $h_{lAE} = f\dfrac{l}{D}\dfrac{V^2}{2g}$

- EB관 손실수두 : $h_{lEB} = f_1\dfrac{l_1}{D_1}\dfrac{V_1^2}{2g}$

- EC관 손실수두 : $h_{lEC} = f_2\dfrac{l_2}{D_2}\dfrac{V_2^2}{2g}$

수위차 H_1은 A탱크에서 B탱크까지 오는 데 발생하는 손실수두이고, H_2는 A탱크에서 C탱크까지 오는 데 발생하는 손실수두이다.

- 손실수두 : $H_1 = f\dfrac{l}{D}\dfrac{V^2}{2g} + f_1\dfrac{l_1}{D_1}\dfrac{V_1^2}{2g}$

- 손실수두 : $H_2 = f\dfrac{l}{D}\dfrac{V^2}{2g} + f_2\dfrac{l_2}{D_2}\dfrac{V_2^2}{2g}$

각 관수로의 연속방정식 유량은 $Q = A_1V_1 = A_2V_2$이므로, $Q_1 = A_1V_1$, $Q_2 = A_2V_2$이며 이 관계를 위 식에 대입하면

- 손실수두 : $H_1 = f\dfrac{l}{D}\dfrac{Q^2}{2gA^2} + f_1\dfrac{l_1}{D_1}\dfrac{Q_1^2}{2gA_1^2} = \dfrac{8}{\pi^2 g}\left(f\dfrac{l}{D^5}Q^2 + f_1\dfrac{l_1}{D_1^5}Q_1^2\right)$

- 손실수두 : $H_2 = f\dfrac{l}{D}\dfrac{Q^2}{2gA^2} + f_2\dfrac{l_2}{D_2}\dfrac{Q_2^2}{2gA_2^2} = \dfrac{8}{\pi^2 g}\left(f\dfrac{l}{D^5}Q^2 + f_2\dfrac{l_2}{D_2^5}Q_2^2\right)$

관수로의 길이, 지름 및 각 수조의 수위차가 주어져 있을 때 유량을 구하려 할 때는 연속방정식 $Q = Q_1 + Q_2$를 연립으로 풀면 된다.

- 관직경 : $D_1 = \left[\dfrac{f_1 l_1 Q_1^{\,2}}{\dfrac{H_1}{0.0827} - f\dfrac{lQ^2}{D^5}} \right]^{\frac{1}{5}}$

- 관직경 : $D_2 = \left[\dfrac{f_2 l_2 Q_2^{\,2}}{\dfrac{H_2}{0.0827} - f\dfrac{lQ^2}{D^5}} \right]^{\frac{1}{5}}$

12 합류관수로

A와 B수조로부터 C수조로 송수하는 관수로가 D에서 합류하는 단일 관수로를 통해 C수조로 송수되는 경우, 각 수조 사이의 수위차, 관 길이, 관경, 유량과의 관계는 분류하는 관수로의 계산에서와 같이 구할 수 있다.

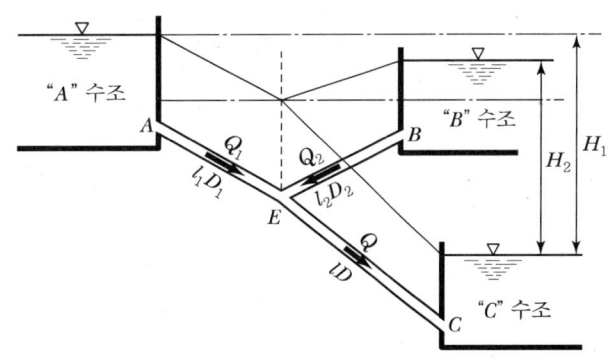

[합류관수로]

- AE관 손실수두 : $h_{lAE} = f_1 \dfrac{l_1}{D_1} \dfrac{V_1^{\,2}}{2g}$

- EB관 손실수두 : $h_{lEB} = f_2 \dfrac{l_2}{D_2} \dfrac{V_2^{\,2}}{2g}$

- EC관 손실수두 : $h_{lEC} = f \dfrac{l}{D} \dfrac{V^2}{2g}$

- 손실수두 : $H_1 = f \dfrac{l}{D} \dfrac{V^2}{2g} + f_1 \dfrac{l_1}{D_1} \dfrac{V_1^{\,2}}{2g} = 0.0827 \left[f\dfrac{lQ^2}{D^5} + f_1 \dfrac{l_1 Q_1^{\,2}}{D_1^{\,5}} \right]$

- 손실수두 : $H_2 = f \dfrac{l}{D} \dfrac{V^2}{2g} + f_2 \dfrac{l_2}{D_2} \dfrac{V_2^{\,2}}{2g} = 0.0827 \left[f\dfrac{lQ^2}{D^5} + f_2 \dfrac{l_2 Q_2^{\,2}}{D_2^{\,5}} \right]$

이 두 식 $Q_1 + Q_2 = Q$ 식으로부터 수조의 수위, 관경 또는 유량 중 어느 것이든 2가지가 주어지면 다른 것을 구할 수 있다.

13 병렬관수로

하나의 관수로가 분기되었다가 하류에서 다시 합류하는 관로계통을 **병렬관**(竝列管)이라고 한다. 그림과 같이 A수조에서 B수조로 송수할 때 A점에서 관로 2와 3으로 분기되었다가 하류의 F점에서 다시 합류하는 경우 각 관을 흐르는 유량을 구하는 문제 또는 각 관의 유량이 주어져 있을 때 관의 지름을 구하는 문제 등에 대해서 생각해보기로 한다.

관수로는 관의 지름에 비해서 충분히 긴 것이라고 하여 관마찰손실수두만을 고려하기로 한다.

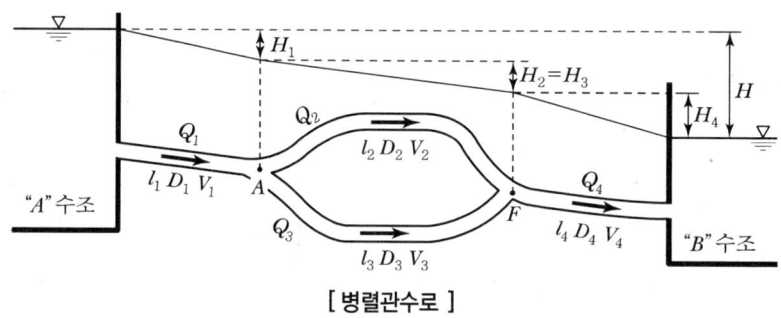

[병렬관수로]

각 관수로의 마찰손실수두를 h_1, h_2, h_3, h_4라고 하고 A수조와 B수조의 수위차를 H라고 하면

- 손실수두 : $H_1 = f_1 \dfrac{l_1}{D_1} \dfrac{V_1^2}{2g}$

- 손실수두 : $H_2 = f_2 \dfrac{l_2}{D_2} \dfrac{V_2^2}{2g}$

- 손실수두 : $H_3 = f_3 \dfrac{l_3}{D_3} \dfrac{V_3^2}{2g}$

- 손실수두 : $H_4 = f_4 \dfrac{l_4}{D_4} \dfrac{V_4^2}{2g}$

총유량은 $Q_2 + Q_3$를 합한 것과 같고, 수두손실은 $H_2 = H_3$로 서로 같다. 이와 반대로 직렬관수로에서 수두손실은 합한 것과 같고 유량은 서로 같다.

- 총 손실수두 : $H = H_1 + H_2 + H_4$
- 총 손실수두 : $H = H_1 + H_3 + H_4$
- 유량 : $Q_1 = (Q_2 + Q_3) = Q_4$

14 사이펀(Syphon)

2개의 수조를 연결한 관수로의 일부가 동수경사선보다 위로 올라간 이 부분의 압력은 대기압보다 낮아져서 부압을 갖는데 이것을 사이펀(Syphon)이라 한다. 유체는 관수로의 양단의 압력차에 의하여 흐르는 것이므로 관로 도중에 높은 곳이 있어도 이것을 넘어 흐를 수가 있다. 그리고 동수경사선보다 높은 곳에 있는 부분은 관내의 압력이 부압이라는 점이 일반 관수로와 사이펀의 다른 점이다.

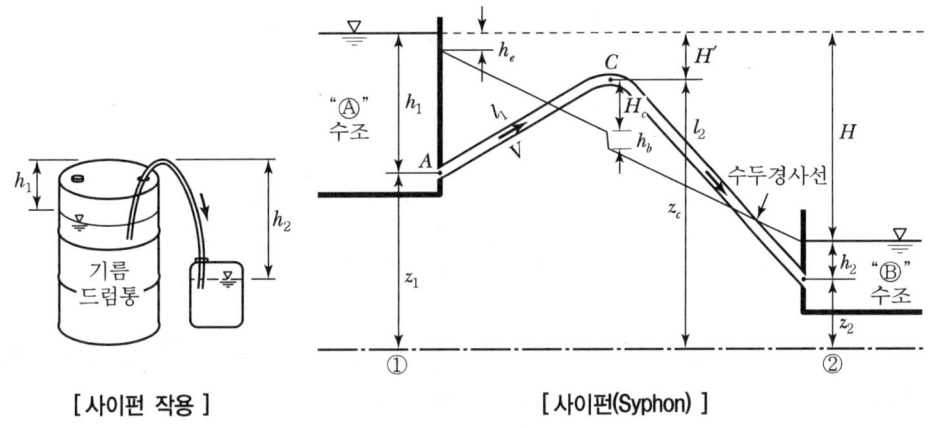

[사이펀 작용]   [사이펀(Syphon)]

Ⓐ수조에서 Ⓑ수조로 흘러갈 때 관경 D와 유속 V가 같을 때 총 손실수두는 다음과 같다.

- 총 손실수두 : $H = h_e + h_{l1} + h_b + h_{l2} + h_0$

$$= f_e \frac{V^2}{2g} + f \frac{l_1}{D} \frac{V^2}{2g} + f_b \frac{V^2}{2g} + f \frac{l_2}{D} \frac{V^2}{2g} + f_0 \frac{V^2}{2g}$$

$$= \left(f_e + f \frac{l_1}{D} + f_b + f \frac{l_2}{D} + f_0 \right) \frac{V^2}{2g}$$

따라서 관내의 유량은 다음과 같다.

- 유량 : $Q = AV = \dfrac{\pi D^2}{4} \cdot \sqrt{\dfrac{2gH}{1.5 + f_b + f\left(\dfrac{l_1 + l_2}{D}\right)}}$

C점의 압력 $p_c = p_a = w_0 H_c$

$p_c = 0$이라면

- 수두 : $H_c = \dfrac{p_a}{w_0} = \dfrac{1,033 \text{g/cm}^2}{1 \text{g/cm}^3} = 1,033 \text{cm} = 10.33 \text{m}$

실제로 H_c는 마찰, 그 외의 저항 때문에 8m를 초과하면 사이펀 작용을 하지 않는다.

1) 역사이펀(Inverted Syphon)

관로가 지하철, 철도를 만나거나 계곡이나 하천을 횡단하기 위해 설치하며 수리계산은 일반 관수로와 같으나 C점의 압력이 상당히 크게 되므로 주의해야 한다.

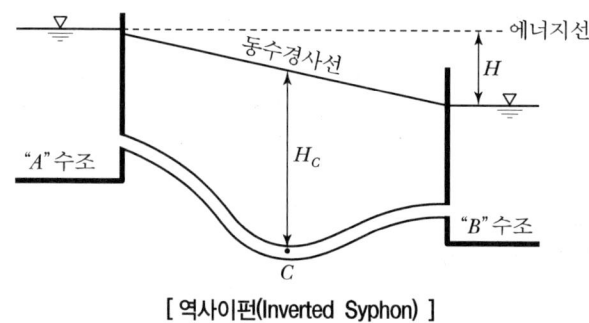

[역사이펀(Inverted Syphon)]

지금 C점에서 압력은 대기압력보다 낮으므로 수조면에 작용하는 대기압 p_a에 의하여 물이 관수로를 흐르게 된다. C점의 수압을 대기압 p_a라 하면 다음과 같다.

- 대기압 : $p_a = p_c - w_0 H_c$

따라서 $p_c = 0$이라 하면 $H_c = p_a/w_0$가 된다. 이것은 물을 흐르게 하는 C점의 최고위치이다.

- $H_c = \dfrac{p_a}{w_0} = \dfrac{1{,}033\text{g}/\text{cm}^2}{1\text{g}/\text{cm}^3} = 1{,}033\text{cm} = 10.33\text{m}$

즉, $P_a = 1{,}033\text{g}/\text{cm}^2$이므로 이것으로부터 계산하면 H_c는 10.33m가 된다. 이것은 마찰, 그 외의 저항을 무시한 이론상의 수치이다. 실제로 H_c는 8m를 초과하면 사이펀이나 역사이펀의 작용을 하지 않는다.

15 관망(Pipe Network)

배수관망에서 격자식은 송수관이나 도수관 같은 단일관로의 수리학적 해석과는 다른 단위 폐관로로 구성되어 있으므로 그 계산은 매우 복잡하다. 배수관망의 수리학적 해석은 관경, 유속계수, 관망의 유입량과 유출량에서 각 관로의 유량과 손실수두를 계산하는 것이다. 그 결과 각 지점의 동수두의 충분 여부와 관경의 적정 여부를 확정한다. 관망계산에서는 먼저 각 지점의 유출소요 수량(유량)을 가정하고 그 관경을 가정하여 수리계산을 준비한다.

1) 관망의 종류

각 관로가 서로 연결되어 있어서 어떤 한 지점에서 관로가 막혔거나 고장이 있다 하더라도 전체적으로는 유통이 가능하며, 또한 이들의 고장으로 인한 수질악화를 방지하는 데 효과적이다. 종류에는 단식관망, 복식관망, 3중식관망이 있다.

급수구역 내의 공공도로 아래에 부설된 배수관 배치에는 배수관이 그물과 같이 연결된 격자식과 서로 연결되어 있지 않은 수지상식이 있다. 이들을 배수관망(Pipe Network)이라 한다.

(1) 격자식(Gridiron System)

① 장점
  ㉠ 배수관이 격자형으로 배치되어 서로 연결되어 있다.
  ㉡ 물의 정체가 없다.
  ㉢ 수압유지가 용이하며, 수압보완이 가능하다.
  ㉣ 널리 사용된다.

② 단점
  ㉠ 배수관망 계산이 복잡하다.

[격자식(Gridiron System)]

(2) 수지상식(Branching System)

① 장점
  ㉠ 설계하기가 쉽다.
  ㉡ 관망계산이 간단하다.
  ㉢ 농촌이나 지형상 부득이한 곳에 사용한다.

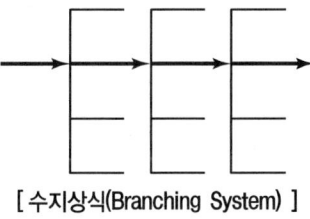

[수지상식(Branching System)]

② 단점
  ㉠ 물의 정체현상이 발생한다.
  ㉡ 수압보완이 불가능하다.
  ㉢ 수압저하가 뚜렷하다.

2) 배수관로의 부대시설

배수관의 관로는 접합되어 연속한 관망으로 구성되어 있지 않기 때문에 제수밸브, 감압밸브, 안전밸브, 공기밸브, 소화전 등의 부대설비를 선정해야 한다.

① 제수밸브(Gate Valve) : 배수를 원활히 하기 위하여 배수관의 시점, 종점, 분기점, 직선의 배수관인 경우 150~300m마다 제수밸브를 설치한다.

② 공기밸브(Air Valve) : 관정부분에 형성되어 관의 통수능력을 감소시키는 Air Pocket을 제거하기 위한 배기밸브이다.

③ 안전밸브(Safety Valve) : 수격작용이 일어나기 쉬운 곳에 설치하여 배수관의 파열을 방지하는 밸브로, 배수펌프나 중압펌프 출구로서 펌프의 급정지, 급시동 시 수격작용이 잘 일어나는 곳이나 또는 긴 거리를 급경사로 설치한 배수관 시점·종점 부근같이 하류의 제수밸브의 급폐쇄로 수격현상을 일으키기 쉬운 곳에 설치한다.

④ 감압밸브(Release Valve) : 수압이 다른 배수구역을 연결하는 경우나 지나치게 높을 때 그 상류 측의 배수본관에 설치하여 수압을 적당히 조절하는 역할을 한다.

⑤ 역지밸브(Check Valve) : 관의 파열, 정전 등으로 대량의 물이 역류하는 것을 방지하기 위해 고가수조의 입구, 펌프 유출관의 시점, 긴 상향구배의 시점, 배수관에서 분기되는 급수관의 시점 등에 역지밸브를 설치한다.

⑥ 소화전(Hydrant) : 소화전은 소방용 외에 임시 공기밸브의 대용으로 사용할 수 있다. 도로의 교차점, 분기점 부근 등 소방활동에 편리한 지점 외에 도로 도중에도 연도의 건물 상황에 따라 100~200m 간격으로 설치한다. 단구소화전은 관경 150mm 이상, 쌍구소화전은 관경 300mm 이상의 배수관에 설치하여야 한다. 그리고 보통 사용되고 있는 소방펌프는 구경 63.5mm 소화전에 연결되도록 되어 있다.

⑦ 유량계(Discharge Meter) : 배수본관 시점에는 유량계를 달아 배수량을 측정한다. 이때 일반적으로 사용되는 유량계는 Venturimeter이다.

3) 관망계산

관망이 간단한 경우에는 등치관법에 의하여 계산되지만, 관망이 대단히 복잡한 경우에는 등치관법으로는 안 되므로, 이 경우 Hardy Cross법을 사용해야 한다. 이를 적용하면 관망에서의 유량과 손실수두를 정확히 계산할 수 있다.

이 방법은 처음에 적절히 배수관망의 형상을 배치함으로써 관망을 구성하는 각 관로의 내경, 연장 및 관의 조도가 주어진 것이라고 하고, 또한 관망의 각 절점에서 유입 또는 유출하는 유량이 주어진 것이라 하여, 각 관로의 유량과 손실수두를 구하는 것이다.

(1) 등치관법(等値管法)

등치관법은 Hardy Cross법에 의해서 관망을 설계하기 전에 복잡한 관망을 좀 더 간단한 관망으로 골격화시키기 위한 예비작업에 적용할 수 있다. 관 내부로 일정한 유량의 물이 흐를 때 생기는 수두손실이 대치된 관에서 생기는 수두손실과 같을 때 그 대치된 관을 등치관이라 한다. 따라서 한 관의 등치관(Equivalent Pipe)은 무수히 있을 수 있으며, 등치관법의 수리학적 이론은 다음과 같다.

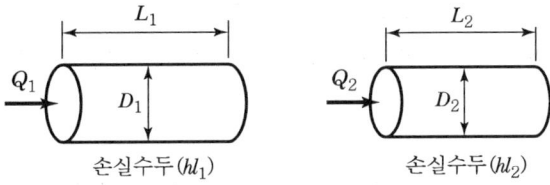

[등치관(Equivalent Pipe)]

먼저 직경이 D_1인 관을 직경이 D_2인 등치관으로 바꾸는 경우의 식은 Hazen Williams 공식으로부터 다음과 같다.

- 유속 : $V_1 = 0.35464 C D_1^{0.63} I_1^{0.54}$
- 유속 : $V_2 = 0.35464 C D_2^{0.63} I_2^{0.54}$
- 유량 : $Q_1 = A_1 V_1 = \left(\dfrac{\pi D_1^2}{4}\right) \cdot 0.35464 C D_1^{0.63} I_1^{0.54} = KCD_1^{2.63} I_1^{0.54}$

  $= KCD_1^{2.63} h_{l1}^{0.54} L_1^{-0.54}$
- 유량 : $Q_2 = A_2 V_2 = \left(\dfrac{\pi D_2^2}{4}\right) \cdot 0.35464 C D_2^{0.63} I_2^{0.54} = KCD_2^{2.63} I_2^{0.54}$

  $= KCD_2^{2.63} h_{l2}^{0.54} L_2^{-0.54}$

그런데 유량 $Q_1 = Q_2$이고, 수두 $h_{l1} = h_{l2}$이므로 다음과 같다.

$$\frac{Q_1}{Q_2} = 1 = \left(\frac{D_1}{D_2}\right)^{2.63} \left(\frac{L_2}{L_1}\right)^{0.54}$$

따라서 다음 식이 성립된다.

- 길이 : $L_2 = L_1 \left(\dfrac{D_2}{D_1}\right)^{4.87}$

다음 길이와 직경이 각각 D_1, L_1 그리고 D_2, L_2인 병렬로 연결된 관을 등치관으로 바꾸어 보면 관 1과 2는 모든 조건이 같고 길이만 다르므로 다음 식이 성립된다.

- 유량 : $Q_1 = Q_2 \left(\dfrac{L_2}{L_1}\right)^{0.54}$

(2) Hardy Cross법

관망(Pipe Network)은 수도 급수관과 같이 다수의 분지관, 합류관, 곡관 등이 합하여 하나의 계통을 이루는 관수로를 말한다. Hardy Cross의 계산법에 있어서 하나의 폐합관은 다음 조건을 만족하는 것으로 가정한다.

① 기본과정
  ㉠ 각 분기점 또는 합류점에 유입하는 유량은 그 점에 정지하지 않고 전부 유출한다.
  ㉡ 각 폐합관에 대한 손실수두의 합은 0(Zero)이다.
  ㉢ $h_l = f \dfrac{l}{D} \dfrac{V^2}{2g}$인 관마찰 손실수두 외에는 무시한다.(그 외의 손실은 소손실로 무시한다.)

② 관망계산
  관망계산의 Hardy Cross 방법은, Q(정유량), (가정유량), $\pm \Delta Q_0$(보정유량)에 대하여 각 관로의 손실수두를 계산하여 폐합관에 $\Sigma h_l ≒ 0$이 되도록 반복계산하는 근사해법이다.

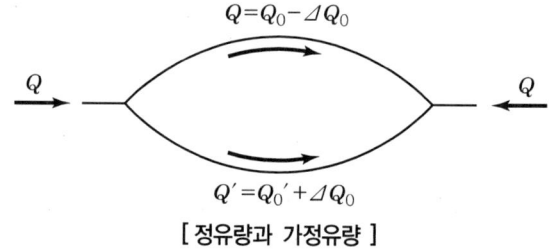

[정유량과 가정유량]

  ㉠ Q, Q' : 정유량
  ㉡ Q_0, Q_0' : 가정유량
  ㉢ ΔQ_0 : 보정유량(가정유량의 정유량에 대한 오차)
  ㉣ 보정유량 : $\Delta Q = \dfrac{\Sigma K Q_0^2 (\text{흐름방향 고려})}{-2\Sigma K Q_0 (\text{흐름방향 무관})}$
  ㉤ ΔQ_0가 +이면, 시계방향은 (+)로, 반시계방향은 (-)로 보정한다.
  ㉥ ΔQ_0가 -이면, 시계방향은 (-)로, 반시계방향은 (+)로 보정한다.

이러한 관망에 대해 관로의 유량계산은 대단히 복잡해서 적당한 근사계산법 및 도해법에 의하지 않으면 안 된다. 보통 사용하는 근사계산법은 Hardy Cross의 방법이다. 각 관에 대한 손실수두와 유량과의 일반적인 관계식으로 표시해보면 다음과 같다.

- 관마찰 손실수두 : $h_l = kQ^n$

Manning식을 이용하면 $n = 2$, Hazen-Williams식을 이용하면 $n = 1.85$로 된다.
또한, 기타 손실수두는 무시하고 마찰수두만 생각하면 다음과 같다.

- 관마찰 손실수두 : $h_l = f\dfrac{l}{D} \cdot \dfrac{V^2}{2g}$

따라서 유량 $Q = AV = \dfrac{\pi D^2}{4} \cdot V$에서, 유속 $V = \dfrac{4Q}{\pi D^2}$를 대입하면

- 관마찰 손실수두 : $h_l = f\dfrac{l}{D} \cdot \dfrac{1}{2g}\left(\dfrac{4Q}{\pi D^2}\right)^2 = f\dfrac{l}{D} \cdot \dfrac{1}{2g}\left(\dfrac{4}{\pi D^2}\right)^2 \cdot Q^2$

$$k = f\dfrac{l}{D} \cdot \dfrac{1}{2g} \cdot \left(\dfrac{4}{\pi D^2}\right)^2$$

- 관마찰 손실수두 : $h_l = kQ^2$

여기서, 어떤 관로의 정유량을 Q, 가정유량을 Q_0, 이것을 보정할 유량을 ΔQ_0라 하고, 이에 대응하는 각 손실수두를 h_l, h_l', Δh_l라 하면 다음과 같다.

- 유량 : $Q = Q_0 \pm \Delta Q_0$
- 관마찰 손실수두 : $h_l = h_l' \pm \Delta h_l$

그런데 $h_l = kQ^2$에서, $Q = Q_0 + \Delta Q$이므로

$h_l = k(Q_0 + \Delta Q_0)^2$
$h_l = k\left[Q_0^2 + 2Q_0 \cdot \Delta Q_0 + (\Delta Q_0)^2\right]$

보정량 ΔQ_0가 작으므로 $(\Delta Q_0)^2$는 더 작은 값이 되므로 무시한다.

병렬 관수로에서 손실수두는 시계방향을 ⊕, 반시계 방향을 ⊖로 보기 때문에 합하면 0(Zero)이 된다.

$h_l = kQ_0^2 + 2kQ_0\Delta Q_0 + k\Delta Q_0^2$
$0 = kQ_0^2 + 2kQ_0\Delta Q_0 + 0$

따라서 보정유량 ΔQ_0는 다음과 같다. 그리고 손실수두 $h_l = KQ^2$은 시계방향은 $\oplus$, 반시계방향은 $\ominus$로 보정하기 때문에 손실수두는 반드시 흐름방향을 고려해야 한다.

$$\therefore 보정유량 : \Delta Q_0 = \frac{kQ_0^2 (흐름방향을\ 고려해야\ 함)}{-2kQ_0 (흐름방향에\ 무관함)}$$

회로에서의 보정유량은 다음과 같다.

$$\therefore 보정유량 : \Delta Q_0 = \frac{\sum kQ_0^2 (흐름방향\ 고려)}{-2\sum kQ_0 (흐름방향\ 무관)}$$

따라서 정유량을 Q, 가정유량을 Q_0, 보정유량을 ΔQ_0라 하면 다음과 같이 나타낼 수 있다.

- 보정량 : $\Delta Q_0 = \dfrac{\sum kQ_0^n (방향\ 고려)}{-n\sum kQ_0^{(n-1)}(방향\ 무시)}$

① Manning 식을 이용하면 $n = 2$가 된다.

- 보정량 : $\Delta Q_0 = \dfrac{\sum kQ_0^2}{-2\sum kQ_0^{(2-1)}} = \dfrac{\sum kQ_0^2 (방향\ 고려)}{-2\sum kQ_0 (방향\ 무시)}$

② Hazen-Williams 식을 이용하면 $n = 1.85$가 된다.

- 보정량 : $\Delta Q_0 = \dfrac{\sum kQ_0^{1.85}}{-1.85\sum kQ_0^{(1.85-1)}} = \dfrac{\sum kQ_0^{1.85}(방향\ 고려)}{-1.85\sum kQ_0^{0.85}(방향\ 무시)}$

이와 같이 하면 관의 보정유량은 $Q_0 + \Delta Q$가 계산된다. 이 값을 기준으로 시산법을 계속 반복하여 극히 미소량의 ΔQ가 얻어질 때 가정유량 Q_0의 값을 정유량 Q로 취한다. 여기서, 보정치를 더하는 방법은 Q_0와 ΔQ의 방향이 일치하면 더하고 반대방향이면 뺀다. Hardy Cross 방법은 관망유량계산법에서 가장 많이 사용하는 식으로 위의 계산방법에 의해 보정한 유량 $Q = Q_0 \pm \Delta Q$에 대하여 각 관의 손실수두를 계산하여 폐합관에 대한 $\sum h_l ≒ 0$이 되도록 반복 계산하는 **근사해법**(Trial & Error)이다.

16 관수로의 유수에 의한 동력

관수로를 흐르는 물은 일을 할 수 있는 능력을 갖고 있다. 단위시간에 행해지는 일을 **동력**(動力, Power)이라고 하며, 보통 동력은 기계적 Energy의 의미로 사용되어지고 있다. 관수로에 흐르는 물이 갖는 Energy를 동력으로 바꾸는 기계를 **수차**(水車, Turbine)라 한다.

[수력발전방식]

높은 곳에 있는 물을 관로에 의해서 낮은 곳으로 운반하면 큰 동력이 얻어진다. 수력발전은 이와 같은 원리를 이용한 것이다.

1) 수차

그림과 같이 관로를 통한 물이 수차를 회전시켜 동력을 얻는 경우를 생각해본다. 관수로 내를 일정 유량 Q가 낙차 H로 인해 흐르고 이에 의하여 생기는 각종 손실수두를 합하여 Σh_l라 하며 실제로 수차를 회전시키는 에너지를 **유효수두**(Effective Head)라 하고 이것을 H_e로 표시하면

- 유효수두 : $H_e = H - \Sigma h_l$

다시 말해 유효수두(Effective Head)는 수력 발전에 있어서 취수위에서 방수위까지의 총 낙차로부터 손실낙차를 뺀 값으로 실제 발전에 이용할 수 있는 수두를 말한다.

- 유효낙차 = 총낙차 – 손실낙차

| 수리학 |

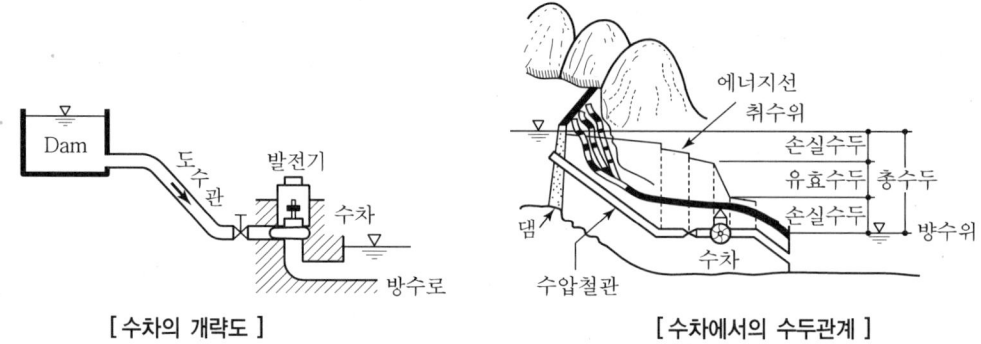

[수차의 개략도]   [수차에서의 수두관계]

총 수두 Hm, 유량 Qm³/sec, 관수로 내에서의 총 손실수두 Σh_l이라 하면 수차를 회전시키는 에너지는 다음과 같다.

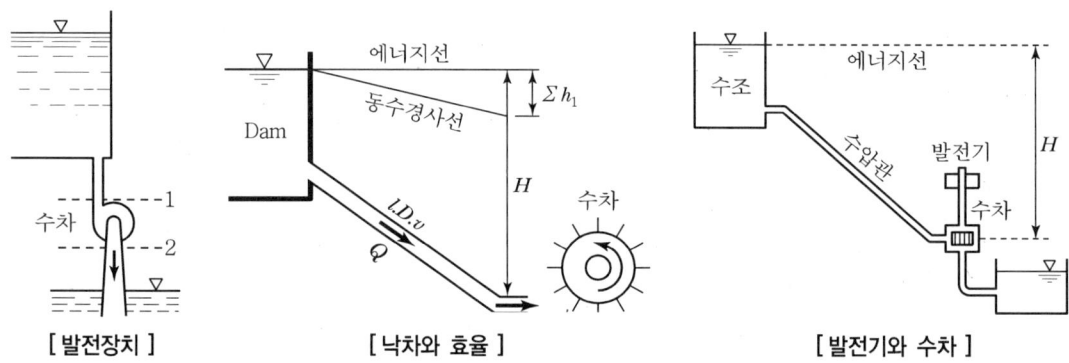

[발전장치]   [낙차와 효율]   [발전기와 수차]

① 1Horse Power=1마력(HP)=75kg·m/s
② 1kW=102kg·m/s
③ 물이 가진 Energy : $E = w_0 QH = 1{,}000 QH$ kg·m/s
④ 효율 : $\eta = \dfrac{\text{실제출력}}{\text{이론출력}}$

- Energy : $E = 1{,}000 QH (\text{kg·m/s})$ 에서

  1kW= 102kg·m/s에서, 1kg·m/s=$\dfrac{1}{102}$(kW)이므로

- Energy : $E = \dfrac{1{,}000 QH}{102} = 9.8 QH (\text{kW})$

  1HP=75kg·m/s에서, 1kg·m/s=$\dfrac{1}{75}$(HP)이므로

- Energy : $E = \dfrac{1,000\,QH}{75} = 13.33\,QH\,(\mathrm{HP})$

위의 값은 이론출력이고 실제는 유효수두 $H_e = (H - \Sigma h_l)$, 수차와 발전기 효율 η_1, η_2를 곱하여 구하면 합성효율 $\eta = (\eta_1 \times \eta_2)$로 표시된다.

- Energy : $E = \dfrac{1,000\,Q(H - \Sigma hl)}{102}\,(\mathrm{kW}) = 9.8\eta QH_e\,(\mathrm{kW})$
- Energy : $E = \dfrac{1,000\,Q(H - \Sigma hl)}{75}\,(\mathrm{HP}) = 13.33\eta QH_e\,(\mathrm{HP})$

낙하에너지를 회전에너지로 교체하는 것을 수차의 **효율**이라고 한다.
물의 속도에너지로 수차를 회전시키는 충동수차와 물이 수차에 들어갈 때, 압력의 형태가 되어 수차를 회전시키는 반동수차가 있다.

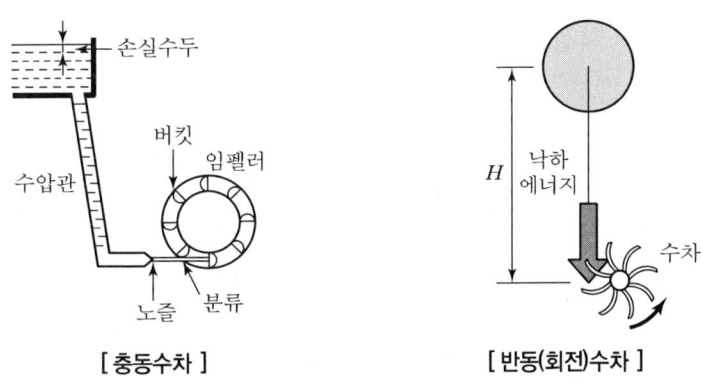

[충동수차]   [반동(회전)수차]

손실수두는 마찰과 저항 기타로 생각할 수 있으므로 다음과 같이 표시할 수 있다.
단, Σf_n는 마찰 이외의 손실계수의 합이다. 유효낙차에 의한 동력과 자연낙차에 의한 동력의 비를 **효율**(效率, Efficiency of Energy)이라고 부르고 이것을 η로 표시한다.
여기서

- 수차의 합성효율 : $\eta = \eta_1 \times \eta_2$
- 수차의 효율 : $\eta_1 = 80 \sim 90\%$ 정도
- 발전기 효율 : $\eta_2 = 90 \sim 95\%$ 정도
- 총 손실수두 : $\Sigma h_l = \left(\Sigma f_n + f\dfrac{l}{D} \dfrac{V^2}{2g} \right)$

2) 양수에 필요한 동력

물을 양수할 때의 펌프의 이론 수력은 수차의 경우와 동일하다.

그러나 이때 펌프와 위에 있는 수조의 수면과의 사이에 손실수두가 생기므로 펌프에 요하는 양정 $H_p = (H + \Sigma h_l)$이다. 또한 펌프 자체의 손실이 있으므로 소요되는 동력은 이론동력보다 커야 한다. Pump의 효율 η를 55~85%로 보고 실제 설계 시는 η로 나누어 마력수를 결정한다.

- Energy : $E = \dfrac{9.8Q(H+\Sigma h_l)}{\eta}(\text{kW}) = \dfrac{9.8 Q H_p}{\eta}(\text{kW})$

- Energy : $E = \dfrac{13.33Q(H+\Sigma h_l)}{\eta}(\text{HP}) = \dfrac{13.33 Q H_p}{\eta}(\text{HP})$

여기서,

- 펌프의 합성효율 $\eta = 55~85\%$ 정도

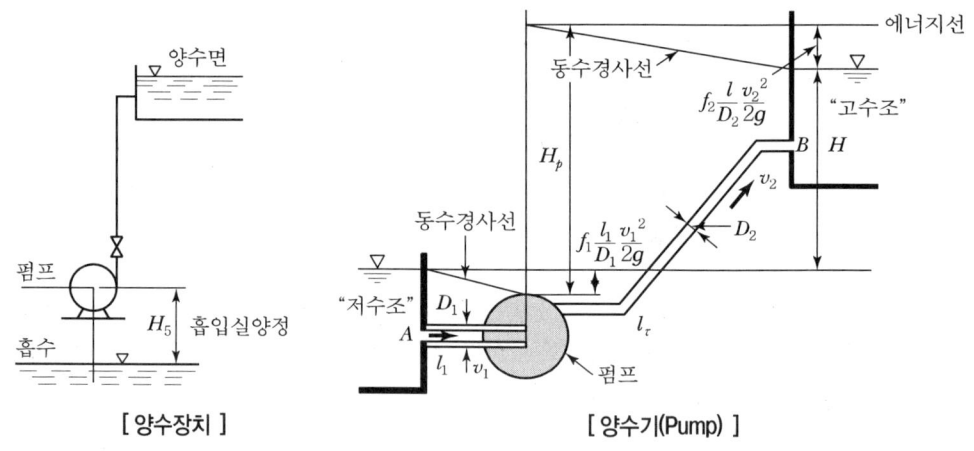

[양수장치]   [양수기(Pump)]

일반적으로 펌프로 양수할 때는 흡입관 내의 수압이 부압(負壓)인 경우가 많다. 흡입관 내의 유속이 너무 크게 되면 관마찰손실수두가 크게 되고 흡입관의 끝단에서 수압이 매우 작아져서 부압이 되는 경우가 있다. 펌프의 흡입관의 수압이 대기압 이하로 내려가면 펌프의 흡입작용을 못하게 된다.

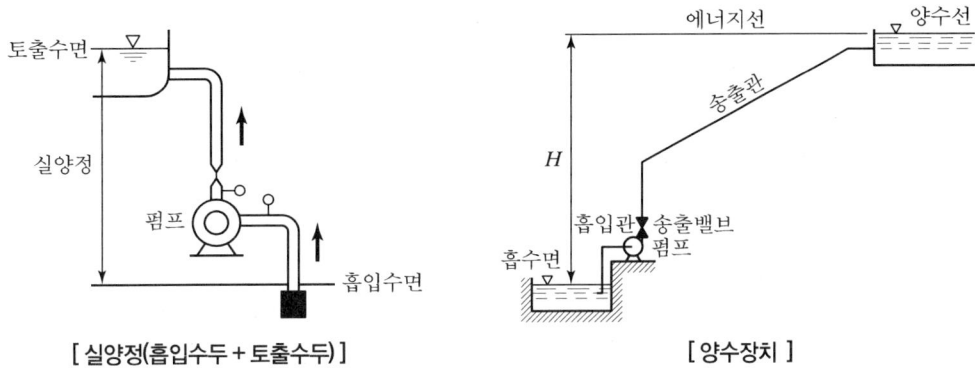

[실양정(흡입수두 + 토출수두)]　　　　　　　　[양수장치]

펌프의 흡입단은 부압이므로 흡입관의 위치수두와 흡입관의 속도수두를 더한 것이 대기압(수두로 7~8m)보다 커서는 안 된다. 즉, 펌프의 설치위치는 수면에서 8m 이상 떨어지면 양수가 되지 않는다.

3) 펌프의 종류

① **원심펌프(센트리퓨걸 펌프)** : 임펠러(Impeller)에 흡입된 물은 축과 직각의 축류방향으로 토출된다. 비교적 고양정에 적합하다.

② **사류펌프** : 펌프의 임펠러에서 나오는 물을 안내베인(Vane)에 유도하여 그 회전방향 성분을 축 방향 성분으로 바꾸어 토출하는 형식과 볼류트 케이싱에 유도하는 형식이 있다. 비교적 중양정에 적합하다.

③ **축류펌프** : 임펠러에서 나오는 물의 흐름이 축 방향으로 나오는 펌프로서 사류펌프와 같이 임펠러에서의 물을 안내베인에 유도하여 그 회전방향 성분을 축 방향으로 고쳐 이것에 의한 수력손실을 적게 하여 축 방향으로 토출하는 것이다. 비교적 저양정에 적합하다.

4) 펌프의 특성

① **임펠러(Impeller)** : 원심펌프 내에서 회전하는 부분이며 모터에서 받은 기계적 회전력을 물에 주어 압력과 속도수두로 변화시키는 역할을 한다.

② **축봉장치(Shaft Seal)** : 펌프축과 케이싱이 관통되는 곳에 누설을 방지하기 위하여 설치된다. 널리 사용되는 형식으로서 섬류나 고무를 삽입하여 기밀을 유지한다.

③ **베이퍼 록(Vaper Rock)현상** : 저비등점 액체 등을 이송할 때 펌프의 입구 쪽에서 발생하는 현상으로 일종의 끓는 현상에 의한 동요라고 말할 수 있다.

④ 캐비테이션(Cavitation) : 유수 중에 어느 부분의 정압이 그때 물의 온도에 해당하는 증기압 이하로 되어 물이 증발을 일으키고 수중에 녹아있던 용존산소가 낮은 압력으로 인하여 기포가 발생하는 현상으로 공동현상이라고도 한다.

⑤ 수격작용(Water Hammer) : 펌프에서 물을 압송하고 있을 때에 정전 등으로 급히 펌프가 멈춘 경우와 수량 조절밸브를 급히 개폐한 경우 등 관내의 유속이 급변하면 물에 심한 압력 변화가 생긴다. 이 작용을 수격작용이라고 한다.

⑥ 서징(Surging)현상 : 펌프를 운전할 때 송출압력과 송출유량이 주기적으로 변동하여 펌프 입구 및 출구에 설치된 진공계, 압력계의 지침이 흔들리는 현상을 말한다.

17 수격작용과 서징

1) 수격작용(Water Hammer)

관수로에 물이 흐를 때 밸브를 갑자기 막으면 순간적으로 유속은 0(Zero)이 되고 이로 인해 압력 증가가 생기며 이는 관내를 일정한 전파속도로 왕복하면서 충격을 준다. 이러한 압력파의 작용을 수격작용이라 한다. 관수로에서 일정한 유속 v로 물이 흐르고 있을 때 말단의 밸브를 닫으면, 유속은 Δv만큼 감소하게 된다. 이에 따라 압력변화는 Δp만큼 일어난다. 이때의 속도는 공기 중에서의 음파와 같이, 물과 관의 탄성에 의해서 정해지는 일정한 전파속도 C로서 관로 중에 전달되어 간다. 이 작용을 **수격작용** 또는 **수충작용**이라 한다.

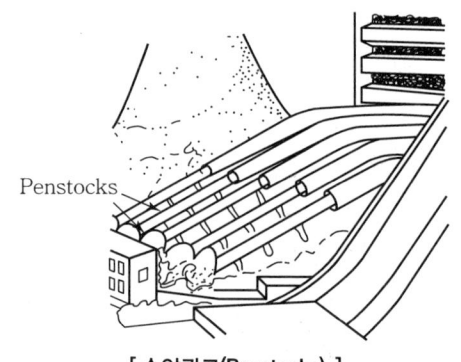

[수압관로(Penstocks)]

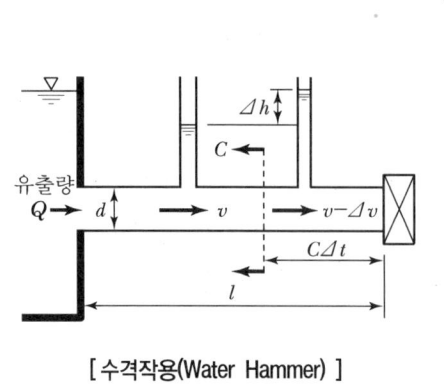

[수격작용(Water Hammer)]

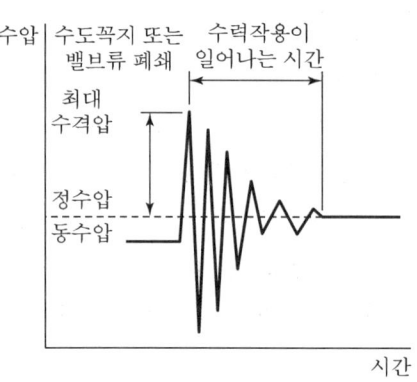

[수격작용의 형태]

(1) 수압관의 설계하중

수압관의 설계하중은 관의 두께를 결정하는 데 필요하며, 관 자체의 무게, 관 속의 물 무게, 정수두(靜水頭), 수격압에 대한 상승수두 서징(Surging)에 의한 상승수두 등을 고려한다.

① 정수두 : 수압관에서 말하는 정수두는 무부하(無負荷) 시의 수압과 입구수면의 최고 수위로부터 수차의 중심표고까지의 고저차를 말한다. 따라서 수로식 발전소에서는 헤드 탱크(Head Tank)의 월류마루(越流頂) 최고수위로 되고 댐식 발전소의 경우는 저수지의 계획 최고수위이다.

② 수격압 : 수차 폐색기의 조작에 의해서 부하(사용수량)를 증감시킬 때 생기는 관내 유속의 변화에 따라 압력파가 폐색기 위치에서 발생하고, 일정한 전파속도로 관로 속을 왕복하면서 관내에 압력을 준다.
이 압력을 수격압이라 하는데 폐색기의 위치에서 최대압(정수두의 10~30%)으로 되고 상부로 감에 따라 점차 감소하여 수압관 입구 수면에서 없어진다.

(2) 수격파의 전파속도

수격작용은 실제 시간의 경과와 더불어 쇠퇴하게 되어 결국 관로 전체의 압력은 일정하게 된다.

- 수격파의 전달속도 : $a = \dfrac{1}{\sqrt{\dfrac{w_0}{g}\left(\dfrac{1}{E_w} + \dfrac{1}{E}\dfrac{D}{t}\right)}}$

여기서, a : 수격파의 전달속도(m/sec) E_w : 물의 체적탄성계수
E : 관재료의 탄성계수 D : 관경
t : 관두께

2) 공동현상(Cavitation)

유수 중에 국부적으로 저압부분이 생겨 압력이 증기압 상태가 되어 물속에 있던 공기가 분리되어 물속에 공기 덩어리가 생기는 현상으로, 일반적으로 고체의 굴곡부에서 고속도의 흐름이 있을 때 발생하며 압력은 절대 0(Zero)이 아니다. 실제 공동의 발생과 소멸은 연속적으로 생긴다.

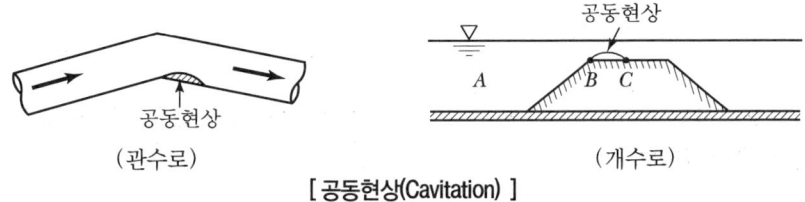

[공동현상(Cavitation)]

3) Pitting 작용

공동현상으로 인하여 순간적으로 압궤하면서 고체면에 강한 충격을 주는 작용을 Pitting이라 하며, 보통 철재, 콘크리트 등의 표면이 Pitting 작용 때문에 침식당하는 경우가 많다.

4) 서징(Surging)

밸브의 급작스런 개폐에 의한 수격 작용을 완화하기 위해 압력수로와 압력관 사이에 자유수면을 가진 조절수조를 설치하여 수조를 순간적으로 폐쇄하면 흐르던 물이 서지 탱크(Surge Tank, 수압조절탱크) 내로 유입하여 수원과 탱크 사이의 수면이 상승한다. 이러한 진동현상을 서징이라 한다.

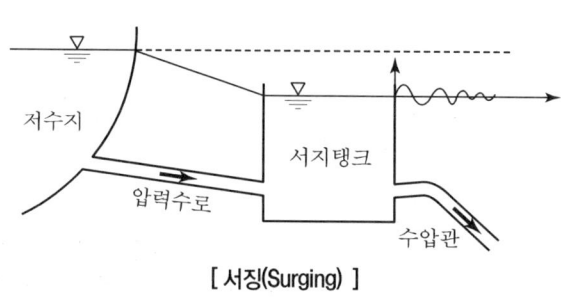

[서징(Surging)]

18 관수로 배수시간

그림에서 dt 시간에 수면이 dh 만큼 강하했다면, 수조의 수평면적을 A, 관의 단면적을 a라 했을 때에 다음과 같이 표현된다.

1) 자유유출하는 경우

- 총 손실수두 : $h = \left(f_e + f_0 + f\dfrac{l}{D}\right)\dfrac{V^2}{2g}$

- 유속 : $V = \sqrt{\dfrac{2gy}{\left(f_e + f_0 + f\dfrac{l}{D}\right)}}$

여기서, f_e : 유입손실계수
f_0 : 유출손실계수
l : 관의 길이
D : 관의 지름

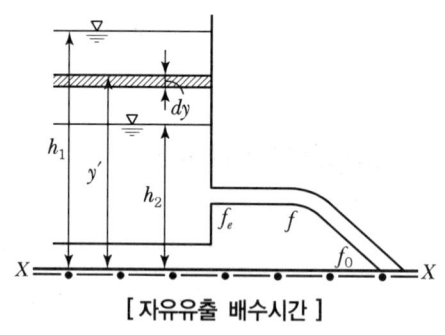

[자유유출 배수시간]

수조의 단면적을 A, 관수로의 단면적을 a라 하면 dt 시간에 관수로를 통해 배출된 물의 체적 dv는 다음과 같다.

- 미소체적 : $dv = a\mathrm{V} \cdot dt = a\sqrt{\dfrac{2gy}{\left(f_e + f_0 + f\dfrac{l}{D}\right)}} \cdot dt$

dt시간에 물통의 수위저하량을 dh라 하면

- 미소체적 : $dv = - A \cdot dy$

따라서, 미소체적 dv가 서로 같으므로

$$a\sqrt{\dfrac{2gy}{\left(f_e + f_0 + f\dfrac{l}{D}\right)}} \cdot dt = A \cdot dy$$

$$\therefore\ dt = \dfrac{A}{a\sqrt{\dfrac{2gh}{\left(f_e + f_0 + f\dfrac{l}{D}\right)}}} \cdot dy = \dfrac{A}{a\sqrt{\dfrac{2g}{\left(f_e + f_0 + f\dfrac{l}{D}\right)}}}\sqrt{y} \cdot dy$$

수조의 수면이 H_2에서 H_1까지 저하하는 소요시간 t는 위 식을 적분하면 된다.

$$\int dt = \dfrac{A}{a\sqrt{\dfrac{2g}{\left(f_e + f_0 + f\dfrac{l}{D}\right)}}} \int_{H_2}^{H_1} y^{-\frac{1}{2}} \cdot dy$$

*적분 : (지수에 1을 더한 것 분의 1)에 (지수에 1을 더한다)

$$t = \dfrac{A}{a\sqrt{\dfrac{2g}{\left(f_e + f_0 + f\dfrac{l}{D}\right)}}} \left(\dfrac{1}{-\dfrac{1}{2}+1}\right)\left[y^{\left(-\frac{1}{2}+1\right)}\right]_{H_2}^{H_1}$$

- 배수시간 : $t = \dfrac{2A}{a\sqrt{\dfrac{2g}{\left(f_e + f_0 + f\dfrac{l}{D}\right)}}}\left(H_1^{\frac{1}{2}} - H_2^{\frac{1}{2}}\right)$

2) 수조를 연결하는 경우

- 배수시간 : $t = \dfrac{2A_1 A_2}{a\sqrt{\dfrac{2g}{\left(f_e + f_0 + f\dfrac{l}{D}\right)}}(A_1 + A_2)}\left(H_1^{\frac{1}{2}} - H_2^{\frac{1}{2}}\right)$

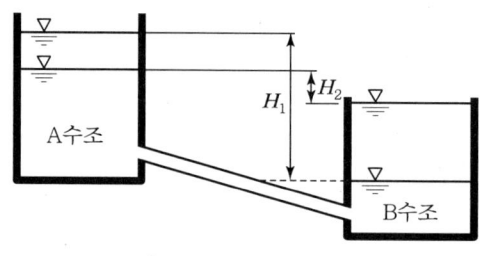

[수조연결 배수시간]

관련문제 — 관수로(Pipe Line)

01 관수로 흐름에 관하여 틀린 사항은?

㉮ 수리학적으로 거친 관은 벽면이 거치른 관을 말한다.
㉯ 거친 관에서 완전히 발달된 흐름의 유속은 상대속도와 같이 마찰속도의 함수이다.
㉰ 미끄러운 관에서 마찰손실계수 f는 레이놀즈 수의 함수이다.
㉱ 전단응력은 반경에 반비례한다.

해설 수리학적 차원에서 매끈한 관과 거친 관의 한계는 관벽요철의 평균높이의 흐름에 관한 층류저층의 두께와의 관계이다. 즉, 매끈한 관이란 저층의 두께가 관벽요철의 평균높이보다 큰 경우를 말한다.

02 다음 중 마찰손실계수 f는?

㉮ 레이놀즈 수와 상대조도와의 함수가 된다.
㉯ 언제나 레이놀즈 수만의 함수가 된다.
㉰ 층류와 난류에서 동일한 조건에서는 동일한 값이다.
㉱ 상대조와 Froude 수와의 함수가 된다.

해설 ① 난류인 상태에서도 매끈한 관, 즉 e/D가 적은 관에서 f는 R_e만의 함수이고(Blasuis의 식 : $f = 3.164 R_e^{-1/4}$) 상대조도가 큰 관에서는 R_e와는 관계없고 상대조도만의 함수가 된다.
② 관마찰손실계수 : $f = \phi''\left(\dfrac{1}{Re}, \dfrac{e}{D}\right)$

03 다음에서 관수로로 취급하여 유량계산을 하지 않는 것은?

㉮ 수력발전의 수압관 ㉯ 하수관거
㉰ 상수도의 배수관   ㉱ 압력터널

해설 관수로는 단면 전체에 물이 차서 흘러 자유표면을 가지지 않는 수로를 말하는데 하수관거는 일반적으로 개수로의 흐름으로 설계된다.

04 관수로 내의 흐름에서 흐름을 지배하는 힘(A), 흐름을 지속시키는 요소(B)가 모두 옳은 것은?

	A	B		A	B
㉮	중력,	두 단면 간의 점성차	㉯	중력,	두 단면 간의 속도차
㉰	점성력,	두 단면 간의 압력차	㉱	점성력,	두 단면 간의 위치차

해설 관수로의 흐름을 지배하는 힘은 점성력이고 압력차이에 의해 흐른다.

정답 01. ㉮ 02. ㉮ 03. ㉯ 04. ㉰

| 수리학 |

05 지름 1,000mm인 원관의 경심은 얼마인가?

㉮ 0.5m ㉯ 0.25m ㉰ 0.2m ㉱ 0.1m

해설 원관 경심 : $R = \dfrac{D}{4} = \dfrac{1}{4} = 0.25\text{m}$

06 관수로의 단면형은 원형을 많이 쓴다. 그 이유는?

㉮ 제작하기 편리해서
㉯ 제작재료가 적게 들기 때문에
㉰ 수압에 의한 관의 반력을 작게 하기 위해서
㉱ 수리상 유리한 단면으로 하기 위해서

해설 관수로에서의 원형단면은 수리상 유리한 단면이다. 따라서 재료도 적게 들며 제작 또한 편리하다. 무엇보다 구조상 제일 유리한 단면이다. 즉, 수압에 의한 관의 반력이 제일 적어지는 단면이다.

07 상대조도란?

㉮ 유속에 대한 조도비이다.
㉯ 일반적인 조도를 의미한다.
㉰ 실제로 존재하지 않는 가상의 조도를 말한다.
㉱ 관의 지름과 절대조도의 비를 말한다.

해설 상대조도란 절대조도와 관지름의 비이다. 즉, $\dfrac{e}{D}$, 일반적으로 난류에서 $f = \left(\dfrac{1}{R_e}, \dfrac{e}{D}\right)$의 관계가 있다.

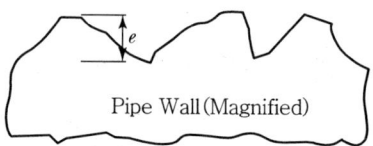
Pipe Wall(Magnified)

08 완전한 층류의 흐름에 대한 마찰손실계수 f는?

㉮ 관경이 같으면 언제나 일정한 값이다. ㉯ Reynolds 수만의 함수이다.
㉰ 상대조도(e/D)만의 함수이다. ㉱ Froude 수만의 함수이다.

해설 완전한 층류의 흐름에서는 $f = \dfrac{64}{R_e}$인 관계가 성립한다.

정답) 05. ㉯ 06. ㉰ 07. ㉱ 08. ㉯

Chapter 06 | 관수로(Pipe Line) |

09 Reynolds 수가 1,000인 관에 마찰손실계수 f의 값은?

㉮ 0.016　　㉯ 0.022　　㉰ 0.032　　㉱ 0.064

해설 관마찰손실계수 : $f = \dfrac{64}{R_e} = \dfrac{64}{1,000} = 0.064$

10 내경 10cm의 관로에 있어서 관벽의 마찰에 의한 손실수두가 꼭 속도수두와 같을 때의 관 길이는 다음 중 어느 것인가?(단, $f = 0.03$이라 한다.)

㉮ 2.33m　　㉯ 3.33m　　㉰ 4.99m　　㉱ 5.46m

해설 $f\dfrac{l}{D}\dfrac{V^2}{2g} = \dfrac{V^2}{2g}$

∴ $f\dfrac{l}{D} = 1$에서, 길이 $l = \dfrac{D}{f} = \dfrac{0.1}{0.03} = 3.33\text{m}$

11 유속 2.0m/sec, 관지름 100mm, 유입손실계수 $f_i = 0.5$, 마찰손실계수 $f = 0.02$인 경우 유입손실수두와 마찰손실수두의 값이 같게 될 때의 관의 길이는?

㉮ 1.5m　　㉯ 2.0m　　㉰ 2.5m　　㉱ 3.0m

해설 $f_e \dfrac{V^2}{2g} = f\dfrac{l}{D}\dfrac{V^2}{2g}$ 에서, $f_e = f\dfrac{l}{D}$ 이다.

길이 : $l = \left(\dfrac{f_e}{f}\right)D = \left(\dfrac{0.5}{0.02}\right)0.1 = 2.5\text{m}$

12 원관 내 층류의 유속분포 및 유량과 유체저항 관계의 설명 중 옳지 않은 것은?

㉮ 유량은 관의 반지름 4승에 비례한다.
㉯ 유량은 단위길이당 압력 강하량에 반비례한다.
㉰ 점성계수에 반비례한다.
㉱ 평균유속은 최대유속의 $\dfrac{1}{2}$배이다.

해설 ① Hazen-Poiseuille 식, 유량 $Q = \dfrac{\pi w_0 h_l}{8\mu l}R^4$
② 단위길이당 압력 강하량($\Delta p = w_0 h_l$)에 비례한다.

정답 09. ㉱　10. ㉯　11. ㉰　12. ㉯

| 수리학 |

13 지름 D의 원관이 놓여 있어 관내에 점성계수 μ인 유체가 층류로 흐를 때 길이 l인 지점에서 $\triangle P$의 압력강하가 있었다면 유량은 얼마인가?

㉮ $Q = \dfrac{\pi \triangle P}{32\mu l} D^4$ ㉯ $Q = \dfrac{\pi \triangle P}{8\mu l} D^4$ ㉰ $Q = \dfrac{\pi \triangle P}{64\mu l} D^4$ ㉱ $Q = \dfrac{\pi \triangle P}{128\mu l} D^4$

해설 유량 : $Q = \dfrac{\pi w_0 h_l}{8\mu l} R^4 = \dfrac{\pi w_0 h_l}{8\mu l} \left(\dfrac{D}{2}\right)^4 = \dfrac{\pi \triangle P}{128\mu l} D^4$

14 Chezy 공식의 평균유속계수 C와 Manning 공식의 조도계수 n 사이의 관계는?

㉮ $C = nR^{\frac{1}{6}}$ ㉯ $C = nR^{\frac{1}{3}}$ ㉰ $C = \dfrac{1}{n} R^{\frac{1}{6}}$ ㉱ $C = \dfrac{1}{n} R^{\frac{1}{3}}$

해설 유속 : $V = C\sqrt{RI} = \dfrac{1}{n} R^{\frac{2}{3}} I^{\frac{1}{2}}$ ∴ 유속계수 : $C = \dfrac{1}{n} R^{\frac{1}{6}}$

15 Darcy-Weisbach의 마찰손실공식으로부터 Chezy의 평균유속공식을 유도하면?

㉮ $V = \dfrac{124.5}{D^{1/3}} \sqrt{RI}$ ㉯ $V = \dfrac{8g}{D^{1/3}} \sqrt{RI}$ ㉰ $V = \sqrt{\dfrac{f}{8}} \sqrt{RI}$ ㉱ $V = \sqrt{\dfrac{8g}{f}} \sqrt{RI}$

해설 Darcy-Weisbach 공식

관찰마찰손실수두 : $h_l = f \dfrac{l}{D} \dfrac{V^2}{2g}$ 에서,

∴ $V = \sqrt{\dfrac{h_l}{l} \cdot \dfrac{2gD}{f}} = \sqrt{\dfrac{8g}{f} \cdot \dfrac{D}{4} \cdot \dfrac{h_L}{l}} = \sqrt{\dfrac{8g}{f}} \sqrt{RI}$

경심 $R = \dfrac{D}{4}$ (원관), 구배 $I = \dfrac{h_l}{l}$

16 Manning의 평균유속공식은 어느 경우에 많이 이용되는가?

㉮ 하수도 설계 ㉯ 거친 수로바닥 중·소하천
㉰ 변이 영역 ㉱ 상수도 설계

해설 Manning의 평균유속공식은 거친 수로바닥이나 중·소하천에 잘 적용된다. 즉, 상대조도가 큰 조면상의 난류에 대하여 적합하다. 그리고 Hazen-Williams 공식은 미국의 상·하수도의 표준공식이며, 특히 미끈한 관에서 거친 관으로 변하는 천이 영역의 흐름에 적합하다.

정답 13. ㉱ 14. ㉰ 15. ㉱ 16. ㉯

Chapter 06 | 관수로(Pipe Line) |

17 경심이 10m이고 동수경사가 $\frac{1}{100}$인 관로의 마찰손실계수 $f=0.04$일 때 유속은?

㉮ 20m/sec   ㉯ 10m/sec   ㉰ 24m/sec   ㉱ 14m/sec

해설 유속 : $V = C\sqrt{RI} = \sqrt{\frac{8g}{f}}\sqrt{RI} = \sqrt{\frac{8\times 9.8}{0.04}} \times \sqrt{10 \times \frac{1}{100}} = 14\text{m/sec}$

18 지름 d인 원관 2개로 송수되는 관로를 단면적이 같은 한 개의 구형 관으로 대체하려 할 때 구형 단면관의 한 변의 크기를 얼마로 하면 되겠는가?(단, 유속은 일정하다.)

㉮ $\sqrt{\frac{\pi}{2}}d$ ㉯ $\frac{\sqrt{\pi}}{2}d$ ㉰ $\sqrt{2}d$ ㉱ $\sqrt{\pi}d$

해설 $\frac{\pi}{4}d^2 \times 2 = B^2$ 폭 : $B = \sqrt{\frac{\pi}{2}}d$

19 Chezy형 평균유속 공식에서 f가 0.03이면 유속계수 C의 값은?(단, f는 마찰손실계수이다.)

㉮ 0.51   ㉯ 5.11   ㉰ 51.1   ㉱ 511.2

해설 관찰마찰손실계수 : $f = \frac{8g}{C^2}$ 에서, $C^2 = \frac{8g}{f}$

유속계수 : $C = \sqrt{\frac{8g}{f}} = \sqrt{\frac{8 \times 9.8}{0.03}} = 51.1$

20 Darcy의 마찰계수 f와 Manning의 조도계수 n 사이의 관계식은?(단, 관의 지름을 D로 한다.)

㉮ $f = \frac{124.5n^2}{D^{1/3}}$ ㉯ $f = \frac{214.5n^2}{D^{1/3}}$ ㉰ $f = \frac{214.5n^2}{D^{1/2}}$ ㉱ $f = \frac{224.5n^2}{D^{1/3}}$

해설 ① 관찰마찰손실수두 : $h_l = f\frac{l}{D}\frac{V^2}{2g}$ 에서 $f = \frac{h_l D \times 2g}{lV^2} = \frac{ID \times 2g}{V^2}$

② Manning $V = \frac{1}{n}R^{\frac{2}{3}}I^{\frac{1}{2}}$ 에서 $V^2 = \frac{1}{n^2}R^{\frac{4}{3}}I^{\frac{2}{2}}$

③ 관찰마찰손실계수 : $f = \dfrac{I\cdot D\cdot 2g}{\frac{1}{n^2}R^{\frac{4}{3}}I^{\frac{2}{2}}} = \dfrac{n^2 D\cdot 2g}{R^{\frac{4}{3}}} = \dfrac{n^2 D\cdot 2g}{\left(\frac{D}{4}\right)^{\frac{4}{3}}} = \dfrac{4^{\frac{4}{3}}\cdot n^2 D\cdot 2g}{D^{\frac{4}{3}}}$

$= \dfrac{4^{\frac{4}{3}}\cdot n^2 D\cdot 2g}{D^{3/3} \times D^{1/3}} = \dfrac{12.7gn^2}{D^{1/3}} = \dfrac{124.5n^2}{D^{1/3}}$

정답 17. ㉱ 18. ㉮ 19. ㉰ 20. ㉮

| 수리학 |

21 안지름 200mm의 관에 조도계수 $n = 0.012$이다. 이때의 마찰손실계수는?

㉮ 0.0146　　㉯ 0.0255　　㉰ 0.0306　　㉱ 0.0410

해설 관찰마찰손실계수 : $f = \dfrac{124.5n^2}{D^{1/3}} = \dfrac{124.5 \times (0.012)^2}{(0.2)^{1/3}} = 0.0306$

22 수로 내의 손실수두를 대별하면 마찰에 의한 손실수두와 마찰 이외의 손실수두, 즉 Minor Loss로 구분된다. 이것들은 모두 어느 것에 비례한다고 할 수 있는가?

㉮ 위치수두　　㉯ 총수두　　㉰ 압력수두　　㉱ 속도수두

해설 소손실(Minor Loss)의 경우 $h_x = f_x \dfrac{V^2}{2g}$ 이므로
∴ 손실수두는 속도수두에 비례한다.

23 저수지에 연결된 관수로의 입구에서 동수경사선은 저수지 수면에서 다음에 표시한 양만큼 아래에 위치한다. 이 중 옳게 표시된 것은?(단, 유입손실계수는 0.5이다.)

㉮ $\dfrac{V^2}{2g}$　　㉯ $0.5\dfrac{V^2}{2g}$　　㉰ $1.2\dfrac{V^2}{2g}$　　㉱ $1.5\dfrac{V^2}{2g}$

해설 유입손실수두 : $h_e = f_e \dfrac{V^2}{2g} = 0.5 \dfrac{V^2}{2g}$

24 유속이 4.0m/s이고 출구손실계수 $f_0 = 1.0$일 때 출구손실수두는?

㉮ 0.36m　　㉯ 0.64m　　㉰ 0.82m　　㉱ 0.96m

해설 출구손실수두 : $h_0 = f_0 \dfrac{v^2}{2g} = (1.0) \times \dfrac{4^2}{2 \times 9.8} = 0.82\text{m}$

정답 21. ㉰　22. ㉱　23. ㉯　24. ㉰

Chapter 06 | 관수로(Pipe Line)

25 길이가 400m이고 지름이 25cm인 관의 평균유속 1.32m/sec로 물이 흐르고 있다. 관마찰손실계수 $f=0.0422$일 때 손실수두는?

㉮ 11.4m ㉯ 4.54m ㉰ 60.0m ㉱ 6.0m

해설 손실수두 : $h_l = f \dfrac{l}{D} \dfrac{V^2}{2g} = 0.0422 \times \dfrac{400}{0.25} \times \dfrac{1.32^2}{2 \times 9.8} = 6.0\text{m}$

26 유량 6.28m³/sec를 송수하기 위하여 안지름 2m의 주철관 100m를 설치하였을 때 적당한 관로의 경사는?(단, $f=0.03$이다.)

㉮ $\dfrac{1}{1,000}$ ㉯ $\dfrac{2}{1,000}$ ㉰ $\dfrac{3}{1,000}$ ㉱ $\dfrac{4}{1,000}$

해설 ① 손실수두 : $h_l = f\dfrac{l}{D}\dfrac{V^2}{2g} = f\left(\dfrac{l}{D}\right)\left(\dfrac{Q^2}{2gA^2}\right) = (0.03)\left(\dfrac{100}{2}\right)\left(\dfrac{(6.28)^2}{2\times 9.8 \left(\dfrac{\pi \times 2^2}{4}\right)^2}\right) = 0.3$

② 구배 : $I = \dfrac{h_l}{l} = \dfrac{0.3}{100} = \dfrac{3}{1,000}$

27 Darcy-Weisbach의 마찰손실계수 $f = \dfrac{64}{R_e}$라 할 때 지름 0.2cm인 유리관 속을 0.8cm³/sec의 물이 흐를 때 관의 길이 1.0m의 손실수두는?(단, 동점성계수 $\nu = 1.12 \times 10^{-2}$cm²/sec이다.)

㉮ 18.6cm ㉯ 23.3cm ㉰ 29.2cm ㉱ 32.3cm

해설 유속 : $V = \dfrac{Q}{A} = \dfrac{Q}{(\pi D^2/4)} = \dfrac{0.8}{(\pi \times 0.2^2/4)} = 25.46 \text{cm/sec}$

Reynolds 수 : $R_e = \dfrac{VD}{\nu} = \dfrac{25.46 \times 0.2}{1.12 \times 10^{-2}} = 454.7$

마찰손실계수 : $f = \dfrac{64}{454.7} = 0.141$

손실수두 : $h_l = \left(\dfrac{64}{R_e}\right)\dfrac{l}{D}\dfrac{V^2}{2g} = f\dfrac{l}{D}\dfrac{V^2}{2g} = 0.141 \times \dfrac{100}{0.2} \times \dfrac{25.46^2}{2 \times 980} = 23.3\text{cm}$

정답 25. ㉱ 26. ㉰ 27. ㉯

| 수리학 |

28 관의 길이가 80m, 관경 400mm의 주철관으로 0.1m³/s의 유량을 송수할 때 손실수두는?(단, Chezy의 평균유속계수 $C=70$이다.)

㉮ 1.565m   ㉯ 0.129m   ㉰ 0.103m   ㉱ 0.092m

해설
① 유속 : $V = \dfrac{Q}{A} = \dfrac{Q}{(\pi D^2)/4} = \dfrac{0.1}{(\pi \times 0.4^2)/4} = 0.796\text{m/s}$

② Chezy 계수 : $C = \sqrt{\dfrac{8g}{f}}$ 에서, $C^2 = \dfrac{8g}{f}$

③ 관찰마찰손실계수 : $f = \dfrac{8g}{C^2} = \dfrac{8 \times 98}{70^2} = 0.016$

④ 관찰마찰손실수두 : $h_l = f \dfrac{l}{D} \dfrac{V^2}{2g}$
$= 0.016 \times \dfrac{80}{0.4} \times \dfrac{(0.798)^2}{2 \times 98} = 0.103\text{m}$

29 관수로에서 $D_1=15\text{cm}$, $D_2=30\text{cm}$인 급확단면으로 유량 $150l/\text{sec}$가 흐를 때 손실수두는?

㉮ 1.53m   ㉯ 2.76m   ㉰ 3.14m   ㉱ 6.34m

해설
① 유량 : $Q = 150l/\text{s} = 150\text{kg/s} = 150{,}000\text{g/s} = 150{,}000\text{cm}^3/\text{s} = 0.15\text{m}^3/\text{s}$

② 유속 : $V_1 = \dfrac{Q}{A_1} = \dfrac{Q}{(\pi D_1^2)/4} = \dfrac{0.15}{(\pi \times 0.15^2)/4} = 8.49\text{m/s}$

③ 단면확대손실 : $h_{se} = \left(1 - \dfrac{a}{A}\right)^2 \dfrac{V_1^2}{2g} = \left(1 - \dfrac{d^2}{D^2}\right) \dfrac{V_1^2}{2g}$
$= \left(1 - \dfrac{0.15^2}{0.3^2}\right) \dfrac{(8.49)^2}{2 \times 98} = 2.76\text{m}$

30 배관에 있어서 Elbow와 대등한 직선관의 길이는 직경의 몇 배에 해당하는가?(단, 관의 마찰계수 f는 0.025이고 Elbow 미소 손실계수는 f_b는 0.9이다.)

㉮ 40   ㉯ 48   ㉰ 36   ㉱ 20

해설
① Elbow의 손실수두 : $h_b = f_b \dfrac{v^2}{2g}$ ② 관마찰손실수두 : $h_l = f \dfrac{l}{D} \dfrac{V^2}{2g}$

③ $f_b \left(\dfrac{V^2}{2g}\right) = \dfrac{l}{D}\left(\dfrac{V^2}{2g}\right)$ 에서, $f_b = \dfrac{fl}{D}$ ④ 길이 : $l = \dfrac{f_b \cdot D}{f} = \dfrac{0.9 \times D}{0.025} = 36D$

따라서 직경 D의 36배이다.

31 수면차가 20m인 2개의 저수지가 관경 50cm, 길이 1,000m의 관으로 연결되었다면 유량은?(단, f_i= 0.5, f_0=1.0, f_b=0.2(만곡부 3개 = 0.2×3 = 0.6), f=0.036임)

㉮ 0.04m³/sec ㉯ 0.15m³/sec ㉰ 0.34m³/sec ㉱ 0.45m³/sec

해설 ① 총수두 : $H = h_e + h_o + h_b + h_l$

$$= \left(f_e + f_o + f_b + f\frac{l}{D}\right)\frac{V^2}{2g}$$

$$= \left\{(0.5 + 1.0 + (0.2 \times 3) + \left(0.036 \times \frac{1,000}{0.5}\right)\right\}\frac{V^2}{2g}$$

$$H = (74.1)\frac{V^2}{2g}$$

② 수면차 H : $20 = (74.1)\frac{V^2}{2g}$, 여기서 $V^2 = \frac{20 \times 2 \times 9.8}{74.1}$

따라서 유속 $V = \sqrt{\frac{20 \times 2 \times 9.8}{74.1}} = 2.3\text{m/s}$

③ 유량 : $Q = $ (단면적 A) × (유속 V)

$$= \left\{\frac{(\pi D^2)}{4}\right\} \times V = \left\{\frac{(3.14 \times 0.5^2)}{4}\right\} \times 2.3$$

$$= 0.45\text{m}^3/\text{sec}$$

32 그림과 같은 단선 관로수에서 200m 떨어진 곳에 내경 20cm 관으로 0.0628m³/sec의 물을 송수하려고 한다. 두 저수지의 수면차 H를 얼마로 유지하여야 하는가?(단, 마찰계수 f=0.036, 출구에 의한 손실계수 f_0=1.0, 입구에 의한 손실계수 f_e=0.5이다.)

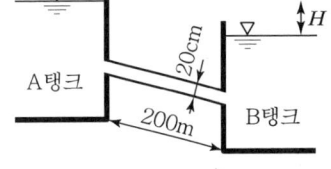

㉮ 6.45m ㉯ 5.45m ㉰ 7.65m ㉱ 8.27m

해설 ① 유량 : $Q = A \times V$에서,

유속 : $V = \frac{Q}{A} = \frac{Q}{(\pi D^2)/4} = \frac{0.0628}{(\pi \times 0.2^2)/4} = 2\text{m/s}$

② 총 손실수두

$$H = h_e + h_l + h_o = f_e\frac{V^2}{2g} + f\frac{l}{D}\frac{V^2}{2g} + f_0\frac{V^2}{2g}$$

$$= \left(f_e + f\frac{l}{D} + f_o\right)\frac{V^2}{2g} = \left(0.5 + 0.036 \times \frac{200}{0.2} + 1.0\right)\frac{2^2}{2 \times 9.8}$$

$$= 7.65\text{m}$$

| 수리학 |

33

그림과 같은 관수로의 말단에서의 유출량은?(단, 입구, 만곡, 출구, 마찰손실계수는 각각 0.5, 0.2, 1.0, 0.02임)

㉮ 724l/sec
㉯ 824l/sec
㉰ 924l/sec
㉱ 1,024l/sec

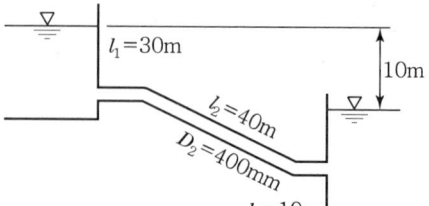

해설

① 수면차 : $H = h_e + (h_b \times 2) + h_l + h_o$

$$= f_e \frac{V^2}{2g} + \left(f_b \frac{V^2}{2g} \times 2\right) + f\frac{l}{D}\frac{V^2}{2g} + f_o\frac{V^2}{2g}$$

$$= \left(f_e + 2f_b + f\frac{l}{D} + f_o\right)\frac{V^2}{2g}$$

$$= \left(1.5 + 2f_b + f\frac{l}{D}\right)\frac{V^2}{2g}$$

따라서 $2gH = \left(1.5 + 2f_b + f\frac{l}{D}\right)V^2$

② 유속 : $V = \sqrt{\dfrac{2gH}{1.5 + 2f_b + f\dfrac{l}{D}}}$

③ 유량 : $Q = AV = \left(\dfrac{\pi d^2}{4}\right) \times \sqrt{\dfrac{2gh}{1.5 + 2f_b + f\dfrac{l}{D}}}$

$$= \left(\frac{\pi \times 0.4^2}{4}\right) \times \sqrt{\frac{2 \times 9.8 \times 10}{1.5 + 2 \times 0.2 + \left(0.02 \times \dfrac{80}{0.4}\right)}}$$

$= 0.724 \text{m}^3/\text{sec} = 724 l/\text{sec}$

34

다음 손실계수 중 가장 큰 것은?

㉮ 출구손실계수(f_0)
㉯ 단면 급축소에 의한 손실계수(f_c)
㉰ 입구손실계수(f_e)
㉱ 단면 급확대에 의한 손실계수(f_w)

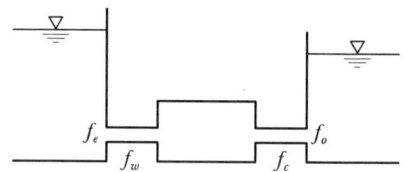

해설 손실수두 중에서 제일 큰 것은 관마찰손실수두 $h_l = f\dfrac{l}{D}\dfrac{V^2}{2g}$ 이고, 손실계수 중에서 제일 큰 것은 출구손실계수 $f_0 = 1.0$으로 가장 크다.

35 손실수두 중에서 가장 큰 것은?

㉮ 입구손실수두 ㉯ 관마찰손실수두
㉰ 출구손실수두 ㉱ 단면축소손실수두

해설 긴 관에서는 관마찰에 의한 손실수두가 전 손실수두의 거의 대부분을 차지할 정도로 크다. 그래서 다른 손실은 무시한다. 짧은 관이라 할지라도 다른 손실에 비해 관마찰에 의한 손실이 제일 크다.

36 관수로 내의 마찰손실 이외의 모든 손실을 무시해도 좋은 경우는?

㉮ $\dfrac{l}{D} > 1,000$ ㉯ $\dfrac{l}{D} > 3,000$
㉰ $\dfrac{l}{D} < 1,000$ ㉱ $\dfrac{l}{D} < 3,000$

해설 장관(Long Pipe) : $\dfrac{(길이 l)}{(직경 D)} > 3,000$일 때는 장관으로 관마찰손실수두 이외의 손실수두는 무시해도 좋다.

37 각 관에서의 손실수두를 h_1, h_2, h_3, h_4라 할 때 다음 중 옳은 것은?

㉮ $h_1 > h_2$ ㉯ $h_2 = h_3$
㉰ $h_2 > h_3$ ㉱ $h_3 > h_4$

해설 병렬관수이므로 시계방향의 손실수두와 반시계방향의 손실수두의 크기는 같으므로 $h_2 = h_3$가 된다.

38 Hardy Cross의 가정법이 아닌 것은?

㉮ 각 유로의 분기점의 유량은 정지하지 않고 모두 유출되는 것으로 한다.
㉯ 각 유로의 합류점의 유량은 정지하지 않고 모두 유출한다.
㉰ 시계방향⊕과 반시계방향⊖의 ⊕⊖ 손실수두의 합은 1.0이다.
㉱ 보정값 유량 ΔQ가 적어질 때까지 반복계산한다.

해설 시계방향과 반시계방향의 손실수두 합은 0이다.

| 수리학 |

39 관망에서 유량 Q, 손실수두 h_l, 가정 유량 Q_0일 때 가정손실수두 h_l' 라 하고 보정유량 ΔQ_0일 때 손실수두 Δh_l라 하면 Hardy Cross법에 의한 유량보정량을 구하는 식을 옳게 표시한 것은?

(단, $h_l = f\dfrac{l}{D}\dfrac{V^2}{2g} = f\dfrac{l}{D}\dfrac{Q^2}{2gA^2} = \left(f\dfrac{l}{D}\dfrac{1}{2gA^2}\right)Q^2 = KQ^2$ 따라서 $K = f\dfrac{l}{D}\dfrac{1}{2gA^2}$ 이다.)

㉮ $\Delta Q_0 = \dfrac{\sum KQ_0^2}{K\sum Q_0}$ ㉯ $\Delta Q_0 = \dfrac{\sum Q_0}{K\sum Q_0}$

㉰ $\Delta Q_0 = \dfrac{\sum KQ_0 h}{\sum KQ_0}$ ㉱ $\Delta Q_0 = -\dfrac{\sum KQ_0^2}{2\sum KQ_0}$

해설 ① Hardy Cross 방법에 의한 관망 유량계산법
가정유량(Q_0)에 보정유량(ΔQ)을 계산하여 실제유량($Q = Q_0 \pm \Delta Q$)을 구한 후 폐합관에 대해 $\Sigma h_l \fallingdotseq 0$이 되도록 반복 계산하는 방법이다.
② 보정유량 : $\Delta Q = \dfrac{\sum KQ_0^2 (\text{흐름방향 고려})}{2\sum KQ_0 (\text{흐름방향 무시})}$

40 지름이 40cm, 길이가 2.0m인 관의 수두손실이 20cm일 때 관벽에 작용하는 마찰력 τ_0는?

㉮ 0.1g/cm² ㉯ 0.2g/cm² ㉰ 1.0g/cm² ㉱ 2.0g/cm²

해설 마찰력 : $\tau_0 = \dfrac{w_0 h_l}{2l} \times \gamma = \dfrac{1 \times 20}{2 \times 200} \times 20 = 1\text{g/cm}^2$

41 유량이 0.5m³/sec, 낙하고가 10m일 때 물이 가지는 힘(Power)은?

㉮ 6,500kg · m ㉯ 4,800kg · m/sec ㉰ 5,000kg · m/sec ㉱ 6,500kg · m/sec

해설 물이 가진 에너지 : $E = W_0 QH = 1{,}000(\text{kg/m}^3) \times 0.5(\text{m}^3/\text{s}) \times 10(\text{m}) = 5{,}000\text{kg} \cdot \text{m/sec}$

42 1HP(마력)는 얼마인가?

㉮ 60 kg m/s ㉯ 75 kg m/s ㉰ 102 kg m/s ㉱ 120 kg m/s

해설 1HP = 1마력 = 75 kg m/s 이다.

정답 39. ㉱ 40. ㉰ 41. ㉰ 42. ㉯

43 1kW는 얼마인가?

㉮ 75 kg m/s ㉯ 102 kg m/s ㉰ 150 kg m/s ㉱ 1,330 kg m/s

해설 1kW = 102 kg m/s 이다.

44 총 유량 25m³/sec, 총 낙차 H=80m, 전손실수두 $\sum h_l$=4.5m, 수차의 효율 η_1=87%, 발전기 효율 η_2=92%라고 하면 소요출력은?

㉮ 14,800 kW ㉯ 16,600 kW ㉰ 26,000 kW ㉱ 23,000 kW

해설
① 유효수두 : $H_e = H - \sum h_l = 80 - 4.5 = 75.5\text{m}$
② 합성효율 : $\eta = \eta_1 \times \eta_2 = 0.87 \times 0.92 = 0.8$
③ 발전력 : $E = \dfrac{1,000 Q H_e \cdot \eta}{102}(\text{kW}) = \dfrac{1,000 \times (25) \times (75.5) \times (0.8)}{102} = 14,800\text{ kW}$

45 어떤 수평관 속에 물이 2.8m/sec의 유속과 0.46kg/cm²의 압력으로 흐르고 있다. 이 물의 유량이 0.84m³/sec일 때 물의 동력은?(단, η는 80%이다.)

㉮ 44.8마력 ㉯ 76마력 ㉰ 560마력 ㉱ 580마력

해설
수두 : $H = \dfrac{p}{w_0} + \dfrac{V^2}{2g} = \dfrac{460\text{g/cm}^2}{1\text{g/cm}^3} + \dfrac{2.8^2}{2 \times 9.8} = 5\text{m}$

발전력 : $E = \dfrac{1,000 \times QH \cdot \eta}{75} = \dfrac{1,000 \times 0.84 \times 5 \times 0.8}{75} = 44.8\text{마력}$

46 유량 Q=0.5m³/sec를 길이 l=50m, 관지름 D=0.3m, f=0.03인 관을 통하여 높이 20m에 양수할 경우 필요한 펌프의 용량을 마력으로 표시한 값은?(단, 효율은 80%이다.)

㉮ 12.2HP ㉯ 219.1HP ㉰ 273.0HP ㉱ 85.7HP

해설
유속 : $V = \dfrac{Q}{A} = \dfrac{Q}{(\pi D^2)/4} = \dfrac{4Q}{\pi D^2} = \dfrac{4 \times 0.5}{\pi \times 0.3^2} = 7.07\text{m/sec}$

손실수두 : $h_l = f \dfrac{l}{D} \dfrac{V^2}{2g} = 0.03 \times \dfrac{50}{0.3} \times \dfrac{(7.07)^2}{2 \times 9.8} = 12.76\text{m}$

펌프용량 : $E = \dfrac{1,000 Q H_P}{75\eta} = \dfrac{1,000 Q (H + h_l)}{75\eta} = \dfrac{1,000 \times 0.5 \times (20 + 12.76)}{75 \times 0.8} = 273\text{HP}$

정답 43. ㉯ 44. ㉮ 45. ㉮ 46. ㉰

47. 500HP는 몇 kW인가?

㉮ 12.4 kW   ㉯ 280.6 kW   ㉰ 367.5 kW   ㉱ 650.5 kW

해설
① $13.33QH(\text{HP}) = 9.8QH(\text{kW})$
② $\text{HP} = \dfrac{9.8QH}{13.33QH}(\text{kW}) = 0.735(\text{kW})$
③ $500\text{HP} = 500 \times (0.735) = 367.5(\text{kW})$

48. 사이펀에 대한 설명 중 옳은 것은?

㉮ 사이펀이란 만곡된 수로이다.
㉯ 역 사이펀과 사이펀은 형상이 반대이므로 수리학적 이론도 다르다.
㉰ 부압이 생기는 부분이 없는 수로이다.
㉱ 수로의 일부가 동수경사선보다 상부에 있는 수로이다.

해설 사이펀(Syphon) : 관수로의 일부가 동수경사선보다 높은 경우의 수로를 말한다.

49. 사이펀 작용을 이용하여 고수조에서 저수조로 관수로에 의해 송수하려 할 때 실제로 동수경사선보다 관수로를 어느 정도까지 높일 수 있는가?

㉮ 10m   ㉯ 8.0m   ㉰ 3.0m   ㉱ 15m

해설 이론상 압력이 최소가 된다 해도 절대압력 0 이하로는 불가능하므로
$H_c = \dfrac{p_a}{w_0} = \dfrac{1{,}033\text{g/cm}^2}{1\text{g/cm}^3} = 1{,}033\text{cm} = 10.33\text{m}$ 가 된다.
그러나, 실제로 마찰이나 기타 손실 때문에 8.0m 이상이 되면 사이펀 작용을 하지 못한다.

50. 그림과 같은 사이펀에서 관 직경은 0.7m일 때 흐를 수 있는 유량은 얼마인가?

㉮ 4.82m³/hr   ㉯ 4.78m³/hr
㉰ 4.12m³/hr   ㉱ 4.26m³/hr

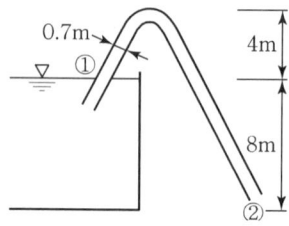

해설 수면과 파이프 하단에 베르누이 정리를 세우면
① $Z_1 + \dfrac{p_1}{w_0} + \dfrac{V_1^2}{2g} = Z_2 + \dfrac{p_2}{w_0} + \dfrac{V_2^2}{2g}$

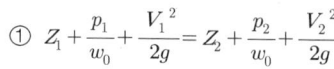

$$8 + (대기압작용 : 0) + (수두표면유속 : 0)$$
$$= (위치수두 : 0) + (대기압작용 : 0) + \frac{V_2^2}{2g}$$
$$\therefore \frac{V_2^2}{2g} = 8.0$$

② 유속 : $V = \sqrt{2g \times 8.0} = 12.52 \text{m/sec}$

③ 유량 : $Q = AV = \left(\frac{v \times 0.7^2}{4}\right) \times 12.52 = 4.82 \text{m}^3/\text{sec}$

51

그림의 사이펀에서 사이펀으로 작용할 수 있는 B점의 최고 높이는?(단, 부압의 한계는 -8t/m^2이고, 입구손실계수 f_e은 0.6, 만곡손실계수 f_b는 0.3, 출구손실계수 f_0는 1.0이며 마찰손실계수는 0.0363임)

㉮ 8.68m ㉯ 6.98m
㉰ 4.34m ㉱ 2.23m

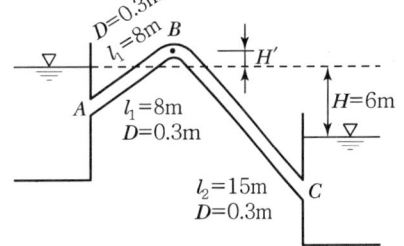

해설 ① 총 수두차
$$H = h_e + h_b + h_l + h_0 = \frac{V^2}{2g}\left(f_e + f_b + f\frac{l}{D} + f_0\right)$$

② B점까지의 수두차
$$\Delta H = h_e + h_b + h_l = \frac{V^2}{2g}\left(f_e + f_b + f\frac{l}{D}\right)$$

③ $\dfrac{\Delta H}{H} = \dfrac{f_e + f_b + f\dfrac{l_1}{D}}{f_e + f_b + f_0 + f\left(\dfrac{l_1 + l_2}{D}\right)} = \dfrac{(0.6 + 0.3 + 0.0363) \times \left(\dfrac{8}{0.3}\right)}{(0.6 + 0.3 + 1.0 + 0.0363) \times \left(\dfrac{8+15}{0.3}\right)}$

$= \dfrac{24.968}{148.449} = 0.17\text{m}$

④ $\dfrac{\Delta H}{H} = 0.17\text{m}$에서, $\Delta H = 0.17H = 0.17 \times 6 = 1.02\text{m}$

⑤ $H' = \dfrac{P_B}{w_0} - \Delta H = \left(\dfrac{8\text{t/m}^2}{1\text{t/m}^3}\right) - \Delta H = 8 - 1.02 = 6.98\text{m}$

52

그림과 같은 역(逆)사이펀에서 특히 주의해야 할 점은?

㉮ 부압
㉯ 만곡에 의한 손실수두
㉰ 마찰손실수두
㉱ 관 내의 H_{max}에 상당하는 큰 수압

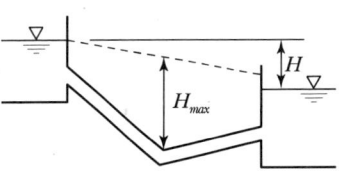

해설 역사이펀(Inverted Syphon)은 하단부에 큰 수압이 걸리므로 관을 보강해야 한다.

| 수리학 |

53 다음 중 공동현상(Cavitation)과 관계 없는 사항은?

㉮ 고체의 곡선부에 많이 생긴다.　　㉯ 공동 속의 압력은 절대 0이 되지 않는다.
㉰ 표면이 침식당하는 경우가 생긴다.　㉱ 공동이 생기면 물체의 저항력이 적게 된다.

해설 공동현상은 관의 곡선부 흐름에서 유속이 빠르게 되면 곡선부 안쪽에 저압지역의 발생으로 물속의 공기가 분리되어 공기덩어리가 형성되는 현상이다. 공동이 발생되면 관표면이 침식당할 수 있으므로 좋지 않다. 공동 내의 압력은 저압이나 절대 0은 아니다.

54 관내를 유속 V로 물이 흐르고 있을 때 밸브 등의 급격한 폐쇄 등에 의하여 유속이 줄어들면 이에 따라 관내의 압력의 변화가 생기는데 이것은?

㉮ 수격압　　㉯ 동압　　㉰ 정압　　㉱ 정체압

해설 수격압(Water Hammer Pressure) : 관수로에서 물이 흐를 때 밸브를 급히 닫으면 수압은 상승하고 유속이 0이 되고 닫힌 밸브를 열면 수압은 저하하는데 이와 같이 급격히 증감하는 수압을 말한다.
※ Bernoulli의 방정식을 압력항으로 표시

55 관로에서 직경을 2배로 증가시키면 유량은 몇 배로 증가하는가?

㉮ 1배　　㉯ 2배　　㉰ 3배　　㉱ 4배

해설 ① 유량 $Q_1 = AV = \left(\dfrac{\pi D^2}{4}\right)V$
② 유량 $Q_2 = AV = \left(\dfrac{\pi (2D)^2}{4}\right)V = \left(\dfrac{\pi \times 4D^2}{4}\right)V = \left(\dfrac{\pi D^2}{4}\right)V \cdot 4$
③ 유량은 관경의 제곱에 비례하므로 4배 증가한다.

56 관로수의 흐름에서 질량보존의 법칙을 이용한 것은?

㉮ 연속 방정식　　㉯ 베르누이 정리　　㉰ 운동량 방정식　　㉱ Manning 공식

해설 연속방정식이라는 의미는 유체의 흐름을 설명하는 과정에서 연속체를 가정하기 위하여 도입된 하나의 아이디어라고 생각하면 된다. 흐름 자체를 하나의 연속적인 과정에서 해석할 수 있기 때문에 미세영역의 특성을 해석함으로써 전체시스템을 설명할 수 있게 된다. 이러한 연속방정식은 근본적으로 질량보존의 관계에서 유도할 수 있다.

정답 53. ㉱ 54. ㉮ 55. ㉱ 56. ㉮

Chapter 07

개수로(Open Channel)

1. 개수로의 특성   261
2. 흐름의 구분   264
3. 유량계측   266
4. 평균유속공식   268
5. 수직유속곡선   269
6. 등류수로의 설계 요령   270
7. 토사의 수송   272
8. 소류력 공식   277
9. 항력과 양력   279
10. 자연하천의 조도 계산   280
11. 수로의 단면형   281
12. Manning의 조도계수에 영향을 주는 요소   286
13. 복합단면의 등가 조도   287
14. 수리특성곡선   291
15. 상류와 사류   292
16. 비에너지와 단면의 일반형   294
17. 비에너지와 한계수심   295
18. 유량과 한계수심   298
19. 한계유속   301
20. 한계구배   302
21. 비력   303
22. 도수   307
23. 정류의 일반식   316
24. 부등류의 기본식   319
25. 부등류의 수면형   321
26. 부등류의 수면곡선 계산식   325
27. 원심력이 작용하는 흐름   328
28. 단파   330

Chapter 07 개수로 (Open Channel)

개수로의 흐름이란 물이 대기에 노출된 수면을 갖고 수로 속을 흐르는 경우를 말한다. 따라서 관수로 속의 흐름과 달리 개수로의 흐름에는 수면형이 실제로 나타난다. 이것은 관수로의 흐름일 경우의 동수구배선에 해당되는 것이다. 개수로의 흐름은 하천, 운하, 용수로, 도랑 등의 흐름에서 나타나며, 하수관과 같이 수로의 단면형이 폐곡선이지만 물이 만수상태가 아닌 자유수면(Free Water Surface)으로 흐른다. 수로의 벽면이 콘크리트이거나 석조일 경우에는 흐름에 의하여 수로의 윤변이 변화되는 일은 없다. 이처럼 흐름에 의하여 변화되지 않는 수로를 고정상 수로(Fixed Bed Channel), 흐름에 따라 수로상을 구성하는 물질의 상태가 변화되는 수로를 이동상 수로(Movable Bed Channel)라 한다. 천연 하천에서의 하상은 모래나 조약돌로 되어 있어 대부분이 이동상 수로이다. 그러나 이와 같은 이동성의 저질로 된 수로상을 갖는 개수로라도 흐름의 성질에 의해서는 저질의 이동이 거의 없는 고정상으로 간주되는 것도 있다.

개수로의 단면형이 일정하여도 유속은 단면 내의 장소에 따라 다르다. 단면 내의 유속분포를 지배하는 요인으로서는 수심, 수로 윤변의 조도, 단면의 형상 및 그 변화, 수로의 만곡, 그외 수로 속 구조물의 존재 등을 들 수 있다.

1 개수로의 특성

개수로의 흐름은 자유표면을 갖고 있으며, 대기압의 작용에 의한 중력이 물의 흐름을 지배하는 흐름을 말한다. 흐름의 원인은 수로의 경사 및 물 표면의 경사에 의하여 주로 중력의 작용에 의하여 흐른다. 하천, 운하, 용수로 등의 자유수면이 있는 수로뿐만 아니라 지하배수관거, 터널 등과 같은 암거라도 물이 충만하지 않게 흐르면 개수로 취급한다.

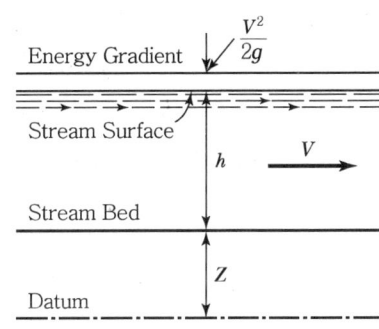

[Energy in An Open Channel]

① 자유수면(Free Surface)을 갖는 흐름이다.
② 중력이 흐름을 지배한다.
③ 유체 내 관성력의 영향이 있다.
④ 대기압의 영향을 직접 받는다.
⑤ 물이 관에 충만하지 않은 상태이다.

관수로는 관내부에 자유수면(Free Surface)이 없는 압력에 의해 만류로 흐르게 되며, 개수로는 수면이 대기와 접하고 경사로 인해 중력의 작용으로 자유수면을 갖고 흐르는 형태를 말한다.

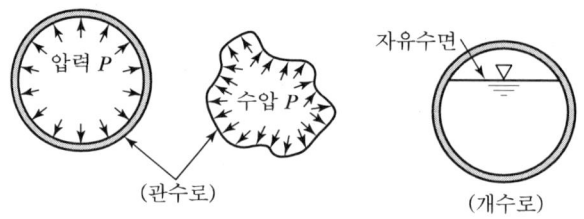

[관수로와 개수로]

1) 수로단면에 관련된 용어

① 유적(Cross Sectional Area of Stream) A : 수로횡단면에 있어서 실제로 물이 흐르고 있는 부분의 면적을 말한다.

② 윤변(Wetted Perimeter) P : 유체가 단면에 접하는 주변 길이로 마찰력이 일어나는 곳(젖은 변의 길이)을 말한다.

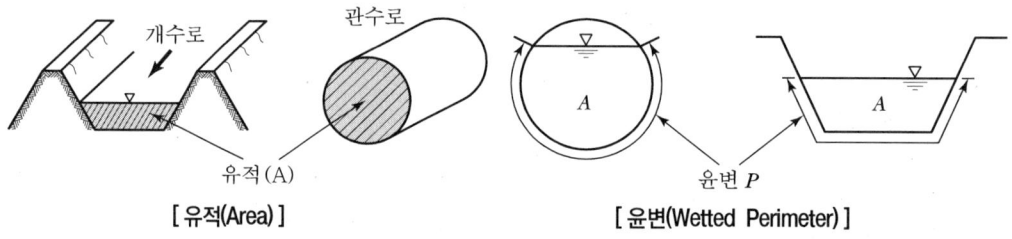

[유적(Area)]   [윤변(Wetted Perimeter)]

③ 경심(Hydraulic Radius) R : 유적(流積) A를 윤변(潤邊) P로 나눈 것을 말한다.

- 유적 : $A = (윤변\ P) \times (경심\ R)$
- 경심 : $R = \dfrac{A(유적)}{P(윤변)}$

2) 수리수심(Hydraulic Depth)

① 수심(D) : 수로 바닥과 자유표면(수면)과의 수직거리로 정의되며 수로 바닥경사가 작은 경우에는 근사적으로 연직거리로 치환된다. 또 기준면으로부터 수면의 연직높이를 수위(h)라 한다.

② 수면폭(B) : 자유수면에 있어서 수로단면의 폭을 말한다. 또 수로에 있어서 폭을 B라 할 때 수면폭은 유수단면적 및 수심과의 관계에서 다음과 같다.

- 수면폭 : $B = \dfrac{(유적)A}{(수심)D}$

③ 수리수심(D) : 유수단면적 A와 수로폭 B의 비이며 수로의 평균수심이다.

- 평균수심 : $D = \dfrac{(유적)A}{(수면폭)B}$

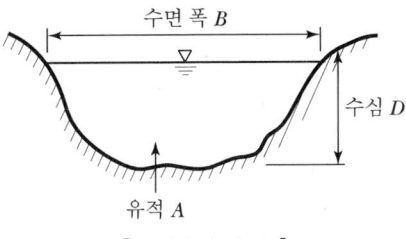

[유적과 수면 폭]

④ 등류계산을 위한 단면계수(Z) : 등류계산을 위한 단면계수 Z는 유체의 단면적 A와 경심의 $\dfrac{2}{3}$ 승을 곱한 $AR^{\frac{2}{3}}$ 을 말한다.

- 단면계수 : $Z = AR^{\frac{2}{3}}$

⑤ 한계류 계산을 위한 단면계수(Z)
한계류 계산을 위한 단면계수 Z는 유수단면적 A와 수리수심 D의 평방근의 곱으로 정의된다.

- 단면계수 : $Z = A\sqrt{D} = A\sqrt{\dfrac{A}{B}}$

수로단면에 관련된 변수

도형	면적(A)	윤변(P)	경심(R)	수리수심(D)
직사각형 (폭 b, 수심 h)	bh	$b+2h$	$\dfrac{bh}{b+2h}$	h
사다리꼴 (윗폭 B, 밑폭 b, 수심 h, 경사 $1:m$)	$(b+mh)h$	$b+2h\sqrt{1+m^2}$	$\dfrac{(b+mh)h}{b+2h\sqrt{1+m^2}}$	$\dfrac{(b+mh)h}{b+2mh}$

![삼각형 단면]	mh^2	$2h\sqrt{1+m^2}$	$\dfrac{mh^2}{2h\sqrt{1+m^2}}$	$\dfrac{h}{2}$
![원형 단면]	$\dfrac{1}{8}(\theta-\sin\theta)d^2$	$\dfrac{1}{2}\theta d$	$\dfrac{1}{4}\left(1-\dfrac{\sin\theta}{\theta}\right)d$	$\dfrac{1}{8}\left(\dfrac{\theta-\sin\theta}{\sin\dfrac{\theta}{2}}\right)d$

2 흐름의 구분

유체 내에서 유체입자가 운동할 때의 유체흐름의 영향인자로는 속도, 압력, 밀도, 온도, 전단, 난류, 점성 등이 있다.

1) 정류와 부정류

① 정류 : 일정한 단면에서 흐름의 수리학적 특성이 시간에 따라 변하지 않는 흐름이다. 인공 수로에서의 흐름과 유량이 일정하다고 할 때 유선과 유적선이 일치한다.
② 부정류 : 일정한 단면에서 흐름의 수리학적 특성이 시간에 따라 변화한다. 홍수 시 하천의 흐름을 말하며, 유선과 유적선이 일치하지 않는다.

2) 등류와 부등류

그림과 같은 단면에 물이 정상적으로 흐를 때 ①에서 ②까지는 유속은 증가하고 수심은 감소하는 흐름이 된다. 이와 같이 유속과 수심이 변하는 흐름을 **부등류**(Varied Flow)라 한다. 그리고 ② 단면을 지나면 유속은 일정한 속도가 유지되며 수심도 일정하게 된다. 이런 흐름을 **등류**(Uniform Flow)라 한다.

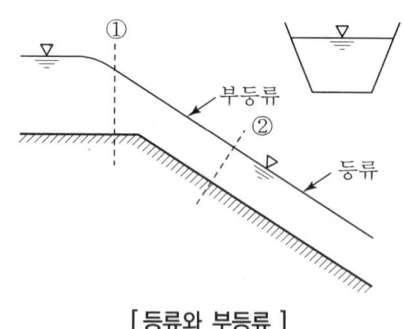

[등류와 부등류]

3) 상류와 사류

흐름은 상류(Tranquil)와 사류(Rapid)로 구분된다. 상류와 사류의 구분은 구배가 급하지 않은 수로에서 볼 수 있는 느린 흐름이 상류이며 장해물이 있으면 그 영향을 받아 수심이 높아지는 흐름이다. 사류는 수문의 개구부 등에서 쏟아져 나오는 빠른 흐름이고 장해물을 그대로 넘으며 수심이 높아지지 않는다. 그리고 상류와 사류를 구별하는 데는 Froude 수를 사용한다.

[상류와 사류에 있어서 수면각란의 전파]

① 상류(Sub Critical Flow) : 수심이 한계수심보다 크고 유속은 한계유속보다 작은 흐름을 말한다.
② 사류(Super Critical Flow) : 수심은 한계수심보다 작으며 유속은 한계유속보다 큰 흐름을 말한다.
③ 한계류(Critical Flow) : 비에너지가 최소이고, 동일 단면에 유량이 최대로 흐르는 흐름을 말한다.

상류와 사류 및 한계류를 Froude 수와 관련시키면 다음과 같다.

- Froude 수 : $F_r = \dfrac{V}{\sqrt{gh}} < 1$ ……… (상류)
- Froude 수 : $F_r = \dfrac{V}{\sqrt{gh}} > 1$ ……… (사류)
- Froude 수 : $F_r = \dfrac{V}{\sqrt{gh}} = 1$ ……… (한계류)

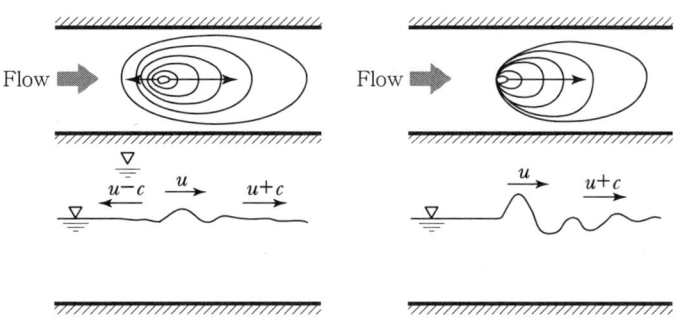

[Froude = $\dfrac{V}{\sqrt{gh}}$]

4) 층류와 난류

흐름의 상태에 미치는 점성의 효과를 점성력에 대한 관성력의 비로 나타낸다.

① 층류 : 난류에 비해 상대적으로 점성력이 관성력보다 클 때, 물입자가 직선 운동을 하며, 유속이 비교적 느린 토양 내에서의 흐름 등이다.
② 난류 : 층류에 비해 상대적으로 관성력이 점성력보다 클 때, 물입자가 불규칙한 경로를 가진다. 일반적인 흐름은 거의 모두가 난류이다.
③ 천이류 : 층류와 난류 사이의 천이상태의 흐름을 말한다.

- Reynolds수 : $Re = \dfrac{V(\text{유속}) \times h(\text{수심})}{\nu(\text{동점성계수})} = \dfrac{Vh}{\nu}$
- Reynolds수 : $Re < 500$ …… (층류)
- Reynolds수 : $Re > 500$ …… (난류)

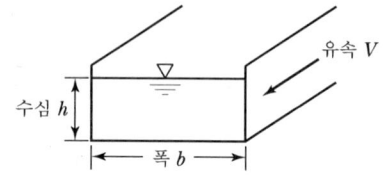

3 유량계측

1) 유량측정방법

유체의 유량을 측정하는 방법을 대별하면 용적, 중량, 적산유량, 순간치 유량을 측정하는 방법 등이 있고 유량의 단위에는 (m³/s) 등이 있다.

유량계의 종류별 측정원리

측정방식	원리	종류
속도수두측정식	액체의 정압과 동압과의 차이로부터 유속을 측정, 순간치 유량측정	피토관 Annulvar 유량계
유속식	유체 속에서 설치된 프로펠러나 터빈의 회전수 측정에 의해 유량측정, 적산유량	바람개비형 Turbine형
차압식	교축기구 전후의 차압을 측정 순간치 유량측정	오리피스, 벤투리미터 노즐(Nozzle)
용적식	일정한 용적의 용기에 유체를 도입시켜 유량측정	오벌(Oval)유량계, 가스미터, 로터리팬, 루트(Root) 유량계, 로터리 피스톤
면적식	차압을 일정하게 하고 교축기구의 면적을 변화시켜서 유량을 측정, 순간치 유량측정	플로트형(로터미터) 피스톤형, 게이트형
와류식	인위적인 와류를 발생시켜 와류의 생성 속도 검출	칼만(Kalman)식 유량계 델타(Delta)유량계 스와르 미터
전자식	도전성 유체에 자장을 형성시켜 기전력 측정에 의해 유량측정	전자유량계
열선식	유체에 의한 가열선의 흡수 열량 측정	미풍계 토마스 미터 Thermal 유량계
초음파식	초음파의 도플러 효과이용	초음파 유량계

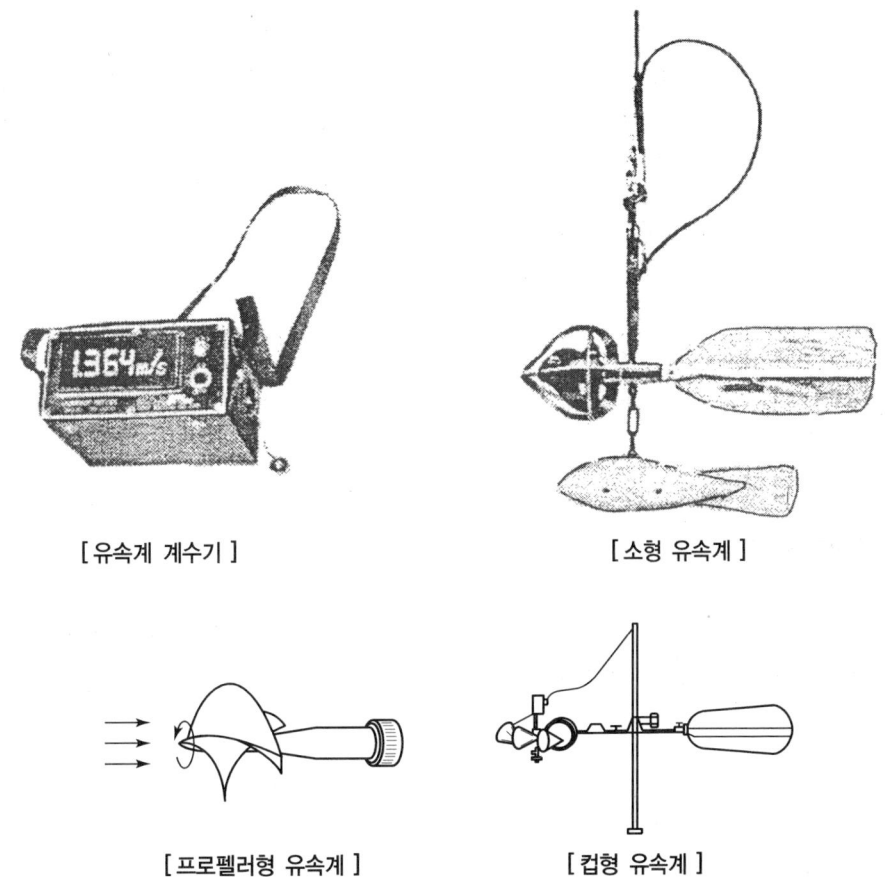

[유속계 계수기]　　　　　　　[소형 유속계]

[프로펠러형 유속계]　　　　　[컵형 유속계]

2) 유량계의 종류

(1) 직접식

직접적으로 유량을 측정하는 방법으로 정밀도는 낮은 편이다. 유체의 체적에 의해 측정하므로 압력변동이 있는 가압유체의 측정은 곤란하다.

① 중량측정법(Gravimetric Method)
② 위어(Weir)측정법
③ 체적 측정법(Volumetric Method)
④ 벤투리미터(Venturimeter)측정법
⑤ 축소단면(Contracted Opening)측정법
⑥ Control Meter측정법
⑦ 화학적 측정법

(2) 간접식

유량을 구하는 속도수두 측정의 피토관 교축기구에 의해 차압을 측정하여 유속을 구해 유량을 산출하는 것으로 직접법에 비하면 약간 정도는 떨어지나 기계적 측정값의 전기 또는 공기압 신호에의 변환이 용이하므로 공업용 유량계로서 널리 이용되고 있다.

① 피토관(Pitot Tube) 측정법
② 오리피스 미터(Orifice Meter) 측정법
③ 부표(Float) 측정법
④ 이동 스크린(Travelling Screen) 측정법
⑤ 유속계(Current Meter) 측정법

4 평균유속공식

개수로의 유속분포는 관수로보다 복잡한 현상을 보이나, 한 단면의 유속을 대표하는 평균유속공식은 관수로의 유속공식과 차이가 없어 공통으로 쓰이고 있다. 경심 R의 단위를 m단위로 사용해야 한다.

- Manning 공식 : $V = \dfrac{1}{n} R^{\frac{2}{3}} I^{\frac{1}{2}}$

- Chezy의 공식 : $V = C\sqrt{RI}$

- Ganguillet – Kutter 공식 : $V = \left[\dfrac{23 + \dfrac{1}{n} + \dfrac{0.00155}{I}}{1 + \left(23 + \dfrac{0.00155}{I}\right)\dfrac{n}{\sqrt{R}}} \right] \sqrt{RI}$

- Forchheimer 공식 : $V = \dfrac{1}{n_f} R^{0.7} I^{0.5}$

- Hazen – Williams 공식 : $0.35464 C D^{0.63} I^{0.53}$

- Chezy C와 Manning n 관계 : $C = \dfrac{1}{n} R^{\frac{1}{6}}$

- Chezy C와 Forchheiner n_f 관계 : $C = \dfrac{1}{n_f} R^{\frac{1}{5}}$

- Bazin 공식 : $V = \left(\dfrac{87}{1 + \dfrac{r}{\sqrt{R}}} \right) \sqrt{RI}$

여기서, R : 경심
I : 동수구배

5 수직(종)유속곡선

천연적 수로에서나 인공적 수로에서 수류의 임의의 단면에 대한 각 점의 유속을 조사해 보면, 각 점마다 그 값이 다르다. 그 원인은 주로 수로벽 및 수로바닥의 마찰 및 유속의 내부마찰에 의한 것이다. 따라서 최대유속이 생기는 위치는 측벽이나 바닥에서 가장 먼 점 즉, 중앙수면인 점일 것이다. 그러나 수면에는 표면장력이 작용하므로 만일 바람이나 기타의 영향이 없을 때에는 최대유속은 중앙수면보다 약간 밑에서 생긴다.

수류의 임의 단면의 수직선상의 각 점에 있어서의 유속의 변화를 표시한 곡선을 수직 유속곡선(Vertical Velocity Curve)이라 한다.

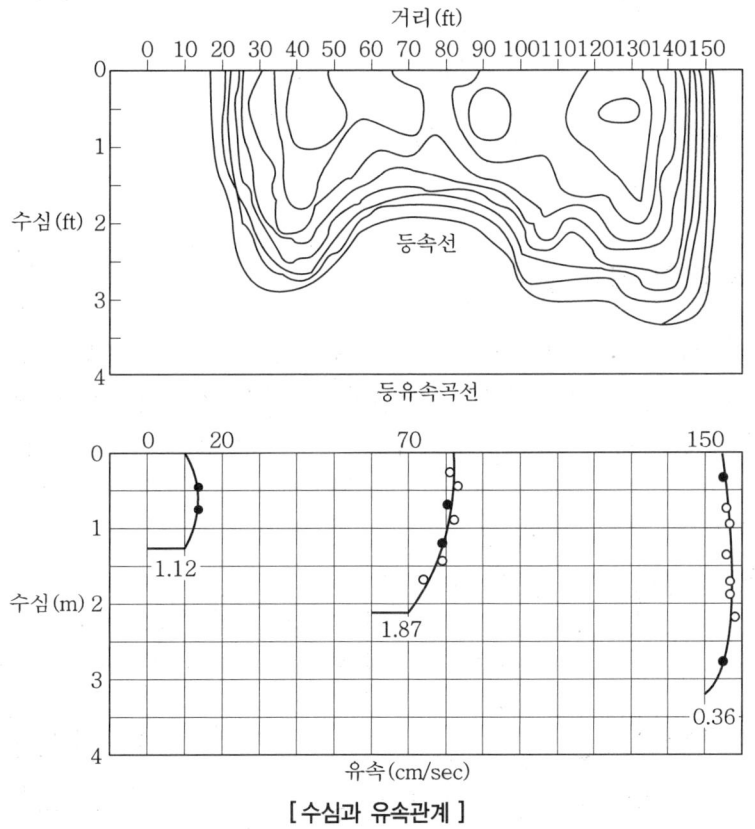

[수심과 유속관계]

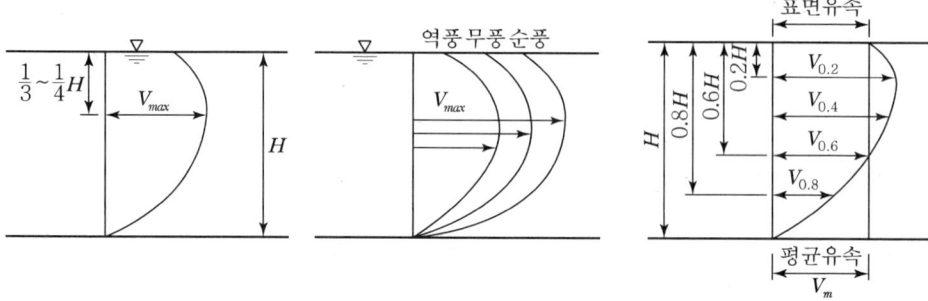

[개수로의 종유속분포]

- 표면법 : $V_m = (0.80 \sim 0.85) V_s$ (V_s : 표면유속)
- 1점법 : $V_m = V_{0.6}$
- 2점법 : $V_m = \dfrac{V_{0.2} + V_{0.8}}{2}$
- 3점법 : $V_m = \dfrac{V_{0.2} + 2V_{0.6} + V_{0.8}}{4}$
- 4점법 : $V_m = \dfrac{1}{5}\left\{(V_{0.2} + V_{0.4} + V_{0.6} + V_{0.8}) + \dfrac{1}{2}\left(V_{0.2} + \dfrac{V_{0.8}}{2}\right)\right\}$

6 등류수로의 설계 요령

수로의 유속이 너무 느리면 운반된 토사나 부유물 등이 수로 안에서 **침적**(Silting)하여 통수능력을 감소시킨다. 역으로 유속이 너무 빠르면 수로를 구성한 재질이 **세굴**(Scouring)된다. 수로를 설계하려면 침전작용이나 세굴작용이 일어나지 않는 허용유속으로 설계하여야 한다.

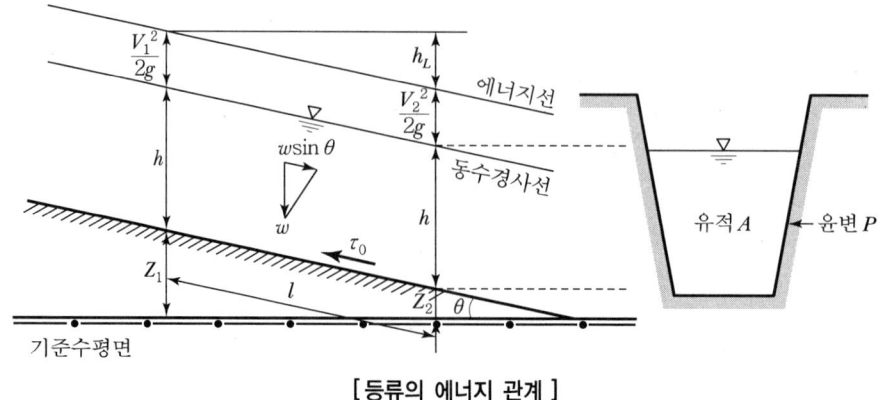

[등류의 에너지 관계]

1) 허용유속

인공수로의 대부분은 비침식성 수로이며, 라이닝(Lining)된 수로, 바닥이 암반인 수로는 비침식성 수로이다. 비침식성 수로를 설계할 때에는 허용 최대유속과 허용 소류력(掃流力)은 적용하지 않는다. 설계할 때 고려해야 할 요소는 조도계수에 관계되는 수로의 구성재료와 퇴적되지 않은 허용 최소유속, 수로 바닥경사와 수로의 측면경사, 여유고 및 수리학적으로 유리한 단면이어야 한다.

수로의 라이닝(Lining)과 인공수로의 축조용으로 사용되는 비침식성 재료는 콘크리트, 석재, 강재, 목재, 유리 및 플라스틱 등이다. 라이닝을 한 수로에서는 물이 모래, 자갈 또는 돌을 운반하지 못하므로 허용 최대유속은 특수한 경우를 제외한 일반적인 경우는 고려하지 않아도 된다. 그러나 라이닝 수로에도 너무 빠른 유속이 생기면 급류의 물이 라이닝 재료를 세굴시킬 우려가 있으므로 이 점을 참고해야 한다.

세굴에 대하여 안전한 최대유속

수로의 구성재료	평균유속[m/s]	수로의 구성재료	평균유속[m/s]
점토	0.20	갠 호박돌	1.70
모래	0.40	석회를 섞어 다진 것	2.60
자갈	0.80	층상 암반	3.50
(자갈)	1.20	경암반	4.00

수중의 부유 고형물을 물과 같이 유하시킬 수 있는 최소유속을 듀부아(Du Buat)가 연구한 결과는 표와 같다.

고형물을 유하시키는 유속

고형물	평균유속[cm/s]
모래	12
자갈(잔 콩알 정도)	15
자갈(굵은 콩알 정도)	24
잔돌(지름 25[mm] 정도)	58
잔돌(지름 35[mm] 정도로 모난 것)	100

2) 수로경사

수로의 측면경사는 주로 재료의 종류에 좌우되며, 각종 재료에 적합한 비탈경사는 표와 같다. 그러나 침식성 재료에 대해서는 최대 허용유속의 기준 또는 소류력(Tractive Force)의 원리를 고려하여 정확한 경사를 결정해야 한다.

각종 재료로 축조된 수로에 적합한 측면경사

재료	측면경사
암석	거의 수직
오니와 이탄	1/4 : 1
경점토 또는 콘크리트 라이닝된 흙	1/2 : 1 ~ 1 : 1
돌로 라이닝된 흙 또는 큰 수로의 흙	1 : 1
연점토	1/2 : 1
연한 사질토	2 : 1
사질토 또는 다공질 점토	3 : 1

3) 여유고

여유고란 수면에서 제방상단까지의 높이이며 이것은 수면파와 수위변동에 의해 물이 측벽으로 넘치는 것을 막기 위한 것이다. 심한 수면파와 수면변동이 발생하는 곳은 다음과 같다.

① 수로의 경사가 급하고 유속이 빨라서 흐름이 불안한 수로
② 유속과 편각이 큰 만곡부에서 뚜렷한 수위상승을 일으키는 수로
③ 장해물로 인해 사류에서 상류로 변할 때 도수(跳水)를 발생하는 수로

여유고에 대한 특별한 법칙은 없으나 보통 설계에서 사용되는 여유고는 수심의 5% 정도에서 30% 이상까지 변화한다.

7 토사의 수송

지표수를 취급해야 하는 계획이나 설계에서는 수로, 저수지 또는 하구 등에서 일어나는 토사의 **세굴**(Scour), **유송**(Transportation) 및 **퇴적**(Deposition) 등을 고려해야 한다. 유사문제는 관개배수로의 설계, 주운이나 홍수관리를 위한 하천개수, 저수지 설계, 항만의 유지관리, 상수도 용수의 정화, 토양침식의 방지 등과 밀접한 관계를 가진다.

유사량은 산지의 황폐, 하상하안의 심한 변동, 저수지의 매몰, 하수탁도의 증대, 하구의 폐색, 하구항의 매몰 등의 현상으로 미루어 볼 때 막대한 양에 달할 것이라는 예측을 할 수 있다.

1) 유송토사 공급원

Brown은 하천의 유송토사 공급원으로서 다음과 같은 일곱 가지를 들고 있다.

① 우수의 표면유출로 인한 농목지, 산야, 유휴지 등의 면상침식
② 집중된 유출로 인한 Gully(협곡, 도랑)침식
③ 하안의 파랑이나 하상의 세굴로 인한 하천침식

④ 산의 붕괴 등과 같은 토사의 집단이동
⑤ 홍수로 인한 범람지역의 표사상실과 같은 홍수침식
⑥ 도로, 철도, 동력선, 주택지, 공업지 등을 포함하는 문화발전에 따르는 침식
⑦ 광·공업이나 하수의 폐물 등이다.

이중 특히 처음의 3가지가 양적으로 중요한 공급원이다.

2) 토사의 성질

토사(土砂)의 침식, 세굴, 퇴적, 유송 등의 제현상의 흐름은 수리적 특성에 지배되는 동시에 토사의 여러 가지 특성과도 밀접한 관계가 있다.

① 하안(河岸)침식 : 점토의 함유율, 토양의 구조
② 하천유송(流送) : 토립자의 성질, 입도분포, 유사의 전체적 특성
③ 수리적 유송현상 : 유체저항, 침강속도(Fall Velocity)
④ 유체저항, 침강속도와 관계 : 토사립의 크기, 형상, 비중
⑤ 하상(河床)물질 : 공극률, 건조밀도와 같은 유사의 전체적 특성

3) 토사입자의 성질

유송토사의 특성 중 가장 중요한 것은 입자의 크기이다. 토사의 다른 특성이 입자의 크기와 밀접한 관계를 가지기 때문이다. 즉 입자의 크기에 따라 토사의 종류를 분류하고 있다. 토사유송과 토사입자의 크기는 중요한 밀접한 관계를 가지고 있으나 이 사실을 실증하는 자료는 적다. 토사입자의 형상을 나타내는 방법으로는 입자형상이 구(球)나 원(圓)에 비하여 얼마나 변형하고 있는가를 나타내는 **구상률**(Sphericity)또는 **원상률**(Cicularity)이 있고 얼마나 둥근가를 양적으로 나타내는 **환율**(Roundness)이 있다.

- **구상률(球狀率)** $= S_0/S$

  여기서, S : 토사입자의 표면적
  S_0 : 토사입자와 같은 체적의 구의 표면적

- **구상률(球狀率)** $= R_0/R$

  여기서, R : 토사입자의 투영면적의 주변길이
  R_0 : 토사입자와 투영면적과 같은 면적인 원의 주

- 환율(丸率) $= r_0/r$

  여기서, r : 토사입자의 최대투영면적에 내접하는 원의 반지름
  r_0 : 토사입자의 각이나 평균 반지름

- 구상률(球狀率) $= \sqrt[3]{\dfrac{V}{V_0}} = \left(\dfrac{V}{V_0}\right)^{\frac{1}{3}}$

  여기서, V : 토사입자의 체적
  V_0 : 토사입자에 외접하는 구의 체적

4) 입도분포

유송토사의 각각의 입자는 크기 형상, 비중 등이 모두 다르므로 전체의 특성을 대표하는 값이 필요하다. 이 경우 입자의 형상은 복잡하므로 특별한 경우 외에는 취급하지 않고 비중은 토사 전체에 대한 평균값을 쓰도록 한다. 그러므로 가장 문제가 되는 것은 토사입자의 크기에 대한 빈도를 나타내는 **입도분포**이다.

보통 토사의 입도분포 결과는 입도 가적곡선으로 나타낸다. 이 경우 누

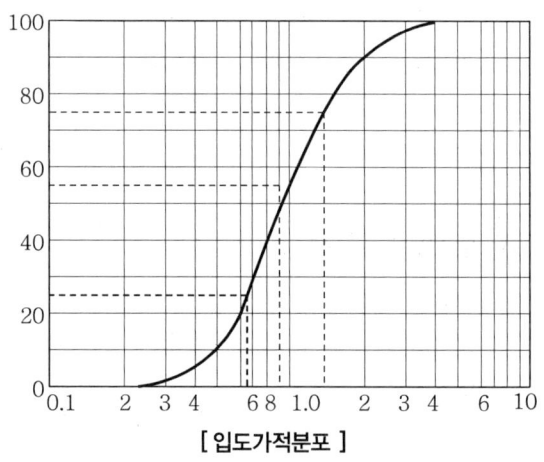

[입도가적분포]

가 백분율 $p = 50\%$에 대응하는 입경 d_{50}을 **중앙입경**(Median Diameter)이라 하면 d_{10}을 **유효입경**(Effective Diameter)이라고 한다. 혼합사력의 경우는 이를 평균입경으로 취급한다. 토사의 유송형식에는 두 가지가 있는데, 하나는 부유(浮流)에 의한 것이고 다른 하나는 소류(掃流)에 의한 것이다. 부유형식의 운동을 일으키게 하는 원인은 유수의 교란에 의한 확산현상이고 소류형식의 운동원인은 수로바닥에 있는 토사입자에 미치는 흐름방향의 전달력 및 흐름에 직각방향인 양력(揚力, Uplift)이다.

하상 또는 그 부근을 움직이는 조립(組粒)물질 또는 소류사 채취기에 물질 또는 시료로 계산한 물질을 소류력 또는 하상유사(Bed Load)라고 하며, 하상에서 볼 수 있는 크기를 가진 토사입자로 구성된 유송토사 부분을 하상물질유사(Bed Material Load)라 한다. 그리고 하상에서 볼 수 있는 크기의 입자보다는 작은 세립(細粒)으로 구성된 유송토사의 부분을 소류사(Wash Load)라고 한다.

5) 침강속도(Fall Velocity)

토사입자의 침강속도는 토사의 부유나 소류를 이론적으로 규명하는 데 중요한 요소가 된다. 지름이 d인 구상입자를 생각하고 물 및 토사의 밀도를 각각 ρ_w, ρ_s, 침강속도를 V_s, 점성계수를 μ, 동점성계수를 ν, 시간을 t라 하면 Stokes의 법칙이 적용되는 Reynolds수가 작은 범위에서 정수 중 고체의 침강에 관한 법칙은 다음과 같다.

(1) 입자의 유효중력 침강력(Sedimentation Force)

입자가 침전하려는 힘을 말한다.

- 침강력 : $F_s = g(\rho_s - \rho_w)V$

여기서, V : 입자의 체적(cm³ : $V = \dfrac{\pi d^3}{6}$)
ρ_s : 입자의 밀도(g/cm³)
ρ_w : 물의 밀도(g/cm³)

위 식을 정리하면

- 침강력 : $F_s = g(\rho_s - \rho_w)\dfrac{\pi d^3}{6}$

(2) 저항력(Drag Force)

입자의 침전의 반대방향으로 작용하는 힘을 말한다.

- 저항력 : $F_D = \dfrac{1}{2}(C_D)A\rho_w V_s^2$

여기서, C_D : 저항력 계수(Drag Coefficient) : $C_D = \dfrac{24}{R_e} = \dfrac{24\mu}{\rho_w V_s d}$
A : 입자의 투영단면적(cm²) : $A = \dfrac{\pi d^2}{4}$
V_s : 입자의 침강속도(cm/sec)

위 식을 정리하면

- 저항력 : $F_D = \dfrac{1}{2}\dfrac{24\mu}{\rho_w V_s d}\dfrac{\pi d^2}{4}\rho_w V_s^2$
- 저항력 : $F_D = 3\pi\mu d V_s$

(3) 등속침강 : 침전력과 저항력이 같을 때

독립입자의 침전속도는 입자가 유체 내에서 침전하는 힘과 반대 방향으로 작용하는 저항력과 평형을 이룬 상태에서 침전하기 때문에 등속도 침강을 하게 된다.

- 침강력 : F_s = 저항력 : F_D

$$g \cdot (\rho_s - \rho_w) \cdot \frac{\pi d^3}{6} = 3\pi \mu d V_s$$

(4) 침강속도

마지막으로 입자의 침강속도에 대해서 위의 식을 정리하면 다음과 같이 된다.

- 침강속도 : $V_s = \dfrac{1}{18} \dfrac{(\rho_s - \rho_w)}{\mu} g d^2$

① 토사립을 포함하는 물이 침전지 내로 들어가면 유속이 느려지면서 토사의 침전이 일어난다.
② 난류 중에서 물보다 비중이 큰 토사립이 부유하면서 유송되는 것은 와동 때문이다.

6) 소류력(掃流力)

수로 바닥의 토사는 유속이 작을 때는 움직이지 않으나 유속이 커지면 어느 한도에서 움직이기 시작한다. 처음에는 토사가 수로바닥을 따라 전동 또는 활동하면서 이동한다.
토사의 입자가 극히 작으면 수로바닥에 사련을 그리면서 파상으로 이동하고 유속이 더욱 커지면 작은 입자는 수로바닥 가까이에 떠서 수류와 같이 이동하고 큰 입자는 수로바닥을 굴러서 이동한다. 이와 같이 수로바닥의 토사를 움직이는 힘을 **소류력**(Tractive Force)이라고 한다. 소류력은 일반적으로 수로바닥의 마찰력으로 표시된다.

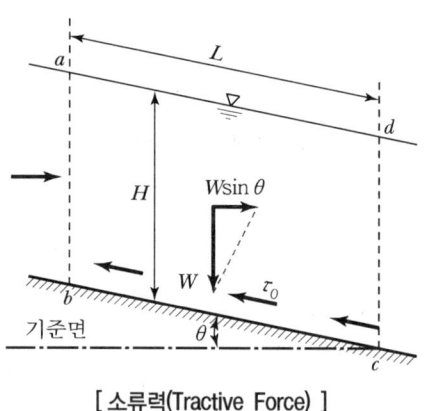

[소류력(Tractive Force)]

- (수로바닥면적) · τ_0 = (물 무게)
- $(LB) \cdot \tau_0 = W \sin\theta = (w_0 V) \sin\theta = w_0 (LBH) \sin\theta$
  $(LB) \cdot \tau_0 = w_0 (LBH) \sin\theta$

- 소류력 : $\tau_0 = w_0 H \sin\theta \,(\because \theta$가 작을 때 $\sin\theta \fallingdotseq \tan\theta = I)$
- 소류력 : $\tau_0 = w_0 HI = (1,000\text{kg/m}^3)(H_m)(I) = 1,000 HI \text{ kg/m}^2$

이 τ_0가 유수의 소류력이며 마찰속도 $U* = \sqrt{\tau_0/\rho}$를 쓰면 다음과 같다. 그리고 $w_0 = \rho g$의 관계가 있다.

- 마찰속도 : $U* = \sqrt{\dfrac{\tau_0}{\rho}} = \sqrt{\dfrac{w_0 HI}{\rho}} = \sqrt{\dfrac{\rho g HI}{\rho}} = \sqrt{gHI}$

즉, 소류력은 수심 및 경사의 함수이므로 유속의 함수라고 할 수 있고 수로바닥의 토사의 저항력보다 크면 토사는 움직이기 시작한다. 토사입자가 움직이려는 순간의 소류력을 한계 소류력(Critical Tractive Force)이라고 하며 소류력은 수로바닥의 토사의 크기, 비중, 혼합상태 등에 따라 다르다.

8 소류력 공식

유수가 수로의 윤변에 작용하는 마찰력을 소류력이라 하며 이 소류력은 유수의 점성 때문에 생기는 흐름방향의 전단력이다.

1) Du-Boys 공식

직경이 일정한 토사입자가 수로바닥에 깔려 있으면 한계 소류력은 입자 사이의 마찰력과 같다고 한다. 고정층과 이동층 사이의 마찰계수를 f라 하면 한계 소류력 τ_0는 다음과 같다.

- 한계 소류력 : $\tau_0 = w_0 HI = f(w_s - w_0)d'$

여기서, w_s : 토사의 단위중량
w_0 : 물의 단위중량
d' : 이동층 하나의 두께

2) Kramer 공식

Kramer는 한계 소류력이 토사의 혼합상태에도 관계가 있다고 생각하여 혼합상태를 나타내는 균등비 M을 써서 다음 식을 유도하였다. 즉,

- 한계 소류력 : $\tau_0 = \left(\dfrac{100}{6}\right) \cdot \left(\dfrac{w_s - w_0}{M}\right) d_m$

여기서, M : 균등비 (M은 중량누가 백분율에서 구한다.)
d_m : 평균입경

Kramer 공식은 토사의 입도분포가 과히 불규칙적이 아니고 입경이 5mm 이하일 때 비교적 좋은 결과를 준다.

3) Indri 공식

Indri는 자신과 Gilbert가 얻은 실험치를 써서 다음 공식을 유도하였다.

평균입경 d_m이 1mm보다 적을 때 ($d_m < 1\,\mathrm{mm}$)

- 한계소류력 : $\tau_c = 13.3 d_m \left(\dfrac{w_s - w_0}{M}\right) + 12.16$

평균입경 d_m이 1mm보다 클 때 ($d_m > 1\,\mathrm{mm}$)

- 한계소류력 : $\tau_c = 54.85 d_m \left(\dfrac{w_s - w_0}{M}\right) - 78.48$

4) 安藝(아끼) 공식

- 한계소류력 : $\tau_0 = 55.7(w_s - w_0)\lambda d_m$

5) 栗原(구라하라) 공식

이 공식은 흐트러짐(Turbulence)의 영향을 고려하고 실험결과를 분석하여 유도한 것이다. 차원해석에 의하여 무차원화된 형은 다음과 같이 이론적으로 유도하였다.

$$\left(\dfrac{\tau_c}{(\sigma-\rho)gd}\right) = \dfrac{U_{*c}^{\,2}}{sgd} = \phi\left(\dfrac{U_{*c} \cdot d}{\nu}\right)$$

여기서, 한계마찰속도 : $U_{*c} = \sqrt{\dfrac{\sigma_c}{\rho}}$
토사의 수중비중 : $s = \left(\dfrac{\sigma-\rho}{\rho}\right)$

6) Schoklitsch 공식

Du-Boys식을 인정하고 단위폭당 토사유량을 구하였다.

- 토사유량 : $q_s = 540\left(\dfrac{r}{r_1 - r}\right)\tau \cdot (\tau - \tau_c)$

9 항력과 양력

소류력과 수로바닥의 저항력의 관계에서 소류력이 수로바닥의 저항력보다 크게 되면 하상의 토사는 움직이게 된다. 이 경계가 되는 소류력을 한계소류력이라 하며, 하상토사의 크기, 비중, 혼합상태 등에 따라 다르다.

유체 속에 잠겨 있는 고체는 유체의 흐름에 의한 힘을 받는다. 즉 교각이나 사력이 유수 속에 놓여 있을 때, 선박이 수중을 진행할 때나, 기차나 비행기가 공기 속을 진행할 때 또는 토사입자가 정수 중에서 침강할 때 물체는 흐름의 방향과 이것에 수직한 방향의 힘을 받게 되는데 전자를 **항력**(抗力, Drag), 후자를 **양력**(揚力, Uplift)이라 한다.

항력은 마찰항력과 압력항력으로 크게 나누어진다. 그리고 항력은 물체의 표면부근에서 생기는 유체와 전단류(剪斷流)에 기인한 것이고, 양력은 상류 쪽에 면한 물체표면에 작용하는 압력과 하류 쪽에 면한 물체표면에 작용하는 압력과의 차에 기인한 힘이다. 그리고 압력항력(壓力抗力)은 물체의 모양에 따라 달라지므로 형상압력이라고 한다. 항력은 물체표면에 형성되는 경계층 흐름에 의하여 직접 또는 간접적인 영향을 받으므로 경계층에 대한 이론이 필요하다. 항력과 양력은 Reynolds의 함수이다.

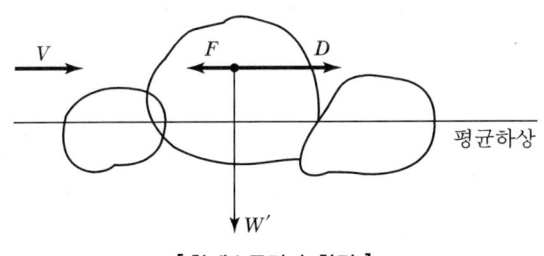

[한계소류력과 항력]

여기서, D : 항력(토사에 작용하는 수류의 힘)
W' : 토사 입자의 수중 무게
F : 입자의 저항력
d : 입경
V : 입자 부근의 대표유속
α : 입자의 형상을 나타내는 계수

입자의 단면적은 투영단면적으로 $A = \alpha d^2$으로 표시될 수 있으므로 아래 식과 같다. 그리고 $w_0 = \rho g$에서, $\rho = \dfrac{w_0}{g}$로 표시될 수 있다.

- 항력 : $D = (C_D) A \left(\dfrac{\rho V^2}{2} \right)$

- 항력 : $D = (C_D)(\alpha d^2) \left(\dfrac{\rho V^2}{2} \right) = (C_D)(\alpha d^2) \left(\dfrac{w_0 V^2}{2g} \right)$

여기서, 항력계수 C_D는 $\dfrac{24}{R_e}$로 R_e의 함수이다.

- 항력 : $D = (C_D)(\alpha d^2) \left(\dfrac{\rho V^2}{2} \right) = \left(\dfrac{24}{Re} \right)(\alpha d^2) \left(\dfrac{\rho V^2}{2} \right) = \phi \left(\alpha \dfrac{Vd}{\nu} \right) \rho V^2 d^2$

10 자연하천의 조도 계산

하천의 유속을 알기 위해서는 부자(浮子, Float), 유속계 등을 이용한 실측방법과 유속공식으로 산출하는 두 가지 방법이 있다. 유량공식에서 유량은 평균유속 V를 구할 수 있으면, 이것에 하천의 단면적 A를 곱하여 산출할 수 있다. 유수단면적은 그 형상이 불규칙할 때 구적기(Planimeter)를 써서 측정하나 계획하천과 같이 규칙 바른 형상일 때에는 계산으로도 구할 수 있다.

자연하천   계획하천(복단면)

[하천 단면적과 조도]

또한 계획하천에서는 저수로의 하상은 적은 사력으로 되어 있고, 둔치는 잡초가 무성한 것으로 생각하면, 저수로의 조도는 작고 둔치의 조도는 크므로 전체를 조도가 균등하다고 생각해서는 부정확하게 되기 쉽다. 그러므로 A_1, A_2, A_3의 세 구획으로 나누어서 조도를 n_1, n_2, n_3, 윤변을 p_1, p_2, p_3라 해서 구획마다 유속과 유량을 따로 구하여 최후에 이것을 합계하는 방법을 택해야 한다. 일반적으로 조도계수의 값은 다음과 같다.

- 둔치에서의 조도계수 : $n_1 = n_3 = 0.027 \sim 0.040$
- 저수로에서의 조도계수 : $n_2 = 0.025 \sim 0.035$

11 수로의 단면형

수로단면의 통수능은 경심의 증가에 비례하여 증가하고 윤변의 감소에 따라 증가한다. 따라서 수리학적 견지에서 주어진 수로단면이 최소의 윤변을 가질 때 최대의 통수능을 갖게 되며, 이때의 단면을 수리학상 유리한 단면(Best Hydraulic Section)이라 한다.
반원형 단면은 단면적이 같은 단면 중 윤변이 가장 작으므로 이 반원형 단면이 가장 수리학적으로 유리하다.

1) 단면의 특성

개수로의 단면 중 인공수로에서는 직사각형 단면, 사다리꼴 단면이 많이 사용되고 자연하천에서는 포물선형 단면이 많다. 인공수로에서는 윗면에 덮개가 없는 것을 개거(開渠, Open Channel)라 하고, 윗면이 덮여 있는 것을 암거(暗渠, Closed Conduit) 또는 터널이라 하는데, 이들은 역학상 토압을 받기에 유리한 원형, 계란형, 말굽형 등이 이용되고 있다.
이들 단면을 설계하는 데는 수리학상 유리하고 경제적인 단면으로 설계하는 것이 바람직하다. Chezy의 공식을 살펴보면 다음과 같고, 경심 $R = A/\rho$이다.

- 유속 : $V = C\sqrt{RI} = C\sqrt{I}\sqrt{\dfrac{A}{P}}$

- 유량 : $Q = A \times V = A \cdot C\sqrt{RI} = A \cdot C\sqrt{I}\sqrt{\dfrac{A}{P}} = C\sqrt{I}\sqrt{\dfrac{A^3}{P}}$

동일단면에서 유량을 최대로 하기 위해서는 최소윤변을 갖거나 유속 V를 크게 하는 것이 유리하다. 유속 V가 커지려면 경심 R이 커야 한다. 수로경사 I가 일정할 때는 경심 R을 최대로 하면 유속 V는 최대가 된다. 따라서 개수로에서는 유적 A와 경사 I가 일정할 때 경심 R을 최대로 하면 유량이 최대가 된다. 경심이 최대로 되려면 윤변을 가급적 작게 하고 마찰에 의한 손실수두를 작게 해야 한다. 수리상 유리한 단면의 조건은 다음과 같다.

① 경심 R이 최대가 되는 단면
② 윤변 P가 최소가 되는 단면
③ 반원이 도형에 내접하는 단면
④ 도형이 반원에 외접하는 단면

(1) 구형 단면

구형단면에 반원이 내접하면 최대 유량이 흐른다.

- 윤변 : $P = B + 2h = \dfrac{A}{h} + 2h$
- 유적 : $A = Bh$
- 윤변 : $P = B + 2h$
- 경심 : $R = \dfrac{A}{P} = \dfrac{Bh}{B + 2h}$

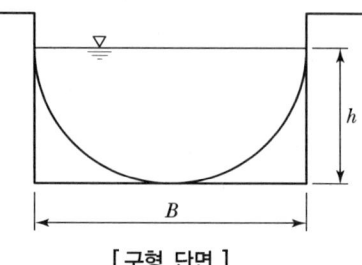

[구형 단면]

윤변 P가 최소가 되려면, 수심에 대해 윤변을 미분할 때 0(Zero)이 되는 조건이다.

$$\frac{\partial P}{\partial h} = \frac{1}{\partial h}\left(\frac{A}{h} + 2h\right) = \frac{1}{\partial h}(Ah^{-1} + 2h^{1}) = 0$$

*미분 : (지수가 앞으로 오고, 지수에 1을 뺀다)

$$(-1)Ah^{(-1-1)} + (1)2h^{(1-1)} = 0$$
$$-Ah^{-2} + 2h^{0} = 0$$
$$\therefore -\frac{A}{h^2} + 2 = 0$$
$$-\frac{A}{h^2} = -2$$
$$\frac{A}{h^2} = 2$$

$A = 2h^2$에서, A는 Bh이므로 $Bh = 2h^2$이 된다. 따라서,

- 수심 : $h = \dfrac{B}{2}$
- 폭 : $B = 2h$

즉, 수로 폭은 수심이 2배가 되는 단면이 구형(4각형) 단면에서는 수리상 유리한 단면이다.

(2) 사다리꼴(제형) 단면

- 유적 : $A = bh + h^2 \cot\theta = h(b + h\cot\theta)$

그리고 윤변 $P = b + 2l$에서 경사면 길이 $l\cos\theta = h$에서,

$l = \dfrac{1}{\cos\theta} \cdot h = h\cosec\theta$ 이다.

- 윤변 : $P = b + 2h\cosec\theta$
- 경심 : $R = \dfrac{A}{P} = \dfrac{h(b + h\cot\theta)}{b + 2h\cosec\theta}$

수리상 유리한 단면은 그림과 같이 반지름이 h인 반원에 외접하는 단면 형상이다.

- 밑면 폭 : $b = 2h\tan\dfrac{\theta}{2}$
- 길이 : $l = \dfrac{B}{2}$

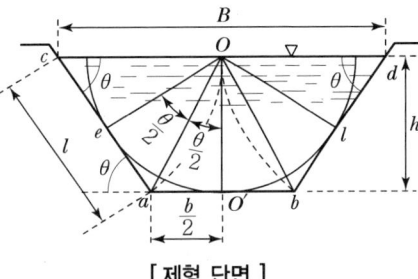

[제형 단면]

$\dfrac{h}{\sin\theta} = \dfrac{\left(\dfrac{B}{2}\right)}{\sin 90°}$ 에서 $\dfrac{B}{2}\sin\theta = h\sin 90°$ 이고 $B\sin\theta = 2h$ 이므로

- 윗면 폭 : $B = \dfrac{2h}{\sin\theta}$

(3) 삼각형 단면

삼각형 단면 측벽경사 $1 : m$의 삼각형 수로에서 수심 H에 대한 수면폭, 유적, 윤변길이, 경심의 일반식은 다음과 같다.

- 수면 폭 : $B = mH + mH = 2mH$
- 유적 : $A = \dfrac{1}{2}(2mH)H = mH^2$
- 윤변 : $P = 2\sqrt{H^2 + (mH)^2}$
  $= 2(\sqrt{1 + m^2})H$
- 경심 : $R = \dfrac{mH^2}{2(\sqrt{1 + m^2})H} = \dfrac{mH}{2\sqrt{1 + m^2}}$

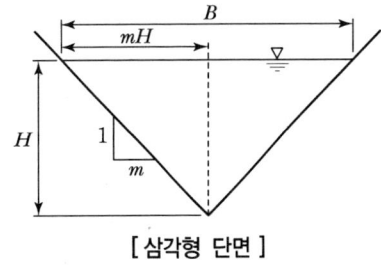

[삼각형 단면]

(4) 포물선형 단면

포물선 단면은 시공이 곤란하므로 인공수로에서는 사용되지 않지만 자연하천의 횡단면은 포물선형 단면과 유사한 것이 많으므로 2차 포물선 단면으로 보고 계산한다.

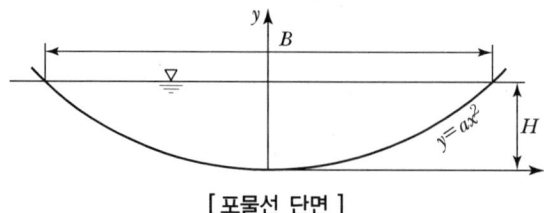

[포물선 단면]

- 유적 : $A = \dfrac{2}{3}BH$

- 윤변 : $P = B\left[1 + \dfrac{2}{3}\left(\dfrac{2H}{B}\right)^2 - \dfrac{2}{5}\left(\dfrac{2H}{B}\right)^4\right]$

① $B > 5H$ 일 때

- 윤변 : $P \fallingdotseq B\left[1 + \dfrac{2}{3}\left(\dfrac{2H}{B}\right)^2\right]$

- 경심 : $R = \dfrac{A}{P} = \dfrac{\dfrac{2}{3}BH}{B\left(1 + \dfrac{2}{3}\left(\dfrac{2H}{B}\right)^2\right)} = \dfrac{2H}{3 + 8\left(\dfrac{H}{B}\right)^2}$

② $B > 10H$ 일 때

- 윤변 : $P \fallingdotseq B$

- 경심 : $R = \dfrac{A}{P} = \dfrac{\dfrac{2}{3}BH}{B} = \dfrac{2}{3}H$

$Q = (유적\ A) \cdot (유속\ V)$에서 Chezy의 유속 $V = C\sqrt{RI}$를 사용하면

∴ 유량 : $Q = A \cdot V = \left(\dfrac{2}{3}BH\right) \cdot C\sqrt{RI} = \left(\dfrac{2}{3}BH\right) \cdot C\sqrt{\dfrac{2}{3}H \cdot I}$

$= \dfrac{2}{3}CBH\sqrt{\dfrac{2}{3}HI}$

(5) 원형 단면

암거나 터널수로의 단면에는 원형, 계란형, 말굽형, 폐합한 직사각형 등이 있으며 유량의 대소나 용도에 따라 적당한 것을 쓰면 된다.

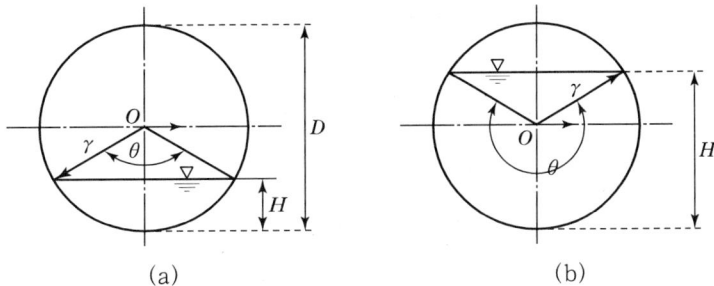

[원형 단면]

r : 반지름, D : 지름, H : 수심, A : 유적, P : 윤변, R : 경심, θ : 수면이 갖는 중심각이라 하면 다음과 같다.

- 유적 : $A = \pi r^2 \times \dfrac{\theta}{360} - r\sin\dfrac{\theta}{2} \cdot r\cos\dfrac{\theta}{2}$

  $= \dfrac{r^2}{2}\left(\dfrac{\pi\theta}{180} - \sin\theta\right)$

  $= \dfrac{D^2}{8}\left(\dfrac{\pi\theta}{180} - \sin\theta\right)$

- 윤변 : $P = 2\pi r \times \dfrac{\theta}{360} = \dfrac{\pi\theta}{180}r = \dfrac{\pi\theta}{360}D$

- 경심 : $R = \dfrac{A}{P} = \dfrac{r^2}{2}\left(\dfrac{\pi\theta}{180} - \sin\theta\right) \times \dfrac{180}{\pi\theta \cdot r} = \dfrac{r}{2}\left(1 - \dfrac{180}{\pi\theta}\sin\theta\right)$

  $= \dfrac{D}{4}\left(1 - \dfrac{180}{\pi\theta}\sin\theta\right)$

- 수심 : $H = r - r\cos\dfrac{\theta}{2} = r\left(1 - \cos\dfrac{\theta}{2}\right) = \dfrac{D}{2}\left(1 - \cos\dfrac{\theta}{2}\right)$

  $AR^{\frac{2}{3}} = \dfrac{D^2}{8}\left(\dfrac{\pi\theta}{180} - \sin\theta\right) \times \left[\dfrac{D}{4}\left(1 - \dfrac{180}{\pi\theta}\sin\theta\right)\right]^{\frac{2}{3}}$

  $= \left(\dfrac{1}{2}\right)^{\frac{13}{3}} \cdot D^{\frac{8}{3}} \cdot \dfrac{\pi\theta}{180}\left(1 - \dfrac{180 \cdot \sin\theta}{\pi\theta}\right)^{\frac{5}{3}} = D^{\frac{8}{3}}K_3$

- 유량 : $Q = AV = \dfrac{1}{n}AR^{\frac{2}{3}}I^{\frac{1}{2}} = \dfrac{1}{n}K_3 D^{\frac{8}{3}}I^{\frac{1}{2}}$ 에서

  $K_3 = \dfrac{AR^{-2/3}}{D^{8/3}} = \dfrac{Q \cdot n}{D^{8/3}I^{1/2}} = \left(\dfrac{1}{2}\right)^{13/3} \cdot \dfrac{\pi\theta}{180}\left(1 - \dfrac{180}{\pi\theta} \cdot \sin\theta\right)^{5/3}$

  $\dfrac{H}{D} = \dfrac{1}{2}\left(1 - \cos\dfrac{\theta}{2}\right)$

V_{max}인 수심은 R_{max}가 되어야 하므로

$$\frac{\partial R}{\partial \theta} = \frac{1}{\partial \theta}\left[\frac{r}{2}\left(1 - \frac{180}{\pi\theta} \cdot \sin\theta\right)\right]$$에서

$\theta = 257.45°$

∴ 수심 : $H = \frac{D}{2}\left(1 - \cos\frac{257.45}{2}\right) = 0.813D$

이때 $R = 0.304D$, $Q = 1.064D^{\frac{8}{3}}$
만약 만류관(滿流管)이 되면

- 유적 : $A = \pi r^2 = \pi\left(\frac{D}{2}\right)^2 = \frac{\pi D^2}{4}$
- 윤변 : $P = 2\pi r = 2\pi\left(\frac{D}{2}\right) = \pi D$
- 경심 : $R = \frac{A}{P} = \frac{\pi r^2}{2\pi r} = \frac{r}{2} = \frac{(D/2)}{2} = \frac{D}{4}$

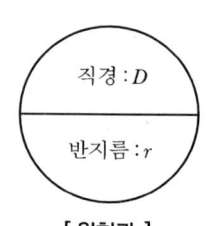

[원형관]

12 Manning의 조도계수에 영향을 주는 요소

조도계수 n값은 변화가 매우 심하고 여러 가지 요소에 좌우된다. 여러 가지 설계조건에 관한 적당한 n값을 선택하기 위해서는 이에 관한 지식을 갖추어야 할 것이다. 인공수로와 자연수로의 조도계수에 영향을 주는 요소들은 다음과 같다.

① **표면조도** : 표면조도는 수로의 윤변을 형성한 표면입자의 크기와 형상을 말하며, 그 표면을 구성하는 입자의 크기에 따라 조도계수의 값이 좌우된다. 즉, 세립(細粒)은 n값을 작게 하고 조립(組立)은 n값을 크게 한다.

② **식물** : 식물은 표면조도의 일종이나 이것은 수로용량을 감소시키고 흐름을 방해한다. 이 효과는 주로 식물의 높이, 밀생(密生) 정도 등에 따라 다르며, 작은 배수로의 설계 때 아주 중요하다.

③ **수로의 부정(不整)** : 윤변, 횡단면의 크기와 형상이 변할 경우 자연하천에서의 사주(砂洲), 사련(砂連), 세굴(洗掘) 하상의 요철(凹凸) 등이 이에 포함된다. 일반적으로 수로단면의 크기 및 형상이 점진적으로 변화하거나 균일한 변화를 할 때는 n값에 큰 영향을 주지 않으나, 급격한 변화를 하거나 크고 작은 단면의 교차는 n값의 증가를 초래한다.

④ **수로의 법선** : 곡률 반지름이 큰 완만한 만곡은 n값이 비교적 낮으나 곡률 반지름이 작고 심한 만곡은 n값을 증가시킨다.

⑤ 침전과 세굴 : 일반적으로 침전(Silting)은 불규칙한 수로를 비교적 균일하게 변화시키고, n 값을 감소시키지만 세굴(Scouring)은 침전의 역행작용을 하여 n값을 증가시킨다.

⑥ 장애물 : 교량의 교각과 통나무 울타리와 같은 장애물은 n값을 증가시키고, 이 증가량은 장애물의 특성, 크기, 형상 및 수량에 따라 좌우된다.

⑦ 수로의 크기와 형상 : 수로의 크기 및 형상은 n값에 큰 영향을 주는 것으로서 중요한 요소이나 이에 관한 명확한 자료는 없다. 경심의 증가는 수로의 조건에 따라 n값을 증가시키거나 감소시킨다.

⑧ 수위 및 유량 : 모든 수로의 n값은 수위와 유량이 증가함에 따라 감소한다. 수심이 낮을수록 수로바닥의 불규칙성을 노출하여 그 영향은 커지나 제방의 비탈면이 거칠고 풀이 많을 경우에는 고수위에서도 n값이 커진다.

⑨ 계절적인 변화 : 수로바닥 및 하안 비탈면의 수초, 잡초, 버들가지 및 관목의 계절적 성장에 의해 n값은 성장기에는 증가하고 동면기에는 감소된다.

⑩ 부유물질과 소류물질 : 부유물질과 소류물질은 그들이 이동하건 이동하지 않건 간에 에너지를 소모하고 수두의 손실을 초래하거나 수로의 조도계수를 증가시킨다.

13 복합단면의 등가조도

수로의 윤변이 단일재료로 되어 있을 때는 n값을 이용하여 평균유속을 계산할 수 있다. 그러나 복합단면이나 홍수단면에서 홍수 때의 흐름은 저수로와 고수부지의 조도가 서로 다르다. 이러한 수로에 매닝(Manning)공식을 적용하려면 전체 윤변에 대한 등가조도계수를 계산하여 전체 단면의 흐름계산에 이 값을 적용해야 한다.

등가조도의 계산은 가정이나 전제에 따라 몇 가지 방법이 있다. 등가조도를 결정하려면 가상적으로 유수 단면적을 알고 있는 조도계수 $n_1, n_2, \cdots n_i$에 해당되는 윤변 $P_1, P_2, \cdots P_i$의 i개 부분으로 분할한다. 호턴-아인슈타인(Horton Einstein)은 각 분할된 부분면적의 평균유속은 전체 단면의 평균유속과 같다고 가정하여 $V_1 = V_2 = \cdots V_i = V$라 하였다.

이 가정을 근거로 하여 다음 식으로 등가조도계수를 구할 수 있다.

| 수리학 |

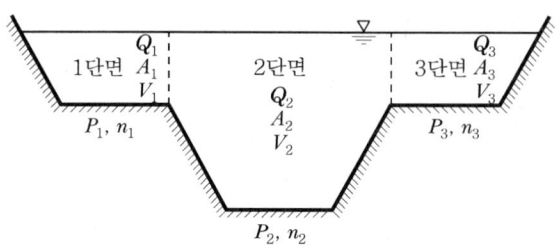

[복단면의 조도(Roughness)]

Manning의 평균유속공식에서, 전체단면 평균유속과 분할된 부분면적의 평균유속은 같다.

- 유속 : $V = \dfrac{1}{n} R^{\frac{2}{3}} I^{\frac{1}{2}} = \dfrac{1}{n} \left(\dfrac{A}{P} \right)^{\frac{2}{3}} I^{\frac{1}{2}}$

- 유속 : $V_1 = \dfrac{1}{n_1} R_1^{\frac{2}{3}} I^{\frac{1}{2}} = \dfrac{1}{n_1} \left(\dfrac{A_1}{P_1} \right)^{\frac{2}{3}} I^{\frac{1}{2}}$

- 유속 : $V_2 = \dfrac{1}{n_2} R_2^{\frac{2}{3}} I^{\frac{1}{2}} = \dfrac{1}{n_2} \left(\dfrac{A_2}{P_2} \right)^{\frac{2}{3}} I^{\frac{1}{2}}$

- 유속 : $V_3 = \dfrac{1}{n_3} R_3^{\frac{2}{3}} I^{\frac{1}{2}} = \dfrac{1}{n_3} \left(\dfrac{A_3}{P_3} \right)^{\frac{2}{3}} I^{\frac{1}{2}}$

- 유적 : $A = A_1 + A_2 + A_3$ 이므로, $A = \sum A_i$
- 윤변 : $P = P_1 + P_2 + P_3$ 이므로, $P = \sum P_i$

분할된 부분면적의 평균유속은 전체단면의 평균유속과 같다고 가정하므로

- 유속 : $V = V_1 = V_2 = V_3$

전체 유량은 각 분할단면의 유량을 합계한 것과 같으므로, 유량 Q=유적 A×유속 V이므로, $Q = Q_1 + Q_2 + Q_3$와 같다.

- 유량 $Q = A \cdot \left(\dfrac{1}{n} R^{\frac{2}{3}} I^{\frac{1}{2}} \right)$
- 유량 $Q_1 = A_1 \cdot \left(\dfrac{1}{n_1} R_1^{\frac{2}{3}} I^{\frac{1}{2}} \right)$
- 유량 $Q_2 = A_2 \cdot \left(\dfrac{1}{n_2} R_2^{\frac{2}{3}} I^{\frac{1}{2}} \right)$

- 유량 $Q_3 = A_3 \cdot \left(\dfrac{1}{n_3} R_3^{\frac{2}{3}} I^{\frac{1}{2}}\right)$

$$\therefore A \cdot \left(\dfrac{1}{n} R^{\frac{2}{3}} I^{\frac{1}{2}}\right) = A_1 \cdot \left(\dfrac{1}{n_1} R_1^{\frac{2}{3}} I^{\frac{1}{2}}\right) + A_2 \cdot \left(\dfrac{1}{n_2} R_2^{\frac{2}{3}} I^{\frac{1}{2}}\right) + A_3 \cdot \left(\dfrac{1}{n_3} R_3^{\frac{2}{3}} I^{\frac{1}{2}}\right)$$

각 단면의 유속이 동일하므로, 유속항으로 묶어내고 그리고 구배도 동일하므로 구배를 묶어낸다.

$$A \cdot \left(\dfrac{1}{n} R^{\frac{2}{3}} I^{\frac{1}{2}}\right) = (A_1 + A_2 + A_3) \cdot \left(\dfrac{1}{n_1} R_1^{\frac{2}{3}} + \dfrac{1}{n_2} R_2^{\frac{2}{3}} + \dfrac{1}{n_3} R_3^{\frac{2}{3}}\right) \cdot I^{\frac{1}{2}}$$

단면적 $A = A_1 + A_2 + A_3$이므로, 등식의 양변에 A와 $I^{\frac{1}{2}}$을 소거하면

$$\dfrac{1}{n} \cdot \left(\dfrac{A}{P}\right)^{\frac{2}{3}} = \dfrac{1}{n_1} \cdot \left(\dfrac{A_1}{P_1}\right)^{\frac{2}{3}} + \dfrac{1}{n_2} \cdot \left(\dfrac{A_2}{P_2}\right)^{\frac{2}{3}} + \dfrac{1}{n_3} \cdot \left(\dfrac{A_3}{P_3}\right)^{\frac{2}{3}}$$

등식의 양변에 $\dfrac{3}{2}$승을 곱해주면

$$\dfrac{1}{n^{\frac{3}{2}}} \left(\dfrac{A}{P}\right) = \dfrac{1}{n_1^{\frac{3}{2}}} \left(\dfrac{A_1}{P_1}\right) + \dfrac{1}{n_2^{\frac{3}{2}}} \left(\dfrac{A_2}{P_2}\right) + \dfrac{1}{n_3^{\frac{3}{2}}} \left(\dfrac{A_3}{P_3}\right)$$

각 단면의 유속이 동일하므로, 유속항으로 묶어내면

$$\dfrac{1}{n^{\frac{3}{2}}} \cdot \dfrac{1}{P}(A) = (A_1 + A_2 + A_3)\left(\dfrac{1}{n_1^{\frac{3}{2}}} \cdot \dfrac{1}{P_1} + \dfrac{1}{n_2^{\frac{3}{2}}} \cdot \dfrac{1}{P_2} + \dfrac{1}{n_3^{\frac{3}{2}}} \cdot \dfrac{1}{P_3}\right)$$

단면적 $A = (A_1 + A_2 + A_3)$이므로, 등식의 양변에 A를 소거하면

$$\dfrac{1}{n^{\frac{3}{2}}} \cdot \dfrac{1}{P} = \dfrac{1}{n_1^{\frac{3}{2}}} \cdot \dfrac{1}{P_1} + \dfrac{1}{n_2^{\frac{3}{2}}} \cdot \dfrac{1}{P_2} + \dfrac{1}{n_3^{\frac{3}{2}}} \cdot \dfrac{1}{P_3}$$

등식의 양변에 역수를 취하면

$$n^{\frac{3}{2}} \cdot P = n_1^{\frac{3}{2}} \cdot P_1 + n_2^{\frac{3}{2}} \cdot P_2 + n_3^{\frac{3}{2}} \cdot P_3$$

| 수리학 |

$$\therefore n^{\frac{3}{2}} = \frac{n_1^{\frac{3}{2}} \cdot P_1 + n_2^{\frac{3}{2}} \cdot P_2 + n_3^{\frac{3}{2}} \cdot P_3}{P}$$

등식의 양변에 $\frac{2}{3}$ 승을 곱해주면

- 등가조도계수 : $n = \left(\dfrac{n_1^{\frac{3}{2}} \cdot P_1 + n_2^{\frac{3}{2}} \cdot P_2 + n_3^{\frac{3}{2}} \cdot P_3}{P}\right)^{\frac{2}{3}}$

$$= \frac{\left(n_1^{\frac{3}{2}} \cdot P_1 + n_2^{\frac{3}{2}} \cdot P_2 + n_3^{\frac{3}{2}} \cdot P_3\right)^{\frac{2}{3}}}{(\Sigma P_i)^{\frac{2}{3}}}$$

등가조도계수의 일반식은 아래와 같다.

- 등가조도계수 : $n = \dfrac{(P_1 n_1^{\frac{1}{m}} + P_2 n_2^{\frac{1}{m}} \cdots\cdots)^m}{(\Sigma P)^m}$

- 유량 : $Q = A \cdot \left(\dfrac{1}{n} R^m I^n\right) = A \cdot \left(\dfrac{1}{n} R^{\frac{2}{3}} I^{\frac{1}{2}}\right)$

1) Manning 공식을 사용할 때(Horton Einstein)

Manning의 유속공식 $V = \dfrac{1}{n} R^{\frac{2}{3}} I^{\frac{1}{2}}$ 에서, $V = \dfrac{1}{n} R^m I^n$ 으로 나타내므로, $m = \dfrac{2}{3}$ 이다.

- 조도계수 : $n = \dfrac{(P_1 n_1^{\frac{3}{2}} + P_2 n_2^{\frac{3}{2}} \cdots\cdots)^{\frac{2}{3}}}{(\Sigma P)^{\frac{2}{3}}}$

2) Forchheimer 공식을 사용할 때

Forchheimer의 유속공식 $V = \dfrac{1}{n_f} R^{0.7} I^{0.5}$ 에서, $V = \dfrac{1}{n_f} R^m I^n$ 으로 나타내므로 n과 n_f는 같은 값으로 사용되고, $m = 0.7$ 이다.

- 조도계수 : $n = \dfrac{(P_1 n_1^{\frac{1}{0.7}} + P_2 n_2^{\frac{1}{0.7}} \cdots\cdots)^{0.7}}{(\Sigma P)^{0.7}}$

14 수리특성곡선

개거의 유량은 수면구배, 윤변, 유수단면적, 조도 등에 따라 다르나 대다수의 경우, 수면구배는 지형에 따라 정해지고 법면구배나 조도는 토질, 구성재료, 공법 등에 따라 결정되어 유속도 세굴이나 침전이 일어나지 않을 정도로 정하지 않으면 안 된다.

따라서 이들 요건을 전부 만족시키고 가장 경제적인 단면이 되게 함이 이상적이나 실제로는 이외의 여러 가지 조건을 고려해야 하므로, 가장 경제적인 단면만을 만들 수 없을 때가 많다.

법면구배는 수중에서 측면이 붕괴하지 않는 정도로 하지 않으면 안 된다. 일반적으로 절토부의 법면구배는 성토부의 법면구배보다 급하게 해도 무방하다. 보통 절토부는 1 : 1.5보다 급하지 않게 하고, 성토부는 1 : 2보다 급하지 않게 한다. 그러므로 지반이 모래, 자갈 또는 모래가 많이 섞여 있는 토양일 때는 구배를 더 완만하게 해야 한다. 암반 중 수로의 측면은 거의 연직으로 해도 무방하지만, 높이가 클 때에는 1 : 0.25~1 : 0.5 정도의 구배를 주어야 한다.

콘크리트 피복공을 할 때에도, 1 : 0.25~1 : 1 정도의 구배를 주는 것이 보통이다. 암거나 터널은 물이 가득 차서 흐를 때도 있고 일부만 차서 흐를 때가 있다. 이와 같은 폐수로에 대하여 전단면에 물이 차서 흐를 때의 단면적 A_1, 경심 R_1, 평균속도 V_1, 유량 Q_1 등과 일부만 차서 흐를 때 임의의 수심에 대한 상기의 양들, A, R, V, Q의 비, 즉 h/h_1, A/A_1, R/R_1, V/V_1, Q/Q_1 등을 미리 곡선으로 표시해 두면 필요에 따라 각 수위에 대한 양을 쉽게 구할 수 있어서 편리한데 이런 곡선을 **수리특성곡선**(Hydraulic Characteristic Curve)이라고 한다.

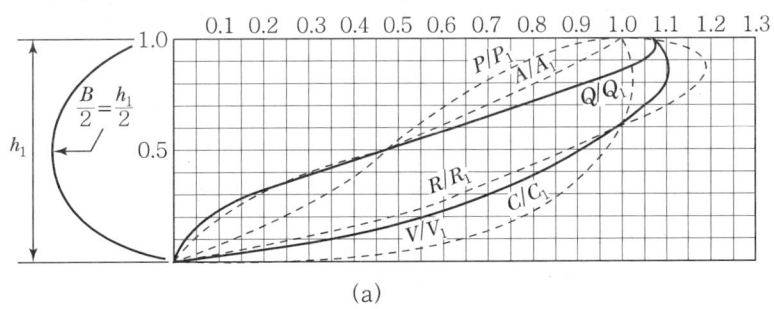

(a)

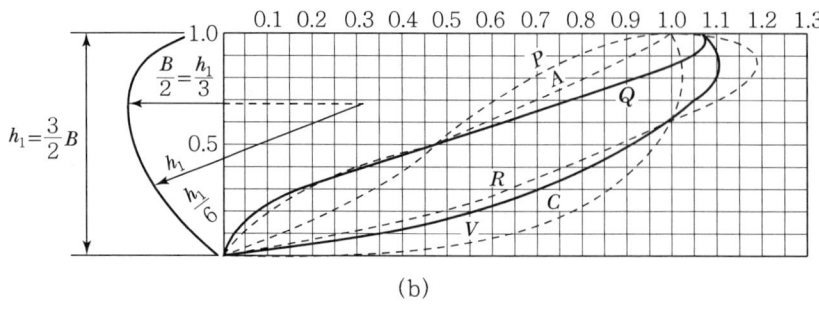

[수리특성곡선]

15 상류와 사류

그림과 같은 개수로에 일정한 유량이 흐를 때 수로폭이 일정해도 수로경사가 완만한 단면에서는 유속이 느리고 수심이 깊다. 그러나 수로경사가 급경사인 단면에서는 유속이 빠르고 수심이 얕아진다. 이와 같이 완만한 경사지에서 급경사지로 물이 흐를 경우에는 한계지점이 있게 된다.

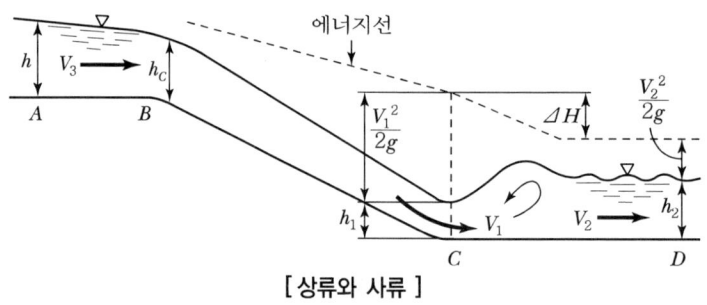

[상류와 사류]

지금, 한계지점의 수심을 h_c, 임의의 수심을 h라고 하면 $h > h_c$를 **상류**(Sub Critical Flow)라 하고, $h < h_c$인 경우를 **사류**(Super Critical Flow)라 한다. 수심이 h_c인 단면의 경사를 한계경사라 하고, 이때의 유속을 한계유속, 이때의 단면을 지배단면이라 한다. 상류와 사류의 판별방법은 한계수심(h_c) 외에 한계유속(v_c), 한계경사(I_c) 및 프루드(Froude) 수에 의한 방법들이 있다. 수로 도중에 위어, 댐 및 수문 등의 구조물이 있는 곳은 **지배단면**(Control Section)이 되며, 이것은 각종 조사나 설계에 중요한 역할을 한다. 상류의 특성은 흐름이 표면을 전파하는 속도가 흐름의 평균유속보다 빨라 상류흐름의 도중에 댐, 위어 등의 구조물을 설치하면 수면의 상승은 파(波)가 되어 상류쪽으로 전파하여 수면이 상승한다는 점이다.

이 현상을 **배수**(Back Water)라 한다. 사류에서는 이 수면에 전달되는 파의 속도가 흐름의 평균유속보다 작으므로 흐름의 도중에 구조물이 설치되었을 경우 수면의 상승은 상류로 전파하지 못하고 흐름은 그 장애물을 월류하게 된다.
상류로부터 사류로 흐를 때는 수면이 연속적이지만, 사류에서 상류로 연결될 때는 도중에서 소용돌이가 발생하여 수면이 불연속으로 된 후에 상류가 된다. 이러한 현상을 도수(Hydraulic Jump)라 한다.

① **상류**(Sub Critical Flow) : 수심이 한계수심보다 큰 흐름($h > h_c$)을 말한다.
② **사류**(Super Critical Flow) : 수심이 한계수심보다 작은 흐름($h < h_c$)을 말한다.
③ **지배단면**(Control Section) : 상류(常流)에서 사류(射流)로 변하는 단면을 말한다.
④ **도수현상**(Hydraulic Jump) : 사류(射流)에서 상류(常流)로 변하는 현상을 말한다.

비에너지는 수로바닥에서 총수두이므로 다음과 같이 나타난다.

- 비에너지 : $He = h + \alpha \dfrac{V^2}{2g}$

유량을 일정하게 하면 비에너지는 수심 h만의 함수가 된다. 이 관계를 그림으로 표시하면 아래 그림과 같다. He 곡선은 $He = h$ 직선과 He 축의 점근선이 된다. $He = h$인 직선 사이의 수평거리는 수심이 되고 $He = h$ 직선과 He 곡선과의 수평거리는 속도수두가 된다.

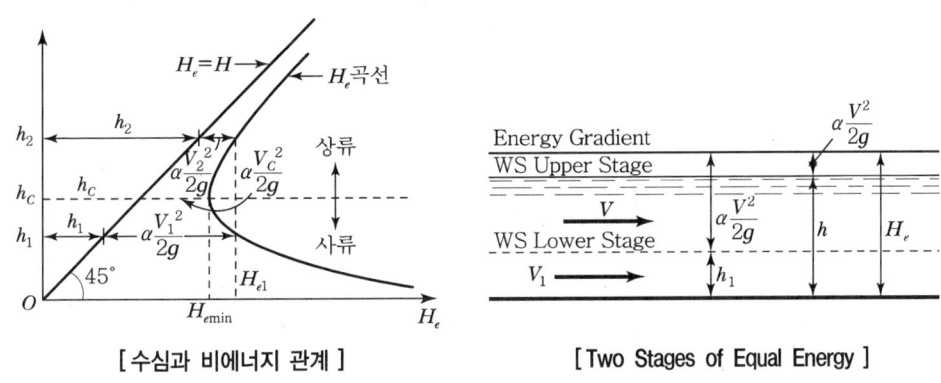

[수심과 비에너지 관계]   [Two Stages of Equal Energy]

일반적으로 한 비에너지의 값 He에 대해 대응하는 수심은 항상 2개이며, h_1, h_2이다. 그림과 같이 사류수심 h_1에 대한 속도수두는 크고 상류수심 h_2에 대한 속도수두는 작다. 특히, 최소 비에너지 $He_{\min}$에 대한 수심은 1개이며, 이것을 **한계수심**(限界水深, Critical Depth) h_c라 하고 한계수심으로 흐를 때 유량은 최대이며, 이때의 유속을 **한계유속**(Critical Velocity) V_c이라 한다.

- 최소비에너지 : $He_{\min} = h_c + \alpha \dfrac{V_c^2}{2g}$

- 비에너지 : $He_1 = h_1 + \alpha \dfrac{V_1^2}{2g}$

- 비에너지 : $He_2 = h_2 + \alpha \dfrac{V_2^2}{2g}$

한계수심보다 큰 흐름을 상류라 하고 작은 흐름을 사류라 한다.

16 비에너지와 단면의 일반형

개수로 내 흐름의 비에너지란 수로 바닥을 기준으로 하여 측정한 단위무게의 물이 가지는 흐름의 에너지라 정의할 수 있으며 부등류이론의 기본을 이루고 있다.

1) 비에너지(Specific Energy)

H_e를 비에너지(Specific Energy)라 하며, 수로바닥을 기준으로 하여 단위중량의 물이 갖는 에너지이다. 등류에서는 비에너지의 값이 일정하다.

- 비에너지 : $He = h + \alpha \dfrac{V^2}{2g}$

유량 $Q = AV$에서, 유속 $V = \dfrac{Q(유량)}{A(단면적)}$에서, $V^2 = \dfrac{Q^2}{A^2}$를 대입하면

- 비에너지 : $He = h + \dfrac{\alpha Q^2}{2gA^2}$

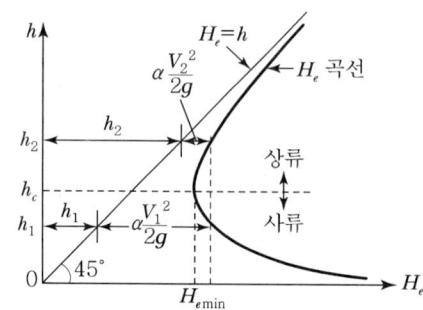

[비에너지와 최소 비에너지]

2) 단면의 일반형

단면의 일반형 $A = ah^n$이며, a, n은 단면형에 따라 정해지는 상수이므로 수심 h와는 관계없다.

- 단면의 일반형 : $A = ah^n$
- 사각형 단면 : $A = ah^n = bh$에서 $a = B, n = 1$
- 포물선 단면 : $A = ah^n = ah^{1.5}$에서 $a = a$(차수계수), $n = 1.5$
- 삼각형 단면 : $A = ah^n = mh^2$에서 $a = m, n = 2$

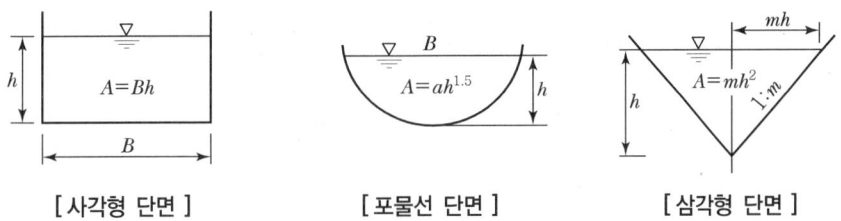

[사각형 단면]   [포물선 단면]   [삼각형 단면]

17 비에너지와 한계수심

유량이 일정한 경우 한 개의 유량에 대하여 한 개의 한계수심이 존재한다. 한계수심은 비에너지가 최소일 때 구할 수 있다. 최소비에너지 $\text{He}_{\min}$에 대한 수심은 1개이며, 이것을 한계수심 h_c라 한다.

1) 비에너지(Specific Energy)

비에너지란 수로바닥을 기준으로 한 단위무게의 유수가 가진 에너지를 말한다.
그러므로 비에너지란 수로바닥을 기준으로 한 수두이다. 수류가 등류이면 비에너지는 일정한 값을 갖는다.

- 비에너지 : $He = h + \alpha \dfrac{V^2}{2g}$

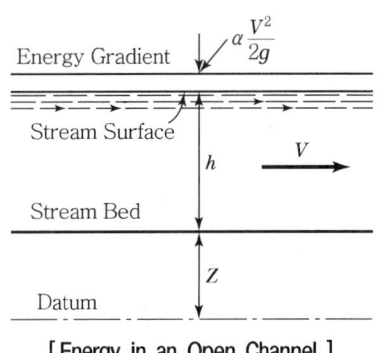

[Energy in an Open Channel]

2) 한계수심(Critical Depth)

유량 Q가 일정하다고 하여 수심 h와 비에너지 He와의 관계를 따질 때는 비에너지 He가 최소치를 가질 때의 수심은 한계수심(Critical Depth)이고, 또한 비에너지 He가 일정하다고 하여 수심과 유량 Q와의 관계를 따질 때는 Q가 최대치를 가질 때의 수심이 한계수심 h_c이라고 한다.

즉 비에너지 He를 수심 h에 대해서 편미분했을 때 0(Zero)이 되는 조건과 단면의 일반형 $A = ah^n$을 h에 대해서 편미분했을 때의 값이 같다고 놓았을 때, 이때 나오는 수심이 한계수심 h_c이다.

① 비에너지 : $He = h + \alpha \dfrac{Q^2}{2gA^2} = h + \dfrac{\alpha Q^2 A^{-2}}{2g}$

*편미분 : (지수가 앞으로 오고, 지수에서 1을 뺀다)

$\dfrac{\partial H_e}{\partial h} = 0$ 에서

$\dfrac{\partial}{\partial h}\left(h + \dfrac{\alpha Q^2 A^{-2}}{2g}\right) = 0$

$\dfrac{\partial h}{\partial h} + (-2)\dfrac{\alpha Q^2 A^{(-2-1)}}{2g}\dfrac{\partial A}{\partial h} = 0$

$1 - \dfrac{\alpha Q^2 A^{-3}}{g}\dfrac{\partial A}{\partial h} = 0$

$1 - \dfrac{\alpha Q^2}{gA^3}\dfrac{\partial A}{\partial h} = 0$

$\dfrac{\alpha Q^2}{gA^3}\dfrac{\partial A}{\partial h} = 1$ 에서

$\therefore \dfrac{\partial A}{\partial h} = \dfrac{gA^3}{\alpha Q^2}$

② 단면의 일반형 $A = ah^n$

단면의 일반형 $A = ah^n$을 수심 h에 대해서 편미분하면

*편미분 : (지수가 앞으로 오고, 지수에서 1을 뺀다)

$\therefore \dfrac{\partial A}{\partial h} = nah^{n-1}$

$\dfrac{\partial A}{\partial h}$로 서로 같다고 놓으면 이때의 수심 h는 한계수심 h_c로 표시한다.

$$nah_c^{n-1} = \frac{gA^3}{\alpha Q^2} = \frac{g(ah_c^n)^3}{\alpha Q^2} = \frac{ga^3 h_c^3}{\alpha Q^2}$$

$$\alpha Q^2 nah_c^{n-1} = ga^3 h_c^{3n}$$

$$h_c^{3n} = \frac{n\alpha a Q^2 h^{n-1}}{ga^3} = \frac{n\alpha Q^2 h_c^{n-1}}{ga^2}$$

등식의 양변을 h_c^{n-1}로 나누어주면

$$\frac{h_c^{3n}}{h_c^{n-1}} = \frac{n\alpha Q^2}{ga^2}$$

$$h^{3n-(n-1)} = \frac{n\alpha Q^2}{ga^2}$$

$$\therefore h_c^{2n+1} = \frac{\alpha n Q^2}{ga^2}$$

- 한계수심의 일반식 : $h_c = \left(\dfrac{\alpha n Q^2}{ga^2}\right)^{\frac{1}{2n+1}}$

위 식은 유량 Q가 주어졌을 때 한계수심 h_c를 구하는 일반식이다. 식 중에서 a 및 n은 기술한 바와 같이 단면의 형상에 따라 변하는 상수이다. 따라서 각 단면형에 따른 한계수심 h_c를 구하면 다음과 같다.

(1) 구형(4각) 단면

유적 : $A = ah^n = bh$에서, $a = B, n = 1$

- 한계수심의 일반식 : $h_c = \left(\dfrac{n\alpha Q^2}{ga^2}\right)^{\frac{1}{2n+1}}$

- 구형 단면 한계수심 : $h_c = \left(\dfrac{1 \times \alpha Q^2}{gB^2}\right)^{\left(\frac{1}{2 \times 1 + 1}\right)} = \left(\dfrac{\alpha Q^2}{gB^2}\right)^{\frac{1}{3}}$

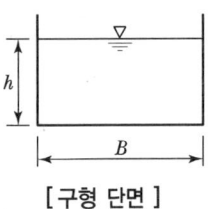

[구형 단면]

(2) 포물선 단면

유적 : $A = ah^n = ah^{1.5}$에서, $a = a$(차수계수), $n = 1.5$

- 한계수심의 일반식 : $h_c = \left(\dfrac{n\alpha Q^2}{ga^2}\right)^{\frac{1}{2n+1}}$

- 포물선 단면 한계수심 : $h_c = \left(\dfrac{1.5 \times \alpha Q^2}{ga^2}\right)^{\left(\frac{1}{2 \times 1.5 + 1}\right)} = \left(\dfrac{1.5\alpha Q^2}{ga^2}\right)^{\frac{1}{4}}$

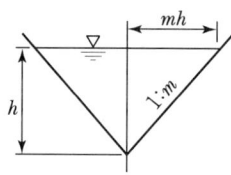

[포물선 단면]

(3) 삼각형 단면

유적 : $A = ah^n = mh^2$에서, $a = m, n = 2$

- 한계수심의 일반식 : $h_c = \left(\dfrac{n\alpha Q^2}{ga^2}\right)^{\frac{1}{2n+1}}$

- 삼각형 단면 한계수심 : $h_c = \left(\dfrac{2 \times \alpha Q^2}{gm^2}\right)^{\left(\frac{1}{2 \times 2 + 1}\right)}$

$= \left(\dfrac{2\alpha Q^2}{gm^2}\right)^{\frac{1}{5}}$

[삼각형 단면]

18 유량과 한계수심

수로의 흐름이 유량 Q으로 흐르고 있을 때, 임의의 단면의 수심이 유량 Q에 대한 한계수심보다도 큰 경우에는 단면을 지나는 흐름은 상류라 한다. 또 한계수심보다도 작은 경우에는 사류라 하고, 수심이 한계수심에 대등할 경우에는 한계류라 한다.

1) 유량과 한계수심

비에너지(He)의 최소치에 대한 수심이 한계수심(h_c)이므로 한계수심으로 흐를 때의 유량이 최대이다.

- 비에너지 : $He = h + \alpha \dfrac{V^2}{2g}$

- 비에너지 : $He = h + \alpha \dfrac{Q^2}{2gA^2}$

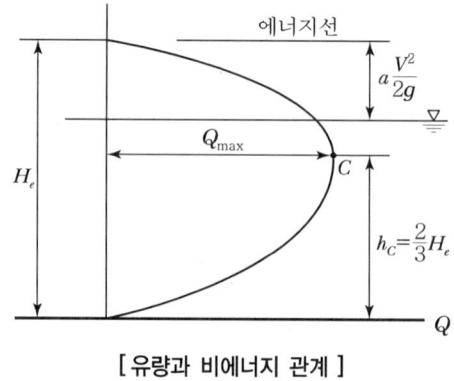

[유량과 비에너지 관계]

단면의 일반형 $A = ah^n$에서 $A^2 = a^2 h^{2n}$이므로

$$(He - h) = \frac{\alpha Q^2}{2ga^2h^{2n}}$$

$$\therefore Q^2 = \frac{2g}{\alpha}(He - h)a^2h^{2n}$$

- 유량 : $Q = \sqrt{\frac{2g}{\alpha}(H_e - h)a^2h^{2n}}$

즉, $H_e = h$ 이면 $Q = 0$ 이고, $h_c = \frac{2}{3}He$ 이면 Q_{max} 이며, h_c는 한계수심이다.

2) 비에너지와 한계수심

비에너지 H_e가 주어졌을 때 한계수심 h_c를 구하는 식은

- 비에너지 : $He = h + \alpha\frac{V^2}{2g}$

- 비에너지 : $He = h + \alpha\frac{Q^2}{2gA^2}$

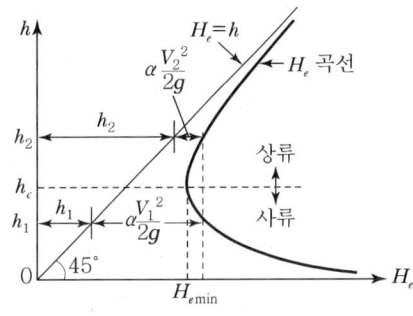

[비에너지(Specific Energy)]

단면의 일반형 $A = ah^n$에서, $A^2 = a^2h^{2n}$이므로

$$He = h + \frac{\alpha Q^2}{2gA^2} = h + \frac{\alpha Q^2}{2ga^2h^{2n}} \text{에서}$$

$$(He - h) = \frac{\alpha Q^2}{2ga^2h^{2n}}$$

$$Q^2 = \frac{2g}{\alpha}(He - h)a^2h^{2n}$$

- 유량 : $Q = \sqrt{\frac{2g}{\alpha}(H_e - h)a^2h^{2n}}$

*중미분 : (전체미분을 한 다음, 부분미분을 한다)
*미분 : (지수가 앞으로 오고, 지수에서 1을 뺀다)

$\frac{\partial Q}{\partial h} = 0$인 조건에서 구할 수 있다.

$$\frac{\partial Q}{\partial h} = \frac{\partial}{\partial h}\left\{\frac{\sqrt{2g}}{\sqrt{\alpha}}(H_e a^2 h_c^{2n} - a^2 h_c^{(2n+1)})\right\}^{\frac{1}{2}}$$

$$= \frac{\partial}{\partial h}\left\{\frac{\sqrt{2ga^2}}{\sqrt{\alpha}}(Heh^{2n} - h_c^{(2n+1)})\right\}^{\left(\frac{1}{2}\right)} = 0$$

$$= \frac{\sqrt{2ga^2}}{2\sqrt{\alpha}} \cdot \frac{[2nHeh_c^{2n-1} - (2n+1)h_c^{2n}]}{\sqrt{(He-h_c)h_c^{2n}}}$$

위 식이 0(Zero)이 되려면 상수는 0(Zero)이 될 수 없고, 분모가 0(Zero)이 되면 불능이므로 $[2nHeh_c^{2n-1} - (2n+1)h_c^{2n}]$항이 0(Zero)이 되어야 식 전체가 0(Zero)이 된다.

$$2nHeh_c^{2n-1} - (2n+1)h_c^{2n} = 0$$

따라서, $2nHeh_c^{2n-1} = (2n+1)h_c^{2n}$

위 식은 비에너지 H_e가 주어졌을 때 한계수심 h_c를 구하는 일반식이다.

(1) 구형 단면일 때

유적 : $A = ah^n = Bh$ 이므로 $n = 1$

$2nHeh_c^{2n-1} = (2n+1)h_c^{2n}$

$(2 \times 1)Heh_c^{(2 \times 1 - 1)} = (2 \times 1 + 1)h_c^{(2 \times 1)}$

$2Heh_c = 3h_c^2$

$\therefore 2He = 3h_c$

- 구형 단면 한계수심 : $h_c = \frac{2}{3}He$

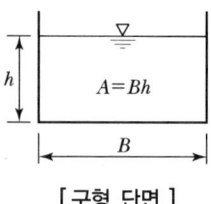

[구형 단면]

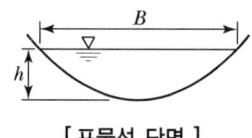

[포물선 단면]

(2) 포물선 단면일 때

유적 : $A = ah^n = ah^{\frac{3}{2}}$ 이므로 $n = \frac{3}{2}$

$2nHeh_c^{2n-1} = (2n+1)h_c^{2n}$

$(2 \times 1.5)H_e h_c^{(2 \times 1.5 - 1)} = (2 \times 1.5 + 1)h_c^{(2 \times 1.5)}$

$3Heh_c^2 = 4h_c^3$

$\therefore 3He = 4h_c$

- 포물선 단면 한계수심 : $h_c = \frac{3}{4}He$

(3) 삼각형 단면일 때

유적 : $A = ah^n = mh^2$ 이므로 $n = 2$

$$2nHeh_c^{2n-1} = (2n+1)h_c^{2n}$$

$$(2 \times 2)Heh_c^{(2 \times 2 - 1)} = (2 \times 2 + 1)h_c^{(2 \times 2)}$$

$$4Heh_c^3 = 5h_c^4$$

$$\therefore 4He = 5h_c$$

- 삼각형 단면 한계수심 : $h_c = \dfrac{4}{5}He$

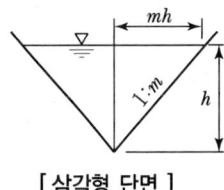

[삼각형 단면]

19 한계유속

한계수심(Critical Depth)으로 흐를 때의 유속을 **한계유속**(Critical Velocity)이라 한다. 관계식을 표시하면 유량을 **지배단면**(Control Section)일 때의 단면적으로 나눈 값이다. 다시 말하면 최소 비에너지일 때(수심이 한계수심 h_c일 때)의 단면적으로 유량 Q를 나눈 값이다.

즉, 단면이 구형이라고 하면 한계유속 v_c는 다음과 같다.

- 한계유속 : $v_c = \dfrac{Q}{A} = \dfrac{Q}{Bh_c}$
- 유량 : $Q = A \cdot v = Bh_c \cdot v_c$

구형 단면의 한계수심 $h_c = \left(\dfrac{\alpha Q^2}{gB^2}\right)^{\frac{1}{3}}$ 에서 유량 $Q = Bh_c \cdot v_c$ 이므로, 양변을 제곱하여 $Q^2 = B^2 h_c^2 \cdot v_c^2$ 을 대입하면

- 구형 단면 한계수심 : $h_c = \left(\dfrac{\alpha Q^2}{gB^2}\right)^{\frac{1}{3}} = \left(\dfrac{\alpha B^2 h_c^2 v_c^2}{gB^2}\right)^{\frac{1}{3}}$

$\therefore h_c^3 = \dfrac{\alpha h_c^2 v_c^2}{g}$ 따라서, $h_c = \dfrac{\alpha v_c^2}{g}$ 그러므로, $v_c^2 = \dfrac{gh_c}{\alpha}$

- 한계유속 : $v_c = \sqrt{\dfrac{gh_c}{\alpha}}$

$\alpha \fallingdotseq 1$이라 놓으면

- 한계유속 : $v_c = \sqrt{gh_c}$

위 식은 수심 h_c로 흐르는 수로에서 장파의 전파속도이다. 그러므로 한계수심으로 흐르는 수로의 유속은 그 장파의 전파속도와 거의 같은 값이 됨을 의미한다. 따라서 상류에는 수심이 크고 유속이 작기 때문에 $\sqrt{gh} > v$로 되어 상류로 전파하고, 사류에는 수심이 작고 유속이 크기 때문에 $\sqrt{gh} < v$로 되어 하류로 전파된다.

이와 같은 장파의 전파속도 $\sqrt{gh}$ 와 유속과의 대소에 따라 흐름의 상태를 구별한다. 이 수치의 비를 Froude 수라 한다. Reynolds 수가 층류, 난류의 척도가 되듯이 Froude 수는 상류, 사류의 척도가 된다.

- Froude 수 : $F_r = \dfrac{v}{\sqrt{gh}}$
- $F_r < 1$, 즉 $v < \sqrt{gh}$ ·· (상   류)
- $F_r = 1$, 즉 $v = \sqrt{gh}$ ·· (한계류)
- $F_r > 1$, 즉 $v > \sqrt{gh}$ ·· (사   류)

특히, $F_r = 1$, 즉 $v = \sqrt{gh}$ 일 때를 한계 Froude 수(Critical Froude Number : F_{rc})라 하여 F_{rc}로 표시한다. 수로에 있어서 한계수심으로 흐를 때의 유속을 한계유속(Critical Velocity : v_c)이라 한다.

20 한계구배

단면의 변화가 없는 수로에서 정류가 흐를 때 하류로 감에 따라 구배가 급해지면 유속이 빨라지고 수심이 작아진다. 이렇게 해서 구배가 어느 한계선을 넘으면 흐름의 상태는 상류에서 사류로 변하게 된다. 이와 같이 흐름이 상류에서 사류로 변하는 경계선이 있을 것이다.

이때의 구배를 **한계구배**(Critical Slope : I_c)라 하며 이때의 단면을 **지배단면**(Control Section)이라 한다.

수로폭이 수심에 비해 매우 넓은 수로라면 경심 R ≒ 수심 h 이므로, Chezy 유속공식을 사용하면

- 유량 : $Q = AV = (Bh) \cdot C\sqrt{R \cdot I} = BhC\sqrt{hI}$

구형 단면의 한계수심 $h_c = \left(\dfrac{\alpha Q^2}{gB^2}\right)^{\frac{1}{3}}$ 에서 유량 $Q = Bh_c^3 C^2 I_c$ 이므로 양변을 제곱하여 $Q^2 = B^2 h_c^3 C^2 I_c$ 를 대입하면 $h_c^3 = \dfrac{\alpha B^2 h_c^3 C^2 I_c}{gB^2}$ 에서, 양변에 gB^2을 곱해주면

$$h_c^3 g B^2 = \alpha B^2 h_c^3 C^2 I_c$$
$$\therefore g = \alpha C^2 I_c$$

- 한계구배 : $I_c = \dfrac{g}{\alpha C^2}$

상류에서 사류로 변하는 단면을 지배단면이라 하고, 이 한계의 경사를 한계경사라 한다. 즉, 한계수심일 때의 수로경사가 한계경사이다.

위 식이 한계구배(Critical Slope) I_c를 구하는 식이다.

- $I < \dfrac{g}{\alpha C^2}$ ··· (상류)
- $I = \dfrac{g}{\alpha C^2}$ ··· (한계류)
- $I > \dfrac{g}{\alpha C^2}$ ··· (사류)

흐름이 상류(Sub Critical Flow)이면 완구배(Mild Slope), 한계류(Critical Flow)이면 한계구배(Critical Slope), 사류(Super Critical Flow)이면 급구배(Steep Slope)라 한다.

21 비력(충력치 : Specific Froce)

상류에서 사류로 변할 때는 수면이 연속적이지만 사류에서 상류로 변할 때의 수면이 불연속적으로 변화하게 된다. 이것은 하류의 수면변동이 상류에 영향을 줄 수 없기 때문에 생기는 현상이다. 이와 같이 사류에서 상류로 변할 때 불연속적으로 수면이 뛰는 현상을 도수(Hydraulic Jump)라고 한다.

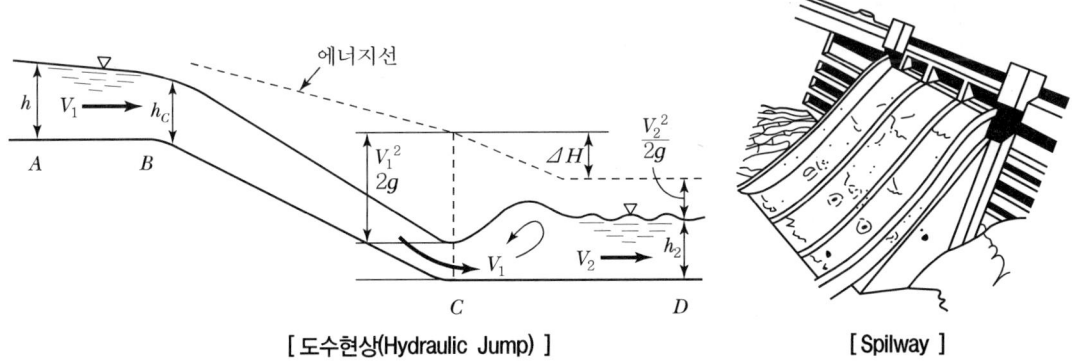

[도수현상(Hydraulic Jump)]   [Spillway]

개수로의 한 단면에서 물의 단위무게당 정수압과 운동량의 합으로서, 도수 발생 전후에도 크기가 같다. 유수의 단위중량당 운동량(동수압력)과 정압력(정수압력)을 합친 것을 비력(Specific Force) 또는 충력치(Special Force)라고 한다.

1) 정수압

물속의 한 점에서는 전후·좌우·상하의 모든 방향에서 같은 세기의 힘이 미친다. 그 크기는 물의 깊이에 따라 달라진다.

- 정수압 : $P = w_0 (h_G) A$
- 수면에서 작용점까지 거리 :

$$h_c = (h_G) + \frac{I_0}{(h_G)A}$$

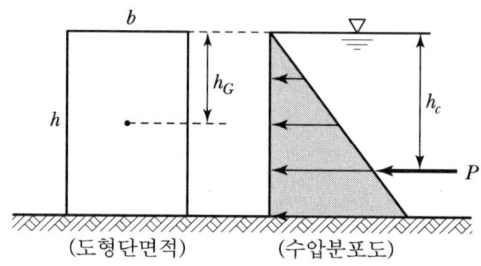

[구형 단면의 수압]

2) 운동량

유체에 작용하는 힘과 운동의 관계를 나타내는 식으로 질량 m인 물체에 힘 F을 주어 처음 유속이 V_1이던 것이 어느 시간 dt 사이에 V_2로 변했다고 하면 Newton의 제2법칙 $F = m\alpha = m(V_2 - V_1)$에서, 질량 $m = \rho Q$로 나타내고 밀도 $\rho = \dfrac{w_0}{g}$이다.

- 힘 : $F = \rho Q (V_2 - V_1)$
- 힘 : $F = \dfrac{w_0}{g} Q (V_2 - V_1)$

3) 비력(충력치)

비력(충력치) 방정식은 운동량 방정식을 기초로 만들어졌으므로, 개수로에서 운동량 변화가 발생하는 모든 구간에 적용 가능하다.

①, ② 단면의 정수압의 차는, ①, ② 단면의 운동량의 차와 같다에서 충력치를 구한다.

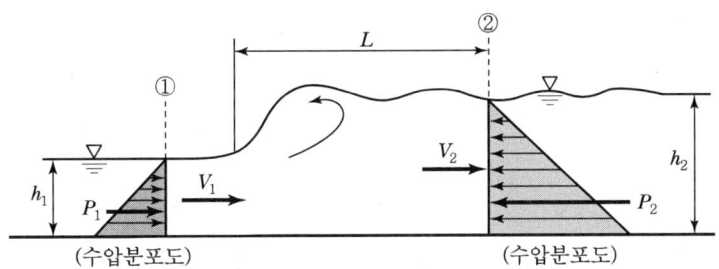

[정수압과 운동량 관계]

충력치 : $M = \{(\text{정수압 차}) = (\text{운동량 차})\}$

$$M = \{(P_1 - P_2) = \eta \frac{w_0}{g} Q(V_2 - V_1)\}$$

$$M = \left(w_0(h_{G1})A_1 - w_0(h_{G2})A_2 = \eta \frac{w_0}{g}QV_1 - \eta \frac{w_0}{g}QV_2\right) \text{에서 Bernoulli}$$

정리처럼 표현하려면

∴ 충력치 $M = \eta \dfrac{Q}{g} V_1 + (h_{G1})A_1 = \eta \dfrac{Q}{g} V_2 + (h_{G2})A_2$

각 단면에 대해 일정하므로

- 비력(충력치) :

$$M = \eta \frac{Q}{g} V + (h_G) A = \text{Constant}(\text{일정})$$

일정한 유량에 대하여 충력치 M과 수심 h의 관계 곡선을 그리면 다음과 같다. 하나의 비력에 대하여 수심은 h_1, h_2의 두 개가 존재하고 이들은 서로에 대하여 **대응수심**(Sequent Depth)이라 하며 최소의 비력을 가지는 수심을 $\dfrac{\partial M}{\partial h} = 0$의 조건을 사용해 구하면 된다.

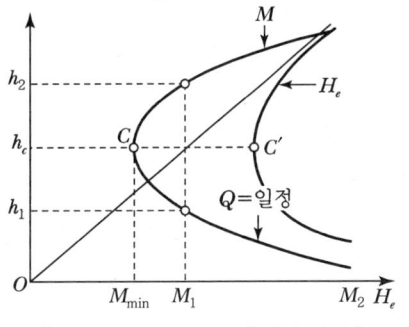

[수심관 비에너지 및 충력치 관계]

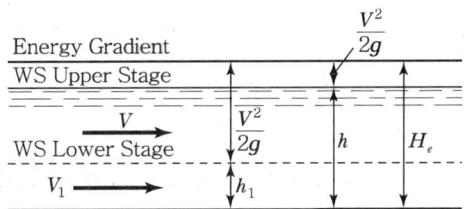

[Two Stages of Equal Energy]

사각형 구형단면에 대한 한계수심은 다음과 같다.

- 충력치 : $M = \eta \dfrac{Q}{g} V + (h_G)A = \eta \dfrac{Q^2}{gA} + \left(\dfrac{h}{2}\right)A$

$\quad = \dfrac{\eta Q^2}{g(bh)} + \dfrac{h}{2}(bh) = \dfrac{\eta Q^2 h^{-1}}{gb} + \dfrac{bh^2}{2}$

*편미분 : (지수가 앞으로 오고, 지수에서 1을 빼다)

$\dfrac{\partial M}{\partial h} = 0$에서

$\dfrac{\partial}{\partial h}\left(\dfrac{\eta Q^2 h^{-1}}{gb} + \dfrac{bh^2}{2}\right) = 0$

$(-1)\dfrac{\eta Q^2 h^{(-1-1)}}{gb} + (2)\dfrac{bh^{(2-1)}}{2} = 0$

$-\dfrac{\eta Q^2 h^{-2}}{gb} + bh^1 = 0$

$-\dfrac{\eta Q^2}{gbh^2} + bh = 0$

$bh = \dfrac{\eta Q^2}{gbh^2}$

$gb^2 h^3 = \eta Q^2$

$\therefore\ h^3 = \dfrac{\eta Q^2}{gb^2}$

따라서,

- 한계수심 : $h_c' = \left(\dfrac{\eta Q^2}{gb^2}\right)^{\frac{1}{3}}$

즉 $\eta = \alpha$이면 $h_c' = h_c$가 된다.

① 충력치가 최소가 되는 수심은 근사적으로 한계수심과 같다.
② 대응수심은 반드시 이 수심보다 큰 수심과 작은 수심으로 되어 있어 수심이 2개다.

다음 그림에서 $H_e \sim h$ 곡선 위의 h_1과 h_2는 같은 비에너지 H_{e1}에 대한 수심이고, $M \sim h$ 곡선 위의 h_1에 대한 h_2는 도수 전후의 수심이다. $H_e \sim h$ 곡선 위에서 같은 비에너지에 대한 대응수심이 h_1, h_2이고, $M \sim h$ 곡선 위에서 h_1에 대한 h_2는 도수 후의 수심이므로 h_1에 대한 비에너지 H_{e1}과 h_2에 대한 비에너지 H_{e2}의 차가 도수에 의한 손실수두이다.

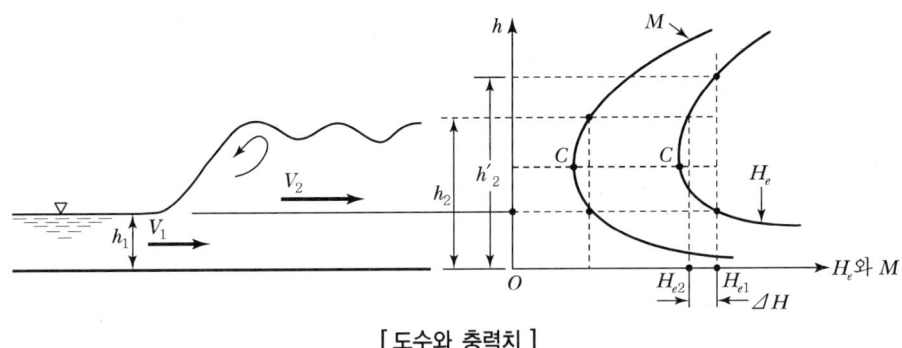

[도수와 충력치]

22 도수(Hydraulic Jump)

유속이 빠르고 수심이 작은 수류가 유속이 느린 완류수류에 충돌하면 수위가 급히 상승한다. 이 현상을 도수(桃水, Hydraulic Jump)라 한다. 상류에서 사류로 변할 때에는 수면이 연속적이지만 반대로 사류에서 상류로 변할 때에는 수면이 불연속적이며, 수심이 급히 증대하고 큰 맴돌이가 생긴다.

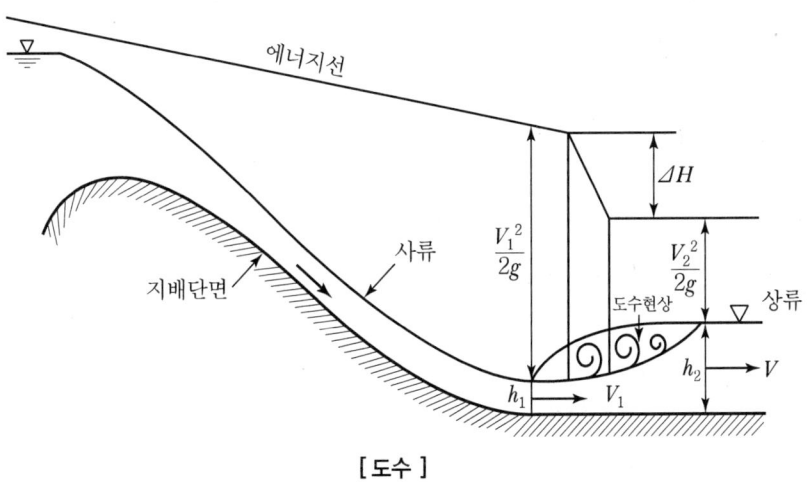

[도수]

이와 같이 사류에서 상류로 변할 때 불연속적으로 수면이 뛰는 현상을 도수라 한다.
그림에서 h_1, h_2의 차가 크면 클수록 수면 **맴돌이**(Vortex)가 심하게 된다. 수면의 맴돌이가 심한 도수를 **완전도수**(Direct Jump)라 하고, 그렇지 않은 도수를 **불완전도수**(Indirect Jump) 또는 **파상도수**(Undular Jump)라 한다.

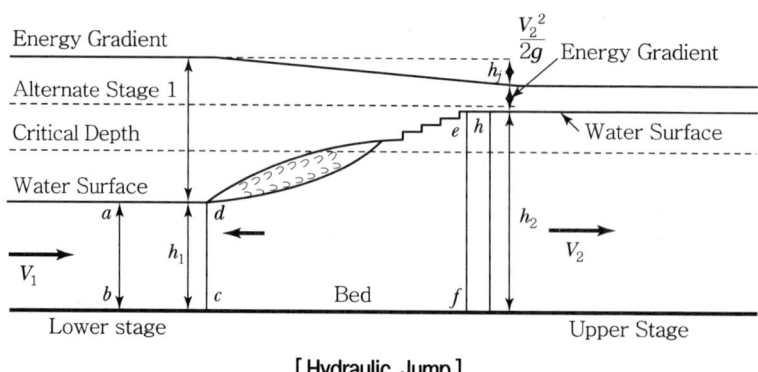

[Hydraulic Jump]

실제로 생기는 도수(跳水)의 모양이나 흐름의 특성은 사류의 Froude 수에 따라 달라진다.

- 사류 구간의 Froude 수 : $F_{r1} = \dfrac{V_1}{\sqrt{gh_1}}$

(1) 완전도수

① $\dfrac{h_2}{h_1}$ 가 클 때 수면은 급사면을 이루고 상승하며 급사면에 큰 맴돌이가 발생한다.

② $F_{r1} < \sqrt{3}$ 일 때 발생한다.

(2) 불완전 도수(파상도수)

① $\dfrac{h_2}{h_1}$ 가 적을 때 도수부분은 파상을 이루고 맴돌이도 크지 않다.

② $1 < F_{r1} < 3$ 일 때 발생한다.

도수의 종류

명 칭	도수(跳水)의 모양	설 명
파상도수(波狀跳水, Undular Jump)	$Fr_1 = 1 \sim 1.7$	수면이 약간 흔들려 파상을 나타냄. 이 경우 수평와(水平渦)는 일어나지 않음
약도수(弱跳水, Weak Jump)	$Fr_1 = 1.7 \sim 2.5$	도수는 앞면에 일련의 작은 수평와가 일어남. 하류수면(下流水面)은 고요함

동요도수(動搖跳水, Oscillating Jump)	$Fr_1 = 2.5 \sim 4.5$	유입분류(Jet)가 있을 때는 수로바닥에서 소용돌이치거나, 어떤 때는 표면에서 소용돌이쳐 시간적으로 움직여 불안정함
정상도수(定常跳水, Steady Jump)	$Fr_1 = 4.5 \sim 9.0$	도수는 안정되고, 하류수면도 비교적 고요함
강도수(强跳水, Strong Jump)	$Fr_1 > 9.0$	도수 내부에서의 격렬한 소용돌이 때문에 하류역으로 파동이 전파됨

도수는 사류상태에서 상류상태로 흐름이 바뀔 때 발생되므로 도수의 크고 작음은 도수전의 사류발달 정도에 좌우되어 도수전의 Froude 수가 클수록 도수의 규모는 크게 나타난다.

	$F_{r1} = 1$		$F_{r1} = \sqrt{3}$	
도수가 발생하지 않음		파상도수		완전도수

- $1 < F_{r1} < \sqrt{3}$ ················· Undular Jump(파상도수)
- $F_{r1} > \sqrt{3}$ ···················· Perfect Jump(완전도수)
- $\sqrt{3} < F_{r1} < \sqrt{6.25}$ ·········· Weak Jump(약류도수)
- $\sqrt{6.25} < F_{r1} < \sqrt{20.25}$ ······ Oscillating Jump(진동도수)
- $\sqrt{20.25} < F_{r1} < \sqrt{81}$ ······· Steady Jump(정상도수)
- $F_{r1} > \sqrt{81}$ ·················· Strong Jump(강류도수)

1) 도수(跳水)의 길이

완전도수일 때 수면 맴돌이가 미치는 곳까지의 거리를 도수의 길이라 한다. 도수의 길이를 구하는 공식은 다음과 같은 것들이 있다. h_1은 사류수심, h_2는 상류수심이다.

- 일반적으로 $l = (4.5 \sim 5.0)h_2$
- Smetana 공식 $l = 6(h_2 - h_1)$
- Safranez 공식 $l = 4.5 h_2$
- 미개척국 공식 $l = 6.1 h_2$
- Woycicki 공식 $l = \left(8 - 0.05 \dfrac{h_2}{h_1}\right)(h_2 - h_1)$
- Bakhmeteff–Matzke 공식 $l = 4.8 h_2$

2) 도수 전후의 대응수심

사류에서 상류로 변할 때 불연속적으로 수면이 뛰는 현상을 도수(Hydraulic Jump)라 한다.

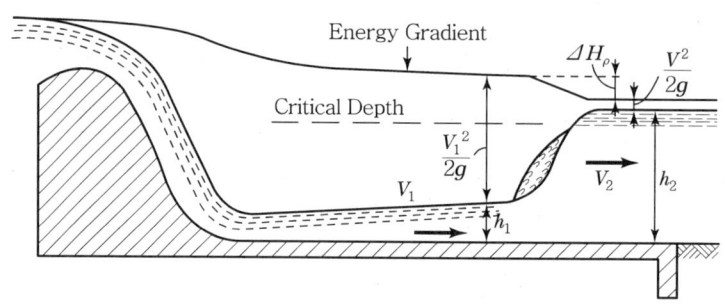

[Hydraulic Jump on Apron of Dam]

상류에서 사류로 변할 때는 상류수심(常流水深)에서 한계수심을 거쳐 사류수심(射流水深)으로 변하게 되는데 이때는 수심이 연속적으로 변하는 특성이 있다.
도수현상은 하류의 수면변동이 상류에 영향을 줄 수 없기 때문에 수면이 불연속적으로 변화하게 된다.

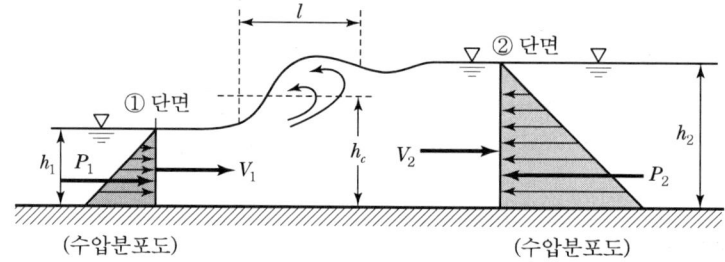

[정수압과 운동량의 관계]

수평 구형수로에서 일어나는 도수를 생각하여 ①, ② 단면의 정수압의 차는, ①, ② 단면의 운동량의 차와 같다.

$\eta_1 = \eta_2 = \eta$ 라 할 때 다음과 같다.

(정수압 차) = (운동량 차)

$$(P_1 - P_2) = \eta \frac{w_0}{g} Q(V_2 - V_1)$$

$$P_1 + \eta \frac{w_0}{g} Q V_1 = P_2 + \eta \frac{w_0}{g} Q V_2$$

$$(P_1 - P_2) = \eta \frac{w_0}{g} A (V_2 - V_1)$$

즉, 도수 전후의 충력치는 일정하다. 그리고 운동량 보정계수 η를 1.0으로 보면

- 정수압 : $P_1 = \dfrac{w_0 b h_1^2}{2}$, $P_2 = \dfrac{w_0 b h_2^2}{2}$

정수압과 유량을 위 식에 대입하면

$$w_0 b \frac{h_1^2}{2} - w_0 b \frac{h_2^2}{2} = \frac{w_0}{g} b h_1 V_1 (V_2 - V_1)$$

연속방정식에서 유량 : $Q = A_1 V_1 = A_2 V_2$
$(bh_1) V_1 - (bh_2) V_2$

$$V_2 = \frac{(bh_1) V_1}{(bh_2)} = \left(\frac{h_1}{h_2}\right) V_1$$

$$\frac{w_0 b}{2} (h_1^2 - h_2^2) = \frac{w_0}{g} (bh_1) V_1 \left(\frac{h_1}{h_2} V_1 - V_1\right)$$

$$\frac{w_0 b}{2} (h_1^2 - h_2^2) = \frac{w_0}{g} b h_1 V_1^2 \left(\frac{h_1}{h_2} - 1\right)$$

등식의 양변에 공통으로 들어 있는 $w_0 b$로 나누어주면

$$\frac{1}{2} (h_1^2 - h_2^2) = \frac{V_1^2}{g} h_1 \left(\frac{h_1}{h_2} - 1\right)$$

$$(h_1^2 - h_2^2) = 2 \frac{V_1^2}{g} h_1 \left(\frac{h_1 - h_2}{h_2}\right)$$

$$(h_1^2 - h_2^2) = 2 \frac{V_1^2}{g} \cdot \frac{h_1}{h_2} (h_1 - h_2)$$

$(h_1^2 - h_2^2)$을 인수분해하면 $(h_1 + h_2)(h_1 - h_2)$가 된다.

$$(h_1 + h_2)(h_1 - h_2) = 2 \frac{V_1^2}{g} \cdot \frac{h_1}{h_2} (h_1 - h_2)$$

$$(h_1 + h_2) = 2 \frac{V_1^2}{g} h_1 \cdot \frac{1}{h_2}$$

등식의 양변에 h_2를 곱해주면

$$h_2^2 + h_1 h_2 = 2\frac{V_1^2}{g} h_1$$

$$h_2^2 + h_1 h_2 - 2\frac{V_1^2}{g} h_1 = 0$$

방정식을 풀 때, 인수분해가 되지 않으면 근의 공식에 대입해야 한다. 근의 공식에서

- 근의공식 : $h_2 = \dfrac{-b \pm \sqrt{b^2 - 4ac}}{2a}$

$$\therefore h_2 = \dfrac{-h_1 \pm \sqrt{h_1^2 - (4)(1)\left(\dfrac{2v_1^2 h_1}{g}\right)}}{2 \times (1)}$$

그리고, $-$는 허수이므로 $+$만 취한다.

$$h_2 = \dfrac{-h_1 + \sqrt{h_1^2 + 8\dfrac{V_1^2 h_1^2}{gh_1}}}{2}$$

$$\therefore h_2 = \dfrac{-h_1}{2} + \dfrac{h_1}{2}\sqrt{1 + 8\dfrac{V_1^2}{gh_1}}$$

$F_{r1} = \dfrac{V_1}{\sqrt{gh_1}}$ 이므로, $F_{r1}^2 = \dfrac{V_1^2}{gh_1}$ 이므로

- 대응수심 : $h_2 = \dfrac{-h_1}{2} + \dfrac{h_1}{2}\sqrt{1 + 8F_{r1}^2}$

- 대응수심 : $h_2 = \dfrac{h_1}{2}(-1 + \sqrt{1 + 8F_{r1}^2})$

- 수심비 : $\dfrac{h_2}{h_1} = \dfrac{1}{2}(-1 + \sqrt{1 + 8F_{r1}^2})$

여기서, $F_{r1} = \dfrac{V_1}{\sqrt{gh_1}}$ (사류구간 F_r 수)

한계수심일 경우 유량이 최대일 때를 제외하면 1개의 유량에 대응하는 수심은 항상 2개이다.

3) 도수 전후의 에너지 손실

도수현상에서는 표면와(表面渦, Surface Vortex) 때문에 에너지 손실이 있게 된다.
이런 경우 사류와 상류의 비에너지의 차를 구하면 도수로 인한 에너지 손실량을 계산할 수 있다. 도수가 발생하면 와류, 공기유입 및 흐름의 감속 등으로 인하여 에너지 손실이 일어나며 이는 도수 전후의 비에너지차 ΔHe로 나타낼 수 있다.

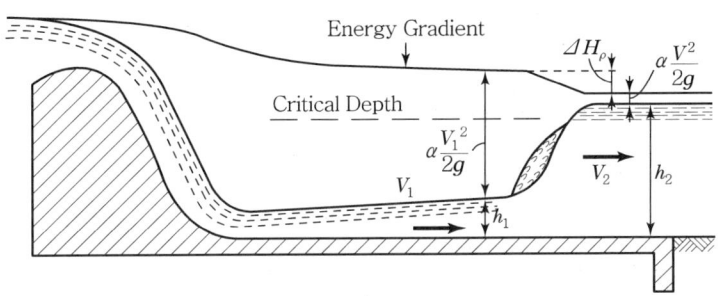

[Hydraulic Jump on Apron of Dam]

도수 전후의 수심을 h_1, h_2 평균유속을 V_1, V_2라고 하면 도수 전후의 비에너지는 다음과 같다.

$$He_1 = h_1 + \alpha \frac{V_1^2}{2g}$$

$$He_2 = h_2 + \alpha \frac{V_2^2}{2g}$$

운동량보정계수 η와 에너지보정계수 α를 1.0으로 보아 에너지 손실량을 ΔHe라 하면, 에너지 손실 ΔHe는 ①, ② 단면의 비에너지 차이와 같다.

- $\Delta He = H_{e1} - H_{e2}$
- $\Delta He = \left(h_1 + \dfrac{V_1^2}{2g}\right) - \left(h_2 + \dfrac{V_2^2}{2g}\right)$
- $\Delta He = h_1 + \dfrac{V_1^2}{2g} - h_2 - \dfrac{V_2^2}{2g}$
- $\Delta He = (h_1 - h_2) + \dfrac{1}{2g}(V_1^2 - V_2^2)$

연속방정식에서 $Q = A_1 V_1 = A_2 V_2$에서 $V_2 = \dfrac{A_1 V_1}{A_2} = \left(\dfrac{bh_1}{bh_2}\right)V_1 = \left(\dfrac{h_1}{h_2}\right)V_1$

- $\Delta H_e = (h_1 - h_2) + \dfrac{1}{2g}\left\{V_1^2 - \left(\dfrac{h_1}{h_2}\right)^2 V_1^2\right\}$

- $\Delta H_e = (h_1 - h_2) + \dfrac{V_1^2}{2g}\left[1 - \left(\dfrac{h_1}{h_2}\right)^2\right]$

$\dfrac{V_1^2}{2g}$ 항은 ①, ② 단면의 정수압의 차는 ①, ② 단면의 운동량의 차와 같다에서 만들어 와야 한다.

(정수압 차) = (운동량 차)

$(P_1 - P_2) = \dfrac{w_0}{g} Q(V_2 - V_1)$

- 정수압 : $P_1 = \dfrac{w_0 b h_1^2}{2}$, $P_2 = \dfrac{w_0 b h_2^2}{2}$
- 유량 : $Q = AV = A_1 V_1 = A_2 V_2$ 에서

$b h_1 V_1 = b h_2 V_2$ 에서,

$V_2 = \dfrac{b h_1 V_1}{b h_2} = \left(\dfrac{h_1}{h_2}\right) V_1$ 이므로

$\dfrac{w_0 b h_1^2}{2} - \dfrac{w_0 b h_2^2}{2} = \dfrac{w_0}{g}(A_1 V_1)(V_2 - V_1)$

$\dfrac{w_0 b (h_1^2 - h_2^2)}{2} = \dfrac{w_0 (b h_1)}{g} V_1 \left(\dfrac{h_1}{h_2} V_1 - V_1\right)$

$\dfrac{(h_1^2 - h_2^2)}{2} = \dfrac{V_1^2}{g} h_1 \cdot \left(\dfrac{h_1}{h_2} - 1\right)$

$(h_1^2 - h_2^2)$을 인수분해하면, $(h_1 + h_2)(h_1 - h_2)$가 된다.

$\dfrac{(h_1 + h_2)(h_1 - h_2)}{2} = \dfrac{V_1^2}{g} h_1 \cdot \left(\dfrac{h_1 - h_2}{h_2}\right)$

$\dfrac{(h_1 + h_2)}{2} = \dfrac{V_1^2}{g} \cdot \dfrac{h_1}{h_2}$

등식의 양변에 2를 나누어주면

$\dfrac{(h_1 + h_2)}{2 \times 2} = \dfrac{V_1^2}{2g} \cdot \dfrac{h_1}{h_2}$

$$\therefore \frac{V_1^2}{2g} = \frac{(h_1+h_2)}{4} \cdot \frac{h_2}{h_1} = \frac{1}{4}\frac{h_2}{h_1}(h_1+h_2)$$

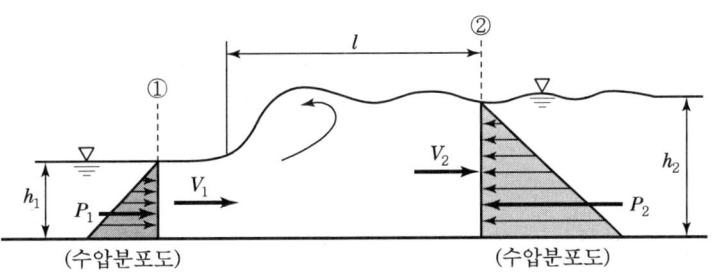

[전수압과 운동량 관계]

$$\Delta He = (h_1 - h_2) + \frac{V_1^2}{2g}\left[1 - \left(\frac{h_1}{h_2}\right)^2\right]$$

$\dfrac{V_1^2}{2g}$ 대신에 $\dfrac{1}{4}\dfrac{h_2}{h_1}(h_2+h_1)$ 대입하면

$$= (h_1-h_2) + \frac{1}{4}\frac{h_2}{h_1}(h_2+h_1)\left[1-\left(\frac{h_1}{h_2}\right)^2\right]$$

$$= (h_1-h_2) + \frac{1}{4}\frac{h_2}{h_1}(h_2+h_1)\left[\frac{h_2^2-h_1^2}{h_2^2}\right]$$

$$= (h_1-h_2) + \frac{1}{4}\frac{(h_2-h_1)}{h_1 h_2}(h_2^2+h_1^2)$$

$$= (h_1-h_2) + \frac{1}{4}(h_2^2-h_1^2)\left(\frac{1}{h_2}+\frac{1}{h_1}\right)$$

$$= \frac{4h_1^2 h_2 - 4h_1 h_2^2 + (h_2+h_1)(h_2^2-h_1^2)}{4h_1 h_2}$$

$$= \frac{4h_1^2 h_2 - 4h_1 h_2^2 + h_2^3 + h_2^2 h_2 - h_1^2 h_2 - h_1^3}{4h_1 h_2}$$

$$= \frac{3h_1^2 h_2 - 3h_2^2 h_1 + h_2^3 - h_1^3}{4h_1 h_2}$$

$$= \frac{h_2^3 h_2 - 3h_2^2 h_1 + 3h_2 h_1^2 - h_1^3}{4h_1 h_2}$$

| 수리학 |

$$\therefore \Delta He = \frac{(h_2 - h_1)^3}{4h_1 h_2}$$

- 도수 전후의 에너지 손실 : $\Delta He = \frac{(h_2 - h_1)^3}{4h_1 h_2}$

즉, 도수로 인한 에너지 손실은 도수 전후의 수면차가 클수록 커진다.

23 정류의 일반식

정류(Steady Flow)흐름은 시간적 관점에서 볼 때 일정한 단면에서 수리학적 특성이 시간에 따라 변하지 않는 흐름으로 평상시 하천의 흐름을 말하며 유선과 유적선이 일치한다. 유관에 있어서 미소거리 dx 떨어진 ①, ② 2개의 단면을 취하여 손실수두를 무시하고 Bernoulli의 정리를 적용하면

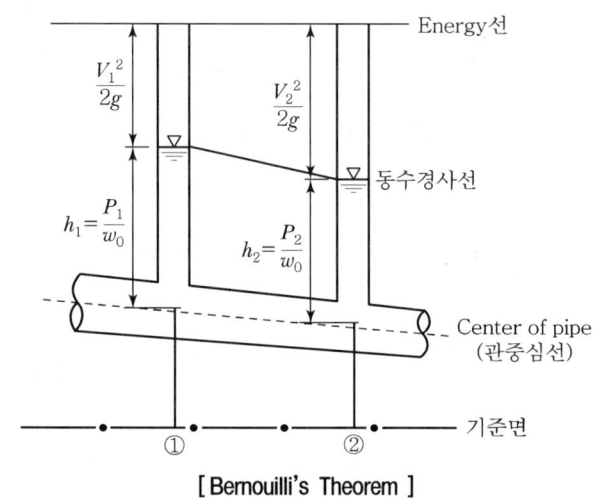

[Bernouilli's Theorem]

$$z_1 + \frac{p_1}{w_0} + \frac{v_1^2}{2g} = z_2 + \frac{p_2}{w_0} + \frac{v_2^2}{2g} = \text{Constant(일정)}$$

①, ② 2단면의 거리는 미소하므로 다음과 같다.

- 속도수두 차 : $\frac{1}{2g}(v_2^2 - v_1^2) = d\left(\frac{v^2}{2g}\right)$
- 위치수두 차 : $(z_1 - z_2) = dz$
- 압력수두 차 : $\frac{1}{w_0}(p_2 - p_1) = d\left(\frac{p}{w_0}\right)$

따라서, dx 거리에 대한 변화는

$$-\frac{dh}{dx} = I = \frac{d}{dx}\left(\frac{v^2}{2g}\right)$$

즉, $\left(z_1 + \dfrac{p_1}{w_0}\right) - \left(z_2 + \dfrac{p_2}{w_0}\right) = h_1 - h_2$

위 식에서 구배 I는 ①, ② 두 점의 유리관에 나타난 수두차가 dh를 거리 dx로 나눈 값, 즉 **동수구배**(Hydraulic Gradient)다.

또한, $-\dfrac{dh}{dx}$는 동수구배, 즉 압력계의 수면저하율이고, $\dfrac{d}{dx}\left(\dfrac{v^2}{2g}\right)$은 속도수두의 증가율이므로 이 두 값은 서로 같아야 한다.

그러나 개수로에서는 $\dfrac{p_1}{w_0} = \dfrac{p_2}{w_0}$ 이므로 동수구배는 수면구배이다.

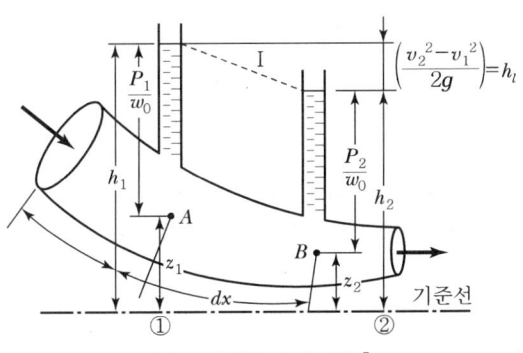

[동수구배와 수면구배]

위 식은 완전유체가 정류일 때나 실제의 흐름이 부정류일 때는 점성, 마찰, 와류 등에 따른 유체 저항을 받아서 ①, ② 단면 사이에서 손실수두 h_l이 생긴다. 그 Energy는 열이나 소리 등의 Energy로 변한다. 그러므로 단면 ①에 비하여 단면 ②에서는 h_l만큼 손실수두가 생긴다.

$$dz + d\left(\dfrac{v^2}{2g}\right) + d\left(\dfrac{p}{w_0}\right) + h_l = 0$$

손실수두 h_l은 유수와 윤변과의 사이에서 일어나므로 수로의 길이 dx에서 생기는 손실수두 h_l는 다음과 같다.

- 손실수두 : $h_l = \displaystyle\int_{①}^{②} f \dfrac{dx}{R} \dfrac{v^2}{2g} = \int_{①}^{②} f \dfrac{p}{A} \dfrac{v^2}{2g} dx$

따라서, 속도수두+위치수두+압력수두+손실수두 관계인 Bernoulli의 식은 다음과 같이 된다.

| 수리학 |

$$d\left(\frac{v^2}{2g}\right)+dz+d\left(\frac{p}{w_0}\right)+f\frac{1}{R}\frac{v^2}{2g}dx=0$$

그러나 일반적으로 흐름이 부정류일 때의 유속은 $\frac{\partial v}{\partial t}$의 비율로 변화하므로 질량 $\frac{w_0}{g}\cdot Adx$인 유체가 $\frac{\partial v}{\partial t}$의 변화율로 vdt만큼 운동했을 때와 Energy는 $\frac{w_0}{g}\cdot Adx\frac{\partial v}{\partial t}$만큼 변한다. 단위중량을 1g/cm³=1t/m³으로 보고 $vdt=dx$라 하면 수류의 일반식은 단위중량에 대하여 아래 식으로 표시된다.

$$d\left(\frac{v^2}{2g}\right)+dz+d\left(\frac{p}{w_0}\right)+f\frac{1}{R}\frac{v^2}{2g}dx+\frac{1}{g}\frac{\partial v}{\partial t}dx=0$$

$$\alpha\frac{\partial}{\partial x}\left(\frac{v^2}{2g}\right)+\frac{\partial z}{\partial x}+\frac{1}{w_0}\frac{\partial p}{\partial x}+\frac{1}{g}\frac{\partial v}{\partial t}+f\frac{1}{R}\frac{v^2}{2g}=0$$

위 식은 유관 내의 흐름에 대한 것이나, 이 식은 개수로의 흐름에도 적용된다.

총수두를 H_t라 하면 그 구배를 에너지구배(Energy Grade Line)라 하고 다음 식으로 표시한다.

$$\frac{\partial H_t}{\partial x}=\frac{\partial}{\partial x}\left(\frac{v^2}{2g}\right)+\frac{\partial h}{\partial x}=\frac{\partial}{\partial x}\left(\frac{v^2}{2g}\right)+\frac{\partial}{\partial x}\left(\frac{p}{w_0}\right)+\frac{\partial z}{\partial x}$$

위 식에서 v는 유관 내의 평균유속이다. 그러나 유관 내의 임의의 점의 유속은 평균유속과 일치하지 않는다. 평균유속을 v_m이라 하고 임의의 점의 유속을 v라 하면 다음과 같다.

- 평균유속 : $v_m=\dfrac{Q}{A}=\dfrac{1}{A}\int_A vdA$

평균유속 v_m을 사용한 전단면의 운동 Energy는 다음과 같다.

$$\frac{v_m^2}{2g}w_0(v_m A)=\frac{v_m^2}{2g}w_0 Q$$

임의의 점의 유속 v를 사용한 전단면의 운동 Energy는 다음과 같다.

$$\int_A \frac{v^2}{2g}w_0 dQ$$

위의 두 식은 일치하지 않는다. 그러므로 에너지를 보정하게 된다.

$$\int_A \frac{v^2}{2g} w_0 dQ = \alpha \frac{v_m^2}{2g} w_0 Q$$

위 식에서 α는 에너지보정계수(Kinetic Energy Correction Factor)이다. 에너지 보정계수 α는 다음과 같다.

$$\int_A \frac{v^2}{2g} w_0 (V \cdot dA) = \alpha \frac{v_m^2}{2g} w_0 (v_m \cdot A)$$

- 에너지보정계수 : $\alpha = \int_A \left(\frac{v}{v_m}\right)^3 \frac{dA}{A}$

α의 값은 원관 내의 층류일 때 $\alpha = 2$, 난류일 때는 $\alpha = 1.10 \sim 1.1$ 정도이고, 폭이 넓은 구형 단면 수로에서 $\alpha = 1.058$이다. 일반적으로 α는 실용적인 계산에 있어서는 $\alpha = 1.1$을 사용한다.

24 부등류의 기본식

부등류(Nonuniform Flow)흐름은 공간적인 관점에서 수로의 모든 단면에서 유속과 수심이 변하는 흐름으로 자연하천과 같이 단면형과 경사가 변화할 때 발생하는 흐름이다.

$$\alpha \frac{\partial}{\partial x}\left(\frac{v^2}{2g}\right) + \frac{\partial z}{\partial x} + \frac{1}{w_0}\frac{\partial p}{\partial x} + \frac{1}{g}\frac{\partial v}{\partial t} + f\frac{1}{R}\frac{v^2}{2g} = 0$$

위 식에서 $\frac{\partial v}{\partial t} = 0, \frac{\partial v}{\partial x} = 0$일 때는 **등류**(Uniform Flow)일 때이다. 부등류(Nonuniform Flow)일 때는 $\frac{\partial v}{\partial t} = 0$이지만, $\frac{\partial v}{\partial x} \neq 0$이므로 유수의 방향, 수심, 수로폭 등의 변화가 있다.

그 일반식은 위의 식에 있어서 $\frac{\partial v}{\partial t} = 0, \frac{\partial p}{\partial x} = 0$이고 아래 그림에서 $\frac{\partial z}{\partial x} = \frac{\partial h}{\partial x}$이다.

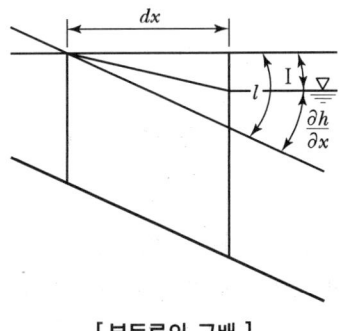

[부등류의 구배]

이때의 수면구배를 I, 하상구배를 i라 하면 운동량방정식은 다음과 같다.

$$I = i - \frac{dh}{dx} = \alpha \frac{d}{dx}\left(\frac{v^2}{2g}\right) + \frac{v^2}{C^2 R}$$

$$\therefore -i + \frac{dh}{dx} + \alpha \frac{d}{dx}\left(\frac{v^2}{2g}\right) + \frac{v^2}{C^2 R} = 0$$

- 유량 : $Q = Av = \text{Constant}(일정)$

위 식을 x에 대입해서 미분하면

$$\frac{dQ}{dx} = v\frac{dA}{dx} + A\frac{dv}{dx}$$

등류에서는 단면의 변화가 없으므로 dx를 포함한 항은 0(Zero)이 된다.

- 구배 : $I = i = \dfrac{v^2}{C^2 R}$

따라서 수면구배와 하상구배는 평행함을 나타내는 Chezy공식이다. 부등류의 단면이 폭이 넓은 구형일 때는 $A = Bh$, 폭이 넓은 구형 단면에서 경심 $R ≒$ 수심 h이므로 상기 식에서 v를 소거하여 다음 식을 얻는다.

$$-i + \frac{dh}{dx} + \frac{Q^2}{C^2 B^2 h^3} + \alpha\frac{Q^2}{2g}\frac{d}{dx}\left(\frac{1}{B^2 h^2}\right) = 0$$

수로폭 B가 일정하다면

$$\frac{d}{dx}\left(\frac{1}{B^2 h^2}\right) = \frac{1}{B^2 h^3}\frac{dh}{dx}$$

식을 위 식에 대입하면

$$\frac{dh}{dx} = \frac{i - \dfrac{Q^2}{C^2 B^2 h^3}}{1 - \alpha\dfrac{Q^2}{gB^2 h^3}} = \frac{i - \dfrac{Q^2}{C^2 R A^2}}{1 - \alpha\dfrac{Q^2 B}{gA^3}}$$

위 식은 단면의 변화가 없고 수심에 비하여 폭이 아주 넓은 구형 단면수로의 부등류의 기본식이다. 부등류에서 수심 h 및 구배 I의 변화가 심할 때에는 Chezy의 유속계수 C는 많은 변화를 유발하기 때문에 C를 일정하다는 가정하에서 계산하는 것은 오차를 예측해야 한다.

25 부등류의 수면형

개수로의 중력과 벽면의 마찰저항이 평형상태일 때 흐름은 등류가 되어 흐름은 하나의 수심, 유속으로 대표된다. 그러나 중력과 마찰저항이 비평형상태일 때 흐름은 부등류(또는 변화류)가 되어 단면에 따라 수심이 변하여 흐름은 하나의 수심으로 대표될 수 없다.

이와 같이 하나의 수심으로 대표될 수 없는 부등류에서는 문제의 수로 구간의 흐름의 변화를 아는 것이 개수로의 설계와 흐름을 이해하는 데 필요하다. 여기서 흐름의 변화란 수심의 감소 또는 증가를 나타내는 수면형을 예측하는 것과 수위가 감소 또는 증가하는 변화의 양을 나타내는 수면곡선(Water Surface Profile)의 계산이다.

1) 수면곡선의 기본식

상류수로에서 수중 weir나, 여울목 위를 물이 흐를 때, 또는 수문의 하단 일부만을 열거나, 제방에 결구(Notch)를 설치하여 유하시킬 때는 그 상하류의 수면구배는 여러 가지 형태로 나타난다.

(1) 폭이 넓은 구형(사각형) 수로

$$\frac{dh}{dx} = i\frac{h^3 - h_0^{\,3}}{h^3 - h_c^{\,3}}$$

여기서, h : 수심
h_c : 한계수심
h_0 : 등류수심
i : 바닥의 경사

(2) 폭이 넓은 포물선 수로

$$\frac{dh}{dx} = i\frac{h^4 - h_0^{\,4}}{h^4 - h_c^{\,4}}$$

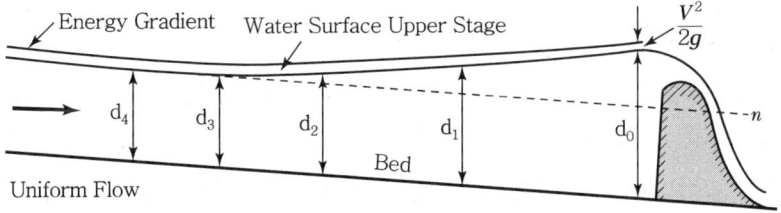

[Channel with Retarded at Upper Stage(Backwater)]

일반적으로 우리들의 주변에는 주로 상류(常流)로서 흐르는 수로가 많고, 또 이 경우의 수면곡선이 매우 중요하므로 여기서는 상류수로(常流水路)의 수면에 대하여 i_0는 수로의 경사, h_0는 등류수심, h_c는 한계수심, 그리고 h는 부등류수심이다. 상류수로는 수로경사가 한계경사보다 작은 경우이며 이때의 등류수심은 한계수심보다 크다.

상류로 흐르는 수로에 댐이나 위어 등을 설치하면 그 구조물의 상류의 흐름은 감속되면서 수면곡선은 배수곡선을 이룬다. 또 수로경사가 갑자기 급해지면 경사변환점 상류의 수로에서 수면곡선이 저하곡선을 그린다. 이 두 곡선은 수로에 관한 설계에서 흔히 당면하는 곡선이며 이런 수면곡선을 계산하려면 구조물 또는 경사변환점으로부터 상류를 향하여 계산하게 된다. 따라서 Weir나 수문 등의 상하류의 수위의 변화상태를 검토할 수 있다.

2) 수면형의 기준

개수로는 수로경사, 표면조건, 단면 기하학, 그리고 유량에 의존하여 급한수로, 한계수로, 완만한 수로, 수평수로, 그리고 역수로의 5개 범주로 분류할 수 있다. 이들은 각 특정한 수로에 대해 계산된 정상수심 h_n과 한계수심 h_c의 상대적인 위치로 표시함으로써 수로의 흐름조건에 따라 분류한다.

기준은 다음과 같다. 여기서, h_0, h_c, h : 등류수심, 한계수심, 점변류의 수심이다.

- 급한수로(Steep Channels) : $\dfrac{h_n}{h_c} < 1.0$ 또는 $h_n < h_c$
- 한계수로(Critical Channels) : $\dfrac{h_n}{h_c} = 1.0$ 또는 $h_n = h_c$
- 완만한 수로(Mild Channels) : $\dfrac{h_n}{h_c} >$ 또는 $h_n > h_c$
- 수평수로(Horizontal Channels) : $S_0 = 0$
- 역수로(Adverse Channels) : $S_0 < 0$

3) 부등류의 수면형

수면형상곡선의 분류는 실제수심에 의존되고 한계수심과 정상수심의 관계가 있다. h/h_c와 h/h_n의 비는 해석에 이용하며 여기서 h는 수로의 관심 있는 어떤 단면에서의 실제수심이다. 흐름방향으로 수심이 증가함을 뜻하는 유형의 곡선을 **배수곡선(Back Water Curve)**이라하며, 수심이 흐름방향으로 감소함을 뜻하는 유형의 곡선을 **저하곡선(Draw Down Curve)**이라 부른다.

(1) 완경사(Mild Slope) $\left(I < \dfrac{g}{\alpha C^2}\right)$의 경우

배수곡선 M_1 곡선은 상류수로에 댐을 만들 때 그 상류에서 생기며, 저하곡선 M_2 곡선은 폭포와 같이 수로경사가 갑자기 클 때 생기고, 배수곡선 M_3 곡선은 상류수로를 수문으로 막을 때 수문 하류에서 생기는 것이다.

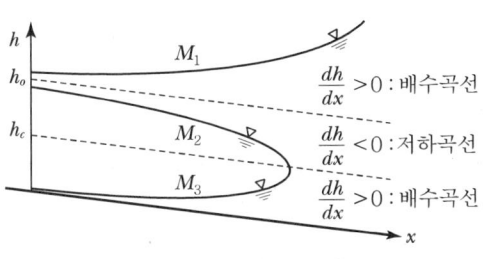

[상류 시의 수면곡선]

① $h > h_0 > h_c$ 일 때

$\dfrac{dh}{dx} > 0$ 이므로 M_1 곡선과 같은 배수곡선(Back Water Curve)이 생긴다.(월류댐의 상류부수면)

② $h_0 > h > h_c$ 일 때

$\dfrac{dh}{dx} < 0$ 이므로 M_2 곡선와 같은 저하곡선(Drop Down Curve)이 생긴다.(자유낙하시의 수면)

③ $h_0 > h_c > h$ 일 때

$\dfrac{dh}{dx} > 0$ 이므로 M_3 곡선과 같은 배수곡선이 생긴다.(수문개방시 하류부수면)

(2) 급경사(Steep Slope) $\left(I > \dfrac{g}{\alpha C^2}\right)$의 경우

S_1, S_2 곡선은 사류수로에 댐을 만들 때 그 상류, 하류에서 생기며, S_3 곡선은 사류수로에 수문이 있을 때 그 하류에서 생긴다.

| 수리학 |

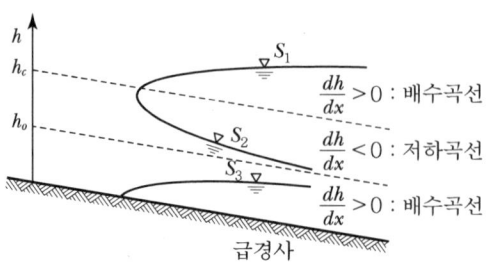

[사류 시의 수면곡선]

① $h > h_c > h_0$ 일 때

$\dfrac{dh}{dx} > 0$ 이므로 S_1 곡선과 같은 배수곡선이 생긴다.(월류댐의 마루부 수면)

② $h_c > h > h_0$ 일 때

$\dfrac{dh}{dx} < 0$ 이므로 S_2 곡선과 같은 저하곡선이 생긴다.(월류댐의 하강부 수면)

③ $h_c > h_0 > h$ 일 때

$\dfrac{dh}{dx} > 0$ 이므로 S_3 곡선과 같은 배수곡선이 생긴다.(수문개방 시 직하류부 수면)

(3) 한계경사 $\left(I = \dfrac{g}{\alpha C^2}\right)$의 경우

한계류로 흐를 때 수문이 있는 경우 상류에서 C_1 곡선, 하류에서 C_3 곡선이 생긴다.

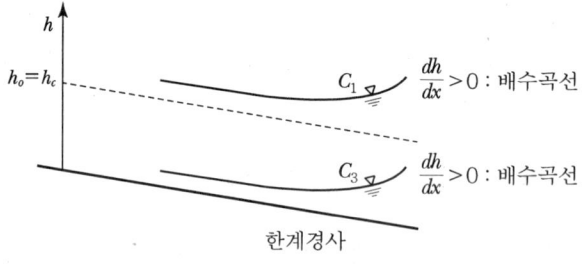

[한계류 시의 수면곡선]

① $h > h_0 > h_c$ 일 때 C_1 곡선과 같은 배수곡선이 생긴다.
② $h_c > h > h_0$ 일 때 C_3 곡선과 같은 배수곡선이 생긴다.

(4) 수평수로 곡선(Horizontal Slope)($S_0 = 0$, $Y_n = \infty$)

H-곡선은 수평수로상에서 발생하며 등류수심을 정의할 수 없으므로 H_1 곡선은 존재할 수 없다. H_2, H_3곡선은 M_2(저하곡선), M_3(배수곡선)곡선과 유사하며 발생 또한 비슷하다.

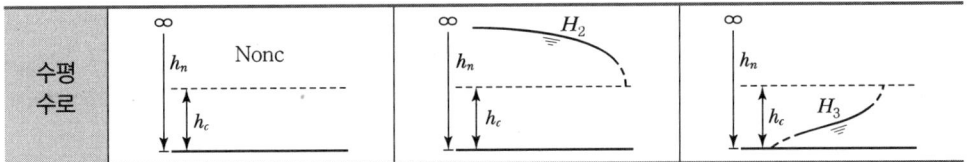

(5) 역경사 곡선(Adverse Slope)($S_0 < 0$, y_n은 존재하지 않음)

A-곡선은 역경사 수로로 흔하지 않으며 있다고 하더라도 대단히 짧은 구간에 걸쳐 발생한다. 역경사에서는 등류수심을 정의할 수 없으므로, A_1곡선은 존재하지 않고, A_2, A_3곡선은 H_2, H_3곡선과 거의 비슷하며 곡선은 M_2(저하곡선), M_3(배수곡선)과 유사하다.

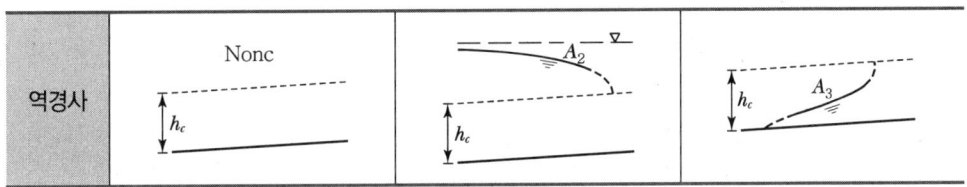

그러나 수면곡선형의 특성에서 수평경사나 역경사 수로에서는 등류수심을 정의할 수 없으므로 이 두 경사수로에서는 제1의 흐름영역이 없다. 따라서 자연계의 발생가능한 점변류의 수면곡선형은 13가지가 된다.

26 부등류의 수면곡선 계산식

수면곡선 계산방향은 지배단면에서 시작하여 상류에서의 수면곡선은 지배단면에서 시작하여 상류 쪽으로 계산하고, 사류에서의 수면곡선은 지배단면에서 시작하여 하류 쪽으로 진행한다. 지배단면으로 이용될 수 있는 구조물은 Dam, Weir 및 수문 등으로서 이들 지배단면에서의 수심은 유량에 의해 확실히 결정되므로 수면곡선 계산시점으로 사용할 수 있다.

1) 부등류의 수면곡선 계산

상류(常流)로 흐르는 수로에 댐이나 위어 등을 설치하면 그 구조물의 상류(上流)의 흐름은 감속되면서 수면곡선은 상류로 전파하는 곡선, 즉 배수곡선을 이룬다. 또 수로경사가 갑자기 급해지면 경사변환점 상류(上流)의 수로에서 수면곡선이 하류로 전파하는 곡선, 즉 저하곡선을 그린다.

상류(常流)수로에 댐을 만들 때 상류(上流)에서는 수면이 상승하는 배수곡선(Back Water Curve)이 나타나고 폭포와 같이 수로경사가 갑자기 클 때는 저하곡선(Drop Down Curve)이 나타난다.

(1) Bresse의 수면곡선식

수심에 비하여 수로폭이 충분히 넓은 구형 단면의 수면곡선식을 유도하였다.

$$\frac{dh}{dx} = i\frac{h^3 - h_0^3}{h^3 - h_c^3}$$

(2) Tolkmitt의 수면곡선식

수심에 비하여 수로폭이 충분히 넓은 포물선형 단면수로에 대한 수면곡선식을 유도하였다.

$$\frac{dh}{dx} = i\frac{h^4 - h_0^4}{h^4 - h_c^4}$$

(3) 물부(物部)의 수면곡선식

평균유속계수 C 값이 일정하지 않은 경우에 대하여 평균유속공식을 사용하여 직사각형, 삼각형, 포물선형, 제형, 원형 등의 수로에 대한 수면곡선식이다.

(4) Bakhmeteff의 수면곡선식

한계경사와 지수형 평균유속을 사용하여 수면곡선식을 유도하였다.

(5) Chow의 수면곡선식

Manning 공식을 사용하여 제형 및 원형 단면에 대한 수면곡선식을 유도하였다.

2) 단면이 일정하지 않은 수로의 수면곡선식 계산

(1) 시산법(Trial & Error)
수로를 적당한 계산구간으로 분할하고 경계조건이 주어진 지점부터 시산법으로 순차적으로 수면형을 구하게 되므로 계산이 복잡해진다.
① 상류구간 : 하류(下流)에서 상류(上流)를 향하여 계산한다.
② 사류구간 : 상류(上流)에서 하류(下流)를 향하여 계산한다.

(2) Escoffier의 도식해법
기준수평면에서 수로저까지의 높이를 Z라면 $il = Z_2 - Z_1$의 순서로 유량경사선에 평행선과 수평선을 교대로 그어서 구한다.

(3) 유량 대 수심곡선에 의한 도해법
구형(사각형) 수로에서 유량과 수심과의 관계를

- 비에너지 : $He = h + \alpha \dfrac{V^2}{2g} = h + \alpha \dfrac{Q^2}{2gA^2}$

따라서, $(He - h) = \dfrac{2Q^2}{2gA^2}$ 에서 $\alpha Q^2 = 2g(H_e - h)A^2$ 이고, 구현단면의 $A = bh$ 이다.

$$\therefore Q^2 = \dfrac{2g}{\alpha}(He - h)(bh)^2$$

- 유량 : $Q = \sqrt{\dfrac{2g}{\alpha}(He - h)b^2 h^2}$

으로 표시한 바 있다. 비에너지 He가 일정하다고 가정하면 $Q - h$ 곡선을 그릴 수 있다.

(4) 비에너지 대 수심곡선에 의한 도해법
단면이 변하는 수로의 수면곡선은 $He - h$ 곡선을 응용하여 구할 수도 있다.

27 원심력이 작용하는 흐름

1) 곡선수로의 수면형

유선의 곡률이 큰 상류에 대하여는 원심력을 고려해야 한다. 일반적으로 회전중심 O로부터 r만큼 떨어진 점에서의 물 입자의 회전각속도를 ω라 하면 접선속도 $v = \omega r$이고 원심가속도는 $\omega^2 r^2/r$ 또는 $\omega^2 r$이다.

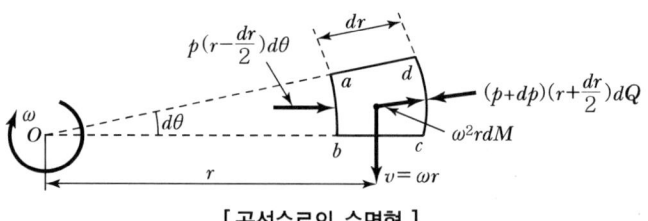

[곡선수로의 수면형]

그림은 수평면상에 있다고 생각하면 $abcd$부분에 작용하는 힘은 ab면과 cd면에 작용하는 압력과 이 부분의 중심에 작용하는 원심력이다. 이 미소부분의 질량을 dM이라 하고 두께를 1이라 하면 반경(반지름)방향의 수평 평형 조건으로부터 다음 식이 성립한다.

$$P\left(r-\frac{dr}{2}\right)d\theta + \omega^2 r dM - (p-dp)\left(r+\frac{dr}{2}\right)d\theta = 0$$

$d\theta, dr, dp$에 관한 2차 이상의 항을 생략하고 $dM = \rho r d\theta dr = \dfrac{w_0}{g} r d\theta dr$을 대입하면

$$\frac{dp}{dr} = \frac{w_0}{g}\omega^2 r \quad \text{또는} \quad \frac{dp}{dr} = \frac{w_0}{g}\frac{v^2}{r}$$

수평면상의 흐름에 대하여는 Bernoulli의 정리에 의하여

$$\frac{p}{w_0} + \frac{v^2}{2g} = \text{Constant}(일정)$$

이므로 미분하면

$$\frac{dp}{w_0} = -\frac{vdv}{g} = \text{Constant}(일정)$$

이 식을 써서 압력 p를 소거하면

$$\frac{dv}{v} = \frac{dr}{r} = 0$$

적분하면

$$vr = C = \text{Constant}(일정)$$

그러므로 수평면에 있어서 속도는 반경에 반비례한다.

(1) 상류인 경우

수평면상의 곡류의 유속은 회전반경 R에 반비례한다.

- $V \times R = \text{Constant}(일정)$

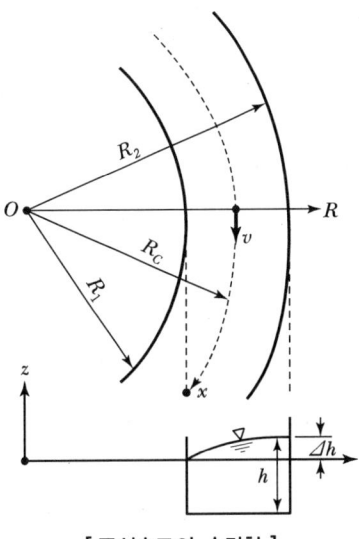

[곡선수로의 수면형]

(2) 사류인 경우

충격파가 생길 때 마하각(Mach Angle) β의 관계는 다음과 같다.

- $\sin\beta = \dfrac{1}{F_{r1}}$
- 사류구간 F_r수 : $F_{r1} = \dfrac{V_1}{\sqrt{gh_1}}$

2) 연직방향으로 만곡한 흐름

댐의 정부(頂部)와 같이 연직방향으로 구부러진 벽면에 따라 흐르는 만곡한 흐름도 원심력의 영향을 받는다. 벽면에 따라 x축, 이에 수직하게 y축을 취하면 이 경우는 정류이므로 Bernoulli의 정리는(에너지 손실은 없다고 가정),

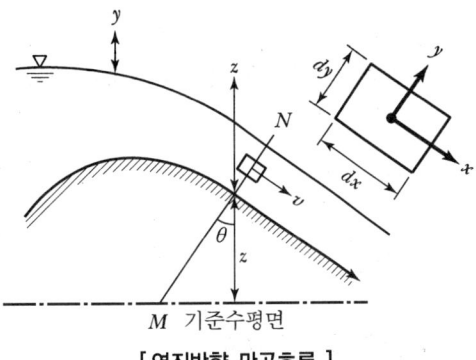

[연직방향 만곡흐름]

- 총수두 : $H = \dfrac{p}{\rho g} + (z + y\cos\theta) + \dfrac{v^2}{2g} = \text{Constant}(일정)$

여기서 θ는 수직단면 MN과 연직선과 만드는 각이다. 이 경우 v는 x와 y의 함수이다.

3) 댐을 월류하는 흐름

댐을 월류하는 흐름은 중요한 사류문제의 하나이다. 이 흐름은 일정한 비에너지를 가지고 있으며 그림에서 보는 바와 같이 정상 즉, s가 최대가 되는 위치에서 상류에서 사류로 변화한다.

따라서 정상에서는 $\dfrac{\partial Q}{\partial h}=0$이며 수심 h는 한계수심이 된다.

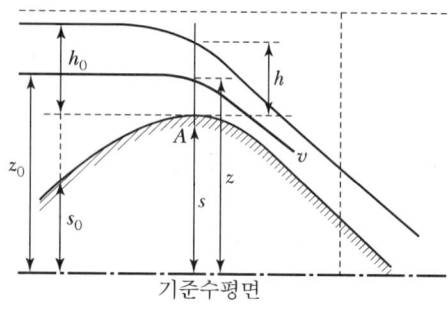

[Dam을 월류하는 흐름]

28 단파

단파는 일정 유량이 흐르는 수로에서 유속과 전파속도의 차에 의한 **단상(段狀)**의 수류, 즉 상류의 수문을 갑자기 열거나 댐이 무너지는 경우와 같이 다량의 물이 방류되면 아래 그림과 같이 유출수의 전선이 단상이 되어 ω인 전파속도로 하류로 전파하는 현상을 말한다.

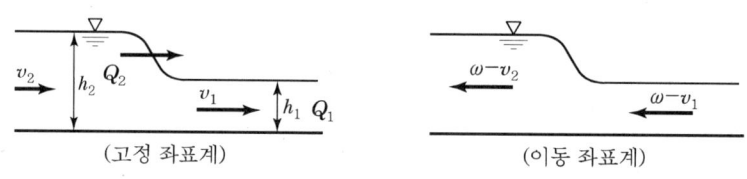

[단파(Hydraulic Bore)]

이와 반대로 수문을 갑자기 닫아서 물의 흐름을 중지시키면 수문 상류의 수심이 갑자기 상승하여 단상이 되고 상류로 전파되는데 이것을 **단파**(Surge or Hydraulic Bore)라고 부른다. 단파는 수심이 급격히 변화하므로 운동량방정식을 적용하는 것이 편리하다. 실제의 단파는 에너지의 손실이 있으므로 시간에 따라 파형이 변화하나 완전유체라고 가정하고, 파고에 변화가 없다고 생각한 단파는 충격성이 급한 물결로서 움직이는 **도수**(Hydraulic Jump)라고 할 수 있으며 단파를 동일한 속도로 움직이는 사람이 보면 정상적인 현상이 되어 도수와 같은 현상으로 취급할 수 있다.

1) 단파의 전달속도

- $\omega - v_1 = \pm \sqrt{gh_1}\left[\dfrac{1}{2}\dfrac{h_2}{h_1}\left(\dfrac{h_2}{h_1}+1\right)\right]^{\frac{1}{2}}$

여기서 흐름의 방향으로 전파하는 단파에 대하여는 정부(正負) 중 정을 취하고 상류로 전파할 때는 부를 취한다.

2) 단파의 종류

① 상류 수문을 열거나 하여 상류에서 급히 다량의 물을 공급했을 경우는 정단파로서 식의 정부(正負) 중 정호(正號)를 택한다.
② 상류 수문을 닫거나 하여 상류에서 급히 유량을 감소했을 경우로서 부단파이며 식의 정부(正負) 중 정호(正號)를 택한다.
③ 하류 수문의 폐색 등에 의하여 하류에서 급히 유량을 감소시킨 경우로서 정단파이며 식의 정부(正負) 중 부호(負號)를 택한다.
④ 하류수문의 개방 등으로 하류에서 급히 유량을 증가시킨 경우이며 부단파로서 식의 정부(正負) 중 부호(負號)를 택한다.

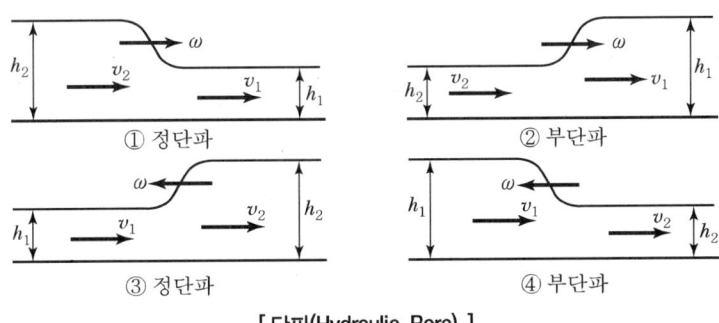

[단파(Hydraulic Bore)]

㉠ 정단파(양단파) : 단파가 일어난 후의 수심이 처음의 수심보다 큰 단파를 말한다.
㉡ 부단파(음단파) : 단파 후의 수심이 처음 수심보다 적어지는 경우로 단파가 불안정하고 전파 도중 급속히 파두가 편평하게 된다.

3) 조석단파(Tidal Bore)

조석파가 하천을 거슬러 올라가면 점차 변형하여 조석파의 전면이 급경사로되어 직립벽과 같이 하천을 돌진하는 현상을 **조석단파(Tidal Bore)**라 한다.

관련문제 : 개수로(Open Channel)

01 개수로 흐름의 특징인 것은?

㉮ 유체의 자유표면이 대기와 직접 접촉하면서 흐른다.
㉯ 어떤 용기 속에 완전히 밀폐된 상태로 흐른다.
㉰ 개수로의 흐름은 동수경사에 의해 흐른다.
㉱ 경사도가 언제나 일정하다.

해설 개수로 흐름의 특징은 그의 자유표면(수면)상의 압력은 대기하에 있다는 것이다.

02 개수로 흐름에 대한 사항 중 옳은 것은?

㉮ 압력수두선은 에너지선과 항상 평행하다.   ㉯ 수면경사선과 자유수면은 항상 일치한다.
㉰ 에너지선과 자유수면은 항상 일치한다.   ㉱ 수면경사와 수로경사는 항상 평행하다.

해설 개수로의 수면경사는 동수경사(위치수두＋압력수두)와 동일하며 등류 흐름일 때는 수로경사와 평행하다.

03 개수로 흐름과 관수로 흐름의 가장 두드러진 구별은?

㉮ 유속의 크기에 의한다.   ㉯ 압력의 대소에 의한다.
㉰ 수로의 단면형에 의한다.   ㉱ 자유수면의 유무에 의한다.

해설 개수로란 유수의 표면이 대기에 접해 있는 흐름, 즉 자유수면을 가지고 있는 수로를 말하며 압력차이에 의해 흐르는 관수로와 달리 중력에 의해 흐른다.

04 수리특성곡선을 그리면 단면형에 관계없이 만수 시에 최대가 되지 않고 만수 시보다 약간 작은 수심에서 최대가 되는데 그렇지 않은 수리량은?

㉮ 윤변   ㉯ 경심   ㉰ 유속   ㉱ 유량

해설 윤변이란 물이 접하고 있는 즉, 마찰이 작용하는 주변의 길이므로 수심증가에 따라 윤변도 증가한다.

정답 01. ㉮ 02. ㉯ 03. ㉱ 04. ㉮

05 수리특성곡선에 대한 설명이다. 옳은 것은?(단, H_0, V_0, Q_0는 전단면에 대한 수위, 유속, 유량이고, H, V, Q는 임의의 점에 대한 수위, 유속, 유량이다.)

㉮ $\dfrac{H_0}{H}$ 와 $\dfrac{Q}{Q_0}$ 의 관계곡선이다.

㉯ $\dfrac{H}{H_0}$ 와 $\dfrac{V}{V_0}$ 의 관계곡선이다.

㉰ $\dfrac{H_0}{H}$ 와 Q의 관계곡선이다.

㉱ $\dfrac{H_0}{H}$ 와 $\dfrac{V}{V_0}$ 의 관계곡선이다.

해설 수리특성곡선(Hydraulic Characteristic Curve)이란 $\dfrac{H}{H_0}$, $\dfrac{A}{A_0}$, $\dfrac{R}{R_0}$, $\dfrac{V}{V_0}$, $\dfrac{Q}{Q_0}$ 등을 미리 곡선으로 표시하여 필요에 따라 각 수위에 대한 양을 구할 수 있도록 작성된 곡선이다.

06 개수로의 정류흐름에 있어서의 기본방정식은 다음 중 어느 것인가?

㉮ $i + \dfrac{dh}{dx} + \alpha \dfrac{Q^2}{2g} \dfrac{d}{dx}\left(\dfrac{1}{A^2}\right) + \dfrac{Q^2}{C^2 R A^2} = 0$

㉯ $i - \dfrac{dh}{dx} + \alpha \dfrac{Q^2}{2g} \dfrac{d}{dx}\left(\dfrac{1}{A^2}\right) + \dfrac{Q^2}{C^2 R A^2} = 0$

㉰ $-i + \dfrac{dh}{dx} + \alpha \dfrac{Q^2}{2g} \dfrac{d}{dx}\left(\dfrac{1}{A^2}\right) + \dfrac{Q^2}{C^2 R A^2} = 0$

㉱ $-i - \dfrac{dh}{dx} + \alpha \dfrac{Q^2}{2g} \dfrac{d}{dx}\left(\dfrac{1}{A^2}\right) + \dfrac{Q^2}{C^2 R A^2} = 0$

해설 $\dfrac{dh}{dx}$: 수심의 변화율

$\alpha \dfrac{d}{dx}\left(\dfrac{V^2}{2g}\right) = \alpha \dfrac{Q^2}{2g} \dfrac{d}{dx}\left(\dfrac{1}{A^2}\right)$: 유속수두의 변화율

$\dfrac{dh}{dx} = \dfrac{V^2}{C^2 R} = \dfrac{Q^2}{C^2 R A^2}$: 단위 거리당의 마찰손실수두

07 폭 $b = 2.0\text{m}$, 수심 $h = 1.0\text{m}$인 구형 수로에서 수로경사 $\dfrac{1}{100}$ 일 때 Chezy의 평균유속을 구하면?

㉮ $V = 1.6\text{m/sec}$ ㉯ $V = 2.65\text{m/sec}$ ㉰ $V = 3.65\text{m/sec}$ ㉱ $V = 4.6\text{m/sec}$

해설 유속 : $V = C\sqrt{RI} = C\sqrt{\left(\dfrac{A}{P}\right)(I)} = 65\sqrt{\left(\dfrac{1 \times 2}{2 + 1 \times 2}\right) \times \left(\dfrac{1}{100}\right)} = 4.596\text{m/sec}$

| 수리학 |

08 콘크리트 구형 수로(폭 4.0m, 수심 1.0m, 구배 0.001)의 유속은?(단, Manning 공식으로 구하라. $n = 0.015$이다.)

㉮ 0.86m/sec ㉯ 1.61m/sec ㉰ 0.55m/sec ㉱ 1.33m/sec

해설
$$V = \frac{1}{n} R^{\frac{2}{3}} I^{\frac{1}{2}} = \frac{1}{n} \left(\frac{A}{P}\right)^{\frac{2}{3}} I^{\frac{1}{2}}$$
$$= \frac{1}{n} \left(\frac{Bh}{B+2\times h}\right)^{\frac{2}{3}} I^{\frac{1}{2}} = \frac{1}{0.015} \left(\frac{4\times 1}{4+1\times 2}\right)^{\frac{2}{3}} \times 0.001^{\frac{1}{2}} = 1.61 \text{m/sec}$$

09 사각형 단면 수로에 등류가 흐르고 있다. 이 수로의 폭은 3.0m이고 수심이 2.0m이며 조도계수 $n=0.014$이다. Chezy의 유속계수 C의 값은?

㉮ 10.4 ㉯ 69.6 ㉰ 98.0 ㉱ 99.0

해설
① 경심 : $R = \frac{A}{P} = \left(\frac{Bh}{B+2h}\right) = \frac{3\times 2}{3+2\times 2} = 0.857 \text{m}$
② Chezy계수 : $C = \frac{1}{n} R^{\frac{1}{6}} = \frac{1}{n} \left(\frac{A}{P}\right)^{\frac{1}{6}} = \left(\frac{1}{0.014}\right) \times 0.857^{\frac{1}{6}} = 69.6$

10 수리상 유리한 구형 단면에서 수심이 2.0m일 때 Chezy의 유속계수 C는?(단, $n=0.015$이다.)

㉮ 44.4 ㉯ 55.5 ㉰ 66.6 ㉱ 77.7

해설
① 수리상 유리한 구형 단면의 수심이 2m일 때, 폭 $B = 2H = 4\text{m}$
② $C = \frac{1}{n} R^{\frac{1}{6}} = \frac{1}{n} \left(\frac{A}{P}\right)^{\frac{1}{6}}$
$= \frac{1}{n} \left(\frac{Bh}{B+2h}\right)^{\frac{1}{6}} = \frac{1}{0.015} \left(\frac{4\times 2}{4+2\times 2}\right)^{\frac{1}{6}} = 66.6$

11 개수로의 Manning 공식을 적용한 경우 조도계수 n의 값을 자연하천에 대해서 사용할 때 다음 중 어느 값이 적당한가?

㉮ 0.0025~0.015 ㉯ 0.025~0.055 ㉰ 0.25~0.15 ㉱ 0.4~0.6

해설 자연하천에서의 조도계수의 n값은 흙, 모래에서 대략 0.025이고 잡초가 매우 많은 수로에서 대략 0.15 정도의 값이나 설계에 사용되는 값은 0.025~0.055이다.

정답 08. ㉯ 09. ㉯ 10. ㉰ 11. ㉯

12
표면유속을 V_s라 할 때 하천유량 측정법 중 유속계 측정에 있어서 $V_m = 0.8 V_s$는 다음 중 어느 방법에 의한 것인가?

㉮ 1점법 ㉯ 2점법 ㉰ 10분법 ㉱ 표면법

해설 표면법의 평균유속 $V_m = (0.8 \sim 0.85) V_s$

13
유속측정으로 그림과 같은 연직 유속분포곡선을 얻었다. 3점법으로 구한 평균유속(cm/sec)은 다음 중 어느 것인가?

㉮ 33.5cm/sec ㉯ 47.0cm/sec
㉰ 53.8cm/sec ㉱ 60.5cm/sec

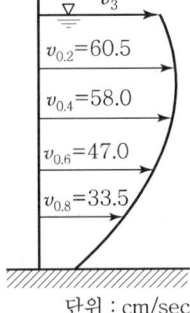

단위 : cm/sec

해설 3점법 평균유속 : $V_m = \dfrac{V_{0.2} + 2V_{0.6} + V_{0.8}}{4} = \dfrac{60.5 + 2 \times 47 + 33.5}{4}$
$= 47\text{cm/sec}$

14
유수 단면적 A, 수리수심 D, 수면 폭 B, 그리고 한계류 계산을 위한 단면계수를 Z라고 할 때 단면계수 값이 옳은 것은?

㉮ $Z = A \cdot D$ ㉯ $Z = A\sqrt{\dfrac{A}{B}}$ ㉰ $Z = A\sqrt{B}$ ㉱ $Z = D\sqrt{A}$

해설 단면계수(Section Factor) : $Z = A\sqrt{D} = A\sqrt{\dfrac{A}{B}}$
여기서, A : 수로단면적
D : 수리수심 = $\dfrac{A(\text{수로단면적})}{B(\text{수로폭})}$

15
지배단면이란 무엇인가?

㉮ 사류에서 상류로 변하는 지점의 단면이다.
㉯ 비에너지가 최대로 되는 지점의 단면이다.
㉰ 상류에서 사류로 변하는 지점의 단면이다.
㉱ 층류에서 난류로 변하는 지점의 단면이다.

해설 지배단면(Control Section)이란 상류에서 사류로 변하는 지점, 즉 한계경사인 지점이다. 그러나 사류에서 상류로 변하는 지점에서는 수면이 불연속적으로 뛰는 도수현상이 나타난다.

| 수리학 |

16 상류에서 사류로 변화할 때 한계수심이 생기는 것은 다음 어느 것인가?
   ㉮ 배수현상(Back Water)　　㉯ 배수곡선(Back Water Curve)
   ㉰ 지배단면(Control Section)　　㉱ 저하곡선(Drop Down Curve)

   해설 상류에서 사류로 변하는 지점을 지배단면(Control Section)이라 하고 이 지점의 수심을 한계수심, 경사를 한계경사라 한다.

17 도수 전의 수심을 초기수심이라고 하는데, 이와 대응하는 도수 후의 수심을 무엇이라 하는가?
   ㉮ 대응수심　　㉯ 등류수심
   ㉰ 한계수심　　㉱ 공액수심

   해설 도수 전의 수심을 초기수심(Initial Depth)이라 하고 이와 대응하는 도수 후의 수심을 공액수심(Sequent Depth)이라 한다.

18 상류와 사류를 구분하는 조건이 아닌 것은?
   ㉮ Froude 수　　㉯ 한계수심　　㉰ 한계경사　　㉱ Reynolds 수

   해설 Reynolds 수는 점성유체의 흐름을 층류와 난류로 구분할 때 사용되고, Froude 수는 상류와 사류를 구별하는 데 사용된다.

19 폭 12m인 구형 수로에 16.2m³/sec의 유량이 60cm의 수심으로 흐를 때, Froude 수와 흐름의 상태는?
   ㉮ 0.93, 상류　　㉯ 0.93, 사류　　㉰ 3.75, 상류　　㉱ 3.75, 사류

   해설 ① 유속 : $V = \dfrac{Q}{A} = \dfrac{16.2}{12 \times 0.6} = 2.25 \text{m/sec}$
   ② Froude 수 : $F_r = \dfrac{V}{C} = \dfrac{V}{\sqrt{gh}} = \dfrac{2.25}{\sqrt{9.8 \times 0.6}} = 0.93 < 1$이므로 흐름은 상류이다.

정답 16. ㉰　17. ㉱　18. ㉱　19. ㉮

20 비에너지에 대한 설명이다. 옳지 않은 것은?

㉮ 임의의 비에너지에 대하여 수심은 2개이다.
㉯ 최소의 비력(충력치)을 가지는 수심은 보정계수가 같다면 최소의 비에너지에 대한 수심과 같다.
㉰ 유수상태가 등류이면 비에너지는 일정한 값을 갖는다.
㉱ 개수로 내의 흐름에 있어서 임의의 수량이 가지고 있는 에너지를 수두로 표시한 것이다.

해설 비에너지(Specific Energy)란 단위수량이 갖고 있는 에너지를 수로 바닥을 기준면으로 하여 수두로 표시한 것이다. 따라서, $He = h + \alpha \dfrac{V^2}{2g}$ 이다.

21 직사각형 수로에서 유량 2.0m³/sec일 때 비에너지를 구한 값은?(단, 에너지 보정계수 α=1.1이다.)

㉮ 1.06m   ㉯ 1.51m
㉰ 2.05m   ㉱ 2.51m

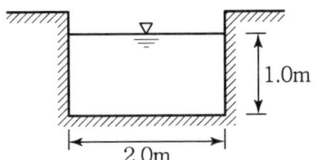

해설 비에너지 :  $He = h + \alpha \dfrac{V^2}{2g} = h + \alpha \dfrac{Q^2}{2gA^2} = h + \alpha \dfrac{1}{2g}\left(\dfrac{Q}{A}\right)^2$

$= 1.0 + 1.1 \times \left(\dfrac{1}{2 \times 9.8}\right)\left(\dfrac{2}{2 \times 1}\right)^2 = 1.06\text{m}$

22 그림과 같은 수로에 유량이 11m³/sec로 흐를 때 비에너지는?(단, 에너지 보정계수 α=1.1이다.)

㉮ 1.456m   ㉯ 1.168m
㉰ 1.106m   ㉱ 1.092m

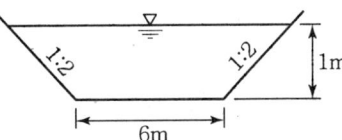

해설
① 유적 : $A = (윗변 + 아랫변) \times 높이 \div 2 = (10 + 6) \times 1 \div 2 = 8\text{m}^2$
② 유속 : $V = \dfrac{Q}{A} = \dfrac{11}{8} = 1.375\text{m/s}$
③ 비에너지 : $He = h + \alpha \dfrac{V^2}{2g} = (1.0) + (1.1)\dfrac{(1.375)^2}{2 \times 9.8} = 1.106\text{m}$

정답 20. ㉱ 21. ㉮ 22. ㉰

| 수리학 |

23 폭 3m의 직사각형 수로에서 6.0m³/sec의 물을 흐르게 할 경우 한계수심은?(단, α=1.0이다.)

㉮ 4.08m ㉯ 7.420m ㉰ 0.498m ㉱ 0.742m

해설 구형 단면의 한계수심 : $h_c = \left(\dfrac{\alpha Q^2}{gb^2}\right)^{\frac{1}{3}} = \left(\dfrac{1.0 \times 6^2}{9.8 \times 3^2}\right)^{\frac{1}{3}} = 0.742\text{m}$

24 포물선 단면에 유량이 8.0m³/sec로 물이 흘러갈 때 한계수심 h_c는?(단, 단면차수계수 α=1.2이고 에너지 보정계수 α=1.0이다.)

㉮ 0.98m ㉯ 1.21m ㉰ 1.61m ㉱ 1.88m

해설 포물선 단면의 한계수심 : $h_c = \left(\dfrac{1.5\alpha Q^2}{ga^2}\right)^{\frac{1}{4}} = \left(\dfrac{1.5 \times 1.0 \times 8^2}{9.8 \times 1.2^2}\right)^{\frac{1}{4}} = 1.61\text{m}$

25 삼각형 단면에 유량이 4.0m³/sec로 흐를 때 한계수심 h_c는?(단, 삼각형의 구배는 1 : 1.5이고, 에너지 보정계수 α=1.0이다.)

㉮ 0.96m ㉯ 1.08m ㉰ 1.22m ㉱ 1.64m

해설 삼각형 단면의 한계수심 : $h_c = \left(\dfrac{2\alpha Q^2}{gm^2}\right)^{\frac{1}{5}} = \left(\dfrac{2 \times 1.0 \times 4^2}{9.8 \times 1.5^2}\right)^{\frac{1}{5}} = 1.08\text{m}$

26 Chezy 계수는 C=55이고, 에너지 보정계수 α=1.0일 때 I_c는?

㉮ $\dfrac{1}{1,000}$ ㉯ $\dfrac{2}{1,000}$ ㉰ $\dfrac{3}{1,000}$ ㉱ $\dfrac{4}{1,000}$

해설 한계구배 : $I_c = \dfrac{g}{C^2 \alpha} = \dfrac{9.8}{55^2 \times 1.0} = \dfrac{3}{1,000}$

정답 23. ㉱ 24. ㉰ 25. ㉯ 26. ㉰

27
그림과 같은 구형수로에서 유량 $Q=20\text{m}^3/\text{sec}$, 조도계수 $n=0.015$일 때 한계구배 I_c를 구한 값 중 옳은 것은?(단, $\alpha=1.1$이며, 유속계수 C는 Manning 공식을 적용할 것)

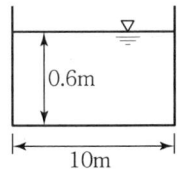

㉮ $\dfrac{1}{150}$ ㉯ $\dfrac{1}{300}$

㉰ $\dfrac{1}{400}$ ㉱ $\dfrac{1}{500}$

해설
① 경심 : $R=\dfrac{A}{P}=\dfrac{Bh}{B+2h}=\dfrac{10\times 0.6}{10+0.6\times 2}=\dfrac{6}{11.2}$

② C와 n의 관계 : $C=\dfrac{1}{n}R^{\frac{1}{6}}=\dfrac{1}{0.015}\left(\dfrac{6}{11.2}\right)^{\frac{1}{6}}=60$

③ $I_c=\dfrac{g}{C^2\alpha}=\dfrac{9.8}{60^2\times 1.1}=0.0025=\dfrac{1}{400}$

28
구형 단면에 대한 비에너지가 3m일 때 한계수심 h_c는?

㉮ 1m   ㉯ 2m   ㉰ 3m   ㉱ 4m

해설 구형 단면의 한계수심 : $h_c=\dfrac{2}{3}He=\dfrac{2}{3}\times 3\text{m}=2\text{m}$

29
삼각형 단면에서 한계수심이 4m일 때 비에너지 H_e는?

㉮ 3m   ㉯ 4m   ㉰ 5m   ㉱ 6m

해설 삼각형 단면의 비에너지 : $He=\dfrac{5}{4}h_c=\dfrac{5}{4}\times 4\text{m}=5\text{m}$

30
구형 수로에서 한계유속 $V_c=\sqrt{ghc}$는 다음 어느 값과 같은가?

㉮ Froude 수   ㉯ Reynolds 수   ㉰ 평균유속   ㉱ 장파의 전파속도

해설
① 한계유속 $V_c=\sqrt{\dfrac{ghc}{\alpha}}$ 이므로
② $\alpha=1$이면 $V_c=\sqrt{ghc}$가 된다.
③ 장파의 전파속도는 $V_c=\sqrt{hc}$이므로 한계유속과 근사적으로 같다.

정답 27. ㉰ 28. ㉯ 29. ㉰ 30. ㉱

| 수리학 |

31 직사각형 단면인 개수로에서 폭이 6.0m이고 한계수심이 1.5m일 때 유량 18m³/sec가 흐를 수 있는 한계유속은?

㉮ 5.0m/sec ㉯ 4.0m/sec ㉰ 3.0m/sec ㉱ 2.0m/sec

해설 한계유속 : $V_c = \dfrac{Q}{A} = \dfrac{Q}{bh_c} = \dfrac{18}{6 \times 1.5} = 2\text{m/sec}$

32 개수로에서 도수가 일어나는 경우는?

㉮ 수로의 경사가 완만한 경사로부터 급경사로 이어질 때
㉯ 수로의 경사가 점점 급하게 될 때
㉰ 수로의 경사가 변하지 않을 때
㉱ 수로의 경사가 급경사에서 완경사로 이어질 때

해설 도수라 함은 사류에서 상류로 변할 때 수면이 불연속적으로 뛰는 현상을 말한다. 즉, 급경사에서 완경사로 변할 때 도수가 발생한다.

33 도수현상이 일어나면?

㉮ 유속이 더욱 빨라진다.
㉯ 유속은 느려지고 물의 깊이가 갑자기 증가한다.
㉰ 유속은 빨라지고 물의 깊이가 감소된다.
㉱ 유량이 감소하게 된다.

해설 사류에서 상류로 변하는 현상이므로 유속은 느려지고 수심은 증가하게 된다.

34 도수에 대한 설명 중 틀린 것은?

㉮ 흐르는 유체의 운동에너지가 갑자기 위치에너지로 변화한 것이다.
㉯ 도수 후의 수심은 증가한다.
㉰ 도수 전후의 에너지는 일정하다.
㉱ 도수 후의 유속은 감소한다.

해설 운동에너지에서 위치에너지로 바뀔 때 에너지 손실이 일어나 도수 전후의 에너지 값은 같지 않다.

Chapter 07 | 개수로(Open Channel)

35 유량 8.0m³/sec, 수심 1.0m, 폭 4.0m의 구형 수로에서 충력치(비력)를 계산한 값은?(단, 운동량 보정계수 $\eta=1.0$으로 한다.)

㉮ 4.63m³   ㉯ 3.63m³   ㉰ 2.63m³   ㉱ 1.63m³

해설 충력치 : $M = \eta \dfrac{Q}{g}V + (h_G)A = \eta \dfrac{Q^2}{gA} + \left(\dfrac{h}{2} \times A\right)$

$= 1 \times \dfrac{8^2}{9.8(4 \times 1)} + (0.5 \times 1 \times 4)$

$= 3.63\text{m}^3$

36 댐의 여수토에서 Apron의 시점 수위 $h_1=3.0$m이고 폭은 $B=56$m, 유량 $Q=2,000$m³/sec일 때 대응수심 h_2는?

㉮ 2.25m   ㉯ 7.95m   ㉰ 11.95m   ㉱ 12.25m

해설 ① 사류유속 : $V_1 = \dfrac{Q}{A_1} = \dfrac{Q}{bh_1} = \dfrac{2,000}{56 \times 3} = 11.91\text{m/sec}$

② 사류구간 F_r 수 : $F_{r1} = \dfrac{V_1}{\sqrt{gh_1}} = \dfrac{11.91}{\sqrt{9.8 \times 3}} = 2.20$

③ 상류수심 : $h_2 = \dfrac{h_1}{2}(-1 + \sqrt{1 + 8 \times F_{r1}^2}) = \dfrac{3}{2} \times (-1 + \sqrt{1 + 8 \times 2.2^2}) = 7.95\text{m}$

37 도수가 일어나기 전후의 수로 깊이가 각각 1.5m, 9.24m일 때 도수로 인한 손실수두는 얼마인가?

㉮ 8.36m   ㉯ 8.86m   ㉰ 9.36m   ㉱ 9.86m

해설 도수 전후의 에너지 손실 : $\Delta He = \dfrac{(h_2 - h_1)^3}{4h_1 h_2} = \dfrac{(9.24 - 1.5)^3}{4 \times 1.5 \times 9.24} = 8.36\text{m}$

38 개수로에서 파상도수(Undular Jump)가 일어나는 한계는?(단, F_{r1} : 도수 전의 Froude Number)

㉮ $2 > F_{r1} > \sqrt{3}$ ㉯ $3 > F_{r1} > \sqrt{2}$ ㉰ $F_{r1} = \sqrt{3}$ ㉱ $\sqrt{3} > F_{r1} > \sqrt{1}$

해설 ① 도수는 사류에서 상류로 바뀔 때 수면이 급격히 상승하는 현상을 의미한다.

② 도수는 사류의 흐름이 되면 발생한다. $F_{r1} = \dfrac{V_1}{\sqrt{gh_1}} > 1$

③ $1 < F_{r1} < \sqrt{3}$인 경우 파상도수가 발생한다.

정답 35. ㉯ 36. ㉯ 37. ㉮ 38. ㉱

| 수리학 |

④ $F_{r1} > \sqrt{3}$인 경우 완전도수가 발생한다.
⑤ 도수는 사류에서 상류로 변할 때 발생하므로 상류이면 도수는 발생하지 않는다.

39 강도수는 F_{r1}이 얼마 이상일 때인가?

㉮ $F_{r1} > 5$　　㉯ $F_{r1} > 7$　　㉰ $F_{r1} > 9$　　㉱ $F_{r1} > 11$

해설
① $F_{r1} > \sqrt{3}$ ················· (완전도수)
② $\sqrt{3} < F_{r1} < \sqrt{6.25}$ ············ (약류도수)
③ $\sqrt{6.25} < F_{r1} < \sqrt{20.25}$ ······ (진동도수)
④ $\sqrt{20.25} < F_{r1} < \sqrt{81}$ ········ (정상도수)
⑤ $F_{r1} > \sqrt{81} = 9$ ················ (강류도수)

40 댐의 상류부에서 발생되는 수면곡선은?

㉮ 배수곡선　　㉯ 저하곡선　　㉰ 수리특성곡선　　㉱ 유사량곡선

해설 댐을 만들면 물이 저수되어 상류부분은 저수된 물의 영향을 받아 배수곡선(Back Water Curve)이 발생한다.
㉮ 배수곡선 : 월류댐의 상류부 수면곡선
㉯ 저하곡선 : 하천 단락부 또는 낙하 시의 상류부 수면곡선
㉰ 수리특성곡선 : 단면의 흐름에 대한 특성들을 나타낸 곡선
㉱ 유사량곡선 : 유사의 이송량을 나타낸 곡선

41 배수(Back Water)에 대한 설명 중 옳은 것은?

㉮ 개수로의 어느 곳에 댐업(Dam Up)함으로써 수위가 상승되는 영향이 상류 쪽으로 미치는 현상을 말한다.
㉯ 수자원 개발을 위하여 저수지에 물을 가두어 두었다가 용수 부족 시 사용하는 물을 말한다.
㉰ 홍수 시 제내지(堤內地)에 만든 유수지(遊水池)의 수면이 상승되는 현상
㉱ 관수로 내의 물을 급격히 차단할 경우 관내의 상승압력으로 인하여 습파(襲波)가 생겨서 상류 쪽으로 습파가 전달되는 현상

해설 배수(Back Water)란 상류(常流)의 흐름이 하류에 위치한 구조물의 영향으로 하류(下流) 측으로부터 수심이 증가하여 점차 상류(上流) 측으로 전달되는 현상이다.

정답 39. ㉰　40. ㉮　41. ㉮

42 수심(水深)에 비해 폭이 극히 넓은 구형단면(矩形斷面)인 경우 유도된 배수곡선은?

㉮ Bresse 배수곡선 ㉯ Tolkmitt 배수곡선
㉰ Bakhmetteff 배수곡선 ㉱ Chow 배수곡선

해설 ① Tolkmitt의 공식 : 폭이 넓은 포물선 단면에 대해 식을 유도
② Bakhmetteff의 공식 : 한계경사를 이용하여 식을 유도
③ Chow의 공식 : Manning 공식에서 사다리꼴 및 원형 단면
④ Escoffier의 법 : 도식적인 방법
⑤ Bresse의 공식 : 폭이 넓은 구형(사각형) 단면에 대해 식을 유도

43 단면(斷面)이 일정하지 않은 수로의 부등류에 대한 수면형을 결정하는 방법이 아닌 것은?

㉮ 시산법(Trial Error) ㉯ Escoffier의 도식해법
㉰ 유량 대 수심곡선에 의한 도해법 ㉱ 물의 연속방정식에 의한 방법

해설 유량 $Q = A \cdot V = \text{Const}$를 연속방정식이라 하는데, 이것으로는 부등류에 대한 수면형을 결정할 수 없으므로 위의 3가지 방법 외에 비에너지 대 수심곡선에 대한 도해법 등이 있다.

44 사류(射流)인 흐름의 수면형 계산은?

㉮ 하류(下流)로부터 상류(上流)로 계산해 나간다.
㉯ 일반적으로 상류(常流)와 사류(射流)의 구분 없이 하류(下流)로 계산한다.
㉰ 상류(常流)로부터 사류(射流) 쪽으로 계산한다.
㉱ 상류(上流)에서 하류(下流)로 계산한다.

해설 상류(常流)의 수면곡선을 계산하려면 구조물 또는 경사변환점으로부터 하류(下流)에서 상류(上流)로 향하여 계산하고 사류(射流)의 계산은 상류(上流)에서 하류(下流)로 향하여 계산한다.

45 개수로의 부등류에서 수면경사를 바르게 표시한 것은?(단, i는 수로의 경사이다.)

㉮ i ㉯ $\dfrac{dh}{dx}$ ㉰ $i + \dfrac{dh}{dx}$ ㉱ $i - \dfrac{dh}{dx}$

해설 등류에서는 수로경사와 수면경사가 일치하나 부등류에서는 수면경사는 수로경사의 $i - \dfrac{dh}{dx}$ 이다.

정답 42. ㉮ 43. ㉱ 44. ㉱ 45. ㉱

| 수리학 |

46 개수로의 통수능 K_d의 값은 다음 중 어느 것인가?

㉮ $K_d = nAR^{\frac{2}{3}}$ ㉯ $K_d = \frac{1}{n}AR^{\frac{2}{3}}$ ㉰ $K_d = nAR^{\frac{1}{2}}$ ㉱ $K_d = \frac{1}{n}AR^{\frac{1}{2}}$

해설 유량 : $Q = A \cdot V = A \cdot \frac{1}{n}R^{\frac{2}{3}}I^{\frac{1}{2}} = \left(\frac{1}{n}AR^{\frac{2}{3}}\right)I^{\frac{1}{2}} = K_d \cdot I^{\frac{1}{2}}$

이때 K_d 통수능이라 하고, 단면만 결정되면 정해지는 상수이다.

47 폭 200m인 구형단면 하천의 수심이 1.2m이고 경사가 1/2,000, 조도계수 $n=0.03$이었다. 통수능은 얼마인가?

㉮ 8,962m³/sec ㉯ 6,262m³/sec ㉰ 5,279m³/sec ㉱ 2,225m³/sec

해설 유량 : $Q = K_d\sqrt{I}$에서,

통수능 : $K_d = \frac{1}{n}AR^{\frac{2}{3}} = \frac{1}{n}A\left(\frac{A}{P}\right)^{\frac{2}{3}} = \frac{1}{0.03}(1.2 \times 200) \times \left(\frac{1.2 \times 200}{200 + 1.2 \times 2}\right)^{\frac{2}{3}}$
$= 8,962\text{m}^3/\text{sec}$

48 충격파(Shock Wave)가 생길 때 마하각(Machangle) β의 값이 옳은 것은?(단, F_r : Froude 수이다.)

㉮ $\sin\beta = \frac{1}{F_r}$ ㉯ $\sin\beta = F_r$ ㉰ $\cos\beta = \frac{1}{F_r}$ ㉱ $\tan\beta = \frac{1}{F_r}$

해설 곡선수로에서 사류의 흐름이 있는 경우 충격파가 발생하며, 이때 마하각 $\sin\beta = \frac{1}{F_r}$의 관계가 있다.

49 물체가 수면에 떠 있거나, 일부가 수면 위에 있을 때에만 생기는 유체의 저항은?

㉮ 마찰저항 ㉯ 압력저항 ㉰ 표면저항 ㉱ 조파저항

해설 이런 경우 수면에 파동이 생기며, 이러한 파동을 발생하는 데 필요한 에너지가 선박의 저항을 증가시킨다. 이때 저항을 조파저항(Wave Marking Resistance)이라 한다.

정답 46. ㉯ 47. ㉮ 48. ㉮ 49. ㉱

50 개수로 흐름에서 수면이 갑자기 높아지거나 또는 수면이 급히 저하된 현상을 무엇이라 하는가?

㉮ 단파(Hydraulic Bore)
㉯ 도수(Hydraulic Jump)
㉰ 수면 강하
㉱ 수면 상승

해설 일정한 상태로 흐르고 있는 수로에서 상류에 있는 수문을 갑자기 열거나 닫으면 수면이 갑자기 상승하거나 저하되어 단상으로 흐름이 전파된다. 이를 단파(Hydraulic Bore)라 한다.

51 정단파의 부단파에 대한 설명이다. 옳은 것은?

㉮ 파원과 관계없이 파의 진행방향에 따라 구분한다.
㉯ 파의 진행과 관계없이 파원에 따라 구분된다.
㉰ 상류에서의 급격한 유량감소로 인한 단파는 정단파이다.
㉱ 단파의 수심과 원 수면의 수심의 고저에 따라 구분된다.

해설 원 수면의 수심을 h_1, 단파의 수심을 h_2라 할 때 정단파는 $h_2 > h_1$인 경우이며 부단파는 $h_1 > h_2$인 경우이다.

52 원통교각의 지름 2.0m, 수면에서 바닥까지 깊이가 5.0m, 유속이 3.0m/sec, $C_D=1.0$일 때 교각에 가해지는 항력은?

㉮ 4,485kg   ㉯ 4,824kg   ㉰ 4,592kg   ㉱ 4,267kg

해설
① 항력 : $D = (C_D) A \dfrac{\rho V^2}{2}$, 여기서, A는 투영단면적
② 밀도 : $\rho = \dfrac{w_0}{g}$
③ 항력계수 : $C_D = \dfrac{24}{Re}$
④ Reynolds 수 : $Re = \dfrac{VD}{\nu}$
⑤ 항력 : $D = (C_D) A \dfrac{w_0 V^2}{2g} = 1 \times 2 \times 5 \times \dfrac{1,000}{2 \times 9.8} \times 3^2 = 4,592\text{kg}$

정답 50. ㉮ 51. ㉱ 52. ㉰

| 수리학 |

53 물의 단위중량 w_0, 수면경사를 I, 수심을 H, 길이를 L이라 할 때 유수의 소류력 τ는?

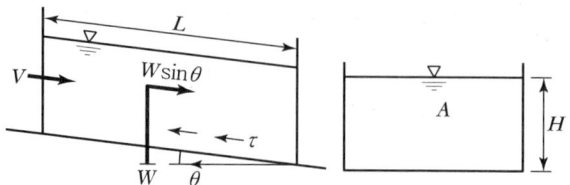

㉮ $\tau = \dfrac{HI}{w_0}$ ㉯ $\tau = w_0 HI$

㉰ $\tau = \dfrac{I}{w_0 H}$ ㉱ $\tau = \dfrac{H}{w_0 I}$

해설 ① 평형조건 : $\tau LB = W\sin\theta = w_0 V\sin\theta = w_0 LBHI$
② θ가 작을 때 $\sin\theta ≒ \tan\theta = $구배$\,I$
③ 소류력 : $\tau = w_0 HI$

54 수심 1.0m, 기울기 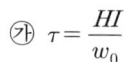 의 하천에서 유수의 소류력은?

㉮ 1kg/m^2 ㉯ 10kg/m^2 ㉰ 100kg/m^2 ㉱ $1,000\text{kg/m}^2$

해설 ① 한계소류력(Critical Tractive Force) 수로 바닥에 작용하는 유수의 소류력은 점성 때문에 생기는 흐름방향의 전단력이며 수로 바닥의 저항력보다 크면 토사는 움직이게 된다. 이때 하상토사가 움직이기 시작할 때의 소류력을 한계소류력이라 한다.
② 소류력 : $\tau = w_0 HI = 1,000 \times 1 \times \dfrac{1}{1,000} = 1\text{kg/m}^2$

55 유체의 밀도 ρ, 점성계수 μ, 벽면의 마찰력 τ_0, 평균유속을 V라고 할 때 마찰속도 U_*를 옳게 기술한 것은?

㉮ $U_* = \mu\dfrac{V}{\rho}$ ㉯ $U_* = \sqrt{\dfrac{\tau}{\rho}}$ ㉰ $U_* = \dfrac{\tau}{\mu}$ ㉱ $U_* = \rho\sqrt{\dfrac{\tau}{\mu}}$

해설 ① 마찰속도 : $U_* = \sqrt{\dfrac{\tau}{\rho}}$ 를 말한다.
② 소류력 : $\tau = w_0 HI$
③ 마찰속도 : $U_* = \sqrt{\dfrac{w_0 HI}{\rho}} = \sqrt{\dfrac{\rho g HI}{\rho}} = \sqrt{gHI}$

56
비중 2.67의 구형의 입자를 정수 중에 침전시켜 침강속도를 측정해서 0.6cm/sec를 얻었다. 입자의 직경은?(단, 동점성 계수는 0.0101cm²/sec이다.)

㉮ 0.009cm ㉯ 0.008cm ㉰ 0.007cm ㉱ 0.006cm

해설 Stokes 법칙에 의해 유속 : $V = \dfrac{(\rho_s - \rho_w)g \cdot D^2}{18\mu}$ 에서

직경 : $D = \sqrt{\dfrac{18\mu}{(\rho_s - \rho_w)g}} \cdot \sqrt{V} = \sqrt{\dfrac{18 \times 0.0101 \times 1}{(2.67 - 1) \times 980}} \cdot \sqrt{0.6} = 8.16 \times 10^{-3}$m

57
등류에 대한 설명으로 옳지 않은 것은?

㉮ 수심은 저점에서 변하지 않는다.
㉯ 수로의 마찰저항의 방향은 흐름방향과 같다.
㉰ 속도, 위치 및 압력수두의 합은 일정한다.
㉱ 두 단면 간 흐름의 특성값에 변화가 없는 흐름이다.

해설 마찰저항의 방향은 흐름방향과 반대이다.

58
유체흐름에서 발생하는 힘과 거리가 먼 것은?

㉮ 중력 ㉯ 압력력 ㉰ 인장력 ㉱ 표면장력

해설 유체흐름에서 발생하는 힘으로는 중력, 압력력, 점성력, 압축력, 표면장력 등이 있다.

59
유체 속에 물체가 있는 경우 이 물체가 유체로부터 받는 힘을 무엇이라 하는가?

㉮ 중력 ㉯ 부력 ㉰ 항력 ㉱ 장력

해설 항력이란 물체가 유체 내에서 운동할 때 받는 저항력과 두 물체가 접촉하면서 움직일 때 접촉면에 작용하는 힘을 말한다.

정답 56. ㉯ 57. ㉯ 58. ㉰ 59. ㉰

60 폭이 15m, 수심이 2m, 직사각형 수로의 경사가 $\dfrac{1}{800}$ 이다. 수로 바닥과 측벽의 조도계수가 각각 0.015와 0.025일 때 유량을 계산하면?(단, Manning 공식을 이용하시오.)

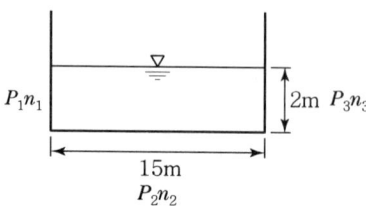

㉮ 60.57m³/s
㉰ 84.57m³/s
㉯ 80.57m³/s
㉱ 96.57m³/s

해설 ① Manning의 등가조도

$$n = \left(\dfrac{\sum n_i^{\frac{3}{2}} P_i}{\sum P_i}\right)^{\frac{2}{3}} = \dfrac{\left\{(0.025)^{\frac{2}{3}} \cdot 2 + (0.015)^{\frac{2}{3}} \cdot 15 + (0.025)^{\frac{2}{3}} \cdot 2\right\}^{\frac{3}{2}}}{(2+15+2)^{\frac{3}{2}}}$$

$$= \dfrac{1.41}{82.82} = 0.017$$

② 유량 $Q = A \cdot V = A \cdot \dfrac{1}{n} R^{\frac{2}{3}} I^{\frac{1}{2}} = (2 \times 15) \cdot \left(\dfrac{1}{0.017}\right)\left(\dfrac{2 \times 15}{19}\right)^{\frac{2}{3}}\left(\dfrac{1}{800}\right)^{\frac{1}{2}}$

$= 84.57 \text{m}^3/\text{s}$

61 수심 1m, 폭 3m인 직사각형 단면 수로의 경사 $I = \dfrac{1}{1,000}$ 인 경우 측벽에서의 평균 마찰응력 τ는 얼마인가?

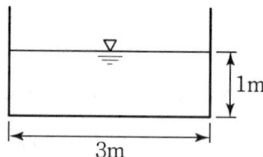

㉮ 0.4kg/m²
㉰ 0.8kg/m²
㉯ 0.6kg/m²
㉱ 1.2kg/m²

해설 평균 마찰응력

$\tau = w_0 RI = (1,000 \text{kg/m}^3)\left(\dfrac{3 \times 1}{3 + 2 \times 1}\text{m}\right) \cdot \left(\dfrac{1}{1,000}\right)$

$= 0.6 \text{kg/m}^2$

Chapter 08

지하수(Ground Water)

1. 지하수의 특징   351
2. 투수시험   356
3. 지하수의 일반 운동방정식   358
4. 지하수 구성   362
5. 제체의 침투   365
6. 우물의 수리   367
7. 투수계수의 현장측정법   373

Chapter 08 지하수 (Ground Water)

비가 지상에 내리면 일부는 증발하고 일부는 지표수로 지상에 머무르며 나머지는 대부분 중력으로 인하여 지하에 침투해 마침내 불투수층(물을 통과시키지 않는 층)에 이르면 그 곳에 모아진다. 이와 같이 지중에 존재하는 물의 저장소를 지하수(Ground Water)라 하며, 그 표면을 지하수면(Ground Water Level)이라 한다. 또 지하수를 함유하고 있는 지층을 함수층(대수층)이라 한다. 함수층 내에서 수압의 차가 있으면 보통의 물과 마찬가지로 흐른다. 지하수는 땅 속 토사의 미세한 공극을 지나 흐르는 것이므로 하나하나의 공극을 흐르는 물은 일정한 방향을 갖지는 않으나, 함수층 전체를 생각하면 지하수는 전체적으로 수압이 높은 쪽에서 낮은 쪽으로 정해진 방향으로 흐른다.

1 지하수의 특징

땅 속의 토사층(土砂層)은 흙의 실질부(實質部)와 공극(空隙)으로 되어 있고 공극은 일반적으로 연속적으로 연결되어 있다. 이 땅 속의 공극에 충만되어 있는 물을 지하수(地下水)라 하고 지하수가 공기와 접하는 면을 지하수면(地下水面)이라 한다.

따라서 지하수면은 대기압이 작용하고 지하수는 중력에 의해 유동한다. 땅 속의 공극은 흙의 입경에 따라서 다르지만 일반적으로 매우 작으므로 이 사이를 흐르는 물의 유속은 매우 느리다. 즉, 지하수는 레이놀즈(Reynolds)수가 1~10 정도로 매우 작은 층류라고 할 수 있다.

1) 지하수의 흐름

땅속의 토사의 공극은 일정하게 배열되어 있지 않으므로 땅속을 흐르는 지하수는 일정한 방향으로 흐르는 것이 아니다. 그러나 어떤 검사면(檢査面)을 생각하면 전체적으로 대략 일정한 방향으로 흐르는 것을 알 수 있다. 지하수의 흐름방향에 수직한 면의 단면적을 A, 이 단면을 통해서 흐르는 유량을 Q라고 하면 A를 통해서 흐르는 평균유속은 $V = Q/A$이다. 이 V가 땅 속을 흐르는 물의 실제 속도는 아니다. A에서 모래의 부피가 포함되어 있으므로 실제로 물이 흐르는 단면적은 이보다 작다.

토사의 공극률을 n이라고 하면 실제로 물이 흐르는 단면적은 $n \cdot A$이고 실제 물의 유속을 V_n라고 하면 식은 다음과 같다.

- 유량 : $Q = A \cdot V$
- 지하수유량 : $Q = kIA$

유량으로 서로 같으므로 $AV = kIA$ 에서

- 유속 : $V = kI$
- 실제유속 : $V_n = \dfrac{V}{n} = \dfrac{kI}{n}$

Darcy 법칙에 의한 유속은 실제침투유속은 아니다. 실제침투유속은 공극률 n으로 나눈 값이다.

2) Darcy 법칙

두 수조를 연결하는 관수로에 토사를 넣어서 물이 흐르는 경우를 생각한다. 두 수조의 수위를 일정하게 유지하면 수위차 Δh는 l 사이를 흐를 때의 손실수두가 된다. 다르시(Darcy)는 이 관수로를 흐르는 유량 Q는 관수로의 단면적 A와 동수경사 $\Delta h/l$에 비례한다고 하였다. 동수구배는 그림과 같이 나타내고 있다.

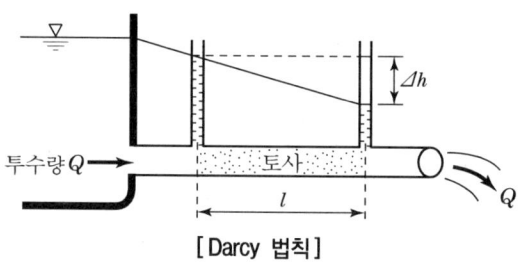

[Darcy 법칙]

- 지하수의 유속 : $V = k\left(\dfrac{\Delta h}{l}\right) = kI$

여기서, $\dfrac{\Delta h}{l}$: 동수구배 I

k를 투수계수라 하며 속도의 차원을 갖고 있으며 물의 흐름에 대한 흙의 저항 정도를 의미한다.

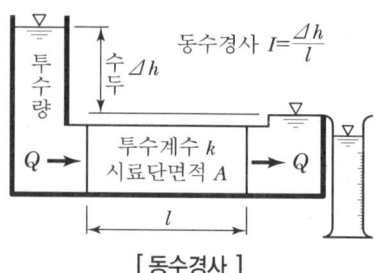

[동수경사]

(1) Darcy 법칙의 3대 가정
① 다공층 물질의 특성이 균일하고 동질이다.
② 대수층 내의 모관수대가 존재하지 않는다.
③ 흐름이 정류이다.

(2) Darcy 법칙의 적용법
Darcy 법칙은 지하수가 층류인 경우는 실측치와 잘 일치하지만 유속이 크게 되어 난류가 되면 실측치와 일치하지 않는다. 실험에 의하면 대략 $Re < 4$에서 Darcy 법칙이 성립한다고 한다.

3) 토사(土砂)의 공극률과 투수계수

(1) 공극률
토사의 공극률이란 어느 체적(體積)의 토사의 전 공극용적의 전체 용적에 대한 비로서, %로 표시한다. 실제의 모래는 구형(球形)은 아니지만 균일한 입경의 것을 주의하여 배열하면 40% 정도의 **공극률**을 가지도록 할 수 있다. 실제 토사의 공극률은 조사(粗砂)가 39%~41%, 중사(中砂)가 41~48%, 세사(細砂)가 44~49%, 세사질(細砂質)롬이 50~54%이고 세립(細粒)이 될수록 공극률은

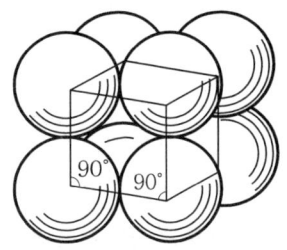

[토사의 입경]

커진다. 실제의 토사는 대·소립이 혼합되어 있으므로 소립이 대립의 공극을 채우게 되고 공극률은 크기가 균일한 경우보다 줄어드는 경향이 있으나, 한편 이런 모래는 채워지기 어려우므로 공극률의 **감소율**(減少率)은 작다.

(2) 투수계수
투수계수의 값은 토사의 공극률, 입경, 수온 등과 관계가 있다. 물 이외의 유체의 삼투를 생각할 때는 k''를 쓰는데 k''의 단위를 Darcy라고 하면

- 1Darcy = 1(cm³/sec)/cm²/(기압/cm)

이다. 즉 1Darcy는 1기압/cm의 압력경사하에서 1cm²당 매초 1cm³의 투수가 있는 투수계수의 값이다.
Hazen 공식은 t℃의 물에 대한 k의 값을 주며 보통상태의 모래에 대하여 m/hr의 속도의 단위를 쓰면

- 투수계수 : $k = 41 d_e^2 (0.7 + 0.03t)$

잘 다져진 모래에 대하여 계수 41은 25까지도 감소한다. 모래의 유효율 d_e는 mm단위이며 입도누적곡선에서 10%에 해당하는 직경이다. 속도에 cm/sec, d_e에 cm단위를 쓰면 계수 41은 약 115가 된다.

Darcy 법칙은 지하수의 흐름이 층류인 경우에 타당하다. 즉 실험에 의하면 $d_e < 1 \sim 10$인 경우에 특히 타당하다고 한다.

$V = kI$를 Darcy의 법칙이라고 부르고 k는 **투수계수**(Coefficient of Permeability)라고 한다. k의 차원은 유속의 차원인 $[LT^{-1}]$이며 k는 토사립(土砂粒)의 크기 외에 점성계수도와도 관계가 있다. Darcy 법칙을 나타낸 그림과 같이 흐름의 방향으로 s축을 취하면 $I = \dfrac{dh}{ds}$이고 점성계수를 μ, 토사립의 평균입경을 d라 하면 Darcy의 법칙은 다음과 같다.

- 유속 : $V = k \dfrac{dh}{ds} = \dfrac{k'}{\mu} \dfrac{dh}{ds} = k'' \dfrac{\rho g}{\mu} \dfrac{dh}{ds} = k''' \dfrac{\rho g d_e^2}{\mu} \dfrac{dh}{ds}$

라고 쓸 수 있다. 이 식으로부터 Darcy의 법칙은 Reynolds 수와 관계가 있음을 알 수 있으므로 Darcy의 법칙은 층류에 관한 **저항공식**이라고 말할 수 있다.

4) 지하수의 연직분포

지상에 떨어진 강수가 지표면을 통해 침투한 후 짧은 시간 내에 하천으로 방출되지 않고 지하에 머무르면서 흐르는 물을 지하수라 한다. 포화대의 상단은 통기대와 접하고 하단은 점토질의 불투수층이나 암반에 접한다.

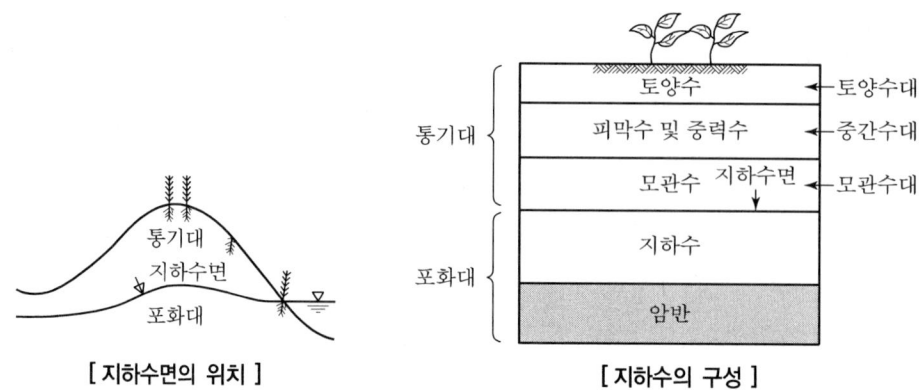

[지하수면의 위치]   [지하수의 구성]

(1) 포화대(Zone of Saturation)
지하수면 아래의 물로 포화되어 있는 부분을 포화대라 하며 이 포화대의 물을 지하수라 한다.

(2) 통기대(Zone of Aeration)
지하수면 윗부분의 공기와 물로 차있는 부분을 통기대라하며 이 통기대의 물을 현수수라 한다.
① 토양수대(Soil Water Zone) : 지표면에서부터 식물의 뿌리가 박혀 있는 면까지의 영역을 말하며 불포화 상태가 보통이다.
② 중간수대(Intermediate Zone) : 토양수대의 하단에서부터 모관수대의 상단까지의 영역을 말하며, 토양수대와 모관수대의 연결 역할을 한다.
　㉠ 피막수 : 흡습력과 모관력에 의하여 토립자에 붙어서 존재하는 물을 말한다.
　㉡ 중력수 : 중력에 의해 토양층을 통과하는 토양수의 여분의 물을 말한다.
③ 모관수대(Capillary Zone) : 모세관 현상에 의해 지하수면으로부터 지하수가 올라가는 점까지의 영역을 말한다.

5) 대수층의 종류
대수층(Aquifer)은 지하의 모래 자갈층으로 물을 함유할 수 있는 층을 말한다.

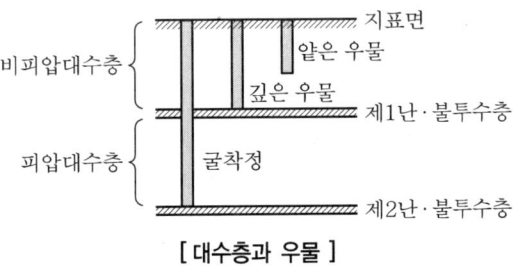

[대수층과 우물]

(1) 비피압대수층(Unconfined Aquifer)
대수층 내의 지하수면이 있어서 지하수의 흐름이 대기압을 받고 있는 대수층을 비피압대수층이라 한다.

(2) 피압대수층(Confined Aquifer)

불투수층 지반 사이에 끼어 있는 대수층 내에 지하수위면을 갖지 않는 지하수가 대기압보다 큰 압력을 받고 있는 대수층을 피압대수층이라 한다.

2 투수시험

투수계수는 미리 실험하여 그 결과를 실험식으로 나타내는 경우도 있으나 보다 더 정확한 수치를 구하기 위하여 그 토사를 채취하여 실험실에서 투수계수를 실험으로 결정하는 경우가 많다.

입경에 따른 투수계수 값

	점토	침니	미세사	세사	중사	조사	소력
d(mm)	0~0.2	0.01~0.05	0.05~0.10	0.10~0.25	0.25~0.5	0.50~1.01	1.0~5.0
k(cm/sec)	0.000003	0.00045	0.0035	0.015	0.085	0.35	3.0

토사를 채취하여 실험실에서 정하는 방법은 자연상태의 토사를 채취할 때 인공적으로 교란한다는 점에서 다소 문제가 있는 것이다. 이들 방법보다 더 정확한 투수계수를 구하기 위하여 투수계수의 현장측정법도 있다. 이 방법은 교란하지 않고 자연상태의 투수계수를 구할 수 있다는 것에서 가장 좋은 방법이다. 다소 정밀도가 떨어지기는 하지만 그 방법이 간단하고 누구나 쉽게 실험을 할 수 있는 실험실에서 측정하는 방법을 소개하기로 한다. 실험실에서 투수계수를 구하는 방법에는 정수두법과 변수두법이 있다.

1) 정수두법

토사의 시료를 될 수 있는 대로 교란하지 않는 상태로 채취하여 그림과 같은 장치에 넣어서 일정한 수두 h를 유지하면서 물을 시료를 통해서 흐르게 한다. 이때의 유량 Q를 측정하여 투수계수 k를 계산한다.

- 유량 : $Q = kAI = kA\left(\dfrac{h}{l}\right)$
- 투수계수 : $k = \dfrac{lQ}{Ah}$

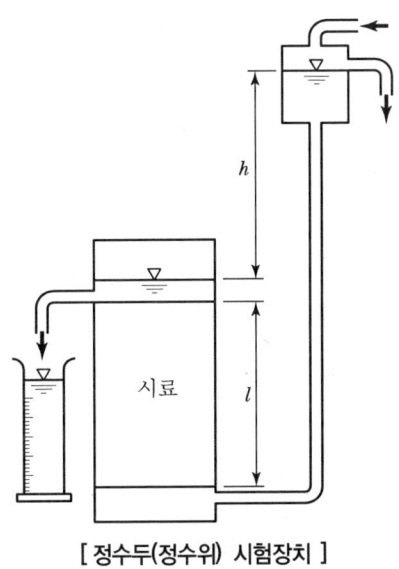

[정수두(정수위) 시험장치]

2) 변수두법

변수두법은 그림과 같은 장치 속에 시료를 넣어서 일정한 시간 내에 떨어진 수위를 측정하여 투수계수를 계산하는 방법이다. 그림에서 시료통의 단면적을 A, 수위계의 단면적을 a라고 하고, 시간 t에서의 수위를 h, dt 시간에 강하한 수위를 dh라고 하면 연속방정식과 Darcy의 법칙에서

연속방정식 : $vAdt = \alpha dh$

유량 : $Q = kA\left(\dfrac{h}{l}\right) = a\left(\dfrac{dh}{dt}\right)$에서,

$$\dfrac{kAh}{al} = \dfrac{dh}{dt}$$

이 식을 적분하고 $t=0$에 있어서 h_0라고 하면

$$\int_0^t \dfrac{hA}{al}dt = \int_{h_0}^h \dfrac{dh}{h}$$

$$\therefore \dfrac{kA}{la} = \ln\dfrac{h_0}{h}$$

$t=t_1$에서 $h=h_1$이라고 투수계수는 다음과 같이 쓸 수 있다.

투수계수 : $k = 2.303\dfrac{a}{A}\dfrac{l}{t_1}\left(\dfrac{h_0}{h_1}\right)$

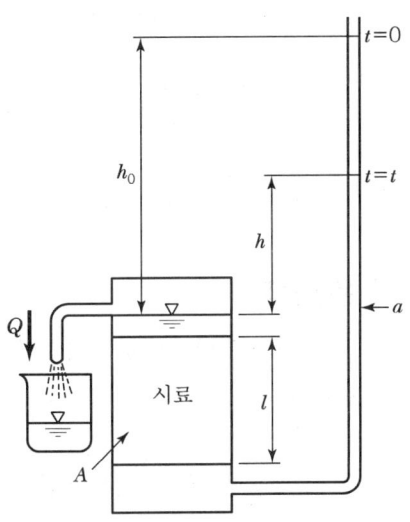

[변수두(변수위) 투수 시험장치]

단면비 a/A와 길이 l은 측정장치에서 결정되고, 초기수위 h_0와 t_1 시간 후의 수위 h_1을 측정하면 투수계수를 계산할 수 있다. 변수두법은 토사입자가 가는 투수계수가 작은 경우에 사용하는 것이 좋다. 투수계수가 작으면 수위의 변동속도가 작으므로 충분한 시간 동안 수위변동을 정밀하게 측정할 수 있기 때문이다.

3 지하수의 일반 운동방정식

지하수의 유동에 있어서 토사의 입도가 균일하다 하더라도 각 점에서 투수단면적이 다르고 따라서 유속 및 동수경사가 일정하지 않다. 즉 동수경사선은 직선이 아니다.

이와 같은 경우 각 점의 동수경사 $I = \dfrac{dh}{ds}$ 라면 유속은 다음과 같다.

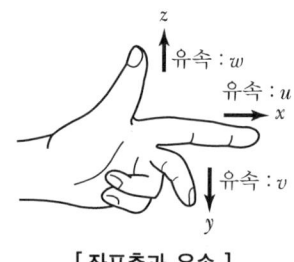

[좌표축과 유속]

$$\text{유속}: V = kI = k\left(\dfrac{dh}{ds}\right)$$

지금 x, y, z 축 방향의 분속도 u, v, w라면 k가 일정할 때

$$u = k\left(\dfrac{\partial h}{\partial x}\right), \ v = k\left(\dfrac{\partial h}{\partial y}\right), \ w = k\left(\dfrac{\partial h}{\partial z}\right)$$

또 k가 방향에 따라 다르다면

$$u = k_x\left(\dfrac{\partial h}{\partial x}\right), \ v = k_y\left(\dfrac{\partial h}{\partial y}\right), \ w = k_z\left(\dfrac{\partial h}{\partial z}\right)$$

여기서, k_x, k_y, k_z는 x, y, z 축 방향의 각 투수계수이다.

1) 운동방정식

Euler의 운동방정식을 지하수의 유동에도 적용할 수 있다. 단위질량에 작용하는 마찰력을 R이라면

$$\dfrac{du}{dt} = X - \dfrac{1}{\rho}\dfrac{\partial p}{\partial x} + R_x$$

$$\dfrac{dv}{dt} = Y - \dfrac{1}{\rho}\dfrac{\partial p}{\partial y} + R_y$$

$$\frac{dw}{dt} = Z - \frac{1}{\rho}\frac{\partial p}{\partial z} + R_z$$

여기서, X, Y, Z는 유체의 단위질량에 작용하는 실질력(實質力)의 x, y, z 성분이다.
지하수가 유동하는 토사의 내부에 지하수의 미립(微粒)을 생각하고, u, v, w의 실질속도(實質速度)를 u', v', w'라면

$$u = \lambda u', \ v = \lambda v', \ w = \lambda w'$$

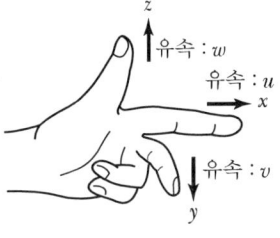

[좌표축과 유속]

의 관계가 있다. Darcy의 법칙은 층류에 대하여 적용되며 이 경우의 유체저항은 속도의 1승(乘)에 비례하므로 식에서 R은 비례상수 f라면

$$R_x = f_x u, \ R_y = f_y v, \ R_z = f_z w$$

가 될 것이다. 다음에 연직상향으로 z축, 이에 직각방향으로 x, y축을 잡으면 $X = Y = 0$이고 $Z = -g$이다. u, v, w 대신에 u', v', w'를 쓰면

$$\frac{\partial u'}{\partial t} = -\frac{1}{\rho}\frac{\partial p}{\partial x} + f_x u$$

$$\frac{\partial v'}{\partial t} = -\frac{1}{\rho}\frac{\partial p}{\partial y} + f_y v$$

$$\frac{\partial w'}{\partial t} = -g - \frac{1}{\rho}\frac{\partial p}{\partial z} + f_z w$$

이 된다. 각 식의 좌변의 최후항은 점성으로 인한 저항을 나타내며 세극중(細隙中)의 속도분포에 의하여 계산된다. 그러나 이 계산은 어려우므로 근사적인 저항으로 정상적인 운동에 대한 저항형을 쓰기로 한다. 즉 정상적인 지하수 k''에 대하여는

$$u = \frac{k''}{\mu}\frac{\partial p}{\partial x}, \ v = \frac{k''}{\mu}\frac{\partial p}{\partial y}, \ w = \frac{k''}{\mu}\frac{\partial p}{\partial z}$$

가 성립한다. 또 $\frac{\partial u'}{\partial t} = \frac{\partial v'}{\partial t} = \frac{\partial w'}{\partial t} = 0$이므로 f는 근사적으로 각각 x, y, z방향에 대하여

$$f_x = \frac{1}{u}\frac{1}{\rho}\frac{\partial p}{\partial x}$$
$$f_y = \frac{1}{v}\frac{1}{\rho}\frac{\partial p}{\partial y}$$
$$f_z = \frac{1}{w}\frac{1}{\rho}\frac{\partial p}{\partial z}$$

| 수리학 |

가 된다. 그러면

$$f_x = \frac{1}{\frac{k''}{\mu}\frac{\partial p}{\partial x}} \cdot \frac{1}{\rho}\frac{\partial p}{\partial x} = \frac{\mu}{k''\rho}$$

$$f_y = \frac{1}{\frac{k''}{\mu}\frac{\partial p}{\partial y}} \cdot \frac{1}{\rho}\frac{\partial p}{\partial y} = \frac{\mu}{k''\rho}$$

$$f_z = \frac{1}{\frac{k''}{\mu}\frac{\partial p}{\partial z}} \cdot \frac{1}{\rho}\frac{\partial p}{\partial z} = \frac{\mu}{k''\rho}$$

이것들을 앞의 식에 대입하고 u', v', w' 대신 u, v, w를 쓰면

$$\frac{1}{\lambda}\frac{\partial u}{\partial t} = \frac{\partial p}{\partial x} - \frac{\mu}{k''\rho}u$$

$$\frac{1}{\lambda}\frac{\partial v}{\partial t} = \frac{\partial p}{\partial y} - \frac{\mu}{k''\rho}v$$

$$\frac{1}{\lambda}\frac{\partial w}{\partial t} = -\frac{1}{\rho}\frac{\partial p}{\partial z} - \frac{\mu}{k''\rho}w$$

이 식은 지하수의 운동방정식이다.

다음에 기준면에서 생각하는 점까지의 높이를 z, 압력수두를 h라 하면 다음과 같다.

$$\text{압력수두}: h = \frac{p}{\rho g} = z$$

$$\frac{\partial h}{\partial x} = \frac{1}{\rho g}\frac{\partial p}{\partial x}$$

$$\frac{\partial h}{\partial y} = \frac{1}{\rho g}\frac{\partial p}{\partial y}$$

$$\frac{\partial h}{\partial z} = \frac{1}{\rho g}\frac{\partial p}{\partial z} + 1$$

이들을 위 식에 대입하면 다음과 같다.

$$\frac{1}{\lambda g}\frac{\partial u}{\partial t} = \frac{\partial p}{\partial x} - \frac{u}{k}$$

$$\frac{1}{\lambda g}\frac{\partial v}{\partial t} = \frac{\partial p}{\partial y} - \frac{v}{k}$$

$$\frac{1}{\lambda g}\frac{\partial w}{\partial t} = \frac{\partial p}{\partial z} - \frac{w}{k}$$

이 식은 수두로 나타낸 **지하수의 운동방정식**이다.

2) 연속방정식

동수경사 $I = \dfrac{dh}{dl}$ 이라 하면 Darcy의 법칙은 $V = k\left(\dfrac{dh}{dl}\right)$ 이다.
V의 x, y, z 방향의 속도성분을 u, v, w라 하면

$$u = k_x\left(\frac{\partial h}{\partial x}\right),\ v = k_y\left(\frac{\partial h}{\partial y}\right),\ w = k_z\left(\frac{\partial h}{\partial z}\right)$$

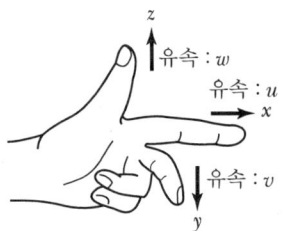

[좌표축과 유속]

여기서, k는 방향에 관계없이 일정하다고 하며, 이 경우 속도 포텐셜로 표시하면

$\phi = kh = k\left(z + \dfrac{p}{w_0}\right) + C$에서 각 방향의 함수로 미분하면

$$u = \frac{\partial \phi}{\partial x},\ v = \frac{\partial \phi}{\partial y},\ w = \frac{\partial \phi}{\partial z}$$

Euler의 연속방정식에 있어 비압축성 정상류인 식으로 표시하면

$$\frac{\partial^2 \phi}{\partial x^2} + \frac{\partial^2 \phi}{\partial y^2} + \frac{\partial^2 \phi}{\partial z^2} = 0$$

따라서 지하수의 정류의 흐름은 Laplace 방정식을 만족하고 포텐셜류이다.
$ds^2 = dx^2 + dy^2 + dz^2$, s 방향의 유속을 Vs라 하면

$$\frac{\partial Vs}{\partial t} = \frac{1}{\rho}\frac{\partial p}{\partial s} - \frac{g}{k}Vs - g\frac{\partial z}{\partial s}$$

이 식은 유선방정식이며 $Vs^2 = u^2 + v^2 + w^2$이다. 비압축성 유체의 연속방정식은

$$\frac{\partial u}{\partial x} + \frac{\partial v}{\partial y} + \frac{\partial w}{\partial z} = 0$$

이므로

$$\frac{\partial u}{\partial x} = k\frac{\partial^2 h}{\partial x^2},\ \frac{\partial v}{\partial y} = k\frac{\partial^2 h}{\partial y^2},\ \frac{\partial w}{\partial z} = k\frac{\partial^2 h}{\partial z^2}$$

이 관계식들을 대입하면

$$\frac{\partial^2 h}{\partial x^2}+\frac{\partial^2 h}{\partial y^2}+\frac{\partial^2 h}{\partial z^2}=0$$

지하수의 정류에 대한 연속방정식이다. 특히, xy평면이 불투수층의 경계면이라면 z방향의 흐름이 없으므로

$$\frac{\partial^2 h}{\partial x^2}+\frac{\partial^2 h}{\partial y^2}=0$$

이 식은 지하수의 **이차원흐름**에 대한 연속방정식이다. 투수층에서 지하수가 한 방향인 x방향으로만 흐른다면 흐름은 일차원이 되고 연속방정식은 다음과 같아진다.

$$\frac{\partial^2 h}{\partial x^2}=0$$

4 지하수(Ground Water) 구성

지하수는 대수층(Aquifer)이라는 침투할 수 있는 물을 유하시키는 지질구조에서 생성된다. 대수층은 기본적으로 두 가지 형태이다. **피압대수층**은 상대적으로 투수성이 높으며 물을 유하시키는 구조(모래 혹은 자갈)는 매우 낮은 투수성의 층(점토층) 아래로 제한된다. **비피압대수층**은 자유수면을 갖는 물을 유하시키는 구조이며 자유수면 아래는 토양이 포화되어 있고 그 위는 대기압하의 공기가 있다. 지하수의 운동은 관수로 혹은 개수로에서 일어나는 물운동과 같은 방법으로 동수경사 혹은 중력경사하에서 일어난다.

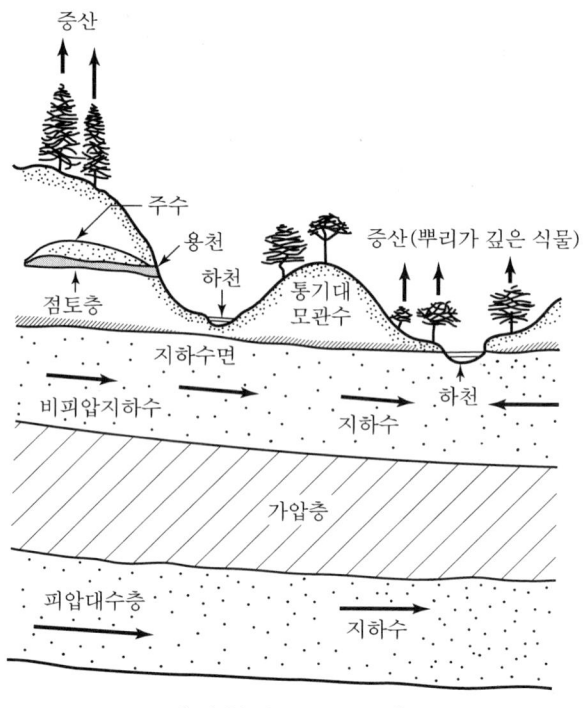

[지하수의 구성 모식도]

1) 지하수의 종류

지하수는 침투가 용이한 지층을 **투수층**, 침투가 어려운 지층을 **난투수층**, 물이 거의 통하지 못하는 지층을 **비투수층**이라 하며, 난투수층과 비투수층을 합하여 **불투수층**이라고 한다. 그리고 투수층 중에서 물로 포화되어 있는 곳을 **대수층**(Aquifer)이라 하고, 대수층 중에서 자유수면을 가지는 지하수를 **자유면 지하수**(Free Water) 압력을 가지는 지하수를 **피압면 지하수**라고 한다. 특히 피압면 지하수로서 지표면에 자분하는 지하수를 **자분 지하수**라고 한다. 또한 자유면 지하수에서는 자유수면을 지하수면이라고 하고, 피압면 지하수에서는 압력수두면을 지하수면이라 하며, 이때의 위고(位高)를 지하수위라고 한다. 위고(位高)는 그 때의 장소 지표면에서의 깊이 또는 기준면에서의 높이를 나타내며, 우물 측수관(測水管) 등이 있으면 부자(浮子), 측척(測尺), 압력계(壓力計) 등으로 측정할 수 있다.

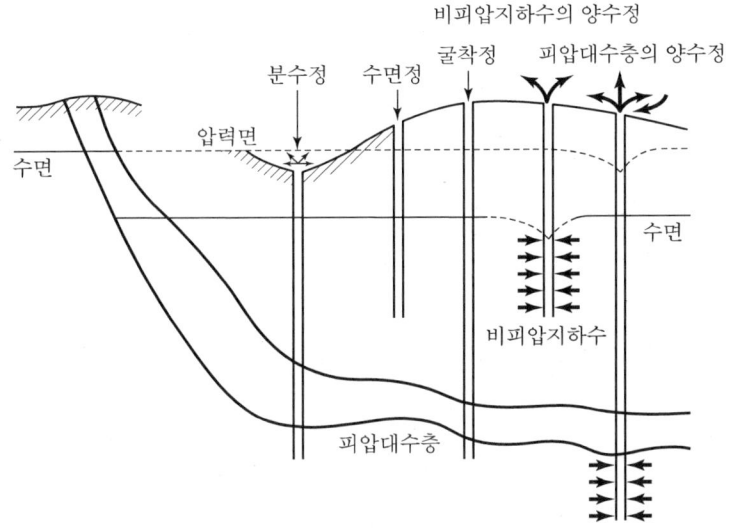

[피압과 비피압 대수층에서 지하수 생성]

2) 지하수 이용의 특징

우리 주변에는 지하수와 지표수의 두 종류의 물 자원이 존재한다. 이 중에서 지표수는 주로 하천이나 호소의 형태로 존재하고, 지하수는 용수(Spring)이나 우물 속의 물로 나타난다. 일반적으로 지표수는 지하수에 비해 우리 주위에서 인간과 접촉, 관찰이 용이하고 보다 쉽게 이해할 수 있기 때문에 자칫하면 물 자원을 다룰 때, 지하수 자원을 등한시할 때가 많다. 그러나 지하수와 지표수 자원은 서로 분리해서 생각할 수 없는 아주 밀접한 관계를 가진 자원이다. 지하수의 특징은 지표수의 경우와 비교해 보면 다음과 같다.

① 용출능력이나 이용가능량 등에 한도가 있으므로 다량의 물을 공급하기는 어렵다.
② 계절적인 수량의 변화가 별로 없고 안정되어 있다.
③ 취수시설이 적고, 용지를 차지하는 일도 별로 없으며 공기가 짧다.
④ 이용지점에 근접시켜 설치할 수 있으며 도수비용이 적게 든다.
⑤ 고립된 지구의 소규모 이용에 유리하다.
⑥ 수온이 대체로 연중 일정하며 여름철에는 지표수에 비하여 낮다.
⑦ 집수암거를 오랜 세월에 걸쳐 사용하면 암거 바깥쪽의 흙이 메워져 집수능력이 저하된다.
⑧ 근처에서 지하수를 많이 이용하여 과도하게 채수하면 지하수위의 저하·염수의 침입 지반침하 등의 장해를 야기시킬 염려가 있다.
⑨ 지질상태에 따라서는 지하수를 저류하여 이용할 수 있는 **지하댐**(Ground Dam)을 축조하는 경우가 있는데, 이것은 비용이 많이 들게 되므로 지표수를 얻기 어려운 곳에서만 고려해야 한다.

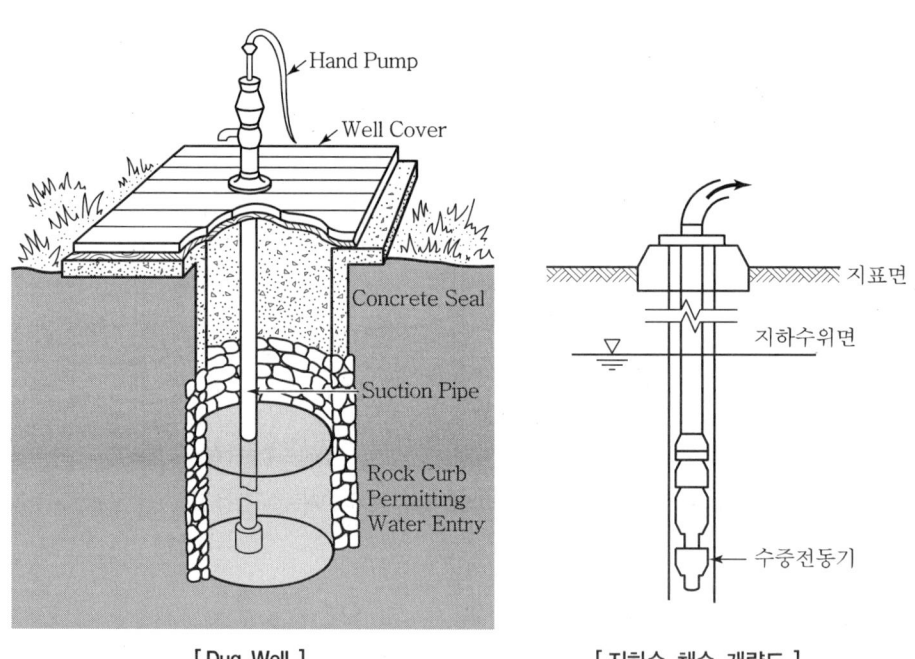

[Dug Well]   [지하수 채수 개략도]

5 제체의 침투

그림과 같이 토사제방의 제체 내를 물이 침투할 때 ab 선을 **침윤선**(Saturaion Line)이라고 부른다. 침윤선 위에 있는 수분(水分)은 모세관 작용으로 상승한 수분이다. 일반적으로 침윤선에 따라서 압력은 0이고 침윤선의 경사는 지하수의 동수경사가 된다.

[침윤선]

침윤선의 형상은 일반적으로 포물선이고 하류 측의 조건에 따라 달라진다. 침윤선이 하류의 제방면과 만나는 b점 이하에서 누수하고 제방의 파괴는 주로 b점에서 시작된다고 한다.
그러므로 제방의 설계는 침윤선이 제방 하류면에 나타나지 않도록 해야 한다.

1) Dupuit의 침윤선 공식

그림과 같은 직사각형 단면을 가진 흙제방 내의 투수에 대하여 생각해 보기로 한다. 제방의 폭을 l, 상·하류의 수심을 h_1, h_2라고 하고 제방바닥은 수평인 불투수층이라고 한다. 이 경우 실제의 침윤선은 ab'이지만 듀피티(Dupuit)는 ab를 침윤선이라고 가정하여 다음과 같이 취급하였다.

흐름이 정상적이라고 하면 지하수의 유속은 $v_x = k\left(\dfrac{dh}{dx}\right)$이며 유속분포가 일정하다고 하면 단위길이당 투수량은 다음과 같다.

- 단위길이당 유량 : $q = kIA = k\left(\dfrac{dh}{dx}\right)(h \times 1)$

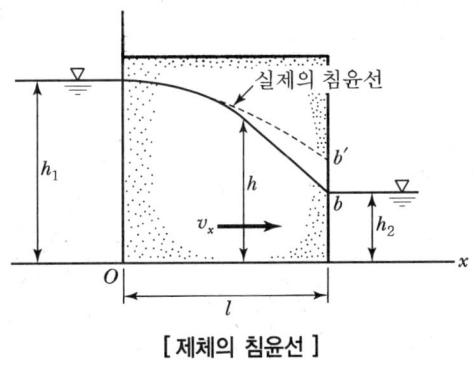

[제체의 침윤선]

$x = 0$이면 $h = h_1$이므로

$$\int_0^x q\,dx = k\int_{h_1}^h h\,dx$$

*적분 : (지수에 1을 더한 것 분의 1)에 (지수에 1을 더한다)

$$qx = \left(\frac{1}{1+1}\right)k\left[h^{(1+1)}\right]_h^{h_1}$$

$$qx = \frac{k}{2}(h^2 - h_1^2)$$

$$\therefore q = \frac{k}{2x}(h_1^2 - h^2)$$

① 단위폭당 유량은 $x = l$에서 $h = h_2$ 다음과 같다.

- 단위폭당 유량 : $q = \dfrac{k}{2l}(h_1^2 - h_2^2)$

② 직접 Darcy의 법칙을 적용시키면

- 구배 : $I = \dfrac{dh}{l} = \dfrac{(h_1 - h_2)}{l}$

- 단면적 : $A = \dfrac{(h_1 + h_2)}{2} \times 1$

- 단위폭당 유량 : $q = kIA = k\dfrac{(h_1 - h_2)}{l}\dfrac{(h_1 + h_2)}{2} = \dfrac{k}{2l}(h_1^2 - h_2^2)$

2) Casagrande의 단위길이당 유량

그림과 같은 사다리꼴 단면 제방 내의 침투수의 유동에 대해서는 다음과 같은 카사그란데(Casagrande)의 방법에 의해서 제방의 단위길이당 유량을 구할 수 있다.

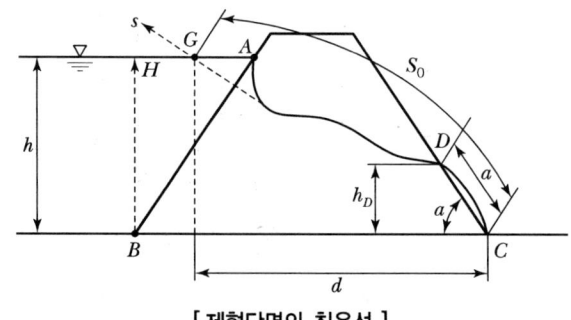

[제형단면의 침윤선]

$$q = ka\sin^2\alpha$$
$$a = S_0 - \sqrt{S_0 - (h/sin\alpha)^2}$$

여기서, S_0 : 침윤선의 길이, h : 제방 상류부의 수심, α : 제방 하류부의 비탈각도

이 식에서 투수량을 계산하려면 침윤선의 길이 S_0를 결정해야 하는데, S_0는 근사적으로 다음과 같이 구한다. 먼저 $AG = 0.3GH$로 가정하여 G점을 구하고 C와 G의 수평거리를 d라고 한다. $S_0 ≒ CG$라고 할 수 있는 경우(α가 작은 경우)는

- 침선길이 : $S_0 ≒ \sqrt{h^2 + d^2}$

로 놓고 S_0를 근사적으로 구하여 α를 계산하고 유량을 계산할 수 있다.

6 우물의 수리

점토층과 같은 불투수층 사이에 낀 투수층 내에 압력을 받고 있는 지하수 즉 피압지하수를 양수하는 우물을 굴착정(Artesian Well)이라 하고 불투수층 위의 대수층 내에 자유 지하수면을 가지는 자유지하수를 양수하는 우물 중 우물바닥이 불투수층까지 도달한 것을 심정(Deep Well)이라 하고 불투수층에 도달하지 못한 것을 천정(Shallow Well)이라고 부른다.

영향원(Circle of Infuence)이란 우물에서 양수할 때, 주위의 지하수위가 저하되지만 우물을 중심으로 지하수위가 변화지 않는 범위를 반경 R로 그린 원이다.

영향원의 반지름의 값을 정확히 알기는 곤란하지만 우물의 반지름(r_0)의 3,000~5,000배, 또는 500~1,000m 정도로 보고 있다.

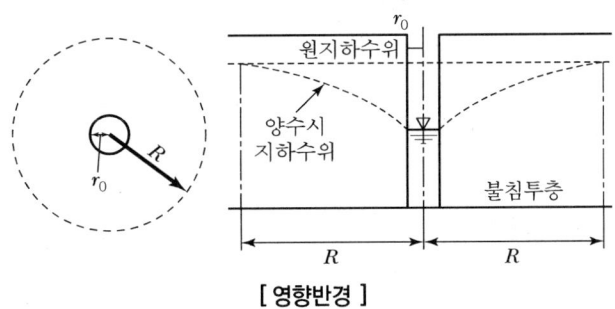

[영향반경]

1) 굴착정(Artesian Well)

우물을 땅 속의 불투수층 사이에 있는 대수층까지 파면 우물의 수면은 대수층의 압력수두에 해당하는 높이까지 올라간다. 우물에서 일정한 유량 Q를 양수하면 우물 속의 수면은 h_0까지 내려가고 대수층의 물은 우물을 향해서 방사성으로 흐르게 된다.

일정한 유량을 계속적으로 양수하면 우물 안의 수면은 최종적으로 h_0까지 내려가서 안정된다. 대수층의 물은 우물을 향하여 흐르고 등압선은 동심원이 된다.

지금 우물의 중심에서 수평방향으로 x축, r점의 압력수두를 h, 우물의 중심으로 향하는 유속을 v, 대수층의 두께를 m이라고 하면

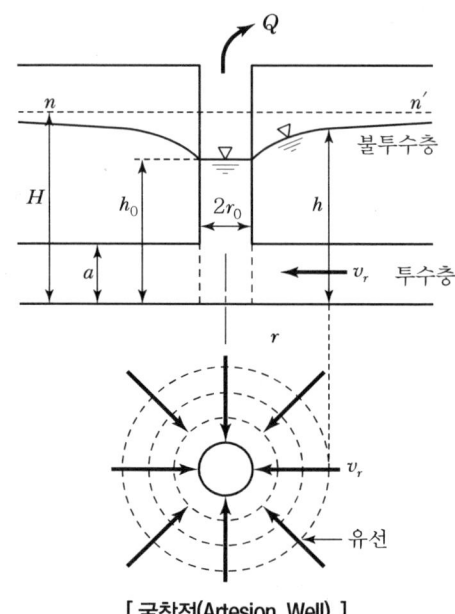

[굴착정(Artesion Well)]

유량 : $Q = kIA = k\left(\dfrac{dh}{dr}\right)(2\pi r \times m)$

$Q \cdot dr = 2\pi mk \cdot r \cdot dh$

*적분 : (지수에 1을 더한 것 분의 1)에 (지수에 1을 더한다)

$$\int_{h_0}^{H} dh = \dfrac{Q}{2\pi mk} \int_{r_0}^{R} \dfrac{dr}{r}$$

$$[h]_{h_0}^{H} = \dfrac{Q \log_e (R/r_0)}{2\pi mk}$$

$$(H - h_0) = \dfrac{Q \log_e (R/r_0)}{2\pi mk}$$

- 유량 : $Q = \dfrac{2\pi mk}{\log_e (R/r_0)}(H - h_0)$

- 유량 : $Q = \dfrac{2\pi mk}{2.303 \log_{10}(R/r_0)}(H - h_0)$

집수정을 불투수층 사이에 있는 피압대수층까지 판 후 피압지하수를 양수하는 우물을 굴착정이라 한다.

2) 깊은 우물(Deep Well)

우물의 깊이에는 관계없이 우물의 바닥이 불투수층까지 도달한 것을 깊은 우물(Deep Well)이라 한다.

지름 $2r_0$, 지하수면에서 불투수층까지의 깊이 H의 깊은 우물에서 유량 Q를 양수하는 경우를 생각한다.

양수를 계속하여 정상적인 흐름상태가 된 후 우물의 수위는 h_0이다.

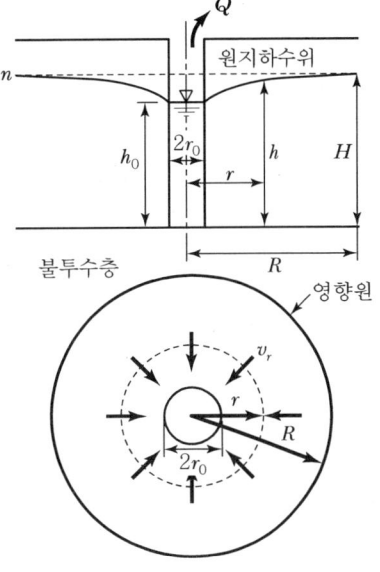

[깊은 우물(Deep Well)]

$$Q = kIA = k\left(\frac{dh}{dr}\right)(2\pi r \times h)$$

$$Q \cdot dr = 2\pi k \cdot r \cdot h dh$$

$$\int_{h_0}^{H} h \cdot dh = \frac{Q}{2\pi k}\int_{r_0}^{R} \frac{dr}{r}$$

*적분 : (지수에 1을 더한 것 분의 1)에 (지수에 1을 더한다)

$$\left(\frac{1}{1+1}\right)\left[h^{(1+1)}\right]_{h_0}^{H} = \frac{Q\log(R/r_0)}{2\pi k}$$

$$\frac{1}{2}(H^2 - h_0^2) = \frac{Q\log_e(R/r_0)}{2\pi k}$$

$$(H^2 - h_0^2) = \frac{Q\log_e(R/r_0)}{\pi k}$$

- 유량 : $Q = \dfrac{\pi k}{\log_e(R/r_0)}(H^2 - h_0^2)$

- 유량 : $Q = \dfrac{\pi k}{2.303\log_{10}(R/r_0)}(H^2 - h_0^2)$

불투수층 위의 비피압대수층에서 자유지하수를 양수하는 우물 중 집수정 바닥이 불투수층까지 도달한 우물을 깊은 우물이라 한다.

3) 얕은 우물(Shallow Well)

일반적으로 우물바닥이 불투수층까지 도달하지 않는 우물은 얕은 우물이라고 한다. 얕은 우물에는 집수정 바닥이 수평한 경우와 둥근 경우가 있다.

① 제1불투수층 위에 있는 자유면 지하수를 취수한다.
② 지하의 얕은 곳에 많은 물이 있어야 한다.
③ 충적지대가 일반적으로 적당하다.
④ 현재의 하천부지나 과거의 하천부지가 적당하다.
⑤ 편상지, 삼각주, 사구가 좋다.
⑥ 지하수는 무기성의 용해질이 풍부하다.
⑦ 지하수는 경수가 많다.
⑧ 우물 부근의 영향(영향반지름)을 고려해야 한다.

(1) 집수정 바닥과 측벽 b구간에서 유입하는 경우

$$\therefore 유량 : Q = \frac{\dfrac{\pi k(H^2 - h_0^2)}{\log_e(R/r_0)}}{\left(\dfrac{h_0}{b+0.5r_0}\right)^{\frac{1}{2}}\left(\dfrac{h_0}{2h_0 - b}\right)^{\frac{1}{4}}}$$

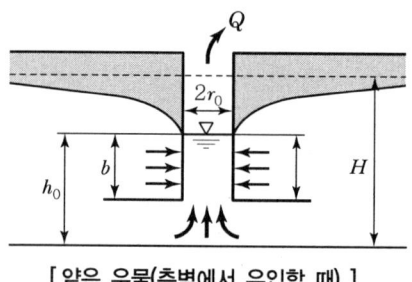

[얕은 우물(측벽에서 유입할 때)]

(2) 집수정의 바닥으로만 유입되는 경우

우물에서 정상적으로 양수할 때 지하수위와 일정하게 될 때의 양수량은 Forchheimer에 의한 다음 식으로 계산할 수 있다.

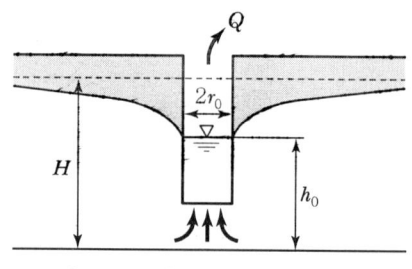

[얕은 우물(바닥이 수평할 때)]

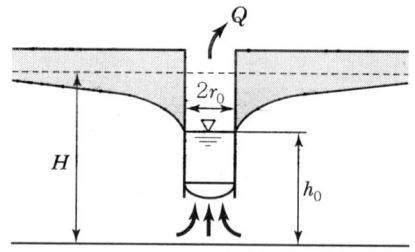

[얕은 우물(바닥이 둥글 때)]

① 집수정 바닥이 수평한 경우

- 유량 : $Q = 4kr_0(H - h_0)$

② 집수정 바닥이 둥근 경우

- 유량 : $Q = 2\pi k r_0 (H - h_0)$

집수정 바닥이 불투수층까지 도달하지 않은 우물을 얕은 우물이라 한다.

4) 집수암거

하천의 제방 옆 또는 하천바닥에 투수성 관로를 묻어서 이에 침투한 물을 취수하는 것을 **집수암거**(集水暗渠)라고 한다. 복류수를 수원으로 할 경우에는 흐름에 대해 직각 또는 평행으로 집수암거를 매설한다.

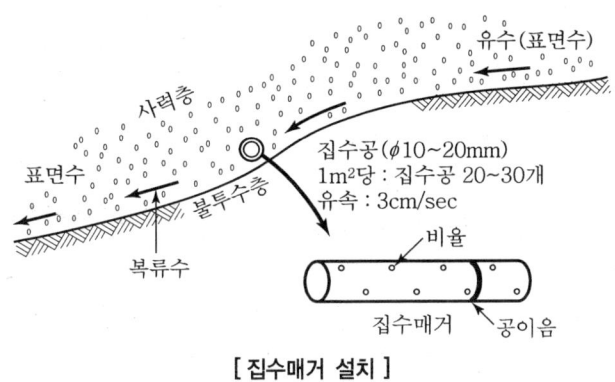

[집수매거 설치]

(1) 하상암거

하천바닥으로부터 a인 깊이에 집수암거를 묻어서 넓은 수역으로부터 집수하는 경우가 많다. 그림과 같이 수심 H, 집수관의 지름 D, 그리고 집수관 속의 압력을 p라 하면 단위길이당 유량은 다음과 같다.

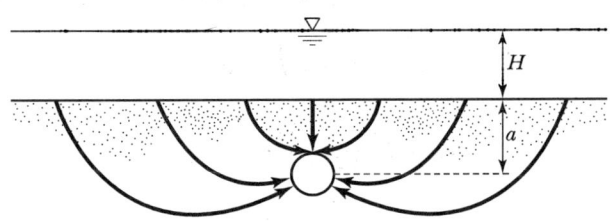

[수면 아래에 있는 집수암거(Muskat)]

- 단위길이당 유량 : $q = \dfrac{2\pi k(H + a - p/w_0)}{\ln(4a/D)} = \dfrac{2\pi k \Delta H}{\log_e(4a/D)}$

여기서, H : 수심
a : 바닥으로부터 암거 중심까지 거리

D : 접수관의 직경
p : 관내의 압력

$$(H+a) - \frac{p}{w_0} = \Delta H$$

(2) 불투수층에 달하는 집수암거

하천과 나란하게 고수부지에 설치한 집수암거에 대해서 생각한다. 불투수층은 하천바닥과 같다고 하고 물은 그림과 같이 하천의 수심은 H, 암거 내의 수심은 h_0, 그리고 하안(河岸)에서 암거까지의 거리를 l이라고 한다.

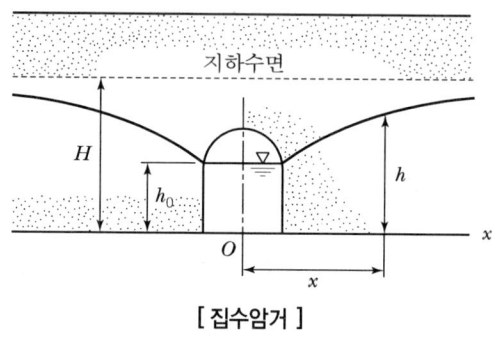

[집수암거]

하천의 물은 흙 속을 침투하여 암거로 유입하는 데, 침투수위는 하천수위로부터 흙 속에서 점차적으로 낮아져서 암거의 수위와 일치하게 된다. 암거의 단위길이당 취수량은 하천에서 침투하는 유량과 같을 것이다. x 점의 수위를 h라고 하면 암거의 단위길이당 유량은 다음과 같다.

단위길이당 용수량이 q라면 Darcy의 법칙에 의해서 다음과 같이 표현된다.

- 유속 : $V = kI = k\left(\dfrac{dh}{dx}\right)$

- 단위길이당 유량 : $q = kIA = k\left(\dfrac{dh}{dx}\right)(h \times 1)$

$$qdx = khdh$$

*적분 : (지수에 1을 더한 것 분의 1)에 (지수에 1을 더한다)

$$\int_0^x qdx = k\int_{h_0}^H hdh$$

$$qx = k\left(\frac{1}{1+1}\right)\left[h^{(1+1)}\right]_{h_0}^H$$

$$qx = \frac{k}{2}(H^2 - h_0^2)$$

여기서, $x = R$이면 $h = H$이다.

$$qR = \frac{k}{2}(H^2 - h_0^2)$$

- 단위폭당 유량 : $q = \dfrac{k}{2R}(H^2 - h_0^2)$

- 단위길이당 유량 : $q = \dfrac{k}{2R}(H^2 - h_0^2)$

- 1방향 유입량 : $q = \dfrac{k}{2R}(H^2 - h_0^2)$

- 2방향 유입량 : $q_0 = \dfrac{k}{R}(H^2 - h_0^2)$

- 2방향 길이 l의 유입량 : $q_{00} = \dfrac{kl}{R}(H^2 - h_0^2)$

하안 또는 하상의 투수층에 암거나 구멍 뚫린 관을 매설하여 하천에서 침투한 침출수를 취수하는 것을 집수암거라 한다.

7 투수계수의 현장측정법

지하수의 유량, 유속 그리고 지하수위 등은 모든 투수계수를 알아야 해석이 가능하므로 투수계수의 산정은 매우 중요하다. 투수계수의 산정법은 세 가지가 있다.
① 실험식에서 의해서 계산하는 방법, ② 실험실에서 측정하는 방법, ③ 현장에서 측정하는 방법이 있다. 이 중에서 현장에서 측정하는 방법을 설명한다.

1) 자유수면이 있는 우물의 양수시험법

우물이 불투수층까지 도달한 깊은 우물에서 일정한 유량 Q를 양수할 때 우물이 정상적으로 되었을 때 양수량과 지하수위의 관계는 그림과 같다.

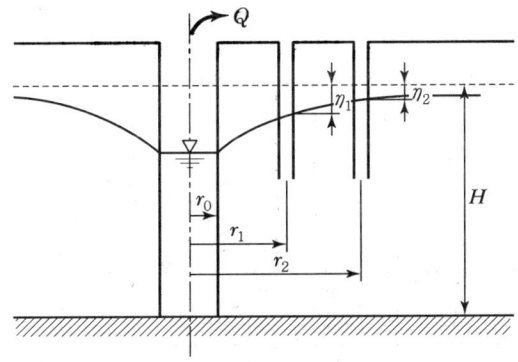

[비피압지하수의 양수시험]

지금 그림과 같이 우물 중심에서 r_1 점의 수위강하량을 η_1, r_2 점의 수위강하량을 η_2라고 하면 식

$$(h^2 - h_0^2) = \frac{Q}{\pi k} \ln \frac{r}{r_0}$$

위 식은 다음과 같이 고쳐 쓸 수 있다.

$$(H - \eta_1)^2 - h_0^2 = \frac{Q}{\pi k} \ln \frac{r_1}{r_0}$$

$$(H - \eta_2)^2 - h_0^2 = \frac{Q}{\pi k} \ln \frac{r_2}{r_0}$$

위의 두 식에서

$$(H - \eta_2)^2 - (H - \eta_1)^2 = \frac{Q}{\pi k} \ln \frac{r_2}{r_1}$$

- 투수계수 : $k = \dfrac{2.303\, Q \log_{10}(r_2/r_1)}{\pi (H - \eta_2)^2 - (H - \eta_1)^2}$

이 식에 있어서 H는 지하수의 수심이고, r_1, r_2 및 η_1, η_2는 측정할 수 있는 양이므로 k를 계산할 수 있다.

2) 피압우물의 양수시험법

그림과 같이 상하의 불투수층 사이에 있는 두께 m의 함수층(대수층)에 설치한 피압우물에서 일정한 유량 Q를 양수할 때의 양수량과 지하수위의 관계는 그림과 같다.

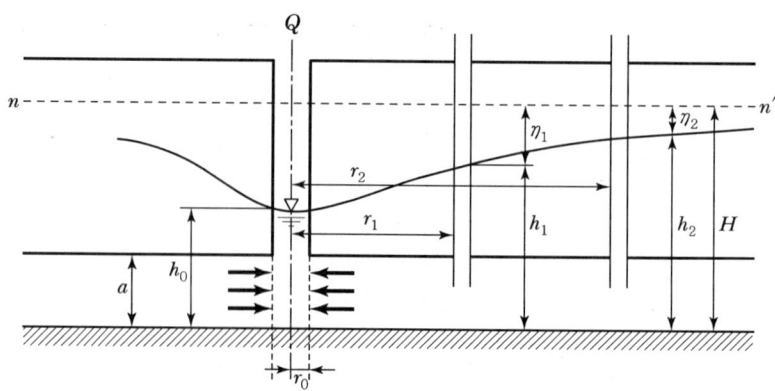

[피압우물의 양수시험]

지금 우물의 중심에서 r_1 및 r_2점의 수위강하량을 η_1, η_2라고 하면 식

$$(h - h_0) = \frac{Q}{2\pi mk}\ln(r/r_0)$$

위 식는 다음과 같이 쓸 수 있다.

$$(H - \eta_1) - h_0 = \frac{Q}{2\pi mk}\ln\frac{r_1}{r_0}$$

$$(H - \eta_2) - h_0 = \frac{Q}{2\pi mk}\ln\frac{r_2}{r_0}$$

이를 두 식에서

$$(\eta_1 - \eta_2) = \frac{Q}{2\pi mk}\ln(r_2/r_1)$$

- 투수계수 : $k = \dfrac{2.303\, Q\log_{10}(r_2/r_1)}{2\pi m(\eta_1 - \eta_2)}$

우물에서 일정한 유량 Q를 양수할 때, 우물 주위의 지하수의 흐름이 정상적으로 된 후에 r_1, r_2점의 수위강하량 η_1, η_2를 측정하면 투수계수를 계산할 수 있다.

지하수(Ground Water)

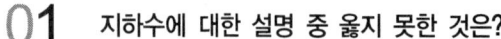

01 지하수에 대한 설명 중 옳지 못한 것은?

㉮ 수면에 대기압이 작용하는 지하수를 자유지하수라 한다.
㉯ 불투수층 사이에 낀 지하수면을 갖지 않은 지하수를 피압지하수라 한다.
㉰ 피압면 지하수를 양수하는 우물을 굴착정이라 한다.
㉱ 자유면 지하수를 양수하는 우물에서 우물 바닥이 불투수층까지는 도달하지 않았으나 상당히 깊은 우물을 심정이라 한다.

해설 자유지하수에서 우물바닥이 불투수층에 도달한 경우 깊은 우물이라 한다.

02 지하수에 관한 설명 중 관계가 없는 것은?

㉮ 지하수위는 동수경사선 위에 있다.
㉯ 지하수위의 유량계산 시에는 $Q=kIA$의 식이 쓰이며 Q는 유량, k는 투수계수, 구배 $I=h/l$, A는 투과 면적이다.
㉰ 지하수에 있어서 Darcy의 법칙은 층류에 적용된다.
㉱ 지하수에 있어서 Darcy의 법칙은 $R_e < 4$에서 적용된다.

해설 지하수위는 동수경사선은 아래에 있다.

03 Darcy의 법칙은 지하수의 유속을 논한 것이다. 지하수의 유속은?

㉮ 수온에 비례한다.
㉯ 수심에 비례한다.
㉰ 영향권의 반지름에 비례한다.
㉱ 동수경사에 비례한다.

해설 Darcy의 법칙은 $V=kI$, 즉 유속 V는 동수경사 I에 비례한다.

04 지하수의 2차원 흐름에 대한 연속방정식은?

㉮ $\dfrac{\partial^2 h}{\partial x^2} - \dfrac{\partial^2 h}{\partial y^2} = 1$
㉯ $\dfrac{\partial^2 h}{\partial x^2} + \dfrac{\partial^2 h}{\partial y^2} = 1$
㉰ $\dfrac{\partial^2 h}{\partial x^2} - \dfrac{\partial^2 h}{\partial y^2} = 0$
㉱ $\dfrac{\partial^2 h}{\partial x^2} + \dfrac{\partial^2 h}{\partial y^2} = 0$

해설 비압축성 유체와 연속방정식에서 xy평면이 불투수층의 경계면이면 z방향은 흐름이 없다.
$\dfrac{\partial^2 h}{\partial x^2} + \dfrac{\partial^2 h}{\partial y^2} + \dfrac{\partial^2 h}{\partial z^2} = 0$에서 $\dfrac{\partial^2 h}{\partial x^2} + \dfrac{\partial^2 h}{\partial y^2} = 0$이 된다.

정답 01. ㉱ 02. ㉮ 03. ㉱ 04. ㉱

05 지하수의 운동방정식을 옳게 표시한 것은?

㉮ $\dfrac{1}{\lambda g}\dfrac{\partial u}{\partial t}=-\dfrac{\partial h}{\partial x}-\dfrac{u}{k}$ ㉯ $\dfrac{1}{\lambda g}\dfrac{\partial u}{\partial t}=-\dfrac{\partial h}{\partial x}+\dfrac{u}{k}$

㉰ $\dfrac{1}{\lambda g}\dfrac{\partial u}{\partial t}=-\dfrac{\partial h}{\partial y}+\dfrac{u}{k}$ ㉱ $\dfrac{1}{\lambda g}\dfrac{\partial u}{\partial t}=-\dfrac{\partial h}{\partial z}+\dfrac{w}{k}$

해설 지하수의 운동방정식을 변형시키면
$$\dfrac{1}{\lambda g}\dfrac{\partial u}{\partial t}=-\dfrac{\partial h}{\partial x}-\dfrac{u}{k}$$
$$\dfrac{1}{\lambda g}\dfrac{\partial v}{\partial t}=-\dfrac{\partial h}{\partial y}-\dfrac{v}{k}$$
$$\dfrac{1}{\lambda g}\dfrac{\partial w}{\partial t}=-\dfrac{\partial h}{\partial z}-\dfrac{w}{k}$$

06 Darcy의 법칙 $V=k\left(\dfrac{dh}{l}\right)$에서 k에 관한 설명 중 틀린 것은?

㉮ k의 크기는 토사의 공극률과는 관계없다.
㉯ k는 동수경사선과 무관하다.
㉰ k는 투수계수이다.
㉱ k의 차원은 LT^{-1}이다.

해설 투수계수(Coefficient of Permeability) : 토사의 입경, 형상, 점성계수, 동점성계수에 의해 결정되는 상수이다.

07 지하의 사질 여과층에서 수두차 dh가 0.5m이며 투과거리 l이 2.5m일 경우에 이 곳을 통과하는 지하수의 유속은?(단, 투수계수 0.3cm/sec임)

㉮ 0.05cm/sec   ㉯ 0.06cm/sec   ㉰ 0.04cm/sec   ㉱ 0.03cm/sec

해설 유속 : $V=kI=k\left(\dfrac{dh}{l}\right)=0.3\times\left(\dfrac{50}{250}\right)=0.06\text{cm/sec}$

08 토사층으로 흐르는 지하수의 유속이 0.01m/sec, 토사층의 공극률이 25%일 때 흐름의 실제 유속은?

㉮ 0.03cm/sec   ㉯ 0.04cm/sec   ㉰ 0.05cm/sec   ㉱ 0.33cm/sec

해설 실제유속 : $V=\dfrac{kI}{n}=\dfrac{0.01}{0.25}=0.04\text{m/sec}$

정답 05. ㉮   06. ㉮   07. ㉯   08. ㉯

| 수리학 |

09 어떤 지하수 흐름에 있어서 그 유속이 0.382m/hr, 동수경사가 1.2라면 그 지하수가 흐르는 토층의 투수계수의 값은?

㉮ 0.318m/h ㉯ 0.458m/h ㉰ 1.592m/h ㉱ 0.818m/h

해설 유속 : $V = kI$에서 $k = \dfrac{V}{I} = \dfrac{0.382}{1.2} = 0.318 \text{m/h}$

10 대수층 두께가 3.5m, 폭이 1.2m일 때의 지하수 유량은?(단, 지하수류 상하류 2지점 사이의 수두차가 1.6m이고, 수평거리가 480m, 투수계수 $k = 208 \text{m/day}$이다.)

㉮ 2.910m³/day ㉯ 291m³/day ㉰ 29.1m³/day ㉱ 2.91m³/day

해설 유량 : $Q = kIA = 208 \times \left(\dfrac{1.6}{480}\right) \times (3.5 \times 1.2) = 2.91 \text{m}^3/\text{day}$

11 우물의 일정한 물을 양수하면 수면이 양수의 영향을 받지 않고 처음과 같은 수위를 갖는 점과 우물과의 사이를 무엇이라 하는가?

㉮ 영향원 ㉯ 물기둥 ㉰ 대수층 ㉱ 용수효율

해설 대수층에 인공적으로 우물을 파고 양수할 때 우물에 물이 고이는 범위를 영향원(Cycle of Infiuence)이라 한다.

12 다음은 우물의 영향원의 반경 R에 대한 설명이다. 그중 틀린 것은 어느 것인가?

㉮ 보통의 우물의 반지름의 3,000~5,000배가 된다.
㉯ 반경의 길이는 500~1,000m 정도가 된다.
㉰ R의 값이 약간 차이가 있어도 유량계산 결과에는 큰 영향이 없다.
㉱ R의 값은 양수시간에 경과됨에 따라 점점 작아진다.

해설 R에 대한 차이가 있어도 대수(log)값을 취하므로 유량계산에는 차이가 없으며 양수시간이 경과할지라도 유량에는 영향이 크게 미치지 않는다.

13 다음 복류수에 대한 기술 중 잘못된 것은 어느 것인가?

㉮ 수질이 일반적으로 하천수보다 나쁘다.
㉯ 하천 및 호수의 저부 및 측부의 모래자갈 중에 있는 물을 복류수라 한다.
㉰ 취수하려면 많은 집수공이 뚫린 관거를 매입하여 집수한다.
㉱ 집수관거는 콘크리트 또는 철근 콘크리트로 만든 원형 및 말발굽형 관거이며 복류수의 흐름 방향에 직각으로 한다.

해설 복류수는 대수층 사이에서 자연여과 되므로 하천수보다는 훨씬 수질이 좋다.

14 제외지 수위 6.0m, 제내지 수위 2.0m, 투수계수 $k=0.5$m/sec, 침투수가 통하는 길이 $l=500$m 일 때 하천 제방 단면 1.0m당의 누수량은?

㉮ 0.016m³/sec   ㉯ 0.32m³/sec   ㉰ 0.96m³/sec   ㉱ 1.28m³/sec

해설 Dupuit 식에 의해

침투량 : $q = \dfrac{k}{2l}(h_1^2 - h_2^2) = \dfrac{0.5}{2 \times 500} \times (6^2 - 2^2) = 0.016 \text{m}^3/\text{sec}$

15 얕은 우물을 파서 양수할 때 원지하수위가 6.0m이고 우물안 수위가 4.0m, 투수계수 $k=0.8$cm/sec, 우물지름이 3.0m일 때 양수량 Q는?(단, 바닥이 수평하다.)

㉮ 69l/sec   ㉯ 96l/sec   ㉰ 112l/sec   ㉱ 150l/sec

해설 바닥이 수평일 때 얕은 우물의 유량

$Q = 4kr_0(H - h_0) = 4 \times (0.8\text{cm/sec})\left(\dfrac{300}{2}\text{cm}\right)(600\text{cm} - 400\text{cm}) = 96,000 \text{cm}^2/\text{sec} = 96 l/\text{sec}$

16 천정호에서 정호의 지면이 반구형으로 물이 용출할 때 유량공식은 다음의 어느 것인가?

㉮ $Q = 4k\pi r_0(H^2 - h_0^2)$ ㉯ $Q = 4k\pi r_0(H - h_0)$
㉰ $Q = 2kr_0(H^2 - h_0^2)$ ㉱ $Q = 2\pi k r_0(H - h_0)$

해설 얕은 우물에서 바닥이 둥글 때
유량 : $Q = 2\pi k r_0(H - h_0)$

정답 13. ㉮ 14. ㉮ 15. ㉯ 16. ㉱

| 수리학 |

17 직경 1.0m, 수심 5.0m의 심정호가 있다. 수심을 1.0m 저하시키기 위해서는 매초 몇 l의 물을 용출하면 되는가?(단, $k=3.5$m/h, 영향권의 반경 $R=500$m이다.)

㉮ 3.97l/sec ㉯ 4.97l/sec ㉰ 5.97l/sec ㉱ 6.97l/sec

해설 $Q = \dfrac{\pi k(h^2 - h_0^2)}{2.303 \log R/r_0} = \dfrac{3.14 \times 3.5 \times (5^2 - 4^2)}{2.303 \log\left(\dfrac{500}{0.5}\right)} = \dfrac{3.14 \times 3.5 \times (5^2 - 4^2)}{ln\left(\dfrac{500}{0.5}\right)}$

$= \dfrac{3.14 \times 3.5 \times 9}{2.303 \times 3} = 14.3$m^3/h

∴ $Q = 14.3$m^3/h $= 14,300/3,600$sec $= 3.97l$/sec

18 직경이 1.2m, 원지하수위 6m의 굴착정이 있다. 굴착정 안의 수위가 4.0m이고 투수계수 $k=4.2$m/hr, 영향권 $R=1,200$m, 대수층이 3.0m일 때 유량 Q는?

㉮ 12.8m^3/hr ㉯ 16.8m^3/hr ㉰ 18.8m^3/hr ㉱ 20.8m^3/hr

해설 $Q = \dfrac{2\pi mk}{\log_e(R/r_0)}(H-h_0) = \dfrac{2\pi mk}{\ln(R/r_0)}(H-h_0) = \dfrac{2\pi mk(H-h_0)}{2.303\log_{10}(R/r_0)} = \dfrac{(2 \times 3.14 \times 3 \times 4.2)}{ln\left(\dfrac{1,200}{0.6}\right)}(6-4)$

$= 20.8$m^3/hr

19 그림과 같은 집수암거에서 $H=8.0$m, $h_0=0.45$m, 투수계수 $k=0.009$m/sec, 길이 $l=300$m, 영향원의 반경 $R=170$m 라면 용수량 Q는?(단, 양방향 유입인 경우이다.)

㉮ 1.01m^3/hr ㉯ 2.01m^3/hr
㉰ 0.18m^3/hr ㉱ 0.26m^3/hr

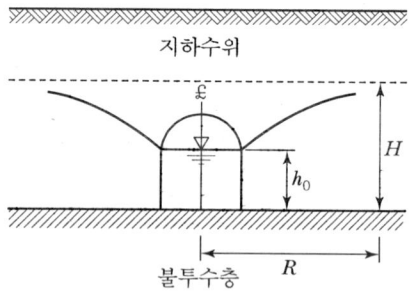

해설 유량 : $Q = \dfrac{kl(H^2 - h_0^2)}{R} = \dfrac{0.009 \times 300 \times (8^2 \times 0.45^2)}{170} = 1.01$m^3/sec

Chapter 09

차원 해석과 상사

1. 차원 — 383
2. 차원 해석 — 384
3. 상사 — 384
4. 수리학적 상사성 — 385
5. 축척으로 나타낸 물리량의 비 — 386
6. 상사의 법칙 — 389
7. 특별상사법칙 — 390

Chapter 09 차원 해석과 상사

일반적으로 수리학에서 복잡한 현상을 간단한 수식으로써 표기하는 경우는 식과 실제의 현상 사이에 차이가 생긴다. 이것은 그 현상 중에서 가장 영향력이 큰 것만을 고려하여 수식을 만들고, 비교적 영향이 적은 것은 생략하기 때문이다. 이와 같은 경우는 실험을 하여 이론식을 수정하고 실제에 가까운 정밀도로 현상을 명백히 하는 것이 보통이다. 이처럼 수리학은 실험이 필요할 때가 많다. 수리구조물 또는 수력기계를 만들려고 할 때에는 먼저 적당한 이론식 또는 실험식에 의하여 그 현상을 예측하고 다음에 그들의 유사물에 대하여 실험을 해서 수정하게 된다.

대부분의 경우 원형(Prototype)에 의한 실험은 비경제적이거나 불가능하므로 단순히 크기만을 축소한 소위 모형에 의하여 흐름을 조사하게 되며, 모형에서 원형의 흐름을 그대로 재연하기 위하여 동역학적인 상사가 만족되어야 한다. 따라서 **원형(Prototype)** 수리학적 설계를 연구하기 위해 작은 모형의 이용은 원형 수리구조의 행동을 정량적으로 예측하기 위해 축소된 모형(Mode)에서 행한 실험결과를 이용하여 개발하게 된다. 모형연구에 관한 그 원리는 **수리학적 상사(Hydraulic Similitude)** 이론으로 이루어졌다. 많은 물리량의 기본 관계해석은 수리구조물에서는 기하학적 상사가 성립하고 유량의 정적 그리고 동적 행동을 포함하여 해석하는 것을 차원해석(Dimensional Analysis)이라 한다.

1 차원

역학의 영역은 에너지, 힘, 속도, 밀도라든가 하는 여러 가지 개념으로 구성되며, 이러한 개념의 수와 속성에 대하여 한계를 정할 수는 없다. 그러나 이러한 무한한 수의 개념 하나하나는 독립적인 3개의 일차적인 요소 또는 기본량(Primary Quantities)인 길이, 시간, 질량, 힘으로 정의할 수 있다.

측정이 가능하고 수치적으로 표시할 수 있는 요소를 양이라 정의한다. 여러 가지 기계적인 양(또는 물리적)은 측정이 가능한 3개의 요소, 즉 길이$[L]$, 시간$[T]$, 질량$[M]$, 힘$[F]$의 조합으로 볼 수 있다.

- [길이 L], [질량 M], [시간 T] : $[LMT]$계 …… 절대단위계
- [길이 L], [힘 F], [시간 T] : $[LFT]$계 ………… 공학단위계

또한 모든 역학적 현상에는 Newton의 제2법칙인 힘은 질량 곱하기 가속도가 적용 가능하므로 Newton의 제2법칙을 사용하여 $F = m \cdot a$에서 $[F] = [LMT^{-2}]$를 사용하여 $[LMT]$계에서 $[LFT]$계로 또는 $[LFT]$계에서 $[LMT]$계로 변환이 가능하다.

2 차원 해석

차원 해석(Dimensional Analysis)이란 어느 현상을 설명하는 변수들의 집단으로 구성되는 무차원 매개변수 간의 관계식을 도출하는 과정이다. 차원해석은 정성적 관계를 제공하나 실험결과와 결합하면 정량적인 결과를 얻는다. 무차원 매개변수의 발생은 다음과 같다.

① 물리방정식(Physical Equation)
② 상사성(Similarity)의 원리
③ 차원 해석(Dimensional Analysis)

무차원 매개변수(Dimensionless Parameter)의 사용은 다음과 같다.

① 실험프로그램에 요구되는 변수의 수를 감소시키는 데 이용된다.
② 모형설계와 실험의 원리를 수립하는 데 이용된다.
③ 방정식을 전개하는 데 이용된다.
④ 단위(Unit) 중 하나의 계(System)로부터의 데이터를 다른 계로 전환시키는 데 이용된다.

3 상사(Similarity)

상사성의 원리가 모형(Model)과 원형(Prototype) 관계에 대하여 이들 사이에 포함되는 구조물의 치수, 속도, 힘들의 고려에 의한 기하학적(Geometric), 운동학적(Kinematic), 그리고 역학적(Dynamic)상사가 보증되게끔 하는 데 대한 무차원 변수(Parameter)들을 전개하는 데 사용된다. 차원해석(Dimensional Analysis)은 차원과 양에 관한 수학이다. 두 가지 정통적인 방법 즉 Lord Rayleigh의 방법과 Buckingham의 π 정리가 사용된다. 이를테면 유량계로 수증기를 계측할 때 그 성능을 예측하기 위하여 실험실에서 물로써 유량계를 보정(Calirbation)하는 것이 그 예이다.

1) Rayleigh 방법

Rayleigh에 의하여 전개된 방법은 변수들 사이의 관계를 결정하기 위하여 대수학을 사용한다. 이 방법은 임의의 수의 변수에 대하여 사용할 수 있으나 비교적 복잡하게 되므로 4개 이상의 변수에 대하여는 일반적으로 사용하지 않는다.

2) Buckingam π 정리

Buckingham π 정리는 한 변수를 그의 종속변수들로 표시하는 방정식을 유도하는 데 있어서

Rayleigh 법과 같은 목적에 이바지한다. π정리는 변수의 수가 4를 넘을 때 유리하다. π정리를 적용하여 π비라고 칭하는 무차원 변수(Parameter)를 형성하게 된다. π비들은 원주율인 3.1416과 무관하다.

4 수리학적 상사성

수리학적 상사성(Hydraulic Similarity)이란 모형에 관측한 여러 가지 양을 원형에 대해서 적용할 때의 환산율을 규정하는 법칙을 말한다.

많은 경우에 원형(Prototype)에 의한 실험은 비경제적이거나 불가능하므로 단순히 크기만을 축소한 소위 모형(Model)에 의하여 흐름을 조사하게 되며 모형에서 원형의 흐름을 그대로 재현하기 위하여 원형과 모형 간의 기하학적 상사, 운동학적 상사, 동역학적인 상사가 만족되어야 한다.

1) 기하학적 상사

모형과 원형 사이의 기하학적 상사(Geometric Similarity)는 모형과 원형의 모든 해당하는 치수의 비가 같을 때 존재한다.

- 길이비 : $Lr = \dfrac{L_{model}}{L_{prototype}} = L_{ratio} = \dfrac{L_m}{L_p} = L_r$

- 면적비 : $Ar = \dfrac{L_{midel}^2}{L_{prototype}^2} = L_{ratio}^2 = \dfrac{A_m}{A_p} = \dfrac{L_m^2}{L_p^2} = L_r^2$

2) 운동학적 상사

운동학적 상사(Kinematric Siliarity)는 모형과 원형의 유선이 기하학적으로 상사가 성립할 때 그들 사이에 속도비가 일정하고 같은 방향으로 이동할 때 운동학적 상사가 성립한다.

- 시간비 : $T_r = \dfrac{T_{model}}{T_{prototype}} = \dfrac{T_m}{T_p} = T_r$

- 가속도비 : $a_r = \dfrac{a_m}{a_p} = \dfrac{L_m T_m^{-2}}{L_p T_P^{-2}} = L_r T_r^{-2}$

- 속도비 : $V_r = \dfrac{V_m}{V_p} = \dfrac{L_m T_m^{-1}}{L_p T_p^{-1}} = L_r T_r^{-1}$

- 유량비 : $Q_r = \dfrac{Q_m}{Q_p} = \dfrac{L_m^3 T_m^{-1}}{L_p^3 T_p^{-1}} = L_r^3 T_r^{-1}$

| 수리학 |

3) 동역학적 상사

원형과 모형에서 기하학적 상사와 운동학적 상사를 유지하기 위하여는 대응점에 작용하는 힘의 비가 일정한 역학적 상사(Dynamic Similarty) 또는 힘 상사를 가지는 것이 필요하다. 물론 원형과 모형 모두가 적용되는 기하학적 상사와 Newton의 법칙으로부터 역학적 상사에 대하여 다음과 같다.

$$\frac{F_{1m}}{F_{1p}} = \frac{F_{2m}}{F_{2p}} = \frac{F_{3m}}{F_{3p}} = \frac{M_m a_m}{M_p a_p} = F_r$$

동역학적 상사를 위하여 이 힘의 비들이 유동장 전체의 모든 해당하는 유체입자에 대하여 유지되어야 한다.

운동학적 상사성과 같이 원형과 모형의 서로 대응하는 2점의 힘의 비가 서로 같을 때 동역학적 상사(Dynamic Similarty)라고 한다.

$$\frac{(M\alpha)_m}{(M\alpha)_p} = \frac{(F_g)_m}{(F_g)_p} = \frac{(F_p)_m}{(F_p)_p} = \frac{(F_v)_m}{(F_v)_p} = \frac{(F_t)_m}{F_{t_p}} = \frac{(F_e)_m}{(F_e)_p}$$

여기서, M_α : 관성력(Inertia Force)
F_g : 중력에 의한 힘(Gravity Force)
F_p : 유체의 동압력(Dynamic Force)
F_v : 유체운동에 미치는 점성력(Viscous Force)
F_t : 표면장력에 의한 힘(Surface Force)
F_e : 유체의 탄성력(Elastic Force)

5 축척으로 나타낸 물리량의 비

수리학적 상사가 되기 위해서는 원형과 모형 간에 기하학적·운동학적 상사가 성립되어야 한다. 예로 하천 모형실험의 경우 수리학적 상사가 성립되기 위해서는 원형과 모형 간에 하천의 길이, 폭, 수심의 비가 같은 기하학적 상사가 성립하고, 흐름의 형태 즉, 대응하는 각 점에서 유속의 비가 같은 운동학적 상사가 성립하고, 교량이 있을 경우 원형과 모형에서 교각과 교대에 작용하는 힘의 비가 같아야 한다.

1) 기하학적 상사

- 길이비 : $L_r = \dfrac{L_{model}}{L_{prototype}} = \dfrac{L_m}{L_p} = Lr$

- 면적비 : $A_r = \dfrac{A_m}{A_p} = \dfrac{L_m^2}{L_p^2} = Lr^2$

- 체적비 : $V_r = \dfrac{V_m}{V_p} = \dfrac{L_m^3}{L_p^3} = Lr^3$

2) 운동학적 상사

- 시간비 : $T_r = \dfrac{T_{model}}{T_{prototype}} = \dfrac{T_m}{T_p} = Tr$

- 속도비 : $V_r = \dfrac{V_m}{V_p} = \dfrac{L_m/T_m}{L_p/T_p} = \dfrac{L_r}{T_r}$

- 가속도비 : $\alpha_r = \dfrac{\alpha_m}{\alpha_p} = \dfrac{L_m/T_m^2}{L_p/T_p^2} = \dfrac{L_r}{T_r^2}$

- 유량비 : $Q_r = \dfrac{Q_m}{Q_p} = \dfrac{L_m^3/T_m}{L_p^3/T_p} = \dfrac{L_r^3}{T_r}$

3) 동역학적 상사

다행히 많은 실제적인 공학문제에 있어서는 내적·외적으로 힘이 작용하지만 모든 물리현상에 힘이 관련되지 않을 때도 많다.

왜냐하면 그 힘들이 작용하지 않거나 무시할 만큼 작거나 그들이 서로 반대적으로 작용하여 상쇄되기 때문이다. 상사법칙의 각각의 적용에 있어서 관계없는 힘, 하찮은 힘 또는 상쇄되는 힘들을 소거하기 위하여 관련되는 유체현상을 잘 이해할 필요도 있다. 여기서 생각된 유체력(流體力)들을 질량비= $\left[\rho_r L_r^3\right]$, 면적비= $\left[L_r^2\right]$, 길이비= $\left[L_r\right]$, 속도비= $\left[(L_r/T_r)\right]$ 인 유체요소에 작용하는 힘들이다.

① 관성력(Inertia Force)

- 힘 : $F = (질량)(가속도) = (m \cdot \alpha) = (\rho V)(L/T^2)$

| 수리학 |

- 힘비 : $F_r = (\rho_r L_r^3)(L_r/T_r^2) = \rho_r L_r^2 (L_r^2/T_r^2) = \rho_r L_r^2 V_r^2$

② 점성력(Viscous Force)

- 점성력 : $F\mu =$ (점성전단응력)(전단면적) $= \tau A = \mu\left(\dfrac{d_V}{d_y}\right)(L^2)$
- 점성력비 : $F\mu r = \mu_r (V_r/L_r) L_r^2 = \mu_r L_r V_r$

③ 중력힘(Gravity Force)

- 중력 : $F_g =$ (질량)(중력가속도) $= (m \cdot g) = (\rho V \cdot g)$
- 중력비 : $F_{gr} = \rho_r V_r (g_r) = \rho_r L_r^3 (gr) = \rho_r L_r^3 gr$

④ 압력힘(Pressure Force)

- 압력 : $F_p =$ (압력)(면적) $= P \cdot A = PL^2$
- 압력비 : $F_{pr} = P_r L_r^2$

⑤ 원심력(Centrifugal Force)

- 원심력 : $F_w =$ (질량)(가속도) $= (\rho V)(L/T^2)$
- 원심력비 : $F_{wr} = \rho_r L_r^3 (L_r/T_r^2) = (\rho_r L_r^4)(T_r^{-2})$

⑥ 탄성력(Elastic Force)

- 탄성력 : $F_E =$ (탄성계수)(면적) $= EL^2$
- 탄성력비 : $F_{Er} = E_r L_r^2$

⑦ 표면장력(Surface Tension Force)

- 표면장력 : $F_\sigma =$ (표면장력)(길이) $= \sigma L$
- 표면장력비 : $F_{\sigma r} = \sigma_r L_r$

⑧ 진동력(Vibratory Force)

- 진동력 : $F_f =$ (질량)(가속도) $= (\rho L^3)(L/T^2)$
- 진동력비 : $F_{fr} = (\rho_r L_r^3)(L_r/T_r^2) = (\rho_r L_r^4)(T_r^{-2})$

6 상사의 법칙

2개의 힘이 존재할 때는 모형과 원형에 각각 다른 유체를 사용함으로써 상사성을 얻을 수 있다. 2개의 유체가 선정되면 이 선정된 유체성질에서 즉시 축척비(Scale Ratio)를 정할 수 있다. 일반적으로 수리모형실험에서는 지배적이라고 생각되는 1개의 힘만의 효과를 고려하고 다른 힘은 무시하는 데, 이 때문에 최후의 결과가 부정확하게 되기 쉽다. 따라서 지배적이 아닌 힘의 영향을 보정 또는 무시할 수 있도록 처음부터 축척을 잘 선정하고 모형을 제작 사용하도록 노력하여야 하며, 이와 같이 한다면 그와 같은 모형으로 원형에 있어서의 중요한 운동현상을 예측하는 데 충분한 정보를 얻을 수 있을 것이다.

1) Newton의 상사성에 관한 법칙

원형과 모형 사이의 2개의 동력학적 상사운동에 있어서 서로 대응하는 힘은 질량 m_m 및 m_p와 가속도 α_m 및 α_p를 받는다. 이 2개의 질량은 가속력 $F_m = m_m \alpha_m$ 및 $F_p = m_p \alpha_p$를 얻어서 관성을 이겨내므로 다시 아래와 같이 쓸 수 있다. 즉,

- 힘 : $F = (질량\ m) \times (가속도\ \alpha)$
- 힘비 : $F_r = \rho_r (L_r)^3 (L_r / T_r^2)$
- 힘비 : $F_r = \rho_r L_r^2 (L_r / T_r)^2 = \rho_r L_r (V_r)^2$

이 식은 원형과 모형의 운동현상이 동력학적으로 상사한다는 조건하에 Newton의 운동방정식 $F = ma$에서 직접 유도된 것이다.

2) 표준 무차원수

유동의 경우에 작용할 수 있는 유체력이 만들어질 수 있는 무차원매개변수의 수는 그들의 비(Ratio)로부터 나타낼 수 있다. 그러나 관례상 실제로는 관성력의 다른 유체력에 대한 비를 취한다. 왜냐하면 관성력은 주어진 유동의 경우에 포함되는 모든 힘들의 벡터(Vector) 합이기 때문이다.

무차원 함수의 표시법

명 칭	기 호	힘 비	방 정 식	결 과
Reynolds 수	R_e	관성력/점성력	$\dfrac{F_r}{F_{\mu r}} = \dfrac{\rho_r L_r^2 V_r^2}{\mu_r L_r V_r}$	$\dfrac{\rho LV}{\mu}$
Froude 수	F_r	관성력/중력힘	$\dfrac{F_r}{F_{gr}} = \dfrac{\rho_r L_r^2 V_r^2}{\rho_r L_r^3 g_r}$	$\dfrac{V^2}{Lg}$
Euler 수	E	관성력/압력힘	$\dfrac{F_r}{F_{pr}} = \dfrac{\rho_r L_r^2 V_r^2}{\rho_r L_r^2}$	$\dfrac{\rho V^2}{p}$
압력계수	C_p	관성력/압력힘	$\dfrac{F_r}{F_{pr}} = \dfrac{\rho_r L_r^2 V_r^2}{\rho_r L_r}$	$\dfrac{\rho V^2}{p}$
속도비	V	관성력/원심력	$\dfrac{F_r}{F_{\omega r}} = \dfrac{\rho_r L_r^2 V_r^2}{\rho_r L_r^4 \omega_r^2}$	$\dfrac{V^2}{L^2 \omega^2}$
Cauchy 수	C	관성력/탄성력	$\dfrac{F_r}{F_{Er}} = \dfrac{\rho_r L_r^2 V_r^2}{E_r L_r^2}$	$\dfrac{\rho V^2}{E}$
Mach 수	M			
Weber 수	W	관성력/표면장력힘	$\dfrac{F_r}{F_{\sigma r}} = \dfrac{\rho_r L_r^2 V_r^2}{\sigma_r L_r}$	$\dfrac{\rho L V^2}{\sigma}$
Strouhal 수	S	관성력/진동력	$\dfrac{F_r}{F_{fr}} = \dfrac{\rho_r L_r^2 V_r^2}{\rho_r L_r^4 f_r^2}$	$\dfrac{V^2}{L^2 f^2}$

7 특별상사법칙

2개의 상사계가 역학적 상사운동을 일으키려면 서로 대응하는 시간비 및 사용코자 하는 길이의 비(Ratio) 사이에 일정한 어떤 관계가 유지되어야 한다. 여기서, 2개의 기하학적 상사계가 언제나 동력학적으로 상사하게 운동할 수 있는 것이 아니라는 것이다.

모형과 원형 사이에 동력학적 상사성을 얻을 수 있는 경우 상사성을 유지하기 위하여 적절한 모형 조작속도를 결정하여야 한다. 즉, 시간비(T_r)를 길이비(L_r)의 함수로 나타내는 관계식을 결정하여야 한다.

모형과 원형의 매질의 밀도가 정해지면 운동을 일으키는 힘비(F_r)는 극복해야 할 관성력비와 같아야 하므로 운동의 특별조건을 나타내는 제2의 방정식을 얻게 된다.

- 힘비 : $F_r = \phi_1(L_r, T_r)$
- 힘비 : $F_r = \phi_2(L_r, T_r)$

시간비와 길이비 사이의 기본적 관계식을 운동을 지배하는 특별상사법칙으로 시간의 비를 길이의 비의 함수로 나타낸다.

- 시간비 : $T_r = \phi(L_r)$

1) Froude의 상사법칙

원형과 모형에 중력운동을 일으키는 중력과 관성력이 지배하는 흐름에 대하여 생각하기로 한다. 따라서 여기서는 유체마찰, 표면장력 등의 다른 힘은 무시한다. 예컨대 오리피스를 지나가는 흐름, 바다의 트로이코이드 파의 전달, Weir 위를 넘는 흐름 등은 약간의 제한은 있으나 대략 이 경우에 속하며 **중력과 관성력이 주도하는 경우에 적용된다.**

- 중력 : $W = mg$
- 중력비 : $W_r = m_r g_r = \rho_r L_r^3 g_r$
- 관성력 : $F = m\alpha$
- 힘비 : $F_r = m_r \alpha_r = \rho_r L_r^3 \left(\dfrac{L_r}{T_r^2} \right) = \dfrac{\rho_r L_r^4}{T_r^2}$

$W_r = F_r$ 이면

$$\rho_r L_r^3 g_r = \dfrac{\rho_r L_r^4}{T_r^2}$$

∴ 시간비 : $T_r = \sqrt{\dfrac{L_r}{g_r}}$

일반적으로 $g_r = \dfrac{g_r}{g_p} = 1$ 이므로

∴ 시간비 : $T_r = \sqrt{L_r}$ (시간의 비를 길이비의 함수로 나타냄)

- 속도비 : $V_r = \dfrac{L_r}{T_r} = \dfrac{L_r}{(\sqrt{L_r})} = \sqrt{L_r}$

- 힘비 : $F_r = m_r \alpha_r = \dfrac{\rho_r L_r^4}{T_r^2} = \dfrac{\rho_r L_r^4}{(\sqrt{L_r})^2} = \dfrac{\rho_r L_r^4}{L_r} = \rho_r L_r^3$

- 압력비 : $P_r = \dfrac{F_r}{L_r^2} = \dfrac{\dfrac{\rho_r L_r^4}{T_r^2}}{L_r^2} = \dfrac{\rho_r L_r^4}{L_r^2 T_r^2} = \dfrac{\rho_r L_r^4}{L_r^2 (\sqrt{L_r})^2} = \rho_r L_r$

- 유량비 : $Q_r = \dfrac{L_r^3}{T_r} = \dfrac{L_r^3}{(\sqrt{L_r})} = L_r^{\frac{5}{2}}$

2) Reynolds의 상사법칙

2개의 비압축성 유체 내에서 내부마찰력의 작용이 지배적이며 비슷한 형태로 일어나는 운동현상을 생각해보기로 한다. 여기서 2차원적인 어떤 힘의 영향은 없다고 가정한다. 관수로와 같이 마찰력 또는 **점성력**과 관성력이 흐름을 주도하는 경우에 적용한다.

즉, Reynolds수 : (모형 Reynolds수)비 = (원형 Reynolds수)비가 성립한다.

$$\left(\frac{\rho VL}{\mu}\right)_m = \left(\frac{\rho VL}{\mu}\right)_p$$

$$\frac{\left(\frac{\rho VL}{\mu}\right)_m}{\left(\frac{\rho VL}{\mu}\right)_p} = 1 \text{에서 } \frac{\rho_r V_r L_r}{\mu_r} = 1 \text{이므로}$$

$$\rho_r \left[\frac{L_r}{T_r}\right] L_r = \mu_r \text{이 되므로}$$

$$\rho_r L_r^2 = \mu_r \cdot T_r$$

$$\therefore T_r = (L_r^2)(\rho_r/\mu_r)$$

일반적으로 같은 유체를 사용한다면 $\rho_r \fallingdotseq 1$, $\mu_r \fallingdotseq 1$이 되므로

$\therefore$ 시간비 : $T_r = (\rho_r L_r^2/\mu_r) = L_r^2$ (시간의 비를 길이비의 함수로 나타냄)

- 속도비 : $V_r = \dfrac{L_r}{T_r} = \dfrac{L_r}{(L_r^2)} = L_r^{-1}$

- 힘비 : $F_r = \dfrac{\rho_r L_r^4}{T_r^2} = \dfrac{\rho_r L_r^4}{(L_r^2)^2} = \rho_r = 1$

- 압력비 : $P_r = \dfrac{F_r}{L_r^2} = \dfrac{\frac{\rho_r L_r^4}{T_r^2}}{L_r^2} = \dfrac{\rho_r L_r^4}{L_r^2(T_r^2)} = \dfrac{\rho_r L_r^4}{L_r^2(L_r^2)^2} = \dfrac{\rho_r}{L_r^2}$

- 유량비 : $Q_r = \dfrac{L_r^3}{T_r} = \dfrac{L_r^3}{(L_r^2)} = L_r$

3) Weber의 상사법칙

호수면이나 2개의 이질유체 사이의 분리면에서 보는 바와 같이 액체의 자유표면에서 탄성막 같은 것을 볼 수 있다. 이것은 액체의 표면분자 사이의 응집력이 기체 또는 다른 액체와의 분리면에 표면장력을 일으키기 때문이다.

Weir의 월류수심이 매우 작을 때 또는 파고가 극히 작은 파동 등 **표면장력과 관성력**이 유체운동을 지배하는 경우에 적용한다.

- 표면장력 : $F\sigma = \sigma L$
- 표면장력비 : $F\sigma_r = \sigma_r L_r$

Newton의 제2법칙 $F = m\alpha$에서

- 힘비 : $F_r = \dfrac{\rho_r L_r^{\,4}}{T_r^{\,2}}$

표면장력비과 힘비를 같이 놓으면

$$F\sigma_r = F_r$$

$$\sigma_r L_r = \dfrac{\rho_r L_r^{\,4}}{T_r^{\,2}}$$

$$\therefore \text{시간비} : T_r = \sqrt{\dfrac{\rho_r L_r^{\,4}}{\sigma_r L_r}} = \sqrt{\dfrac{\rho_r L_r^{\,3}}{\sigma_r}}$$

일반적으로 $\sigma_r = \dfrac{\sigma_m}{\sigma_p} = 1, \rho_r = \dfrac{\rho_m}{\rho_p} = 1$이므로

$$\therefore \text{시간비} : T_r = \sqrt{L_r^{\,3}} \ (\text{시간의 비를 길이비의 함수로 나타냄})$$

$$\text{속도비} : V_r = \dfrac{L_r}{T_r} = \dfrac{L_r}{\sqrt{\dfrac{\rho_r L_r^{\,3}}{\sigma_r}}} = \sqrt{\dfrac{\sigma_r}{\rho_r L_r}} = \sqrt{\dfrac{1}{L_r}} = \dfrac{1}{\sqrt{L_r}}$$

여기서, $\dfrac{\sigma}{\rho} = \omega$ 라 하면

$$\text{속도비} : V_r = \sqrt{\dfrac{\omega_r}{L_r}}$$

$\omega_r = \dfrac{\omega_m}{\omega_p} = 1$로 보면

$$\text{속도비} : \dfrac{L_r}{T_r} = \sqrt{\dfrac{1}{L_r}} \ \text{에서}$$

$$\therefore \text{시간비} : T_r = L_r \times \sqrt{L_r} = L_r^{\,3/2} = \sqrt{L_r^{\,3}} \ (\text{시간의 비를 길이비의 함수로 나타냄})$$

| 수리학 |

이 되고

$$V_r = \frac{V_m}{V_p} = \sqrt{\frac{\omega_r}{L_r}} \text{ 에서 } \frac{V_m}{L_p} = \frac{\sqrt{\frac{\omega_m}{L_m}}}{\sqrt{\frac{\omega_p}{L_p}}}$$

$$\therefore \frac{V_m}{\sqrt{\frac{\omega_m}{L_m}}} = \frac{V_p}{\sqrt{\frac{\omega_p}{L_p}}} \text{ 가 되며}$$

여기서, $\frac{LV^2}{\omega}$ 을 웨버(Weber) 수라 한다.

원형과 모형의 매질체가 같으면 ω_r 은 1이 되고 원형 및 모형에 있어서 서로 대응하는 운동현상의 시간비는 길이의 비 1.5제곱($L_r^{3/2}$)에 비례한다는 것을 알 수 있다.

- 속도비 : $V_r = \frac{L_r}{T_r} = \frac{L_r}{(L_r^{3/2})} = \frac{1}{L_r^{1/2}} = \frac{1}{\sqrt{L_r}}$

- 힘비 : $F_r = \frac{\rho_r L_r^4}{T_r^2} = \frac{\rho_r L_r^4}{(L_r^{3/2})^2} = \frac{\rho_r L_r^4}{L_r^{6/2}} = \rho_r L_r$

- 압력비 : $P_r = \frac{F_r}{L_r^2} = \frac{\left(\frac{\rho_r L_r^4}{T_r^2}\right)}{L_r^2}$

$$= \frac{\rho_r L_r^4}{L_r^2 T_r^2} = \frac{\rho_r L_r^4}{L_r^2 (L_r^{3/2})^2} = \frac{\rho_r}{L_r}$$

- 유량비 : $Q_r = \frac{L_r^3}{T_r} = \frac{L_r^3}{(L_r^{3/2})} = L_r^{3/2}$

4) Cauchy의 상사법칙

한 액체의 체적탄성계수(Bulk Modulus of Elasticity)는 응력증가율과 이로 인한 체적감소율과의 비를 나타내는 점에서 고체의 체적탄성률과 비슷하다. 체적감소는 밀도의 증가를 의미한다. 지금 압축성 유체가 유동할 때는 주로 탄성력과 관성력이 흐름을 지배하므로 탄성력의 영향이 클 때는 다른 힘의 영향은 무시한다. 이때 탄성력은 체적탄성계수를

$$K = \rho \frac{dp}{d\rho}$$

로 표시할 때 K는 단위면적에 작용하는 압력이므로 탄성력은 전면적에 대해 Kl^2 비례하게 되므로 모형과 원형 사이의 탄성력의 비는 다음과 같다.

- 탄성력비 : $F_{Kr} = K_r (L_r)^2$
- 관성력비 : $F_r = \rho_r L_r^3 (L_r / T_r^2) = \rho_r (L_r^4 / T_r^2)$

여기서, 관성력의 비와 탄성력의 비가 같다고 놓으면

$$\rho_r \frac{(L_r^4)}{T_r^2} = K_r (L_r)^2$$

$$T_r^2 K_r (L_r)^2 = \rho_r (L_r)^4$$

$$T_r^2 = \frac{\rho_r (L_r)^4}{K_r (L_r)^2}$$

$$T_r = \sqrt{\frac{\rho_r (L_r)^4}{K_r (L_r)^2}}$$

시간비 : $T_r = L_r \sqrt{\dfrac{\rho_r}{K_r}}$

여기서, $\dfrac{K}{\rho} = e$ 라고 하고 동적탄성계수라 하면, $e_r = \dfrac{K_r}{e_r}$ 이다.

시간비 : $T_r = \dfrac{L_r}{\sqrt{e_r}}$

여기서, $e_r = \dfrac{e_m}{e_p} = 1$ 이므로

∴ 시간비 : $T_r = L_r$ (시간의 비를 길이비의 함수로 나타냄)

이 식을 Cauchy의 모형법칙이라 한다. 이 식에 $V_r = \dfrac{L_r}{T_r}$ 에서 $T_r = \dfrac{L_r}{V_r}$ 를 대입하면

$$\frac{L_r}{V_r} = \frac{L_r}{\sqrt{e_r}}$$

$$\therefore V_r = \sqrt{e_r}$$

$$\frac{V_m}{V_p} = \sqrt{\frac{e_m}{e_p}}$$

$$\therefore \frac{V_m}{\sqrt{e_m}} = \frac{V_p}{\sqrt{e_p}}$$

여기서, $\dfrac{V}{\sqrt{e}}$ 를 Cauchy의 수라 하며 압축성 유체의 흐름에서 모형과 원형의 Cauchy의 수가 같으면 역학적으로 상사가 된다. 특히 $\sqrt{e} = \sqrt{\dfrac{K}{\rho}}$ 는 밀도 ρ인 유체 중의 음의 전달속도이다.

$$C = \sqrt{e} = \sqrt{\frac{K}{\rho}}$$

따라서

$$\frac{V_m}{C_m} = \frac{V_p}{C_p}$$

여기서, $\dfrac{V}{C}$ 를 마하(Mach)수라 한다.

Mach 수는 물체 또는 유체의 속도에 대한 음속의 비이며, 이것이 같을 때 Mach 수는 1이다.

- 속도비 : $V_r = \dfrac{L_r}{T_r} = \dfrac{L_r}{(L_r)} = 1$

- 힘비 : $F_r = \dfrac{\rho_r L_r^4}{T_r^2} = \dfrac{\rho_r L_r^4}{(L_r^2)} = \rho_r L_r^2$

- 압력비 : $P_r = \dfrac{F_r}{L_r^2} = \dfrac{\left(\dfrac{\rho_r L_r^4}{T_r^2}\right)}{L_r^2} = \dfrac{\rho_r L_r^4}{L_r^2 T_r^2} = \dfrac{\rho_r L_r^4}{L_r^2(L_r^2)} = \rho_r$

- 유량비 : $Q_r = \dfrac{L_r^3}{T_r} = \dfrac{L_r^3}{(L_r)} = L_r^2$

관련문제 : 차원 해석과 상사

01 차원 해석에서 반복변수로는?

㉮ 별로 중요하지 않은 변수도 포함시켜야 한다.
㉯ 기본차원을 모두 포함하는 변수로 택해야 한다.
㉰ 가능하면 같은 차원을 갖는 두 변수를 포함시킨다.
㉱ 각 변수로부터 한 개의 차원을 제거시켜야 한다.

해설 반복변수를 택할 때에는 반드시 기본차원, 즉 M, L, T를 포함하도록 택하며, 따라서 질량, 길이, 시간을 대표하는 변수로 택하는 것이 바람직하다.

02 다음 변수 중에서 무차원함수가 아닌 것은?

㉮ 레이놀즈수   ㉯ 음속   ㉰ 마하수   ㉱ 프루드수

해설 음속 $C=340\text{m/sec}$, 단위는 m/sec가 되어 $[LT^{-1}]$의 차원을 갖는다.

03 레이놀즈수의 상사를 정의하는 두 힘으로 옳은 것은?

㉮ 점성력에 대한 관성력   ㉯ 점성력에 대한 동력
㉰ 탄성력에 대한 압력   ㉱ 표면장력에 대한 관성력

해설 레이놀즈수는 $R_e = \dfrac{VD}{\nu} = \dfrac{\rho VD}{\mu}$로써 정의되어 이것은 점성력에 대한 관성력의 비가 된다.

04 어떤 유체공학적 문제에서 10개의 변수가 관계되고 있음을 알았다. 기본차원을 M, L, T로 할 때 버킹엄의 $\pi-$정리로서 차원해석을 한다면, 몇 개의 π를 얻을 수 있을 것인가?

㉮ 6개   ㉯ 5개   ㉰ 7개   ㉱ 8개

해설 변수가 10개이므로 $n=10$, 기본차원의 수 $m=3$이므로 $(n-m)$ 즉 $(10-3)$개의 무차원수를 얻을 수 있다.

정답 01. ㉯ 02. ㉯ 03. ㉮ 04. ㉰

| 수리학 |

05 다음 무차원함수 중에서 프루드(Froude Number)는?

㉮ $\dfrac{\rho VD}{\mu}$ ㉯ $\dfrac{V}{C}$ ㉰ $\dfrac{\rho V^2}{E}$ ㉱ $\dfrac{V}{\sqrt{gh}}$

해설 프루드수 F_r는 다음과 같이 정의된다.

Froude 수 : $F_r = \dfrac{V}{\sqrt{gh}}$

06 오일러 수(Euler Number)는 다음 중 어느 것인가?

㉮ $\dfrac{\rho V^2}{p}$ ㉯ $\dfrac{\rho L V^2}{\sigma}$ ㉰ $\dfrac{V^2}{Lg}$ ㉱ $\dfrac{V}{C}$

해설 오일러 수 Eu는 다음과 같이 정의된다.

$Eu = \dfrac{\rho V^2}{p}$

07 흐름을 지배하는 가장 큰 요소가 중력일 때 이에 따라 흐름을 구분하는 방법으로 쓰이는 수는 다음 중 어느 것인가?

㉮ Froude 수 ㉯ Reynolds 수 ㉰ Weber 수 ㉱ Cauchy 수

해설 흐름을 지배하는 요소가 중력인 경우는 Froude 수를 이용하여 흐름을 상류, 한계류 및 사류로 구분한다.

08 두 평행한 평판 사이에서 층류의 흐름이 있을 때 가장 중요한 두 힘은?

㉮ 압력, 관성력 ㉯ 관성력, 점성력 ㉰ 중력, 압력 ㉱ 점성력, 압력

해설 층류흐름에 중요한 함수에 Reynolds수로서 레이놀즈수는 관성력과 점성력의 비로써 정의된다.

09 관 속 흐름의 문제에서 원형과 모형실험에서 상사를 이루려면 다음의 무차원함수가 같아야 하는가?

㉮ 레이놀즈수 ㉯ 프루드수 ㉰ 마하수 ㉱ 웨버수

해설 관 속의 흐름에서 중요한 것은 관성력과 점성력이므로 Reynolds수가 가장 중요하다.

Chapter 09 | 차원 해석과 상사

10 풍동(Wind Tunnel) 시험에서 모형과 원형 사이에서 역학적 상사를 이루려면 다음 무차원함수들이 같아야 하는가?

㉮ 레이놀즈수, 웨버수
㉯ 마하수, 프루드수
㉰ 프루드수
㉱ 레이놀즈수, 마하수

해설 풍동시험에서 저속에서는 주로 점성력이 영향을 미치게 되어 레이놀즈수가 중요한 고려요소가 되지만 유속이 빨라져서 유체의 압축성을 고려하여야 될 때에는 마하수가 중요한 요소가 된다.

11 수면에 떠 있는 배에서 저항문제에 있어서 모형과 원형 사이에 역학적 상사를 이루기 위한 함수의 주요 요소는?

㉮ 웨버수, 오일러수
㉯ 레이놀즈수, 마하수
㉰ 레이놀즈수, 프루드수
㉱ 마하수, 웨버수

해설 수면에 떠 있는 배의 문제에서 저항을 주는 요소 중에서 크게 작용되는 요소는 관성력, 점성력, 중력 등이다. 따라서 표면저항의 문제에서는 Reynolds 수를 같게 놓고 파도저항을 고려할 때에는 Froude 수를 같게 놓아야 한다.

12 모형실험에서 원형과 모형에 작용하는 힘들 중 점성력이 지배적일 경우 해야 할 모형법칙은?

㉮ Froude의 모형법칙
㉯ Reynolds의 모형법칙
㉰ Cauchy의 모형법칙
㉱ Weber의 모형법칙

해설
① Froude의 모형법칙 : 개수로의 중력과 관성력이 흐름을 지배
② Reynolds의 모형법칙 : 관수로에서 점성력과 관성력이 흐름을 지배
③ Cauchy의 모형법칙 : 압축성 유체가 유동할 때 탄성력과 관성력이 흐름을 지배
④ Weber의 모형법칙 : 표면장력과 관성력이 흐름을 지배

13 개수로를 설계함에 있어서 원형과 모형 사이에 역학적 상사를 만족시키는 가장 중요한 함수는?

㉮ 레이놀즈수
㉯ 프루드수
㉰ 마하수
㉱ 코우시수

해설 개로수로의 문제에서는 수면의 낙차에 의한 힘, 즉 중력의 변화가 중요한 요소로 된다. 따라서 중력의 관성에 대한 비인 Froude수가 역학적 상사를 이루는 요건이 된다.

정답 10. ㉱ 11. ㉰ 12. ㉯ 13. ㉯

| 수리학 |

14 수력기계의 문제에 있어서 모형과 원형 사이에 역학적 상사를 이루려면 다음 함수를 주로 고려하여야 하는가?

㉮ 레이놀즈수, 마하수 ㉯ 레이놀즈수, 웨버수
㉰ 오일러수, 레이놀즈수 ㉱ 코우시수, 오일러수

해설 수력기계에는 런너(Runner) 또는 임펠러(Impeller) 등의 수차에 있어서 가동부에서의 속도벡터, 점성력에 의한 저항 등이 역학적 상사를 이루는 데 중요한 고려요소가 되며, 특히 고속회전 시 유체의 압축성이 고려되어야 하므로 주로 레이놀즈수와 마하수가 중요하다.

15 댐의 정부(Crest)에 물이 흐를 때 가장 중요한 역할을 하는 힘은?

㉮ 중력, 관성력 ㉯ 점성력, 관성력 ㉰ 탄성력, 압력 ㉱ 압력, 관성력

해설 댐 Crest의 흐름은 자유수면이 존재하는 흐름이므로 중력과 관성력이 흐름을 주도한다.

16 유수단면적 150m²인 하천의 수리실험을 하기 위해 1/50로 모형수로 만들려고 한다. 모형수로의 유수단면적은?

㉮ 30,000cm² ㉯ 3,000cm² ㉰ 1,200cm² ㉱ 600cm²

해설 면적비 : $A_r = \dfrac{A_m}{A_p} = L_r^2$

모형면적 : $A_m = A_p \times L_r^2 = 150 \times (1/50)^2 = 0.06 \text{m}^2$
$= 0.06 \times (100 \times 100) \text{cm}^2 = 600 \text{cm}^2$

17 하천에서 원형수로의 유속이 1.7m/sec라면 축척 1/50인 모형수로의 유속은?

㉮ 0.12m/sec ㉯ 0.24m/sec ㉰ 0.36m/sec ㉱ 0.48m/sec

해설 ① 하천은 Froude의 상사법칙이 성립한다.
② 중력($W=mg$)과 관성력($F=m\alpha$)이 지배한다.
③ $m_r g_r = m_r \alpha_r$에서 $\alpha_r L_r^3 g_r = \alpha_r L_r^3 (L_r/T_r^2)$에서 $T_r = \sqrt{L_r}$ 이다.
④ 속도비 : $V_r = \dfrac{V_m}{V_p} = \dfrac{L_r}{T_r} = \dfrac{L_r}{\sqrt{L_r}} = L_r^{\frac{1}{2}}$

∴ $V_m = V_p \times L_r^{\frac{1}{2}} = 1.7 \times \left(\dfrac{1}{50}\right)^{\frac{1}{2}} = 0.24 \text{m/sec}$

정답 14. ㉮ 15. ㉮ 16. ㉱ 17. ㉯

Chapter 09 | 차원 해석과 상사

18 폭 20m, 수심이 40m인 Dam의 여수토에서 1/50의 모형을 만들어서 수리실험을 하였을 때 모형수로의 유량이 0.06m³/s이었다. 여수로의 방류량은?

㉮ 1,030m³/s   ㉯ 1,060m³/s   ㉰ 1,130m³/s   ㉱ 1,160m³/s

해설
① Dam이 설치된 수로는 하천이므로 Froude의 상사법칙이 성립한다.
② 중력($W=mg$)과 관성력($F=m\alpha$)이 지배한다.
③ $m_r g_r = m_r \alpha_r$ 에서, $\rho_r L_r^3 g_r = \rho_r L_r^3 (L_r/T_r^2)$ 에서 $T_r = \sqrt{L_r}$ 이다.
④ 유량비 : $Q_r = \dfrac{Q_m}{Q_p} = \dfrac{L_r^3}{T_r} = \dfrac{L_r^3}{\sqrt{L_r}} = L_r^{\frac{5}{2}}$
⑤ $\dfrac{Q_m}{Q_p} = L_r^{\frac{5}{2}}$ 에서 $\dfrac{0.06}{Q_p} = \left(\dfrac{1}{50}\right)^{\frac{5}{2}}$

∴ $Q_p \times \left(\dfrac{1}{50}\right)^{\frac{5}{2}} = 0.06$

$Q_p = 0.06 \div \left(\dfrac{1}{50}\right)^{\frac{5}{2}} = 1,060 \text{m}^3/\text{s}$

19 홍수량이 1,200m³/sec이다. 이 홍수량의 방류실험을 하기 위해 1/20의 모형수로를 만들었다면 모형수로의 유량은?

㉮ 0.462m³/s   ㉯ 0.571m³/s   ㉰ 0.671m³/s   ㉱ 0.881m³/s

해설
① 댐이나 개수로에는 Froude의 상사법칙이 성립한다.
② 중력($W=mg$)과 관성력($F=m\alpha$)이 지배한다.
③ $m_r g_r = m_r \alpha_r$ 에서, $\rho_r L_r^3 g_r = \rho_r L_r^3 \left(\dfrac{L_r}{T_r^2}\right)$ 에서, $T_r = \sqrt{L_r}$ 이다.
④ 유량비 $Q_r = \dfrac{Q_m}{Q_p} = \dfrac{L_r^3}{T_r} = \dfrac{L_r^3}{\sqrt{L_r}} = L_r^{\frac{5}{2}}$
⑤ $\dfrac{Q_m}{Q_p} = L_r^{\frac{5}{2}}$ 에서, $\dfrac{Q_m}{1,200} = \left(\dfrac{1}{20}\right)^{\frac{5}{2}}$

∴ $Q_m = \left(\dfrac{1}{20}\right)^{\frac{5}{2}} \times 1,200 = 0.671 \text{m}^3/\text{s}$

정답 18. ㉯   19. ㉰